第二版

Diversity,
Culture and Counselling

跨文化心理咨询：
理论与操作

编著　M·奥诺雷·弗朗斯
　　　玛丽亚·德尔·卡门·罗德里格斯
　　　杰弗里·G·赫特

译者　马前广　刘滢泉　张 莹
审校　马前广

上海三联书店

致　谢

　　献给我亲爱的妻子洛林；我的孩子肖娜、乔丹、田纳西和布拉德利；他们的配偶桑德拉，马克和丽贝卡；我的孙子梅格汉和齐克，林齐和拉斯，瑞恩，达林，内森，泰莎，考特尼，柯尔斯滕，布鲁克，维多利亚，麦迪逊，卢克，丹尼尔，布里，克洛伊，莉莉，朗尼和诺亚；以及我的曾孙爱玛，艾丽沙和裘德。

——杰夫

　　致我们美妙的三胞胎：阿隆佐，莫拉诺，泽奇特尔。

——卡门 & 奥诺雷

序　言

　　在第二版的《多样性、文化与咨询》一书中,我们已经修订了本书所有章节,并添加了一些新的反映加拿大心理咨询多样性现状内容。我们重新修订这本书的初衷是将更多的加拿大内容带到多样性、文化和咨询课程中。自第一版出版至今已经八年有余,我们很高兴这本书已经被诸多加拿大学院和大学采用。多年来,大多数在加拿大大学学习该课程的学生都不得不使用美国的教科书,而这些教材大多与加拿大的观点无关。对我们来说,同样重要的是有机会向多文化咨询师发出倡议,让他们与构成加拿大社会的各种文化团体合作。因此,我们诸多的专业咨询师可以大有作为:那些非洲裔加拿大人后代咨询师可以为所在群体进行咨询,那些信奉佛教、基督徒、犹太教徒、穆斯林和锡克教的咨询师同样可以探讨如何为具有特定信仰的群体提供咨询。本书每一章都是由作者所写,或者是与具有某一种族身份的人合作撰写,或者是由具有特定专业知识的实践者所写。此外,我们在本书中已经尽可能包括了各种文化相关咨询方法的章节,比如书中有原住民背景的咨询师探讨了传统的助人和疗愈方法的使用,提倡使用自然方法来协助助人关系,或在治疗中使用瑜伽疗法。对我们来说,这样的视角是本书最突出的特点之一,足以使它比其他方式更为真实。

　　最后想说的是,因为我们相信多样性和文化的重要性,我们始终认为多元文化咨询提供了一种有效的方法,让我们可以与具有不同民族、种族、性取向和宗教背景的人们合作，因此可以从有效性的另一维度体现咨询的专业性。种族主义和偏见是每个社会都关心的且必须加以解决的主要领域，如果咨询师想要弥合民族和种族之间的分歧，那么了解这些刻板印象和偏见的原因与代价至关重要。有一些重要的因素可以帮助或阻碍跨文化和差异间的有效咨询，由此对于咨询师来说，知道如何加强沟通不仅至关重要，而且非常必要。对自己的身份、文化和种族保有安全感，只会有助于人们确保接受和尊重个人和集体的差异。有效地多元文化心理咨询师必须牢记，作为助人者，他们不仅要与个体工作，而且还要与集体主义取向的人群一起工作。

在编写本书过程中，我们认识到每当我们完成某一章节的时候，我们都觉得有必要谈论或囊括更多内容，但遗憾的是，我们不得不放弃我们期待更完全、更完整或完美主义的愿望，把我们的书稿寄给出版商。感谢 BRUSH EDUCATION 出版社能够接纳本书的观点并愿意出版第二版。我们要时刻提醒自己牢记杰罗尼莫①的名言："让我们共同努力，为我们的孩子做最好的事情……"。

M. 奥诺雷. 弗朗斯

玛丽亚·德尔·卡门·罗德里格斯

杰弗里·G·赫特

---

① Geronimo，美国印第安人阿柏切族首领。

目　录

第三部分　应用和实践方法

第一部分　多样性、文化与咨询中的问题

　　一个真正的多元文化的加拿大社会,是能够包容所有民族和种族群体的,包括加拿大这个国家的创始者——来自英国和法国的移民。尽管这两个形式上的主导群体已经为新移民群体,如日益增长的亚裔加拿大人,提供了借鉴和参考,但在加拿大英语和法语仍占主导地位。"多元文化主义"一词于 1971 年由总理皮埃尔·埃利奥特·特鲁多(Pierre Elliott Trudeau)提出,但直到 20 世纪 80 年代中期才成为政府政策。多元文化政策背后的最初设想是应对和处理英国和法国加拿大人之间的紧张关系,由此政府制定了诸多政策试图团结这两个群体,与此同时改变了原有的"种族主义"的移民政策。尽管如此,"多元文化"一词仍然带有一些政治政策的污名,比如这是排他性的政策,对某些人(如第一民族)来说是不可接受的。然而在心理咨询著作中,多元文化这个词已经被采纳,用来专指具有文化疗效作用的心理咨询。在本书中我们同样使用这一界定,尽管我们真正要谈论的是多样性、文化与咨询如何融合。因此,我们使用"多元文化"这个词时,我们包括所有人,不仅通常所说的少数群体,也包括主体群体。通过这种方式,多元文化主义的理念可用以解决影响心理咨询过程的文化、压迫和其他因素问题。

　　这本书第一部分的重点,是宣扬文化差异,探索世界观和发展具有文化敏感性的咨询技巧。作为心理咨询师,我们相信在我们的职业中,需要拥抱和鼓励文化多样性并加以丰富和保护。作为人类的一种生活状态,世界各地的人们普遍倾向于不信任与己不同的人,但事实是,不管人们的语言、种族或文化如何,人类总是相互依存的。我们深信,当一个社区中存有歧视和排斥异己的人,那么不稳定便会发生,这个社区中人人都难逃受苦的结局。

加拿大的移民变化趋势正对心理咨询服务的提供方式产生重大影响。在加拿大，多元文化的现实正在发生变化，这也使得原先以白人、中产阶级群体为特征的欧洲中心为主导的心理咨询理论和实践，有必要向强调多样性和新的世界观的咨询方法进行转变。作为心理咨询师，我们需要认识到语言和沟通在咨询不同人群中的重要性。我们相信多元文化的经验可以提高心理咨询师的个人成长和全面沟通的能力。当我们与不同的对象群体一起工作时，我们的行为和语言会进一步提升咨访双方的交流过程和咨询结果。从更深层面来看，我们生活在这样一个时刻提醒我们，我们的生存可能依赖于我们在多元文化水平上有效沟通能力的时代。心理咨询师处于这样一种独特的地位，他们可以对文化敏感的行为和语言进行模式化处理，并在咨询实践中帮助挑战歧视和种族主义问题。对于咨询师来说，经常接触不同的文化是实现这一目标的重要因素。

与多样化来访者进行有效咨询的基石，在于咨询师对世界观的理解以及运用这些观念发展相关多元文化技巧的能力。无论我们生活在世界的哪个角落，当我们与来自具有不同文化设定的群体进行交流时，我们需要对那些迥然相异的风俗、特定的是非观念，通过理解、体验和赋予意义等方式来调整我们对世界的认知。这需要我们不断调整和改变我们的世界观以超越自身的文化遗产（如：民间传说、风俗、传统和仪式），允许我们追求对某一地区人口构成成员们的价值、信仰、态度和情感感知的全新理解。除了这些方面以外，生存规范准则、交往方式、技术和政治思想同样是我们新世界观的正式组成部分。

加拿大业已发生重大变化，移民改变了这个国家的人口构成，使之成为世界上最多样化的国家之一。移民政策转变带来的影响对心理咨询师来说意义重大。当大学所提供的助人职业方面的多元文化培训匮乏且缓慢时，加拿大社会的多元文化现实将在相当一段时间内挑战心理咨询师。究其原因，在于绝大部分心理咨询理论和实践皆源于欧洲理论模型，心理咨询师在面向持有不同世界观的人提供咨询服务时，会处于不利局面。我们鼓励心理咨询师们寻求经验、加强培训和提升能力，从而可以为持有不同世界观和文化价值观的人提供更好支持。掌握多元文化咨询技巧是必要的，如果我们要超越心理咨询中的欧洲中心地位，不论我们的来访者文化、种族、能力，性取向或宗教信仰如何，都可以为他们不断赋能，那么这样做是唯一正确的选择。

1. 跨文化心理咨询:身份、种族和沟通

M.奥诺雷.弗朗斯

多伦多如何做到从 20 世纪 60 年代初只有约 3% 的少数族裔,到现在已经超过 50% 却没有任何严重破坏,而同时期的洛杉矶人们经历了相同程度的变化,但他们却觉得有必要不止一次,而是要两次烧毁这个城市的诸多地方?

——Gwynne Dyer(2001,p.45)

曾荣获加拿大总督文学奖的尼根·梅兹勒克(NegaMezlekia)的小说《鬣狗肚子启示录》(Notes from the Hyena's Belly,2000 年)开始于一头驴和一只鬣狗的比喻。有一天一只狮子、猎豹、鬣狗和驴子在一起来讨论为什么它们的土地如此贫瘠。他们依次轮流发表自己的观点,他们认为之所以出现这种局面,是由于他们中间有人有罪从而使得上帝不高兴。除了驴之外的每一种动物,都讲述了自己攻击另一种动物并吃掉它的故事,但每一种动物都认为吃其他动物是他们的天性,所以这并没什么错。当轮到驴子的时候,他说,当他的主人正忙着和另一个人谈话时,他走下小径吃了些草。于是其他的动物都被驴子激怒了,他们告诉驴子,他是造成问题的那个人,因为他离开了小路吃草。于是他们攻击驴,杀了驴子并吃了他。梅兹勒克得出结论说:"我们的孩子像驴子一样生活,小心翼翼地沿着固有小路行走,尽量不离群走散,最后却来到了鬣狗的肚子里"(p.7)。

远离自己的常规和传统是有代价的；危险总是存在，变化也是常态。这个比喻中含有一个微妙的警告：像驴子一样与众不同会很危险。梅兹勒克的比喻是告诉人们不要冒险的恰当警告，但同时也表明迎接新挑战是人之为人的一部分。尽管我们可以未雨绸缪，制定最周密的计划，但世界上的任何角落和街头可能都存在危险。自纽约恐怖主义爆炸事件和伊拉克战争之后，心理咨询师所面临来自紧张局势和新的联盟的挑战比比皆是。对于咨询师们来说，这些新的紧张局势和新的联盟是在今天加拿大多元文化、多民族、多语言的社会现实中产生的。

这个社会的快速变化需要以一种现实而积极的方式加以应对，这种方式应该宣扬差异性而不是同质化，因为多样性是美丽的，并且可以带来力量。对差异性保持接受和开放往往是难以理解和把握的，但为什么会这样呢？根据巴伦、克尔和米勒（1992 年）的说法，这是因为"人类倾向于轻视、不信任和不喜欢与我们自己具有差异性的群体"（p. 134）。总的来说，社会的一种趋势是人们排斥不同的人。事实上，对于大多数来自主流文化和群体的人来说，在他们中间将某些不同的人看作是陌生人并不罕见。Diller（2003）讲述了一个亚洲人的故事，他的家族在北美生活了一百多年，但仍然被当作是外国游客，因为这个国家被人们看作是欧洲移民的国家。那些与主流群体不同的人"被二等公民的身份深深地困扰着"（Diller，2003，p. 26）。在加拿大，那些不是来自加拿大联邦最初创立者的有色人种群体，被称为"有色少数族裔"，这个标签也包括加拿大最初的现在被称为"第一民族人民"的原住民。有色少数族裔是一个独特的加拿大术语，经常被用来描述那些非欧洲血统的少数民族，他们具有与加拿大传统的英国和法国人的主流文化相区别的身体特征（Labelle，2007）。

社会的不断变化使得人们对多元文化主义产生了争论，人们或支持或反对，但如果社会目标是为了避免文化和种族的误解，那么社会制度就需要适应新的现实。对于咨询师来说，这种适应可能意味着采用一种新的参考框架，在这种参考框架中，心理咨询可以被描述为一种工作同盟。换句话说，咨询师与患者应该通过建立问题解决途径的方式，建立共同工作基础，而不是首先基于信任理念建立和发展人际关系。对于来自某些民族或种族背景的人来说，对咨询师的信任可能并不是天生就有的，也不太能像很多心理学家如卡尔·罗杰斯（Carl Rogers）所建议的那样，以传统的方式建立。

那么,如何建立信任关系呢? 可以采用基于工作同盟的理念,咨询师和患者以协作的方式完成患者的目标。此外,我们必须考虑到,所有的咨询都可能以这种或那种方式进行着多元文化交流,因为咨询总是要处理一系列的变量,而这些变量在不同情形下甚至可能会自相矛盾。斯艾拉(Sciarra,1999)举了这样一个例子:"拉丁文化熏陶下的人倾向于寻找一个不那么正式的、更具有情感表达的咨询师,而这些相同的咨询师个性特征却可能会让一些亚洲患者感到疏远"(p. 10)。咨询师根据具体情形采取适当的咨询过程是非常必要的,因为在咨询师和患者之间总会存在文化差异。

多样性和多元文化咨询的基本原理

多元文化咨询的基本原理,部分来自于日常生活中日益增长的多元文化因素,还有由于更有效的通信和发达的交通系统所带来的这个持续变小的世界。2003年初,随着伊拉克战争的开始,基督教徒与穆斯林之间的紧张关系加剧,发达国家和发展中国家之间的紧张关系同样也日益恶化,这只是凸显世界各地人民文化差异的部分例证。当差异大到难以弥合的时候,会更容易引发战争,这样发动战争也可以理解了。在心理咨询中面临的挑战,在于如何理解不同文化之间的差异性和加强交流沟通。更重要的是,文化差异不仅存在于西方人群体和中东人群体之间,在加拿大的边界之内也同样存在。因此,加拿大人别无选择,只能面对多元化问题和加拿大民族构成变化所带来的挑战。

由不同种族背景组成的社会,相对于种族构成较为同质的社会来说是否会面临更多的种族冲突? 这是必然的,在一个咨询小组中,文化差异通常源于成员之间交流沟通方式的问题。在9·11事件后的政治环境中,文化和宗教价值观问题已成为媒体和日常生活中谈及引发恐怖主义和伊拉克战争的重要因素。北美社会不可能对文化、种族和语言问题视而不见。在这样一个大多数人都不是西方人,白种人或基督教的世界上,在这个变得越来越小的世界上,持有多元文化立场不仅能够增加这个世界的丰富多彩,还能够保护人们。每个人必须意识到,作为一个命运共同体,人类有能力通过核战争和污染摧毁我们的世界。战争的起源往往是社会对不同的人的不尊重。人们不仅要学习如何控制他们的意愿,避免伤害那些与自己习俗和观念不同的人,同时也要学会如何与他人和环境和谐相处。

无论我们的语言、种族或文化如何,每个群体都是相互依存的。因此,当社会因为有些人不同而歧视、边缘化和排斥他们的时候,事实上每个人都会受苦。社会在接受人与人之间的差异方面已经走了很长一段路,但要建立一个尊重多样性的社会还有很长的路要走。根据 Suzuki, Ponterotto, Alexander and Casas (2009)所述,当文化方面的因素加入到咨询过程中时,为了增强咨询师对不同的人的敏感性,必须考虑以下规则:

1. 对咨询中出现的逻辑不一致和悖论保持容忍,建议咨询师对知识进行主观定义,以补充原有更为熟悉的客观规则和理性逻辑;

2. 注重区分各种人际关系所强调的基本原则至关重要,集体主义与人们对个人主义更为熟悉的偏见形成了鲜明的对比;

3. 在现代化与西方化之间存在着隐性或显性区别,这种差别忽略了其他文化可能对我们的问题有很好的解决办法的可能性;

4. 患者必须要挑战关于改变和进步是好事的隐含假设,因为他们必须同时处理好的和坏的两方面的变化;

5. 自然生态环境的隐喻会让我们想起许多未知现象,也许这些未知包括关于人与人、人与自然之间关系的秘密;

6. 对于解决疑问需要进行问题和解决、成功和失败这样的绝对类别划分,必须被认为是不够充分的;

7. 必须强调的是,必须把熟悉的心理咨询概念应用到不那么熟悉的多文化背景下;

8. 显而易见的是,需要有新的概念和方法来处理文化的复杂性;

9. 并且对所有的心理咨询师来说非常必要的是,每个人都应有学习和内化一种接地气的多元文化咨询理论的需求,并不是一个新鲜事物,也不是一个哗众取宠的观点(p. 23)。

我们所生存的世界正在发生着迅速变化,过去的种族界限也相应地改变。在过去,北美的绝大多数新移民多是来自欧洲文化背景的群体,而今天则是亚洲人排在首位。根据加拿大人口普查局(转引自科恩,2012 年)的数据,加拿大人口增长的三分之二是由移民推动的,这些移民中有一半以上来自亚洲,特别是来自中国和印度的移民,来自欧洲的移民较少。此外,在 1996 年至 2001 年期间,原著居民的人口增长每年按照 3.4％的速度增长,如果目前的趋势继续下去,那么从萨斯喀彻温省到安大略省西北部的广大地区,原著民"很有可能在未来 25 到 50 年的时间内,在许多城市中获得多数地位"(Dyer,2001,p. 49)。加拿大人口普查局还估计,到 2030 年,不列颠哥伦比亚省将的人口构成中大多数将是非白人人口,并且目前加拿大的许多城市地区已经都是由少数民族组成。不得不说的是,在北美城市定居的大量移民正在产生愈发显著的影响,这种趋势在温哥华、多伦多和蒙特利尔这样的城市已经可以看到,这些城市中超过 70％以上的人口是由移民构成。在北美的学校里,多元文化的现实也很明显,那里有大量的学生并不是来自"创始"族群。然而,相较于改变我们最初为同质化人口所设计的学校架构来说,适应新的多元文化现实这个问题显然更为深刻且困难。多元文化的现实改变了以欧洲为中心的,适应同质性群体的心理咨询理论与实践本质,转而强调多样性和全球性视角。洛德(转引自 Siccone,1995)认为,"厌恶镜子或镜中物,而不停止自己试图让镜子愈发扭曲的行为,纯粹是徒劳无益的"(p. 16)。

种族歧视的代价

　　我很难理解这样一种文化,它为在过去战争中数百万人的杀戮进行合理化辩解,而这一刻仍在准备制造炸弹杀死更多的人;我很难理解这样一种文化,它花在战争和武器上的经费,比用来帮助和发展教育和福利还要多;我很难理解这样一种文化,它不仅憎恨和对抗他的兄弟,而且还滥用和破坏自然。(乔治,1994,p. 38)

　　丹·乔治(Dan George)在描述第一个民族和"白人"之间的文化差异时所表达的痛苦和悲伤,恰如其分地反应了偏见和种族主义的本质。Diller(2003)建议,咨询师应该知晓和理解种族主义的一些重要构成元素,以帮助人们在多元文化中共同工作。首先,种族主义是一种普遍存在的现象,存在于世界各地的所有种族中;其次,大多数人对谈论种族主义感到不安,甚至否认它的存在。偏见和种族主义是有区别的,偏见是对某一群体的人们所抱持的一种不公平和消极的信念,往往认为他们是不如自己,偏见通常基于对与己不同的人的错误认识和以偏概全的观点而形成。种族主义"涉及一种社会结构,其中一个群体通过制度政策获得了优势……这是一种基于社会政治态度的社会建构,它贬低某些特殊群体的种族特征(Robinson & Howard Hamilton. 2000,p. 58)"。这不是一种自然的反应,而是从社会规范和对父母、朋友和邻居的观察中学习到的。不足为奇的是,偏见并不是来自于与不同的人持续不断的消极体验,而是来自于偶然间的接触和强化,比如在某个酒吧里的一次消极经历或一个种族玩笑。

在加拿大,少数民族族裔受到三种形式的歧视:个人种族主义、制度种族主义和文化种族主义。个人种族主义最明显的形式包括个人层面的表达,即一种种族优于另一种;制度种族主义是通过既定的实践来传播的,这种行为延续了种族不平等,而文化种族主义则是相信一种文化相对于另一种文化具有优越性。加拿大政府建立了寄宿学校制度,以"帮助"原著居民融入主流社会,然而结果却不尽如人意,同时也突显了种族主义对个人和群体所造成的代价:

> 社会混乱,虐待自我和他人,以及家庭破裂,这些都是婴儿潮一代中普遍存在的症状。圣女安妮寄宿学校存续期间的"毕业生们",他们在孩童期间往往在恐惧、厌恶的氛围中长大,虽然成年后努力尝试适应成年人的生活,却往往以失败告终。
>
> 对抚养者心存恐惧、孤独,心知长辈和家庭远在天边。在不同的成人照顾者手上,因为经常性受到身体虐待、言语攻击或性虐待而自我憎恨。这只是这部分群体故事的一小部分。(引自 Milloy,2001,p. 295—296)

歧视他人的理由并不十分复杂。我们可以设想一下,当人们面对偏见的证据时,他们往往会拒绝:"我对印度人没有偏见,但大多数印度人希望靠政府援助过活。"很多人身上存在一些显而易见的认知失调,因为偏见和种族主义是很难承认的。对于一个社会来说,很容易判断其他国家的种族主义或种族压迫情况,例如南非的种族隔离,或以色列占领部队在西岸的做法。有些人可能会回应说,

"他们的文化已经瓦解,这是他们的错。"虽然这并不是一种罕见的回应,但这种回应却相当奇怪,因为它将受害者被迫害的原因归咎于受害者。原住民因文化上的不同而受到迫害,因为政府的制度既不允许他们成为国家公民,也不允许他们运用他们的语言和文化。丹·乔治(引自 de Montigny,1972)说:

> 你知道当你的种族被他人贬低是什么感觉吗?你不知道,因为你从来没有品尝过它的苦味……就像不关心明天,明天会对你有什么影响?它虽然看起来像一个保护区,但内在却是垃圾场,因为灵魂的美已经消亡……为什么灵魂要展现与之并不匹配的外在美呢?这就像喝醉了一小会儿,虽然可以摆脱现实的丑陋,感受到一种仍很重要的感觉,但第二天早上醒来的时候,就会发现背叛的罪恶。因为酒精并没有填满空虚,只是让空虚更重。(pp. 162—163)

当我们考察阿拉伯人在游行示威时高喊"打倒美国"时的情绪表达,或美国领导人在第一次和第二次海湾战争期间对平民福利的漠不关心时,可以清楚地看到对"敌人"非人化的处理。在伊拉克战争中,美国总统乔治·W·布什经常把伊拉克总统萨达姆·侯赛因与斯大林和其他独裁者相提并论,无视中东地区数百万人将侯赛因视为英雄、是反抗美国军队在中东霸权的象征。在战争中,为了维持仇恨,敌人必须被非人化;这种非人化发生在所有的战争中。这样的形象设定肯定有助于减轻一个国家对另一个国家发动战争的罪恶感。同样的方式,接受关于一个人的刻板印象,就像酋长丹·乔治所说的那样,可以为战争、殖民和建立寄宿学校等行为辩护。这些合理化理由实际上是某种态度的正面,它允许人们对待内群体的方式不同于外群体。从反面来说,如果双方在战略联盟框架中工作,那么合作活动可以有效减少种族间的紧张感。根据巴伦、克尔和米勒(1992)所述,"合作可以在一定程度上打破群体界限(即'我们与他们'的心态设定)"(p. 150)。对于人们来说,必须要认识到偏见对他人的影响。

种族刻板印象会让人们在信息不准确的情况下产生问题,并对他人产生负面评价。在一个多元文化的社会里,这种刻板印象会让人们产生排他感,这种排他感又会产生强烈的优越感。有趣的是,有研究证据表明,个体需要维持一种群体差异感(Berry，Poortinga，Segall&Dasen，2002)。有时人们把这称为"群体荣耀"，但为什么荣耀感要建立在优越感之上呢？荣耀感在帮助人们把事情做好，或维持与自己民族团结一致方面是有益的，但当它演变成优越感时，它是破坏性的。偏见态度和威权主义倾向的人之间似乎也存在着某种关系。过于顺从、不够独立或过于多疑的人似乎比其他人更容易形成偏见。虽然这些例子可以用来说明种族主义是如何被人们用来剥夺他人的人性要素或人的尊严，但是这个过程与性别歧视、年龄歧视、宗教盲从和同性恋恐惧症非常类似。

少数民族和种族在有意或无意中所经历的这种偏见，是开放社会所面临的挑战的实质，而种族主义潜在的危害则是由社会制度所强化的。从更广范围来看，这个问题还与如何将文化差异融入社会密切相关。但是："根据一个分类营销调查结果所示，在调查加拿大人是否面临种族歧视的问题时，52%的人认为种族歧视很明显，47%的人认为不明显"(Song，2011)。这样的结果并不能让人感到满意。

冲突和偏见的根源

有相当多的研究都在探讨究竟是什么导致冲突和产生偏见，冲突和偏见是否本身就是人类经验的一部分？人们生来就有偏见吗？可以思考下这个问题，当人们为了稀缺资源而竞争时，他们会组成团体来帮助他们获得成功。通常，这些团体是群体内部基于相似所组成，也就会逐渐演变成内群体，那些与己存有差异的人则变成外群体。这些差异可以基于一系列因素进行划分，包括群体规范、语言、种族、宗教甚至是目标。从更小的范围看，即使是相似但有不同目标的人，也会因为与其他人目标不同感到沮丧。根据巴伦、克尔和米勒(1992)的观点，如果目标是相互一致的，那么人们会变得不那么好斗，合作会更加频繁，那么偏见减少也是必然。事实上，当相互目标一致时，友谊会得到发展，肤色或种族方面差异也会减少。一般来说，一个群体的人会对同一群体内的人更加慷慨或者过度补偿；与此同时，他们对其他群体的人可能就不那么慷慨或补偿不足了。换句话说，来自某个文化群体中的人会更宽容他们群体中的人，而对另一个群体的人则不那么宽容。出于某些原因，人们具有这样一种倾向，就是夸大同群体的相似性,同时也夸大与其他群体的差异性。人们会根据自己所在群体成员之间的关系做出反应。因为他们不了解其他人,所以非常容易把别人看成是千人一面的,是可以互换的。与我们自己相比,我们很容易看到别人的不同之处,所以不同之处会被我们夸大(例如,其他人不像我们那样重视人的生命)。

对环境进行简化处理是人类的天性吗?尽管人们之间的日常交流大多都是积极的。这是个很好的问题。一种偏见是,一个群体中的成员们会非常"自然地"认为他们自己会为自己的行为负责,但其他群体及其成员则是不负责任的。在巴伦、克尔和米勒(1992)看来,这种偏见是人类经验的一个因素。不管出于什么原因,人们总是倾向于对独特的和不同的人提出负面看法。因此,每次"消极"的经历都会强化这种偏见。到了最后,个人态度会变得更加僵化和意识形态化,并成为个人文化范式的一部分。举例说明,这个结果意味着,如果一个人对警察的态度是消极的,那么比起没有偏见的人,就会看到更多这方面的案例,从而强化他的这种态度。还有一种偏见是互惠原则,或"以牙还牙"的观念,在这种情况下,如果一种发生了"错误"的行为,那么受害的一方就会进行报复,从而导致一系列后续的行为,进而又强化了自己的观念。社会比较也是产生愤怒、偏见和挑衅的一个不可忽略的因素。最后还有一种偏见,如果有一个"触发"事件,人们可能会在情绪的基础上做出反应,并做出一些能够导致一连串事件的行为,这种行为甚至能够持续几十年的时间。例如,我们可以思考下塞尔维亚人与阿尔巴尼亚人作战时的科索沃局势。历史上的"错误"被不同群体以不同态度对待,种种态度交织在一起难以消弭。土耳其在 16 世纪对周边国家的入侵,同样在 21 世纪继续上演。人们往往会采纳和内化这些历史态度,并使之成为他们行为的一部分,从而创造了另一个强化偏见的迷思。

文 化 影 响

文化是人类的必需品,因为它是人们建立和维持与环境的关系的方式。当人们与不同文化的人交流时,他们必须要探索影响行为、价值观和语言的社会化力量。举个例子,我们可以注意到,在人与自然的关系中,人们倾向于运用二分法的思维方式:控制与好/坏相对于和谐与好。对自然的控制的压力会让我们以非善即恶的情感去看待他人,这相应地与我们如何看待人性完全一致。如果人们作恶或者不遵从社会规范,那么他们就需要被控制。将这一态度更进一步说,人们也是有可能去寻求控制自己内心的冲动的。即使是在相对同质的群体中,也有文化差异,这种差异在别人身上比在自己身上更容易被察觉到。许多社会科学家认为,文化既是个人生活方式的重要方面,也是人类行为的基本要素。虽然人们的穿着及言行举止能反映出人们所身处的主流文化,但因为这样的文化背景,也塑造了他们的思想和情感,这就好比"血浓于水"所表达的那样。很多事实都强有力地表明,文化可以反映出人们与他人沟通交往的方式(Pedersen,Draguns, Lonner, & Trimble,2002)。

生物力量是最普遍存在的,因为无论人们是谁,来自何方,他们都属于人类,即使人们有一些生理上的差异,包括年龄、身材、个头、肤色以及性别等。除了个别例外情况,这些差异既不能改变,也不能被他人操纵。在所有的社会形态中,生理上的差异都会影响着人们的行为态度和与别人相互交往的方式。比如说,个头大的人往往被视为强壮有力,可能会有攻击性;因此个头大的人经常感觉到别人对他的顺从。个子大且肌肉发达的人可能被看作是暴戾的人,瘦小的人通常让人觉得柔弱,一个粗野举止的人会被人认为没有教养。影响人们对生理差异反应的文化规范是无穷无尽的,因为每个群体有其对生理特征含义的特定解读。比如在有些群体中,人们会认为丰满才是健康的,而在另外一些群体中,则会有完全相反的看法。

文化通过不同的方式从心理上对各种群体产生影响。群体中的人们会持续地承受着遵从团体规范的压力。从这方面考虑,人们的个性在很大程度上都是通过群体规范形成。家庭,作为一个主要的社会化机构,塑造了人们基本的价值观。这种情形在亚洲尤为明显,如那些尊重权威、尊重传统、尊重学识的文化观念被人们认为是真理般的存在。个体与重要他人的接触,如亲戚、朋友、师长、同龄人,能够提升个体的整体素质,并加深个体对整个文化中的社会习俗和行为的理解。当我们比较不同文化中人们的感受、思维和行为方式差异时,发现这点尤为明显。例如,在 Salagame(2011)看来,世界各地的人们有着不同的自我结构:

　　一般来说,西方关于个体的自我概念是认为个体是一个人,是一个独立的、自主的、原子化的个体(由一系列离散的特质、能力、价值观和动机组成,寻求与个体分离和独立)。相反,在东方文化中,人们寻求相互联系和相互依赖,其自我概念中存有一个根深蒂固的观念,即认为个体不是一个独立的实体,而是内在地与他人联系在一起。当个体身处某个社会构成单元位置时,他或她只会被当成"整体"的组成部分。(p. 133)

人们的行为同样受到意识形态或其特有的思维方式的影响(如立场、理论、目标)。个体思想意识形态的基础将在很大程度上决定其行为。正是在这些基础上,人们才获得了宗教观、社会和政治信仰,并直接支配着自己的行为。出生在特定文化背景中的人,其行为表现在该文化背景中往往被认为是正确的。换言之,人们用自己文化的或民族的方式来思考和看待这个世界,这些方式往往反映在人们的语言、价值观和信仰、规范,社会政治历史等方面。这些意识形态的差异,可以从来自不同种族群体的团体成员身上观察到。

一个国家的意识形态决定了人们的某些态度、信仰和思考方式,构建了人们存在的形式。比如人们关于生命、死亡和婚姻的信念,决定了人们人际关系的行为。人们倾向于运用自己在社会中形成的一致性态度对周围环境进行反应。少数民族为了生存,已经接受了一些主流文化的意识形态,但是这种接受或许并不能改变他们心中根深蒂固的观念。可以试想一下,即使是在美国生活了三代之久,某些墨西哥裔青少年对其原有文化特征的改变也微乎其微(引自 France,2001)。不过,这些少数民族的文化特征和原来的文化传统也并非完全相符。例如,非洲裔加拿大人或者阿拉伯裔加拿大人之间,与埃塞俄比亚人人和约旦人之间相比,更具有相似性。这种不同之处为有色少数族裔群体制造了某种压力,会让他们觉得自己"既不属于这里也不属于那里"。此外,有些信念或者价值观受到性别的影响更甚于文化差异的影响,例如,无论何种文化下,男人都拥有更多的自主选择权。最后,生态环境的力量也会对人类文化和行为产生一定影响。在孤岛上长大的人与在大陆上长大的人可能会形成不同的世界观。气候、地形、繁荣程度和人口密度,同样在在形成人们独特的文化规范过程中发挥作用。在人口稠密地区出生的人可能不得不让自己更自信一点,因为这是生存的唯一途径,而在人烟稀少地方出生的人则会显得更加放松与平和。

类别、语言和多样性

语言作为一种主要的人际交往形式,在群体中间发挥着重要的作用。语言模式可以反应出人们的文化背景或亚文化背景(Berry,Poortinga,Segall&Dasen,2002)。即使人们讲同一种语言,由于个体差异,也会造成很多误解。即使人们说的是同一种语言,也可能因为个体差异而理解错误。因此,这就不难理解为什么不同文化和语言背景的人彼此之间会产生误会。对别人阐述的内容产生误会,会导致他人言语上的回击,更有甚者,别人可能都没有说什么,却会产生冲突。某一种语言中的某些短语可能在另一种语言中无法解释,有时即使按照字面意思翻译了,也无法明确表达其中所蕴含的全部意思。一些单词、短语以及某个单词的用法会具有负面意义,同一个文化群体内的人都很清楚,但是不同文化群体的人却很难知道。比如说,很多中学和职业运动团队的名字和徽标是"勇士"、"印第安人"、"红皮肤"等等。当地原著民群体往往会抗议这些做法,认为它们的做法们强化了对于他们的负面刻板印象,使用这样的图像标志是对他们的不尊重、侮辱了他们的民族。温哥华地区近来发生了一件颇有争议的事情,就是有人提议把玛斯昆(Musquem)地区的一个地名"Spull'u'kwuks"作为一个学校的名字,当局认为,这个名字可以解释为"冒水泡的地方"(泉水),并无什么不妥。但是这个名字还有一种负面的翻译,因为这个词同"fuck"或者"sucks"等脏话有潜在的押韵。来自玛斯昆地区的第一民族抗议说,"这是他们的语言……并且……这本应该是值得庆祝的事情,而不应该被你们拿来开玩笑"(France,2002)。

不同文化之间,即使是肢体语言所表达的含义也有所不同。在 Matsumoto 和 Juang(2012)看来,"没有意识到这些差异肯定会导致问题"(p. 352),因为每一种文化都发展出其独特的非语言沟通模式。例如,目光接触和个人空间因文化不同而差异巨大。在北美,人们从小就被告知目光注视对方表示关注、亲密,如果目光不注视对方则意味着对他方的不喜欢、不感兴趣或不尊重,阿拉伯人的眼神交流甚至比北美人的注视时间还要长(Matsumoto &Juang, 2012),但眼神接触程度在不同文化下有不同的含义。根据苏和苏(2007)的观点,白人中产阶级在与他人交谈时,大约50%的时间目光都是避开的(眼睛回避),但是在听别人讲话的时候,他们会在80%的时间里与说话者进行眼神交流。黑人在讲话时,眼神会更多地注视着对方,但听别人讲的时候,则眼神交流则不那么频繁。这种差异也会强化我们的某些观念,当我们试图把目光接触多少作为对对方的归因理由时,我们应该十分谨慎。目光接触多少并不必然意味着对方是在冒犯自己、害羞或者对自己不感兴趣,这些只是取决于文化类型。

身体距离是另一种文化变量。讲法语的人更喜欢在说话时和对方有所接触,如果他们彼此感到亲切,甚至会亲吻对方;而讲英语的人则很少会有身体接触,在问候中也基本不会亲吻对方脸颊。在北美,身体距离与人际关系亲密程度密切相关。在亲密关系中,人们可能会与另一人保持在0到1.5英尺的距离;在一般人际关系中,距离为1.5到4英尺;在社会咨询关系中,距离为4到8英尺,而在公共关系中,距离则要到10英尺了。在Matsumoto和Juang(2012)看来,拉美人比欧洲血统的人在身体距离方面感觉更亲近。

在Pedersen和Carey(2003)看来,社会经济因素会深刻影响人们的交流和互动方式。例如,来自经济和教育水平较低的群体似乎更喜欢具体明确的和有组织的活动。他们可能需要直接明了的建议,或者至少有机会在具体问题和具体结果等方面进行探讨。一般来说,那些身处较低水平的社会经济领域的人会认为,心理咨询活动是"只有谈话没有行动的"。此外,来自不同文化背景的人有可能对团体动力并不熟悉,这可能与他们之前的期待并不一致,而这种经历反过来又会阻碍他们在心理咨询团体中的进展。

作为心理咨询师,我们必须能够意识到并有能力识别我们不同工作对象身上所拥有的价值观。所有人都会倾向于在他们的行为、语言和情感表达上投射他们自己的文化价值观。显而易见的是,这些差异可能会造成人与人之间的距离和误解。来自某些文化群体中的个体可能不愿表达他们的感受,因为他们的文化高度强调个体要克制自己的情感表达和想法,尤其是面对陌生人的时候。如果他人误解了其不愿自我表露背后真实的原因,那么误解的结果将可能会阻碍彼此交流,并产生严重的焦虑和极端的不舒服。

另一个重要的文化价值观是个体的家庭关系。祖先为欧洲人和/或早先欧洲人同化了的群体,倾向于以个人责任为中心,他们做出决定的依据往往是基于个人利益;其他文化则可能更为强调家庭或集体利益。如果个体来自强调个人决策过程需要家庭参与的文化,那么在做决定的时候,家庭很可能会阻碍个体尝试实现个人目标。例如,一位亚裔加拿大患者报告说:"每当我不同意我的母亲的时候,在她看来我就是在质疑她的人格"(France,2002,p. 220)。在这个患者的家庭中,父母的权威是最重要的,它不能受到孩子的任何质疑。当患者在没有征求家人意见的情况下做出决定时,她的母亲会感到伤心和愤怒。这位患者很爱她的母亲,但她却渴望维护自己的个人形象,这种渴望让她产生了许多矛盾的感情。这种文化价值观也有积极的一面,成年子女在与父母商量之后才做出重要的选择,可以有效避免很多问题。例如,一位 30 岁的巴西妇女说,她和她的丈夫在考虑要买某套公寓是否是个正确决定时,都觉得有必要先问问她的父母。当听到她的话时,那位加拿大男性立刻回应说,如果拿着个问题问他的父母,他们的回答一定是:"你现在已经是成年人了,只要做出你认为是最好的决定就好。"

跨文化交流中的障碍

当人们作为寄居者遭遇到文化差异时,他们发现"适应问题在开始时是最严重的,随着时间的推移会慢慢减少"(Berry,Poortinga,Segall&Dasen,2001,p. 409)。有趣的是,在整个适应过程开始时会有一个"蜜月期",在此期间,寄居者热情高涨,心潮澎湃;但随之而来的便是焦虑、沮丧和适应困难。尽管如此,当寄居者发展出新的应对机制时,这些问题就消失了。这种经验有时被称为文化适应过程的 U 行曲线或 W 形曲线。但在跨文化交流中,哪些障碍会给人们带来挑战呢? 对他人的文化参照系的敏感和了解是基本的做法,尤其是对不同文化背景的人更为重要。从某种程度上来说,下面所列出的一些障碍几乎存在于所有群体中,但在那些跨文化团体中这些障碍尤为突出(France,2002)。

语言:词汇、句法、习语、俚语、方言等都能引起误解。关键的问题是,人们往往过于执着弄清楚新语言中某些词汇或短语的固有意思,却忽视了其内涵或语境等方面的因素。

非言语信息：来自不同文化背景的人们会使用不同的肢体语言。他们会倾向于看到、听到、感觉到、闻到的那些对他们有意义或者是重要的事物。他们会从个人的认知世界中提取那些任何对他们来说有意义的东西，然后通过自身的文化参照结构进行解释。

倾向于评价：来自不同文化背景的人需要认同或否定他人的陈述和行为，而不是试图去理解对方所表达的想法和感受。这种偏见会阻止对于人们来说是非常必要的那些无偏见的注意力，从而妨碍人们从别人的参照系来观察他们的态度和行为模式。当人们的感受和情感深度参与时，这种偏见就会增强，但是这个时候恰恰是最需要倾听的时候。作为心理咨询师。我们尤其需要审视自己的价值观念，特别是对与己不同的人所持有的负面评价。

高度焦虑：这个绊脚石不是独特的，但却是其他障碍的基础。它的存在是非常普遍的，因为当人们使用一种外语时，经常会出现语言和非语言交流的正常流动无法持续，就会产生这种不确定性。这时人们会由于未知的知识、经验和对他人的评价，感受到一种威胁感，因此有可能引发自我潜意识的审视和拒绝。此外，人们还需要应对不同的节奏、气候和文化，这些也会增加人们的焦虑感。个体的自尊感往往会被高度焦虑削弱，除非他们能够建立起个人的自我防御，比如退守到相似的参照群体或者自我内部，从而将刺激屏蔽掉或错误地解释这些刺激，合理化它们，进行过度补偿或者表现出敌意。

跨文化交流

多元文化的经历可以提升心理咨询师的个人能力，提升沟通技巧的整体水平，这种提升不仅有助于与文化上不同的来访者进行工作，即使是与一般来访者亦是大有裨益。咨询师的言行方式能够提升或降低自己的可信度和有效性。比如咨询师的自我表露风格、可信赖性和咨询风格等，这里只列举几个变量。从这个层面考虑的话，咨询师的文化背景可能并不如患者所感知到的咨询师的信誉、吸引力和可信赖程度来的重要。在一项评估咨询师的种族和民族对交流有效性的影响研究中发现，人们会被咨询师的种族或者民族背景所影响，但这种影响既有消极的部分，也有积极的部分（转引自 France，2002）。在各种心理咨询情景中,有充分证据表明,对于不同文化背景的患者来说,咨询师的专业性问题比咨询师是否具有相似的文化或种族背景更常被提及(Pedersen & Carey, 2003)。这一发现表明,群体成员需要对此保持敏感,并发展相应策略,以减弱或消除这种影响,尤其当这种效果是负面的情况下更需如此。换句话说,心理咨询师运用合适的沟通技巧和策略,并使之与来访者的价值观相一致,这比咨询师的种族或民族背景更为重要。似乎并没有什么特别的沟通策略可以证明更适用于某些特定人群。尽管如此,来自于主流文化中的群体成员所运用的方法,必须与来自于其他文化成员的生活方式相一致,同时也要对同一文化内部的个体差异保持一定的灵活性;并非所有具有相似文化背景的人都有相同的行为方式。

另一方面,交流中看似平等地对待对方也可能是歧视性对待,如果群体成员在交流过程中没有认识到彼此差异,并运用相同的方式进行处理,那么这种做法很可能会产生负面影响。如果我们都能更加了解和欣赏其他文化的不同特征,也许可以更容易接受他人的文化差异。

文化适应过程

适应过程是一种普遍现象,每个人从幼年到成年都会有在特定文化环境中成长的经历。在 Sciarra(1999)看来,"当心理咨询师为来自非主流文化背景的患者提供服务时,需要评估他们的文化适应程度,以及生活在不同环境所产生的压力"(p. 25)。Okun, Fried 和 Okun(1999)强调说,文化适应和发展,可以看成是个体实现个人目的或功能的能动性或能力,和个体共融性或与他人建立联系的能力之间的一系列波动"(p. 24)。这个过程就是这样一个挑战,既要做自己,同时还要能够与不同的人建立联系。个体应对方式将决定个体在其他不同文化情形下所能感受到的安全感的程度。迄今为止,人们已经确定了三种适应过程:

- 单向适应,或适应一种文化而远离另一种文化;
- 双向适应,或通过在两种文化之间来回切换进行适应,但在两种文化中都能有归属感;
- 多向性适应,或能够以自身文化作为基础,积极适应其他文化。

以伊拉克战争为例,在这场战争中人们经常谈论恐怖主义的罪恶,而伊斯兰教有时被描绘成恐怖主义的根源。诸如"政权更迭"这样的词汇表达了人们这样的观点,即入侵伊拉克是一种积极的努力;这种语言表述是对"另一方"的去人性化。Dyer(1999)认为,每个国家都会发明自己的"国家神话",就像每个国家都有自己评判"好"或"坏"的标准。实际上,不同国家政策背后的原因却是主观的。但是现实也是主观的:美国人有美国人的观点,阿拉伯人有阿拉伯人的视角,但二者差异过于明显。每一方都视对方为"邪恶轴心"或"大撒旦",但事实上,两个国家都是由人组成,他们都爱自己的孩子。许多历史上存有分歧的问题仍然没有改变。随着时间的推移,敌人发生了变化,但这种将他人非人化的过程仍在继续,与以前并未有多少不同。例如,现在的俄罗斯和我们很相像,而穆斯林则与我们完全不同。尽管人们对新观念持开放态度,但北美人可能会对其他国家的文学、习俗和语言一无所知。如果越多的人能够形成这样的见解,即每个问题可以有多种解释或观点,那么我们就越不可能无知,也不会害怕未知。毕竟,恐惧是种族主义背后的罪魁祸首。

鼓励文化认同

所有人都希望别人能够接受他们,然而不管他们如何适应新的文化环境,他们的文化根源会束缚他们,而这种束缚反过来又会影响他们对自己的感觉,并影响别人对他们的感知。Sciarra(1999)强调,"态度和行为的形成是人们对自己所处的文化群体的复杂认知和情感过程的结果"(p.47)。

种族—民族身份的发展可以被定义为对一个人所具有的对自身种族、民族和文化遗产的骄傲。具有强烈文化认同感的人似乎对自己的生活有更广泛的掌控感。Sue & Sue(2007)的研究表明,心理咨询师的文化身份会在来访者对他们的文化发展产生失调时,通过强化来访者消极自尊的方式,对咨询师与来访者的交互效果产生不利影响。Helms(2010)在描述少数族裔相对于主流群体是如何形成自己的身份时,提出了两种身份发展模式,即主流民族身份发展模式和少数民族身份发展模式。主流种族身份发展模式包括六个阶段:

1. 缺乏意识:一个人完全没有意识到文化上的差异,而这仅仅是因为他/她不想有任何接触。

2. 接触:一个人开始与不同的人有所接触。这个阶段的主要特点是这些接触往往由于好奇和对群体中存在差异的认识引起,比如肤色、种族,语言,等等。

3. 冲突:一旦人们发现这些差异,就有很大的可能导致冲突。不同之处被人们夸大,"战争"也就不可避免了。人们容易变得沮丧,这些差异也会产生恐惧;人们可能会变得更具有防御性,有时也会咄咄逼人。

4. 支持少数民族立场:一旦人们明白冲突不是一个有利的选择,他们就会接触这些不同的人,占统治地位群体的成员开始接受少数族裔的特征和价值观(例如语言、服饰等)。然而,这种策略注定会失败,因为那些接触少数族裔的人永远不会成为少数族裔,他们无法改变自己的肤色或文化。

5. 支持主流群体立场:支持少数民族的立场不被接受时,那么这一阶段就会发生。主流群体成员开始发展另一种态度,这种态度既不赞同多样化,也不接受少数族裔(也就是说,他们只支持自己)。

6. 内化:在这个阶段,人们开始接受自己是来自某一特定种族的人,并认为他人也是这样。他们很清楚自己和他人的界限,认识到他们的民族身份是他们自己的一部分,并且这种身份是建立在积极的基础之上。他们能够接受不同的人,并可以根据他们自身的行为而不是他们的肤色来评价他人。

在少数民族身份发展模式中,Helms(2010)认为,如果咨询师想要了解少数族裔的人,他们必须了解咨询对象的身份发展。如果这些人存在问题,也很有可能和他们的身份认同有关系。该模式由五个阶段组成:

1. 一致性:以牺牲自己的民族身份为代价,接受主流群体的标准和价值观。

2. 认知失调:个体在他/她的感受与他/她的经历之间感知到某些不同;

3. 阻抗:基于他们的认知失调,人们开始阻抗行为。这个阶段有时还会出现权力感甚至排他感(例如"黑人权力")。

4. 反省:基于这样一种感觉,抗拒并不总是能达到个人预期,因此个人开始会寻求问题产生原因和应对之法。身上所发生的事情是个人所做事情的检验。

5. 协同的表达和意识:这一阶段出现在个体接受自身之后。

混血种族的人身份是怎样发展的呢? 国家电影委员会的视频《多米诺》(1990)讲述了两种文化混合背景下两个孩子的成长故事。然而,双种族身份的发生发展过程,是一个更加复杂和尚未定义的过程。Poston(France,2002 年)后来发展了双种族身份发展模型,以解决之前提到的两种模式的缺点和不足,并用以确认越来越多的双种族青年。不可否认,这种革新的、发展的模式带有实验性,并且实验所依据的来自支持性团体的双种族成员个体和信息收集相对不足。尽管如此,对于双种族青年来说,下面的五阶段模式的确能够对个体身份结构(例如自尊)产生影响。

1. 个人身份:当双种族孩子们内化外界的偏见和价值观时,他们往往会表现出身份认同的问题。年龄较小儿童的参照群体观察态度尚未形成,因此他们的身份主要是基于个人因素做出,例如在他们所在的主要参照群体中的自尊和自我价值感。

2. 群体分类的选择:在这个阶段的年轻人被迫选择一个身份,通常是选择其中一个民族身份。许多因素会影响个体的身份选择(例如,地位,社会支持,个人诉求)。对于个体来说,选择一个多民族的身份并不太常见,因为这个选择需要有一定程度的多民族、多种族和多元文化的知识,以及超出这个年龄群体特征的认知发展水平。

3. 纠结或否认:这一阶段的特点是混乱和内疚,因为他们不得不选择一个不能充分表达自己背景的身份。在选择阶段,双种族青年可能会经历异化,即使他们感到不舒服但他们仍然会做出选择。

4. 欣赏:这个阶段的个体开始欣赏他们的多重身份,并拓宽他们的参照群体取向。他们可能开始了解他们的种族、民族和文化传统,但他们仍然倾向于认同一个群体。

5. 整合:个人在这个阶段能够体验到统一感和整合。他们倾向于承认并重视他们所拥有的种族和民族特性。在这个层面上,双种族青年可以发展出一种安全、融合的身份。

该模式与前面提到的两种模式相类似,在这个模式中整合了毕生发展的观点。然而，这一模式的不同之处在于，它强调了双种族身份发展的独特性。此外，它还认识到适应和身份混淆的最困难时期是在选择阶段和纠结/否认阶段。帮助专业心理咨询工作者理解和接受这五个阶段，将能够更好地协助双种族青年发展他们的身份认同。

对心理咨询从业者来说，与来访者保持同步，并推动患者朝着自己的目标努力至关重要（Sue & Sue，2007）。从业者的目标应该是借助于可操作的治疗目标，帮助来访者增强自己的环境控制能力和胜任能力，进而帮助来访者发展出具有适用性的环境控制行为，最终实现最佳的个人适应和心理健康状态。然而，许多助人的专业人士仍然会有这样的假设，认为来自某一特定民族或文化群体的所有人都是相同的，而且在任何一种情况下，一种理论取向都是普遍适用的。这样的假设对于双种族青年，以及出生在任何特定种族背景下的年轻人来说都是同样有害的。有这种观点的专业助人者，可能仅是以文化刻板印象来对待来访者，而不是将来访者当作具有个人独特经历的与自己不同的个体。

社会排斥和种族主义仍然继续在许多跨种族感情和婚姻方面直接施加压力，尽管大多数阻碍跨种族婚姻和相互结合的法律障碍已经消失。如今，人们对跨种族结合的接受程度远超超过 15 到 20 年前（Matsumoto & Juang，2012）。这种接受程度的增加可以从异族夫妻及其后代数量的稳步增长上得到体现。因此，专业的助人工作者需要认识到这些问题，并需要准备在他们的专业工作中解决日益增长的跨种族群体的问题。Matsumoto 和 Juang（2012）认为，跨文化婚姻的研究已经表明，冲突已经在几个主要领域出现，包括爱和亲密的表达，彼此对婚姻承诺的理解和对于婚姻本身态度的认识，以及当夫妻拥有孩子后的养育方式。其他潜在的冲突来源包括对男女角色看法的差异、对家庭资金管理的差异、对家族其他成员关系的认知差异以及对婚姻本身定义方面的差异等。（p. 419）

有趣的是，"有些轶事证据表明，跨文化婚姻和同文化婚姻相比，并不一定会导致高离婚率"（p.421）。因此，促成一个成功的跨文化婚姻的因素可能与促使多元文化咨询成功的因素是一致的。这些因素也许是妥协的能力和对关系的承诺，在关系中消除分歧的能力，做出妥协的意愿，以及不顾挑战而坚持在一起的愿望。

结　　论

约旦王后努尔（2003 年）回忆说，在第一次海湾战争期间，当她听到美国总统乔治·布什（George Bush）表示，美国不会允许萨达姆·侯赛因（Saddam Hussein）控制 25％的"文明"世界的石油时，她感到多么的震惊和侮辱。努尔王后的故事能够反映世界其他地区人们对阿拉伯人的看法，尤其是在北美。然而，也有可能是人们对布什的讲话存在文化上的误解，从而也强调了在交流沟通过程中意和语言的重要性。所有的心理咨询师都是与不同的来访者一起工作，他们需要意识到双方的行为和语言对沟通过程的影响。人们像国家一样，倾向于从自己的角度看待外部世界。这是自然的，也许还是必要的，因为对于每个人来说，所有人都是特定时空的"囚徒"。对特定群体的宏观看法是，每个人都是陌生人，同时每个人都是自己的邻居。事实上，在某个历史阶段，我们所有人都是外国人、外来者，甚至是被驱逐的外国人。心理咨询师面临的挑战是要更具有文化敏感性，但同时也要保持自己的文化认同感。

在 Berry、Poortinga、Segall 和 Dasen（2001）看来，"心理治疗实践的共同核心可能存在，但具有不同的历史和文化根源，并具有高度多样的文化表达"（p. 441）。换句话说，虽然在心理咨询相关方面具有普遍性，但这些方面被感知和运用的方式却被文化所影响。多元文化取向对心理咨询师的实践活动有着巨大影响，因为能否对文化多样性有深厚的造诣和敏感性，是咨询成功和失败的全部区别所在。多元文化咨询既与通常的发展问题有关，但更与文化差异的相关因素有关。我们生活在一个城市生活方式为代表的社会中，这要求我们如果想要生存下来，必须要进行跨文化交流。

如果人际互动是重要的，如果跨文化交流和多元文化主义是为了促进更多的理解和合作，那么心理咨询师们必须意识到可能影响我们与他人相处的因素。咨询师不仅要避免妨碍有效沟通的行为，还要必须积极参与到帮助他人处理多样性问题的过程中。不言自明的是，跨文化交流和沟通的成功与否，很大程度上取决于人们所采纳的态度和哲学观念。任何一个群体中的人们与他人相互交往的方式，往往能够反映他们对生活和自身的更广泛意义上的哲学观。

心理咨询师必须是促进接受多样性和鼓励他人的模范,他们不仅要对文化保持敏感,还要能够对抗歧视和种族主义。虽然每个人都有能力让自己在不同时间不同情形下进行相应地改变,但是当心理咨询师与来自不同文化背景的来访者一起工作时,却有独特的机会把自己当成变化的推动者。Siccone(1995)提醒我们说,"每一个偏执狂都曾经是一个没有偏见的孩子"(p. 133);因此,拥护多样性必须尽早开始。许多态度和行为已经在人们的心理根深蒂固地存在着,而其中许多态度和行为则深受民族优越感的影响。心理咨询师面临的挑战是要能够帮助人们发展根植于自己文化身份的同时,欣赏其他不同文化背景的人,进而寻求与他们达成一致的方法和途径。需要我们做出的改变并不简单,也不容易。这些改变要求人们需要具有交流的意愿,对外国和外来文化报以同情,容忍那些不同于他们自身的观点,并发展出更为开放的方式,以便与来自不同文化群体的人交流。如果人们需要扩大对不同的人的接受程度,那么与少数族裔的接触尤为重要(Berry, Poortinga, Segall&Dasen, 2002)。如果人们有决心去适应他们的行为和态度,以及克服自身"种族中心主义"的欲望,那么他们可能会开始知道,当他们与那些远离自己经验范畴的文化接触时,会产生怎样的兴奋感。McGaa(1990)非常雄辩地表达了人们需要认识到这种相互依存的意愿:

> 我们的生存依赖于我们意识到地球母亲是真正的神圣之物,在这个世界上所有的事物都是神圣不可侵犯的,我们必须彼此分享和保持慷慨。将你们的男女同胞看作是被伟大圣灵所赐予的圣洁的人。时刻谨记万事万物内在相连。(p. 208)

参 考 文 献

Baron. R. S. , Kerr. N. L. , & Miller, N. (1992). *Group process , group decision , group action*. Pacific Grove. CA: Brooks/Cole.

Berry, J. , Poortinga, H. , Segall, M. , &Dasen, P(2002). *Cross-cultural psychology* (2nd ed.). London, UK Oxford Press.

Cohen, T(2012. February 8). Canada census 201 Immigrants and newcomers drive population growth. Retrieved from http://news. nationalpost. con/2012/02/08/canada-census-2011-

immigrants-and-newcomers-drive-population-growth/

de Montigny, L. (1972). Racism and Indian cultural adaptations. In Waubageshig(Ed.), *The only good Indian*(pp. 97—111). Toronto. ON: New Press.

Diller, 1. (2003). *Cultural diversity: A primer for human services*(2nd ed.). Pacific Grove, CA: Brook/Cole Dyer, G. (2001). Visible majorities. *Canadian Geographic*, 121(1), 44—55.

France, M. H. (2002). *Nexus: Transpersonal approach to groups*. Calgary, AB: Detselig Enterprises.

George, D. (1994). *My heart soars*. Surry, BC. Hancock House Publishers.

Helms, L. E. (2010). An update of Helms's white and people of color racial identity modes. In J. G. Ponterotto, J. M. Cases, L. A. Suzuki & C. M. Alexander(Eds.), *Handbook of multicultural counseling*(3rd ed., app. 181—198). Thousand Oaks, CA: Sage.

Labelle, M., (2007). *Challenge of diversity in Canada and Quebec*. Policy Options(March-April), 88—93.

Matsumoto, D., & Juang, L. (2012). *Culture and psychology* (5th ed.). Belmont CA: Wadsworth.

McGaa, E. (1990). *Mother Earth spirituality: Native American paths to healing ourselves and the world*. San Francisco, CA: Harper.

Mezlekia, N. (2000). *Notes from the hyena's belly*. Toronto. ON: Penguin Books.

Milloy, 1. (1999). *A national crime: The Canadian government and the residential school system*. Winniepeg, MB: University of Manitoba Press.

Noor. Queen. (2003). *Leap of Faith: Memoirs of an unexpected life*. New York. NY Miramax Books.

Okun. B., Fried, J., & Okun, M. (1999). *Understanding diversity: A learning-as-practice primer*. Pacific Grove, CA: Brooks/Cole.

Pedersen. P, & Carey, J. (2003). *Multicultural counseling in schools*(2nd ed.). Boston, MA: Allyn & Bacon.

Pedersen, P. Draguns, J., Lonner, W., & Trimble J. (2002). *Counseling across cultures* (5th ed.) Thousand Oaks. CA: Sage.

Robinson. T. L., & Howard-Hamilton. MF(2000). *The convergence of race, ethnicity and gender*. Upper Saddle River, NI: Merrill.

Salagame, K. (2011). Ego and ahamkara: Self and identity in modern psychology and Indian thought, InK. M. M. Cornensen, G. Misra. & S. Varma. *Foundations of Indian psychology concepts and theories*, Vol. I. New Delhi. India: Longman, Pearson Education.

Sciarra, D. T. (1999). *Multiculturalism in counseling*. Itasca. Il: PF Peacock Publishers.

Siccone. F(1995). *Celebrating diversity: Building self-esteem in today's multicultural classrooms*. Boston, MA: Allyn and Bacon.

Song. V(2007, January 15). Racism in Canada: Tolerance Retrieved from http://cnews. canoe.

ca/CNEWS/Canada/2007/01/15/3383862. html

Sue. D. , & Sue, D. W. 1(2007). *Counseling the culturally diverse:Theory and practice* (5th ed.). New York. NY Teachers College.

Suzuki, L, Ponterotto. 1.. Alexander, C. , & Cases. J. M. (2009). *Handbook of multicultural counselling* (3rd ed.). Alexander. VA: ACA Press.

2. 世界观探索

玛丽亚·德尔·卡门·罗德里格斯

是什么塑造了我们对他人的看法,当我们照镜子的时候,我们看到的是什么样的自己,这些都取决于我们对这个世界的了解,取决于我们相信什么是可能的,我们拥有什么样的记忆,还有我们是否对过去、现在或是未来心怀忠诚。

——西奥多·泽尔丁

"世界观"的概念往往涉及一种文化取向,以及与人类、自然、精神信仰、宇宙和与存在有关的其他哲学问题有关的一系列关系观念。世界观可以帮助我们定位自身在宇宙中的位置和地位,并影响我们的信仰、价值观、态度、时间使用和文化的其他方面。这种建构是充分而复杂的,因为它不仅涉及人之所以为人的种种条件,而且还包括哲学基础在内的诸多要素;此外,它还包括对社会文化构成、人类学概念,甚至是人的心理行为的理解。

历 史 根 源

世界观的使用通常是从一个特定的观点进行构想的。例如,斯科菲尔德(1991)指出,"旧世界"(即欧洲)比"新世界"更先进,因为文化价值的融合和复杂的社会结构是文明构成的重要部分。这是一个以欧洲为中心的视角,因为美洲居民也有其社会结构和文化价值,以及关于宇宙和生命如何被人们感知、理解和生活的知识。世界观(Cosmovision)是一个西班牙语词汇,意思是"宇宙视野",描述了那些密切围绕当地人生活的民间传说、神话、传奇、哲学和气象知识。根据 Malinowski 的研究(引用 Erdoes & Ortiz, 1984)来看,"神话在当地人生活中,其原形不仅仅只是一个故事,而是一种确切的现实生活"(p. 15)。因此神话能够有助于描绘社会功能的多样化,这些神话是"神奇的镜头,从中我们可以看到社会秩序和日常生活:家庭组织方式、政治结构运行方式……人们参加宗教仪式的感受,男性和女性是如何分配权力的,庆祝纪念战争的形式"(Erdoes& Ortiz,1984,p. 15)。气象知识对农业来说是根本,拥有关于天气类型和季节变化的知识对于生存也至关重要。

然而,对于理解一个文化的宇宙观念(或世界观)来说,还有更多的东西需要了解,而不仅仅是气象知识、民间传说、神话和传奇。世界观(Cosmovision)还包括了智慧、学问和文化象征,并赋予一整套信仰和传统以具体的形式,将今天的人们与数百年前的祖先联系在一起。虽然这些联系可能会是主要的,但人们对于世界的其他观点和看法,跟随着这个始终变化的存在而不断发展和呈现。一种文化的标准化存在范式,包括政治观念、生活方式、价值观、态度、情感表达、交流方式、甚至是技术进步等,这些都会赋予人们新的世界观。

世界上的每一种文化都有自己的观念,它们能够反映其看待世界的本质(如非洲、中国、印度、欧洲、美洲印第安人等等)。北美的教育实践是一种富有哲学体系的世界观,它源自于埃及、希腊、罗马和欧洲的诸多传统;在近代,"真理"或"无蔽"(aletheia)的概念,正如海德格尔(1967)所宣称的那样,被理解为通过分享个人诠释和由此产生的个人视野的融合而揭示现实的主动过程。如果我们暂且不提亚洲、非洲和原住民的观点,不把他们纳入海德格尔的概念之中,那么他对世界观的描述已然足够丰富。从历史上看,世界观源于德语单词 Weltanschauung(世界观)。在海德格尔(1988)看来,世界观在哲学传统中是根深蒂固的,它总是包含着对生命观的看法。他认为,如果世界观的作用是在压力情况下引导人们,那么这是一种需要信念支撑的存在方式。

哲学的角度

世界观源于人们在世界中所持有的自然立场,世界观中包含一系列由于拥有某一特定视界而产生的观念和个人理解;当个体对世界知晓越多,越是能够体验生命的所有独特维度时,那么世界观就会不断扩展。世界观的概念是复杂和广泛的,因为它包含的不仅仅是个人的思考,以及对个体对价值观、信念、假设、行为、交互规则等等的理解。世界观也包括导致人们产生这些理解的过程,他们与世界交互、表现的方式构成。伽达默尔(1986)认为,当我们来到这个世界的时候,我们就等于来到了一个自然的地方,来到了某个传统中,我们的家庭成员和他们的朋友都在这里生活着。我们周围的人都生活在人类历史阶段上某个特定时刻;他们说的是特定的语言,表达的是特定的宗教和哲学信仰,并且更倾向于在社会和道德上采取特定的行动。在我们学习生命中重要其他人的传统模式的过程中,我们为自己诠释个体未来的经历奠定了基础。伽达默尔(1986)说,传统并不是后天习得的,而是作为社会互动的结果所发生的一种体验;这是将个体自我纳入生活的一种独特的方式,也是人们占有和诠释个体作为人存在于这个世界的一种特有方式。Montgomery,Fine 和 Myers(1990)将世界观定义为"一种哲学假设、价值和原则的结构,人们有赖于此对世界进行感知。"(p. 38)。

社会文化的定义

世界观涉及到我们对宇宙的本质、人类的本质、人类与宇宙的关系的看法或形象,还有其他的哲学问题或哲学取向,帮助我们定义宇宙和定位我们在宇宙中的位置。这些取向直接与文化的意识形态、历史、哲学和宗教的维度联系在一起。文化被有关学者定义为一套隐性的规范、价值观和信仰体系,影响着群体的态度、行为和习俗(Gushue,1993)。例如,家庭文化会影响个人行为、抚养方式、家庭规则以及对成就和教育重要性的看法。这类规范通常会决定家庭的形式和功能,包括家庭类型、成员数量和家庭形态(McGill,1983;McGoldrick Giordano & Pearce,1996);文化还会定义家庭成员之间和成员与群体间的界限、互动规则和交流模式(Falicov & Brudner-White,1983;McGill,1997;

McGoldrick et al.,1996；Preli & Bernard,1993)；除此之外,文化还决定家庭成员的角色,看待问题的方式,并发展了特定的应对问题的技能(Schwartzman,1983)。Falicov(1995)将文化定义为一组共享的世界观、意义和适应性行为,它们来自于包括不同语言、年龄、性别、种族、民族、宗教、社会经济地位、教育和性取向等背景下的全体成员和同步参与。对文化的两种定义都表明,文化价值观决定了人们的行为,因此在家庭内部和较大的文化群体(如宗教信仰、学术团体等等)中确立了态度和行为的规范。家庭是传播文化价值观和世界观的主要媒介,父母和家族成员都会通过隐蔽和公开的手段,帮助孩子学习、内化,最终形成对文化的理解(Preli & Bernard,1993)。通过文化社会化,家庭必须将正面和负面信息的特定文化群体信息,以及其他文化的信息教给孩子们(Preli & Bernard,1993)。

　　每种世界观都是由文化环境决定的:社会习俗、传说、制度、种族、阶级和文化阶段(例如,家庭历史和特定文化,社会期望,工作习惯等等)。通过这些无数事件的相互作用,文化为人们提供了对自己、对世界其他地方、对宇宙以及对个体与这些事件关系的看法。世界观在一个社会的心理层面、社会学意义层面和技术层面也会得到体现,影响着社会组织、工具和设备的使用、情景化行为甚至语言。将世界观进行这种概念化解读,可以为人们提供一种机制来理解影响人们生活选择和决策能力的因素,诸如种族、文化、社会政治历史和生活方式等。世界观是一个中间变量,让我们可以对一个特定文化群体、文化一致性、以及文化专有技术有所了解并赋予意义。如果没有世界观作为中介变量,那么这样的知识可能会被误用,从而导致违背道德和文化压迫等现象的产生,尤其在一个多元文化环境中更是如此(Ibrahim,1991)。

　　Sire(1976)指出,人们的世界观是由我们对世界的预设和假设组成,而Horner和Vandersluis(1981)则认为,因为世界观是基于诸多文化变量形成,所以它们会影响人与人之间的关系,以及人们之间的互动方式。我们的世界观直接影响和调节着我们的信仰体系、设想、解决问题的方式、决策和解决冲突的方式(Ibrahim,1991)。Seltzer,Frazier和Ricks(1995),在他们回顾多元文化、种族和教育系统的关系时指出,明晰人们世界观的差异可以提高个人应对和控制环境的能力,即使环境包括那些来自不同文化背景的人。

人类学语境

在人类学中,已经有诸多术语用来描述人们对世界的普遍的看法,包括模式、主题、思潮和价值取向(Agar,1996;Kearney,1984)。这些世界观也被称为文化模式、民间模式和计划,这些特定的世界观包含了许多与人们生活各方面有关的某些特定领域。由于这些特定领域的多样性,人类学家并没有从单一维度进行简单限定;相反地,为了弄清楚这些具体观念,他们根据兴趣选择了那些在某一特定领域内具有代表性的观点。根据 Kearney(1984)的观点,世界观系统由动态的、相互关联的观点组成。例如,在人际关系的一般范畴内(Kluckhohn,C.,1951,1956),具体的观点可能包括对婚姻、承诺、陪伴、情感和人际冲突的理解(D'Andrea,1992;Quinn,1985;White,1983)。传统上,人们一直认为世界观仅仅包含着对世界的一种广泛的、普遍的理解。然而,在当代人类学语境中,文化被视为与个人经验的所有方面皆有联系,如人们生命活动的一般领域(共同经历)和特定(独特经历)领域。因此,最近的成果可能更准确地反映了文化和个体的本质(Schwartz,1992)。

跨文化的基础

Hall(1976)认为,在过去,个体不需要意识到他们行为系统的结构,因为他们的人际互动发生在有限定的环境中,交互对象与自己往往拥有相似人生观。然而越是到了近代,由于更广泛的人际互动和扩展,个体必须通过明确人际互动的规则等方式,超越自己的文化限定。不同文化之间的互动可以增强或降低人们对自己和他人的理解,这是由我们从父母辈的文化传承而来的价值观、信仰和传统与他人融合而成的结果。价值取向和世界观是我们所认为的"现实生活"的一部分,即使存在主义假设与规范性接受之间的哲学划分越发模糊不清。如果个体还没开始接受自己文化群体的价值取向,就试图审视批判其他文化群体的价值取向,那就未免太过雄心勃勃了。

在一个多元文化社会中,跨文化接触是不可避免的,人们需要理解文化变量,或者至少能够对此有些概念,以此来阻止偏见的发生。考虑到多元文化主义是一种根植于对人类本性和人类在宇宙中所处位置进行思考的哲学观念(Atkinson, Maruyama & Matsui，1978），那么世界观是对多元文化咨询亦是一种重要贡献。

有学者将世界观定义为我们对世界的基本认知和理解（Howard & McKim，1983；Kearney，1984），这一概念首次由 Sue(1978)引入他的跨文化文献作品中，他尤为强调世界观在多元文化遭遇时的重要性。Sue 把世界观定义为个体对他或她与世界的关系的看法（即自然、事物，习俗和人），并宣称社会政治历史知识、种族、文化和民族背景有助于确定他/她感知世界的方式，从而为基于这种认识的心理咨询方法提供新的见解。

进行世界观评估的基本原理

根据 Lonner 和 Ibrahim(1996)所述，当两个来自不同文化的人交流时，他们都需要先了解对方的世界观来建立信任和融洽的关系。Ibrahim（1984，1985)非常看重在跨文化咨询中构建世界观的重要性，这样做可以更好了解不同文化的患者，他还提出了一个更为广泛的概念，试图对泛文化背景下的基本人类关注进行澄清。该理论以世界观和文化身份作为个体生命的中介力量(Ibrahim，1985a；Ibrahim & Schroeder，1987)。易卜拉欣(Ibrahim)建议将当事人的民族、文化、性别、年龄、人生阶段、信仰、价值观和假设等文化身份的分析纳入其中，以便建立有效沟通和交流。如果需要进行澄清，世界观必须放在社会政治环境中进行，充分考虑到移民的历史，适应程度（对主流文化假设和价值观的舒适度）和语言使用。尽管易卜拉欣所开发的《世界观评估量表（SAWV）》主要是一个心理咨询工具，用以初步评估和理解患者的世界观和文化身份，我们仍发现它是一个在各种情况下都可以使用的资源。例如，当我们运用它帮助来自不同文化背景的人一起进行更有效的工作时，每个人都能够很好了解对方的世界观，并愿意加强沟通与合作。在高等教育中，来自不同国家的学生在第二个国家学习（如作为外国学生），学习不同的世界观有助于文化上的适应。在高等教育中，它还可以基于学生的文化假设，用以促进其适应的过程和目标的发展。如果没有世界观作为中介变量，那么对特定文化和文化特定技术的知识就会被误用，从而导致误解。例如，世界观为政府、教育部门和咨询机构的工作者提供了一种机制，可以用来了解种族、文化、社会政治历史和生活方式对人们的生活选择和决策能力所产生的影响。

　　Ibrahim(1984，1985a)，Ibrahim & Schroeder(1987，1990)和Sue(1978)提出了三个主要的建议，以帮助咨询师应对多元文化咨询过程中的压力。这些建议包括咨询师应对当事人的世界观有所理解，对特定文化进行了解，以及对特定文化的语言和非语言技能进行了解，以更好促进与患者的关系。在一般层面上，有助于推进跨文化咨询的世界观维度应符合以下三个标准：

- 这些维度应该是全面的(它们综合了广泛的人类经验)；
- 它们适用于跨文化群体；
- 它们与跨文化的来访者有关。

　　由易卜拉欣和卡恩(1984，1987)所编写的《世界观评估量表(SAWV)》，是基于Kluckhohn-Strodbeck(1961)研究模型中所发现的五种存在类型而开发的。根据Ibrahim和Kahn(1987)所述，使用SAWV有助于帮助那些需要与来自不同文化背景的个体一起工作的人，考虑到个体的世界观与他/她的认知、情感和社会认知以及与世界的互动方式有直接的关系，咨询师就一定要了解他们具体的世界观、信仰、价值观和假设。此外，它还有助于帮助个体澄清自己与主流文化群体世界观的差异(Ibrahim，1985；Ibrahim & Schroeder，1990)。

　　有趣的是，虽然多元文化主义在世界范围内业已成为政府政策，却很少有专业评估措施能够帮助人们进行文化认同和世界观澄清。此外，还需要对额外的信息进行评估，如关于一个人的社会政治历史(例如，学生所认同的群体，迁徙的历史，少数或主流文化视角下性别的影响)，个人经历(例如，家庭生活/周期史、宗教)，对另一种文化的初级和次级认同程度(例如，文化适应水平，语言使用情况)，这样可以对来自不同文化的其他人，能够对自己所关心的领域形成出更为清晰的理解。

原则

　　人类学研究的结果可以用来证明世界的文化可以被划分成两种截然不同的类别，在这些类别中自我能够被人们定义，概念化和清晰表达(Bateson & Mead，1942；Brown & Lundrum-Brown，1995；Gaines && Reed，1995；

Geertz，1983；Shweder，1991）。这些类别分别是相关的或高语境文化（Trian-dis，1994；Matsumoto，1996）和分析的（Geertz，1983；Shweder，1991）或低语境文化（Triandis，1994；Matsumoto，1996）。每个类别都有不同的观念建构，比如对自我、时间观念，个人控制、对思想和身体的理解，以及对道德和与人相处的建构（见表 1）。然而，这些分类不应被解释为相互对立或一成不变的。相反地，我认为它们可能存在于一个连续体中，作为周期性的各个方面，存在于彼此之间甚至在一些碎片中。在连续体中，随着文化的改变，高语境文化可能会变成低语境文化（这种变化可能看起来自相矛盾）。作为周期性的方面，从高语境文化到低语境文化的变化，将会表现出对原始状态或存在模式状态的回归。

存在于彼此之间意味着高语境文化存在于低语境文化中，反之亦然。例如，在一个发展中国家内部，同时存在着贫困地区和另一个在技术、卫生服务、工作和教育机会对大多数人来说都较为优越的地区。这种情况在发展中国家是可能的，因为在这些国家获得教育、医疗服务和其他社会商品的机会是不均等的；在这样的设定中，价值偏好和价值取向可能不同。高语境和低语境文化可能也以碎片化方式存在；这意味着某个特定文化群体可能会表现出一种混合或组合的偏好，它们会根据环境变化而相应发生变化。因此，这两种类型的特征（高/低语境文化）将出现在某些特定人群中。这种解释能够描绘人们世界观广泛结合或融合的可能性。

某些认知观念可能被认为是个体世界观的核心。这些认知包括对世界抽象的、核心的理解，包括生命的广泛领域，如人类的本性、人际关系、自然、时间和活动，Kluckhohn 和 Strodtbeck 早在 1961 年就提出了这样的看法。他们的研究框架主要考虑到下面所列举的关于存在的哲学和心理维度。

人对人类固有本性的评价是什么？ 这一范畴涉及到个体对自我和他人的认识，关于这个问题下面共有三个维度：a）人性本善；b）人性是善与恶的结合；c）人性本恶。人们需要了解自我和他人是如何看待本性善恶的，这样做可以为我们提供对自己生命本质的洞察，对人际关系意义的探究，或是某个人可能经历的与自我和他人的疏离，以及体验到那些可能反作用于自己的消极态度。这种基于本体论维度的理解也可以看作是客观-唯物或主体-精神范畴的代表。美国的主流观点认为人类本质上是恶的但本性上是完美的，与此相反，非西方文化可能认为人性本质上是善的，或者是善与恶的混合体。在宇宙中存在善与恶两种力量，由于人类是宇宙的一部分，那么这些力量也存在于人类中。人性善与恶的观点可以进一步拓展，比如人们无法消除恶的存在，因为它是宇宙自然的和必要的部分。

人与自然的关系是什么？ 这一范畴涉及人与自然环境的关系。有些文化强调人应与自然和谐相处；有些文化则强调人应该征服和控制自然；还有一些文化能够认识到自然力量的强大和人类的脆弱。当人与自然的关系被忽视时，人们就会成为这种幼稚化行为的牺牲品。对人们来说，理解环境对个人的意义是非常必要的。人与自然环境的关系应该是"和谐的"，个人是自然环境不可分割的一部分，人们只能为了生存的目的利用环境。在这个世界上，人类作为地球上的最高生命形态，如果控制和利用自然环境是为了个人利益和社会的利益，那么人们与自然的关系便是一种从属关系。在这种思想框架下，所有的自然现象都要有符合逻辑的或是科学的解释。另一种类型的关系是征服关系，在这种关系中人们是无助的，并且由自然环境支配。这种观点主要出现在那些不太发达的文化中，人们日常生活都是为了生存而努力。极端的气候条件，缺乏食物和水，以及有限的技术发展，造成这种文化处于自然的支配之下。因此，自然被认为是一种活跃的、经常表现为反复无常的一股力量，超越人类的控制，必须加以平息。这种观点促使人们形成了火山崇拜，太阳崇拜等自然崇拜现象。合作观认为人类与自然之间是一种工作关系，人们与自然应和谐相处；这一观点强调人类对自然环境的尊重。许多文化中都认为自然是上帝的神圣创造物，是上帝灵魂的栖居之所。自然和万物都是神圣的，没有人有权利去破坏自然或成为大自然的主人。

整个生命时间的关注点是什么？ 这一范畴是指人们对时间的感知和对时间价值的认识。Hall（1976）将时间分为历时性（polychronic）和共时性（mono-chronic）两种。在历时性文化中，人们会在一段时间内同时进行多种活动，并且更具有自发性，更为强调人而不是时间表；在共时性文化中，人们所体验的时间是一个连续体，是线性的、固定的、有形的；人们通常会用诸如失去、爬行、弥补、加速、投资、放慢或耗尽等词汇来描述时间。不同的文化以不同的方式感知和理解时间的概念，将时间聚焦于过去（囿于传统），现在（关注当下）或未来（目标导向)。根据 Ibrahim(1993)所述,"与时间相关的感知、利用等能力是人类独有的特征"(p.33)。

群体的主要活动模式是什么? 这一范畴是指某种文化下人们的主要活动形式。个体可以用诸如"正在做什么"或"正在成为怎样的人"等话语来描述他们在这个世界上的存在,"正在成为怎样的人"是人们描述自己存在的一种偏好,它强调的是自我所有方面作为一个整体而存在,包括人的精神层面,其目标是个体自发性的发展。它是一种更为被动,过程确定和聚焦方向的活动描述。与此相反,"正在做什么"这种描述更偏好于对某个特定目标追求过程中的发起活动,它出现在以生产力和成就为基础的强调奖励和地位的社会中。在深入了解一个个体作为文化实体的具体细节之前,这个观点考虑到了人们普遍关注的问题(Ibrahim,1993)。从 Sitaram 和 Codgell(1976)的一段轶事中可以看出,人们对工作和活动的不同看法中所体现的思考方式,也能够体现文化自身的特点:

> 如果你问一个印度人,为什么他只能从自己的土地收获 10 袋玉米,而他的邻居却收获更多,他会说这是上帝的愿望。一个美国农民对同样问题的回答是:"因为我不够努力。"(p.51)

该群体与他人关系的模式是什么? 这种分类关系到人们与他人的关系。社会关系可以描述为一种相互依存的关系,依存关系中的亲密感能够有助于实现周边拓展群体的目标和利益,并且自我能够通过相互关系得到提升;或者是个人主义,在个人主义中,个人目标的实现是优先于家庭、团体或社会的首要目标。这种分类也可以指社会关系、社会组织,社会或社会群体的等级制度中的社会关系模式。虽然西方文化有明确的等级制度,但有一种普遍的观念(通过为数不多的成功案例来维系)认为,通过勤奋和努力,人们可以自由地向更高的层次迈进。这种自由在社会阶层和任何人都能获得高地位的观念之间创造了更大的流动性。另一方面,东方文化下的社会地位更趋稳定,如人们的出生地位能够预测社会地位;由于社会阶层流动的限制,静态文化倾向于对地位较高的人更加尊重。社会组织的另一个方面是与不同团体的隶属关系。美国人倾向于作为参与者,许多团体成员通过各种活动参与团体。然而,人们对这些团体及其他成员的承诺程度是非常薄弱的,团体成员和人们可以自由地在不同团体之间转移。在许多东方文化中,人们往往只属于少数团体,这种隶属关系实际上是一种终生承诺。

　　除了这些观点之外,有些学者还描述了其他一些世界观维度,这些维度大多关注人们的认知方式、思维方式和自我概念(Brown & Lundrum-Brown, 1995;Oyserman, Coon & Kemmelmeier, 2002)。在认知方式,即认识论,或个人如何把握意义上,这一领域存在着认知的与情感的认识方式;在思维方式,即逻辑上,存在着线性与循环之分;对自我的概念可能被定义为是个体的还是拓展的(参见表1)。在认识论领域,我们可以肯定的是,每个人的生活方式和每个相对同质的群体背后,在他们全部历史中的任何一个时间点,都存在着特定的哲学观。这一观点在认知和情感两个维度上,以或明确或隐蔽的方式,赋予了生命一定的一致性或统一性。每个人都会赋予哲学一种独特的苏格拉底式的色彩,而有创造力的个体则会明显地重塑它。然而,关于基本价值、存在假设和基本抽象的主要概况,都是由独特的生物遗传和特殊的生活经历所创造出来的。

　　思维方式(逻辑)存在着线性(因果效应)和循环两种类型。几乎每个文化群体都会认同这样的观点,即他们的文化遵循着自然的过程,而关于人的本性,即使本质上不是理性的,也会拥有理性的维度。然而,理性的形象或概念受制于文化差异。这个术语涉及的是从现有的信息和在文化中普遍存在的形而上学假设中得出合乎逻辑的、有效的结论。要了解任何一种文化的合理性,我们必须了解作为合理性存在基础的各种前提。美国和欧洲的文化倾向于遵循基于亚里士多德原则的逻辑体系;其他文化则遵循着诸如阴阳(平衡)的原则。意识到其他文化中的原则、前提和假设,能够使我们理解不同的推理和逻辑过程。

　　自我维度可以部分地定义为受个人主义或外延自我所影响的一种文化限制。所有的文化都存在一个主导模式,它指定了自我在这个维度中的文化位置。Oyserman 等人(2002)发现,集体主义下的自我感,与基于社会导向的变量、对排斥的敏感性、归属感的需要以及基于家庭生活的自我价值感相关。在大多数西方社会中,自我往往被定义为与个体自身有关,与任何其他群体的成员(如家庭、邻居、同事)很少有联系或没有联系;相反的是,在大多数非西方社会中,群体则是主要的社会实体,其最终目标是实现群体的福祉(Kearney,1984;Schwartz,

1992；Samovar & Poter,1995；Oyserman et al.,2002)。根据这一原则,在群体背景下群体对个体具有重要意义,群体可以为他们提供生活必需品,同时个体也需要承担群体某些义务,从而支持和维持群体发展。此外,在某些文化中,自我的重要性从来没有被强调过,所以自我不会被强加于他人,也不会妨碍个人对生活的追求。根据 Ibrahim,Roysircar-Sodowsy & Ohnishi(2001)所述,个体是个人主义还是集体主义取向,会影响他/她看待助人关系的方式,他/她所面临的困境以及帮助患者实现心理解脱的方法。

在跨文化咨询中,这些观点构成了迄今为止关于世界观的大部分工作基础。因此,能够识别这些关于个人世界观的存在维度,对于理解那些与特定主流群体不同的人来说是至关重要的。

多元文化咨询的应用

Kluckhohn 和 Strodtbeck(1961)的存在维度模型是基于个体对其所处世界的感知和取向而建构,它为人们探索个体关于世界观的假设和理解的提供了可能。鉴于个人的世界观与他/她的认知、情感和社会认知以及与世界的互动有直接关系,这个框架对多元文化咨询是一重要贡献,因为它植根于哲学和社会学的人性观和人们在宇宙中的地位。由于价值取向和世界观占据我们所感知的"现实生活"的相当大的部分,因此我们很容易忽视他人的观点,尤其是在跨文化接触上更是如此。它要求我们能够理解——或者至少概念化——这些文化变量,以防止偏见发生。这样,这个框架就成为了我们看待和解释这个世界的立场,取决于我们所处历史上的特定时间、所处文化中的特定时刻,以及对现实的特定倾向性。虽然这个框架可以看成是一种人们感知世界方式的非常明显的二分法(或者参见表 1),但重要的是我们需要提醒自己,这些类别可能同时存在于个体、群体和整个世界中。

在多元文化咨询中,运用"世界观框架"可以帮助咨询师、患者和其他助人职业的从业者了解他们自己,扩展他们的文化视野,珍惜自身与现实的相关性,并承认其他参照系和各种观点的有效性。此外,它还可以作为人们分析自己价值观、信仰和假设的基础,以及作为探究不同类型知识的建构和有效性的工具(比如:文化的、社会的、政治的、历史的等等知识)。它是一种意识,同时也是对个人感知和理解的检验,允许个体世界观不断进行组织或重构,从而导致我们与他人之间的互动更为开放。因此,运用这一世界观框架,可以考察五个存在的维度和价值取向,能够帮助我们消除由于文化误解或误会所带来的压迫的风险,以及潜在的团体内部差异被泛化到特定群体所有人的刻板印象(Myers,Spreight,Cox,Highlen & Reynolds,1991);还能够帮助我们消除在与他人互动时,自己所运用的与文化相关的特定信息、知识和技能之类的文化神话的延续。如果我们认识到影响世界观发展,以及影响个体和群体世界观的审查、评估和理解的多种原因(如种族、性别、社会阶层、宗教),将能够极大地增强我们在多元文化咨询领域的探究,不仅有助于我们更深入了解个体差异,同时也是一个至关重要的变量来促进这些过程。

表一　世界观观点

文化分类

价值偏好	分析的/低语境	相关的/高语境
活动(心理/行为)	行动	存在
与自然的关系	掌握/统治	和谐/交流
时间	共时性	历时性
社会互动/自治(精神)	独立的/个体	相互依存/集体
人性(本体论)	客观的/唯物倾向	主观的/精神取向
自我概念	个人主义/参照	相互依存/拓展
逻辑(思维方式)	线性的	循环的
认识论(认识方式)	认知的	情感的
价值论(社会价值)	竞争	合作

（转引自 Brown & Lundrum-Brown, 1995; Geertz, 1983; Kluckhohn & Strodtbeck, 1961; Matsumoto, 1996; Shweder, 1991; Triandis, 1994)。

Kluckhohn 和 Strodtbeck 在 1961 年所提出的价值取向框架已经被诸多学科所认可和采纳,作为一项研究方法,当人们需要对个体的世界观进行审视、分析和思考时,足以发现和证明它的有效性。其他研究人员(Ibrahim 1984;Ibrahim & Schroeder,1997;Mikaylo,1991;Ibrahim & Kahn,1994;Kohls,1994;Sue

& Sue,2007)在此基础上进行了部分修订,但最初的五个存在维度或类别仍然是后续研究的基础。尽管关于价值取向框架的研究工作前后具有一致性,但它并不能逃脱其他学者的评判。在最初的框架结构中,由 Kluckhohn 和 Strodt-beck(1961)提出的概念化问题只涉及价值观的二分性。其结果揭示了人们对存在维度选择的偏好,而欠缺的则是基本原则,或者至少是对这些选择的澄清。人们经验所具有的主观性并不能够丰富定性研究。因此,他们的研究数据往往是较为原始的,只能够反映部分现实。该框架的基础和变量为我们提供了一个 40 年前的观点;然而目前它却已经扩展并发展成不同的方案,正在被广泛采用。该框架所具有的益处可以概括如下:

- 它根植于哲学和社会学关于人类本性的观点,认为文化价值观念是文化知识的构成。
- 它鼓励人们通过探索价值观、假设、传统、信仰以及跨文化的知识、行为和思考方式来提高意识水平,从而促进和提升人们对不同世界观的理解。
- 它提供了一种对世界观的理解,同时帮助人们理解世界观对个体身份、哲学和与世界交互模式(问题解决、冲突解决和决策)的影响。
- 它通过确定个体的文化价值观、信念、观点和参考框架对个人发展和转型影响的方式,促进个体对个人世界观的建构、解构和重构的检验。

结　　论

在个人的生命周期中,个体感知、体验和赋予生活驱力的方式各不相同。我父亲总是提醒我,这个世界上的一切都是相对的和因势而定的;我越了解自己和别人,我就越倾向于相信这个观点是正确的。从 20 世纪 50 年代初到最近,研究人员已经广泛探讨并定义了不同的文化范式,用以描述文化不同文化群体间差异的维度(Kluckhohn, 1951;Sue, 1978;Ibrahim, 1981、1984;Ibrahim & Kahn, 1984;Brown & Lundrum-Brown, 1995;Axelsen, 1999;Diller, 1999;Okun, Fried & Okun, 1999)。然而,似乎是假设、传统、态度、价值观、信念和认知方式、行为和思维——所有这些构成了世界观——比人们所预想的有更多跨文化上的共同点。虽然如此,我们既不能否认没有任何替代品能够代替直接,有意义和全面的生活经验,也不能认为世界上存在任何两个人具有同质性。当个人能够选择,愿意冒险去体验这个世界的时候,就能够获得意义和感悟。因此,进而能够促使自我向他人开放,变得敏感和尊重他人,是无价的,也是不可替代的。我们只有通过直接的方式,才能体验到日常世界方方面面的变化和调整,体验所有的变革和革命。

今天,由于更广泛的互动和扩展,人们有必要通过将人际互动所依赖的规则显性化,来超越自己的文化限制;跨文化的互动可以加强或削弱人们对自己已有的认识和看法。而这些认识和看法往往是由个体继承自父母文化的价值观、信仰和传统融合而成。

世界观的建构与人类的历史一样古老。柏拉图和苏格拉底,还有巴门尼德和赫拉克利特,他们通过不断审视自己的生活方式来反省自己的生活,并从而与世界互动。苏格拉底的名言“未经审视的生活不值得过”,教会我们自我评价和自我发现在日常生活中的重要性。也许诚如托马斯·曼所说的那样,“从来没有人在看清自己后仍是原来的自己”。

这一章从不同的角度考察了世界观的建构,并试图揭示人们感知、体验和创造世界意义的方式。从哲学层面看,世界观源于人们对自然的立场,源于人们在生活经验和建构关于世界的概念和体系过程中产生的一系列观念和个人理解。它是理解宇宙万物的一种自觉的方式,因此世界观中总是包含着人生观。世界观起源于人们“对这个世界的一种全面反映……并且以不同的方式发生在个体身上,或是明确自觉地,或是认同那些已经普遍存在的世界观”(Heidegger,1988,p.3)。文中提及的世界观模式的构建,考虑到了人们对下列因素多样性理解的持续发展和成熟:对世界的理解,对他人和自我的理解。世界观是个体经验所发展出的一种立场,通过世界观,可以了解人们如何看待世界,在特定的历史时期对这个世界的解释,在不同文化下特定的时间里个体对现实的倾向性。从社会学层面看,每个个体的世界观是由文化环境决定的,诸如习俗、传统、制度、种族、阶级和文化阶段(如家庭历史和特定文化、社会期望、工作习惯等)。通过这些无数事件的相互作用,文化为人们提供了关于他们自己、世界上其他人与物、宇宙以及自我与这些元素的关系的基本观点。

在人类学中,已有许多术语被用来描述这些对世界的普遍看法,包括模式、主题、思潮、价值取向、文化或民俗模式和范式（Agar，1996；Kearney，1984）；它们包含了许多与生活各方面有关的受限制的领域。不同的文化群体已经形成了独有的理解世界的模式，带来的结果则是，在不同的文化中有多种多样的差异化来源，影响着个体世界观的形成。从跨文化角度看，Sue（1978）将世界观定义为个体对他/她与世界关系的看法（即：自然、事物、公共机构和人），并认为个人的社会政治历史或种族、文化和种族背景的知识有助于确定人们感知世界的方式。

　　然而，世界观研究还有待进一步发掘，因为世界观研究不仅限于文化差异，更重要的是如何在观念探讨、对彼此的理解和宽容方面更为深入。还需要专门进行研究的一个重要领域是量表的编制。虽然目前已有一些量表被广泛地用来评估人们的世界观，但这些量表并没有经过跨文化检验，有些学者已经开发了跨文化量表，但仍需要进一步发展和改进。因此很明显的是，需要继续在跨文化的情况下对世界观概念进行进一步的工作，不仅因为世界观看起来是一个可行的统一建构的概念，可以对跨文化教育、心理和咨询方面的变化进行理解，同时它也为理解他人提供了强有力的方法和途径。在一个多元文化的社会中，跨文化遭遇是不可避免的，为了防止偏见的出现，提高人们的接受度和包容度，它需要人们能够理解，至少有能力去概念化其他人的世界观。Wurzel（1988）对这些观点进一步补充说，"具备多元文化的人能够质疑他或她自己文化的随意性，并接受这样的命题，即其他文化下与己不同的人可以丰富他们的经验"（p. 10）。

参 考 文 献

Agar, M. (1996). Language shock: Understanding the culture of conversation, New York: Morrow.

Atkinson, D. R. , Maruyama, M. & Matsui, S. (1978). The effects of counsellor race and counselling approach on Asian Americans perceptions of counsellor credibility and utility. *Journal of Counselling. Psychology*, 25, 76—83.

Axelson, J. (1999). *Counselling and development in a multicultural society* (3rd ed.). Pacific Grove, CA: Brook/Cole.

Bateson, G, & Mead, M. (1942). *Balinese character: A photographic analysis*. New York, NY: New York Academy of Sciences.

Brown, M. T, & x Lundrum-Brown, I. (1995). Counsellor supervision: Cross-cultural perspectives. In J. P. Ponterotto, JM. Casas, LA. Suzuki & C. M. Alexander(Eds), *Handbook of multicultural counseling*. (pp. 263—287). Thousand Oaks, CA: Sage.

D'Andrea, M. (1992). The violence of our silence. *Guidepost*, 35(4), 31.

Diller, J. (1999). *Cultural diversity: A primer for human services*. Pacific Grove, CA: Brook/Cole.

Erdoes, R. , & Ortiz, A. (1984). *American Indian myths and legends*. New York, NY: Pantheon Books.

Falicov, C. J. (1995) Training to think culturally: A multidimensional comparative framework. *Family. Process*, 34, 373—388.

Falicow, C. J, & Brudner-White, L. (1983). Shifting the family triangle: The issue of cultural and contextual relativity. In J. C. Hansen & C. J. Falicov(Eds.), *Cultural perspectives in family therapy: The family. therapy collections* (pp. 51—67). Rockville, MD: Aspen.

Gadamer, H. (1986). *Truth and method*. New York: Crossroad Publishing Company. Gaines, S. O. , Jr, & Reed, E. (1995). Prejudice. *American Psychologist*, 50, 96—103. Geertz, C. (1983). *Local knowledge*. New York: Basic Books.

Gushue, G. V. (1993). Cultural-identity development and family assessment: An interaction model. *The Counselling Psychologist*, 21, 487—513.

Hall, E. T. (1976). *Beyond culture*. New York: Anchor/Doubleday.

Heidegger, M. (1967). *Being and time*. New York: Harper & Row.

Heidegger, M. (1988). *The basic problems of phenomenology*. Bloomington: Indiana University Press.

Horner, D. , & Vandersluis, P(1981). Cross-cultural counseling. In G. Althen(Ed.), *Learning across cultures* (pp. 30—50). Washington, DC: National Association for Foreign Students Affairs.

Howard, M. C. , & McKim, PC(1983). *Contemporary cultural anthropology*. Boston: Little, Brown. Ibrahim, E(1984). Cross-cultural counselling and psychotherapy: An existential-psychological perspective. *International Journal for the Advancement of Counselling*, 7, 559—569.

Ibrahim, E(1985). Cross-cultural counselling training. In McFadden, J. (Ed.). *Transcultural counselling: Bilateral and international perspectives* (pp. 23—58). Alexandria, VA: American Counselling Association Press.

Ibrahim, (1985a). Effective cross-cultural counselling and psychotherapy: A framework. *The Counselling Psychologist*, 13, 625—638.

Ibrahim, E(191). Contribution of cultural world view to generic counselling and development. *Journal of Counselling and Development*, 70, 13—19.

Ibrahim, F(1993). Existential world view theory: Transcultural applications. In J. McFadden (Ed.). *Transcultural counselling Bilateral and international perspectives* (pp. 23—58). Alexandria. VA American Counselling Association Press.

Ibrahim, F, & Kahn, H. (1984). *Scale to assess world view*(SAWV). Rockview, CT: Schroeder Associates.

Ibrahim, F. A. &. Kahn. H. (1987). Assessment of world views. *Psychological Reports*, 60. 163—176.

Ibrahim, F. A. , Roysircar-Sodowsky G. , & Ohnishi. H. ,(2001). World view: Recent developments and needed directions. In J. G. Ponterotto, J. M. Casas, LA. Suzuki & C. M. Alexander(Eds.), *Handbook of multicultural counseling* (pp. 425—456). Thousand Oaks, CA: Sage.

Ibrahim, F. , & Schroeder, D. G. (1987). Effective communication with multicultural families. In J. Mc Fadden(Ed.), *Transcultural counselling : Bilateral and international perspectives* (pp. 23—58). Alexandria, VA: American Counselling Association Press.

Kearney, M. (1984). *World view*. Novato. CA: Chandler & Sharp.

Kluckhohn, c. (1951). Values and value orientations in the theory of action. In T. Parsons & E. Shiles(Eds.). *Towards a general theory of action. Cambridge*, MA: Harvard University Press.

Kluckhohn, C. (1956). Towards a comparison of value-emphasis in different cultures. In LD. White(Ed.), *The state of social sciences*. Chicago: University of Chicago Press.

Kluckhohn. F. & Strodtbeck. E(1961). *Variations in value orientations*. Evanston: IL. Row Paterson.

Kohls. R. (1994). *Developing intercultural awareness: A cross-cultural training book*. Yarmouth, ME: Intercultural Press.

Matsumoto, D. (1996). *Culture and psychology*. Pacific Grove, CA: Brooks/Cole.

McGill, D. w(1983). Cultural concepts for family therapy. In I. C. Hansen & C. J. Falicov (Eds.), *Cultural perspectives in family therapy: The family therapy collections* (pp. 108—121) Rockville, MD: Aspen.

McGoldrick, M. , Giordano. J. , & Pearce. J. K. (1996). *Ethnicity and family therapy* (2nd. ed). New York: Guilford.

Montgomery, D. E. , Fine, M. A. , & James-Myers, L(1990). The development and validation of an instrument to assess an optimal Afrocentric world view. *Journal of Black Psychology*, 17, 37—54.

Myers, L. J. , Spreight, S. L. , Highlen, PS. , Cox. CI. , Reynolds, A. L, Adams, E. M. , & Henley, C. P(1991). Identity development and world view: Toward an optimal conceptualization. *Journal of Counselling and Development*, 70. 54—63.

Mikayla, M. (1991). Cross-cultural awareness in the foreign language class: The Kluckhohn model. *The Modern Language Journal*, 75, iv.

Lonner. W. , & Ibrahim, E(1996). Research about effectiveness. In P Pedersen. J. Draguns, w. Lonner & J. Trimble(Eds.). *Counselling across cultures* (4th ed. , pp. 323—352). Thousand Oaks, CA: Sage Publications.

Okun，B.，Fried. J.，& Okun. M.（1999）. *Understanding diversity*：*A learning-as-practice primer*. *Pacific Grove*，CA：Brook/Cole.

Oyserman，D.，Coon H. M.，& Kemmelmeier. M.（2002）. Re-thinking individualism and collectivism：Evaluation of theoretical assumptions and meta-analysis. *Psychological Bulletin*，128，3—72.

Preli，R.，& Bernard. JM.（1993）. Making multiculturalism relevant for majority culture graduate students. *Journal of Marital and Family Therapy*，19（1），5—16.

Quinn，N.（1985）. Commitment in American marriage：A cultural analysis. In J. W. D. Dougherty（Ed.），*Directions in cognitive anthropology*（pp. 291—320）. Urbana，IL：University of Illinois Press.

Samovar，LA.，& Porter. R. E.（1995）. *Communication between cultures*. Belmont. CA：Wadsworth Schelling.

Schwartz，T（1992）. Anthropology and psychology：An unrequited relationship. In T Schwartz，G. M. White & C. A. Lutz（Eds.），*New directions in psychological anthropology*（pp. 324—349）. Cambridge，UK：Cambridge University Press.

Schwartzman，J.（1983）Family ethnography：A tool for clinicians. In I. C. Hansen & C. J. Falicov（Eds.），*Cultural perspectives in family therapy*：*The family therapy collections*（pp. 122—135）. Rockville，MD：Aspen.

Scofield，B.（1991）. *Day-Signs*：*Native American astrology from Ancient Mexico*. Amherst MA：One Reed Publication.

Seltzer，R.，Frazier M.，& Ricks，I.（1995）. Multiculturalism. race，and education. *Journal of Negro Education*，64. 124—140.

Sire，J. W.（1976）. *The universe next door*. Downers Grove，IL：Intervarsity.

Sitaram，K. S.，& Codgell，R. T.（1976）. *Foundations of intercultural communication*. Columbus OH：Charles E. Merrill.

Shweder，R.（1991）. *Thinking though cultures*. Cambridge，MA：Harvard University Press.

Sue，D. W.（1978）. Eliminating cultural oppression in counselling：Toward a general theory. *Journal of Counselling Psychology*，25，419—428.

Sue，D. W.，& Sue，D（2007）. *Counselling the culturally different*：*Theory and practice*（5th ed.）. New York：John Wiley and Sons.

Thriandis，H. C.（1994）. *Culture and social behavior*. New York：McGraw-Hill.

White，A.（1983）. A factor analysis of the Counselling Orientation Preference Scale（cos）. *Counsellor Education and Supervision*，23. 142—148.

Wurzel，J.（1988）. *Toward multiculturalism*：*A reader in multicultural education*. Yarmouth，ME：Intercultural Press，Inc.

3.发展多元文化咨询技巧

M.奥诺雷.弗朗斯,杰弗里·G·赫特 &
玛丽亚·德尔·卡门·罗德里格斯

有些人则将加拿大比喻成一个文化和语言的高压锅。加拿大是一个以协商和妥协为原则的政治实体,它往往被描绘成由两个不平等宪章团体所组成的混合体,再加上两个非常热衷于提倡自身权力主张的群体,一个是虽被征服但日益自信的原住民,还有不断增长的其他种族和少数民族群体。
(Fleras & Elliott,1992,p. 1)

加拿大和北美的文化现实在过去五十年中发生了巨大变化,这种巨变不仅表现在有色少数民族数量上不断增长,还表现在人们对不同群体的态度也发生了变化。这并不是说加拿大种族主义者相对变少。相反地,随着世界人口结构的改变,国家边界不再以种族进行明确划分,而是变得更加复杂,以至于加拿大人的普遍观点和态度都发生了变化。在过去,欧洲文化背景群体占了北美新移民的绝大多数,而今天,亚裔群体则是新移民群体的主要构成,尤其是在不列颠哥伦比亚省和安大略省。在加拿大的学校里,多元文化的现实是显而易见的,那里有大量的学生并不是来自欧洲民族群体,如英语和法语国家。根据加拿大统计局(2002 年)的数据显示,加拿大的总人口构成中呈现出越来越明显的少数族裔群体特征(表1)。更重要的是加拿大北方少数民族的聚集,其大多数人口或主要少数民族都是第一民族群体。还有加拿大诸多大城市,如多伦多、温哥华和蒙特利尔,都是由大量可见的有色族裔群体组成。不仅如此,诸多加拿大新面孔还可以在像不列颠哥伦比亚省这样的省份看到。包括第一民族在内,不列颠哥伦比亚省 21.7%的人口都是有色少数族裔。而在 BC 省的绝大多数有色少数族裔,除了第一民族外,都生活在海拔较低的大陆地区。这就意味着在不列颠哥伦比亚省遇到少数民族的几率超过 1/5。想想下面这个传遍了不列颠哥伦比亚省的笑话吧:

"你知道是什么将中国和印度分隔开吗?"我的朋友用一口字正腔圆的英语问到,他毕业于新德里一所私立的精英学校。

"喜马拉雅山?"我尝试说。

"不不不,是弗雷泽河。河这边的萨里都是旁遮普人,另一边的里士满都是中国人。"(Das,2000,p. A6)

表 1 加拿大少数民族人口

加拿大总人口	31241030
白 人	249200465
中 国	1168485
南 亚	1233275
黑 人	696800
菲 律 宾	389550
拉丁美洲	304245
东 南 亚	231425
阿 拉 伯	265550
西 亚	156700
韩 国	138425
日 本	60415
原 住 民	1146025

资料来源:加拿大公民及移民,2011

对于咨询师来说,这一变化的意义在于,如果咨询师要向他们所负责的患者提供足够有效的帮助,那么培育和发展多元文化咨询技巧是非常必要的。加拿大社会的多元文化现实会在相当一段时间内给咨询师们带来挑战，而大学则刚刚开始认识到多元文化教学的重要性。一般来说，在 9 到 12 门研究生课程中，只有一到两门课程专注于多元文化主题。在研究生心理咨询课程中，大部分课程仍然以欧洲为中心，采用源自欧洲的培训和干预措施。咨询师及其教育者"需要能够意识并认识到他们自身的文化封闭性，进而共同来克服它"（Vinson & Neimeyer，2000，p. 177）。本章的目的先是介绍 Helms 和 Cooks（1999）提出的咨询效果模型，然后再尝试对 Sue、Arrendondo 和 McDavis（1992）提出的多元文化胜任力进行总结。

多元文化咨询的基本假设

当前的文献表明，当代的心理咨询服务在推广过程中仍然会失败，不仅是向［第一民族］，还有其他民族亦是如此……大多数咨询师只接受过向主流/占据多数的人口提供咨询服务方面的培训。通常情况下［咨询师们］并没有意识到少数族裔患者的生活经历。（Duran & Duran，1995，p. 8）

咨询的本质—即理论和实践—往往基于具有欧洲模式的价值观和世界观。根据 Duran 和 Duran（1995）的观点，当前占据主流的关于咨询师培训和实践的理论，包括所有主流的心理评估工具，其潜在目的是使殖民主义继续下去，从而实现对不同世界观群体的持续统治。但是，越来越多的人开始认识到加拿大民族构成不断变化的现实，更全面的和非欧洲中心的咨询方法正在被咨询从业人员所接受。虽然"咨询行业对多样性和多元文化主义的关注越来越多"（Walden，Herlihy & Ashton，2003，p. 109），但推动心理咨询方法往"后殖民"方向发展，仍有许多工作要做。换句话说，要将咨询职业转向更加开放的多样性，以及能够更广泛地接受其他世界的观点和不同文化背景下的咨询实践。

Helms 和 Cook（1999）指出，咨询过程的最终效果取决于咨询师和患者双方互动的结果，并在很大程度上受种族或文化因素的影响。Helms 和 Cook 概述了咨询的四个主要组成部分：

• 输入阶段，包括患者和咨询师在心理、种族、文化和末端反应上的信息输入；

- 社会角色,包括治疗师的技术和理论导向,以及患者的反应,偏好和期望；

- 过程变量,包括双方种族配对和认同水平；

- 以及成效阶段,表现为宏观和心理方面取得的效果,如摩擦减少、服务利用、症状缓解、种族发展、文化和谐等。(p. 66)

关于如何帮助咨询师成长为对多元文化敏感的咨询师,这一问题已有诸多论述。其中一个最全面最具解释力的模型是由 Sue, Arrendondo 和 McDavis(1993)提出的跨文化能力模型。这个多维度模型被划分为三个领域:态度/信仰、知识和技能。该模型建立在咨询师对其个人自身文化价值和偏见,以及对患者世界观的意识基础之上,其目的是帮助咨询师发展文化上适当的干预和咨询策略。

咨询师对自身假设、偏见和价值观的觉察

态度与信仰

多元文化咨询的起点是咨询师。在咨询过程中,如果要与来自不同文化背景的来访者一起进行富有成效的工作,咨询师们必须要能够意识到他/她的价值观、偏见和信仰。"了解你自己":这条德尔菲神庙上箴言告诉我们,认识自己的核心在于能够意识到自身的文化传承并且保持敏感性。它的寓意是告诉我们,要能够认识到差异的存在,如果个体要进行多元文化咨询,那么重视和尊重这种差异就非常重要。与个体文化背景相伴的是,个人经历可能会被主流群体的态度所影响,影响个人心理过程的不仅是主流群体的价值观,还有偏见。在认识到心理过程相当大程度是由文化决定之后,咨询师需要明确文化体验对咨询成效的限制。大多数少数族裔来访者,特别是有色少数民族,都经历过种族主义;因此他们能够认识到自己和主流社会之间存在着差异。进而咨询师需要坦然面对,能够承认并和对方讨论文化、种族和人种差异。这么做的推论是,在咨询师和患者之间可能存在着诸如信念(例如,集体与个人取向)等方面的显著差异。

知识

咨询师必须具备许多特征和个性才能胜任,有三个特征是最重要的:

1. 咨询师必须对自己的种族和文化背景有特定的认识，并能够认识到这一背景是如何影响他们对本人和专业的关于"正常—异常"心理的界定和偏见的，还有对咨询过程的影响。

2. 咨询师必须能够认识和理解压迫、种族主义、歧视和刻板印象是如何对他们个人和职业产生影响的。

3. 咨询师必须能够认识到他们自己的种族主义态度、信仰和感受。这一点适用于所有的咨询师，但对于白人来说，这可能需要他们更好地理解"白人特权"的概念。

咨询师也应该意识到作为咨询师对他人所产生的社会影响。这意味着需要了解咨询师的沟通方式是如何在与少数族裔群体咨询过程产生冲突或促进作用的。这种认识还应包括咨询师要能够预测到个人的沟通方式对他人的影响。

技能

咨询师的一项基本义务必须是对自己作为种族和文化存在的理解，并不断追求一种积极的非种族主义身份。这一承诺意味着咨询师应认识到其能力的局限性，并在需要时从更多专业的咨询师和/或资源那里寻求咨询、培训和建议。他们应该寻求更多教育、咨询和培训方面的机会，以提高他们在为不同文化的人群提供服务时所需要的理解和成效。Duran 和 Duran(1995)进一步强调说，咨询师不仅要学习适当的咨询策略，而且"如果我们能够认同咨询是为了使患者受益，要能够相信并实践这些信念，(p. 87)。"

绝大多数咨询师并没有与种族主义个体接触的经历；在此之前，大多数咨询师都不知道种族主义会如何削弱人们对个人人格和世界的看法。有相当多的文献表明，种族主义可能对个人的健康和心理健康产生负面影响。因此，心理咨询师需要意识到偏见和刻板印象所导致的负面情绪反应。这种意识意味着咨询师需要了解某个特定情形下的政治和社会因素，以及它们如何与有色少数族裔群体联系在一起。有一种态度不仅能增强多元文化咨询的胜任力，还能促进咨询师和来访者之间的交流，这就是咨询师对其他的想法、文化和经验保持开放的态度。这种开放需要咨询师采取一种非评判的立场。

咨询师对患者世界观的觉察

态度和信念

根据 Samovar、Rorter 和 Jain(1981) 所述,世界观"指的是……人们对宇宙本质、人类本性、人类与宇宙之间的关系的看法或映像,还包括那些帮助我们定义宇宙和我们在宇宙中位置的其他哲学或取向"(p. 21)。世界观是文化价值偏好的一个方面,对个体来说则是个体诸多观念的基本构成。因此,具有文化胜任力的咨询师需要了解患者的世界观、风格和文化认同发展水平。一些患者可能在贫穷和种族主义方面有过创伤经历,这些经历可能会增强患者的无力感。咨询师应该意识到他们自身对某些文化群体那些先入为主的观念,会以不同的方式影响患者与咨询师之间的互动。

知识

咨询师必备的一个素质,是咨询师必须对他们的工作对象有所了解,并熟悉患者的一些历史、社会和文化背景。此外,咨询师还应该意识到种族、文化和传统等因素对患者决策过程、职业选择、特定行为(如校园欺凌)所产生的影响。认识到这些消极经历如何影响患者身心发展,这在咨询过程中是必不可少的。在 Aboud 和 Rabiau(2002) 看来,"与种族/人种歧视有关的因素和结果……可能会影响个人的健康"(p. 304)。

技能

心理咨询师应该参与到咨询工作之外的活动和职能中去。他们可以作为患者的建议者和顾问,在他/她的"自然"环境中看到患者的种种设定,从而获得不同的视角。参加社群活动、社交聚会、传统庆祝活动以及其他相关活动,可以帮助咨询师拓宽和培养他们对跨文化技能的理解和运用。维持和提高良好咨询技能的有效方法是阅读专业期刊,了解跨文化工作的最新研究和理论发展。理解助人者这一职业发展的一个重要方面,是寻求适当的专业发展,以确保个人的能力得以维持。

文化适应的方法

因为患者往往具有不同的宗教和精神信仰，所以也具有会影响咨询结果的价值观。事实上，这些差异甚至可能会影响他们情绪痛苦的表达方式。患者还可能会将情绪视为与身体或精神不可分离的部分。因为这些差异，咨询师可以通过一些措施来提升他们的助人成效，比如加入当地的助人活动，以及参与到少数族裔社区自然形成的助人网络等。

心理咨询中的另一个重要变量是文化与语言的关系。因此，咨询师需要看到，患者的双语是一种资源，而不是负担。

总的来说，咨询培训遵循了欧洲中心传统的咨询理论和实践。这一传统可能会与其他传统的文化价值观相冲突（例如，以患者为中心的方法有赖于患者的自我暴露，这可能会违背家庭的忠诚）。虽然大多数咨询师都知道，评估工具和技术可能具有文化偏见，不过咨询师更应该意识到，在大多数个案中，咨询师已经基于评估工具制造了很多"制度障碍"。心理诊断技术符合主流群体文化，但并不一定能够反映少数族裔的文化价值观。传统咨询方法强调帮助来访者本人的重要性，因此不看重家庭和社群结构的影响。如果咨询师能够掌握将家庭和社群融入咨询实践的时机和方法，将会促使不同文化的患者更有能力面对问题，并帮助他们寻求集体解决方案而不是个人解决方案。

咨询师需要认识到，种族主义和种族压迫可能是少数族裔经验的一部分；因此，咨询目标需要反应患者抗争和应对种族主义与压迫的现实。然而，助人者需要明白，种族主义是非常复杂且动态变化的，有色人种已经发展出了一些缓冲和转码策略来应对（Cross，Smith & Payne，2002）。缓冲策略是发展"厚脸皮"的过程，在完成某项紧急任务或目标（例如，从种族主义老师那里学习一项技能）时，能够让那些容易伤害的东西"反弹"出去。转码策略，比如在黑人社区，是指从非正式的白话文转换为更正式的沟通方式，这是一种替代性的交互方式，其目的是帮助自己应付各种情境（例如，在与一位激进的白人警察打交道时）。

文化敏感的视角

当咨询师为少数族裔来访者提供服务时,信任是一个重大的需要解决的问题,尤其是在少数族裔文化中,往往认为那些拥有权力的人可能会压迫自己。建立信任最有效的方法,不仅要确保言语和非言语信息的一致性,还要确保准确性和恰当性。少数族裔患者可能表现出外部行为问题,但这可能却源于偏见和种族主义。因此,咨询师需要作为倡议者,帮助患者利用制度性干预策略应对这些外部因素。

此外,咨询师还需了解患者所在地区的传统治疗师和精神领袖,以及他们的工作方式。关键是要知道什么时机将这些助人者带入治疗过程是合适的。这种治疗意识的一个方面,是咨询师需要承认自己语言上和助人能力的限制。

具备文化胜任力的咨询师也需要参与到教育干预中,在社区中消除种族压迫。我们不仅需要解决种族主义问题,而且"白人特权"的思想也要得到解决。

类似地,由加拿大心理咨询协会或加拿大心理学会等组织所建立的咨询伦理界限,也必须从文化的角度加以审视。涉及到多元文化主义的议题是一个新问题,这些组织需要改革以避免种族主义永久化存在。正如它现在所存在的那样,在后殖民时代背景下,心理咨询工作仍然以种族主义和以欧洲为中心的方式运作。

当前咨询师的主要作用是给患者赋能,而赋能可能意味着咨询师要教育患者让他们了解自己的个人权利和法律权利。这也可能意味着要挑战制度种族主义现状和专业咨询协会设定。

建立文化移情

Chung 和 Bemak(2002)探讨了同理心及其在为其他文化个体咨询时的重要性。同理心,作为心理咨询的核心技能,是一种以患者为中心的方法(因此也是一种以欧洲为中心的咨询实践),但在某些特定情形和环境中,尤其是在多元文化背景下被认为是有价值的。这是一种有用的技能,可以用以反应患者的文化背景。目前在运用同理心来反映患者的文化状况方面，已经建立了一些明确的准则。以下是 Chung 和 Bemak(2002)编制的六项准则，被认为是运用同理心的基本原则：

1. 许多文化在本质上是集体主义的；因此咨询师需要接受和理解患者的家庭和社群背景。
2. 患者传统的治疗实践反映了他们的信念和价值观，这些信念和价值观可以通过与治疗师合作，进而可以轻松地纳入咨询设置。
3. 许多患者来咨询时经历了代际创伤，咨询师需要了解患者的历史和社会政治背景。
4. 咨询师需要知晓并掌握心理发展过程及其对患者从一个环境到另一个环境所产生的影响，无论是从农村地区到城市地区，还是从一个国家到另一个国家。
5. 有色人种可能经常会经历种族压迫、歧视和种族主义。因此，作为咨询师需要接受并意识到种族主义如何对患者产生消极影响并影响他们的幸福。
6. 咨询师需要提供支持、资源和能够给患者赋能的各种实践，包括促进社会公正等。

结　论

许多西方的治疗方法只是对……患者的生活世界进行殖民的方法。许多西方疗法的最终结果是对寻求帮助的患者进行持续的文化霸权。即便如此，当把这些疗法置于一个殖民主义范式中进行分析时，这些疗法领域带来的疗效似乎仍然值得怀疑，但已经发现有一些效果比较好的治疗方法。(Duran & Duran, 1995, p. 87)

获得多元文化咨询能力可以确保咨询师积极参与打击那些剥夺人们自尊和尊严种族主义。这是一种确保所有人都平等的让社会更加和平和繁荣的手段。少数民族和少数种族人群在有意无意中所经历的这种偏见，是文明开放社会所面临的一项实质性挑战。

文化是人类的必需品,是一种生活方式,也是人们建立和维持与环境关系的方式。当人们与不同文化的人进行交流时,他们必须探索影响人们行为、价值观和语言的社会化力量。因此,如果人们能够具有文化胜任力,那么这是一项很好的道德活动。Arrendondo 和 D'Andrea(2003)认为,具有文化胜任力的咨询师需要做好以下工作:

- 认识到自己和患者在种族、民族、文化和宗教方面存在的不适感和差异的来源;
- 找出自身文化起源的至少五种特征,并解释这些特征如何影响自己与不同文化的患者之间的关系;
- 为种族主义、偏见和歧视提出一个合理定义,并说明它们如何对那些被认为是"恐怖分子"群体中的个人产生不利影响;
- 能够意识到他们对其他民族和种族群体消极的或积极的情绪反应,这可能会不利于咨访关系的发展;
- 承认所有种族、宗教和文化群体的异质性;
- 解释文化与权力的关系;
- 认识到在不同的宗教和精神群体中不同的领导形式,这些形式可能与个体经验有所不同;
- 重视双语的作用;
- 能够意识到在社会层面和社群层面的各种歧视性做法,可能会影响那些被认定为恐怖分子群体中的个体的心理健康;
- 意识到战争造成的流离失所对与父母分离的孩子的影响;
- 认识到恐惧、焦虑和脆弱可能表现为冷静、平静或其他应对方式;
- 要认识到不同的世界观需要进行换位思考,而不是随性判断;
- 以及认识到他们多元文化能力的局限性。

从对多元文化无知到具有多元文化胜任力的转变既不简单也不容易。这些挑战要求我们发展一种更开放的方式,与来自不同文化群体的人交流,具有理解对方的意愿,培养对外国和外来文化的同理心,并容忍那些与我们存在差异的观点。是否愿意去接触、冒险、学习和体验他人及其文化,对每个人来说都将是要面临的挑战。

参 考 文 献

Aboud, F. , & Rabiau, M. (2002). Health psychology in multiethnic perspectives. In P. Pedersen, J. Draguns, W. Lonner & J. Trimble(Eds.), *Counseling across cultures*(5th ed.) (pp. 297—318). Thousand Oaks, CA: Sage.

Arrendondo, P. , & D'Andrea, M. (2003, April). The cultural universality of anxiety, vulnerability and fears. *Counselling Today*, 26—28.

Chung, R. C. -Y. , & Bemak, F. (2002). The relationship between culture and empathy in crosscultural counseling. In P. Pedersen, J. Draguns, W. Lonner & J. Trimble(Eds.), *Counseling across cultures* (5th ed.)(pp. 154—159). Thousand Oaks, CA: Sage.

Cross, W. , Smith, L. , & Payne, Y. (2002). Black identity: A repertoire of daily enactments. In P. Pedersen, J. Draguns, W. Lonner & J. Trimble(Eds.), *Counseling across cultures* (5th ed.)(pp. 93—108). Thousand Oaks, CA: Sage.

Das. S. (2000, August 28). Our new 'two solitudes. ' *Victoria Times-Colonist*, p. A6.

Duran, E. , & Duran, B. (1995). *Native American postcolonial psychology Albany*, NY State University of New York Press.

Fleras. A. , & Elliott. J. L. , (1992). *The challenge of diversity: Multiculturalism in Canada*. Scarborough, ON: Nelson Canada.

Helms, J. E. , & Cook, D. (1999). *Using race and culture in counseling and psychotherapy: Theory and practice*. Boston, MA: Allyn & Bacon.

Samovar, L. , Rorter, R. , & Jain, N. (1981). *Understanding intercultural communication*. Belmont, CA: Wadsworth Publishing Company.

Statistics Canada(2011). *Population by visible minority population in Canada* 2006. Retrieved from ww. satcan. ca/start. html.

Sue, D. W. , Arrendondo, P. , & McDavis, G. J. (1992). Multicultural competencies and standards: A call to the profession. *Journal of Counselling and Development*, 70. 477—486.

Vinson, T. S. , & Neimeyer, G. J. (2000). The relationship between racial identity development and multicultural counselling competency. *Journal of Multicultural Counselling and Development* 28(3), 177—192.

Walden, S. L. , Herlihy, B. , & Ashton, L. (2003). The evolution of ethics: Personal perspectives of ACA ethnics committee chairs. *Journal of Counselling & Development*, 81, 106—110.

第二部分　咨询过程

　　本书第二部分的重点是关于心理咨询实务和从多种文化、宗教和性取向领域总结的咨询方法。我们有理由相信，在心理咨询师培训中主要使用的传统咨询理论，在为不同文化的患者提供服务时，其效果可能是弊大于利。我们需要更加以文化为中心，接受我们所工作的患者的观点，认识到在后殖民时代，心理咨询需要摆脱过去的殖民统治。我们已经列举了许多文化敏感和知识渊博的咨询师如何让咨询工作更有效的案例。在某种程度上，我们需要认识到，以欧洲为中心的教育往往无法满足不同文化患者在学术、社会和情感方面的需求。

　　一旦人们理解了文化差异，比如一些传统的亚洲价值观，那么我们作为一个多元文化社会就能更好地了解自己。咨询师需要认识到环境和社会对行为的重要影响，以及咨询对患者在态度、信仰、知识和技能方面的重要意义。有效咨询的一个重要部分，是咨询师需要了解病人对心理健康和治疗关系的认知。由于家庭往往在很大程度上影响着少数族裔患者的治疗过程，咨询师必须选择能够尊重这种现象的治疗方法。由于许多人来自国外，我们需要了解诸如战争、政治动乱和侵犯人权等情况对咨询实践所产生的影响。

　　多元文化社会一个有趣的方面是有色人种和混血群体的增长。因此，人们越来越多地关注于双种族身份发展的咨询研究。对于混血个体和不同文化群体，目前已经有许多身份发展模式来进行解读。研究结果表明，在两种文化背景下成长会对个体带来挑战，导致个体在整合两种文化的过程中遇到困难（例如，内部和外部）。此外，随着越来越多的移民迁移到加拿大，第一代和第二代移民之间的代际冲突也在不断加剧。因此，我们需要意识到年轻人和他们的父母在价值观冲突方面可能面临的压力。从多元文化的角度来看，我们需要超越咨询师的治疗性角色，成为我们患者的倡导者。

大多数来自主流文化的咨询师对少数族裔群体的生活感受几乎没有经验。例如，什么是黑人的哲学基础？每天与种族主义斗争到底是怎样影响身份发展的？那些描述人格和种族主义之间关系的理论，比如 Cross 的"肤色渐变理论"（Nigrescence），为咨询师提供了一个帮助不同文化患者的理论框架。为了给患者赋能，我们还需要发展和制定多种咨询策略，鼓励我们的患者应对不同的情况。作为咨询师，我们可以通过任何方法和途径和患者之间建立积极的助人关系，以促进我们与患者之间咨询目标的实现，这在咨询中也是非常重要的。

多样性的另一个方面是咨询师要能够理解关于宗教信仰的不同观点。心理咨询常常强调价值中立或无立场原则，有时对人性的精神层面不屑一顾。但那些能够花时间熟悉宗教在人们生活中发挥作用的咨询师，尤其是服务于穆斯林患者时，他们知道可以通过很多事情为患者赋能，让患者用他们的信仰来追寻自己的幸福。随着加拿大穆斯林人口的增加，咨询师对宗教如何塑造行为的基本理解变得越来越重要。在加拿大，通过移民和皈依等方式导致穆斯林数量不断增加，多元文化咨询师需要了解伊斯兰世界的价值观和穆斯林患者的宗教教义。作为咨询师，我们还需要了解我们国家的历史，比如早期殖民者是如何对待加拿大第一民族的，以及双方冲突对双方人民产生的影响。

我们相信，在一个真正多元化的社会中，与性取向有关的问题同样是心理咨询的重要领域之一。同样，我们对待残疾人的方式有时也反映出一种过度的补偿，这种过度补偿会导致使我们想要帮助的特定对象感到失望。在我们的社会中，传统的社会支持结构往往会忽略和歧视有色少数族裔或非主流种族的群体，导致他们中的许多人面临或经历过虐待、孤立、拒绝和暴力。作为咨询的起始点，我们需要关注这部分群体的特殊压力，然后提升我们的意识水平并提供支持。此外，我们还需要采取特定的咨询手段和方法，以解决患者的在差异之外的共同的普遍需求。

在一个真正多元文化社会中，我们必须认识到，即使在"白人"群体中，人们的文化习俗、价值观、语言和宗教也各不相同。因此，我们需要识别和评估是什么导致所有人之间的差异，以及这些差异如何影响我们的患者。

4. 为原住民群体进行咨询

M·奥诺雷·弗朗斯,玛丽亚·德尔·卡门·罗德里格斯&
罗德·麦考密克

> 通过连续 12 年每年让孩子们在学校里呆上 10 个月,寄宿学校体制可
> 以成功地将孩子们和拉卡巴姆族(Nlakapamux)成年人分离,并将他们与那
> 些可以帮助他们成为拉卡巴姆族人的教育过程分离。这种分离是与文化自
> 我的分离,是与父母关爱和关怀的分离,是与这个依靠狩猎和采集生存的民
> 族所珍视和看重的一切的分离。
>
> ——Shirley Sterling(1997,p. 11)

与其他种族或民族群体相比,加拿大原住民面临的问题都是独一无二的,不
论是个人问题、政治问题或社会问题。身心幸福的所有方面与这些复杂的问题
交织在一起,使得有效咨询成为一个挑战。目前所开展的咨询师培训并没有一
个坚实的基础,能够使得咨询师对绝大多数原住民患者产生有效影响,这些患者
不仅需要有效的咨询服务,而且还要求咨询师通晓原住民群体内外部的文化。
所有少数族裔在咨询中都可能面临着诸多欧洲中心的咨询范式,这些范式始于
欧洲的世界观和知识基础,往往成为有效咨询服务的障碍。根据 Duran & Du-
ran(1995)所述,"后殖民时代范式会从不同宇宙观接受知识视为自己的权利,并
认为这些宇宙观是有效的,他们并不遵从某个单一文化的合法性"(p. 6)。

加拿大原住民的人口数量目前占据总人口的 3%至 6%之间,具体比例取决

于他们自我认同:具有原住民身份还是无身份。不过,加拿大原住民的出生率是最高的,而且可以预见在未来几年还会继续增长。加拿大统计局报告现实:

> 原住民人口增长速度比非原住居民快很多。在 1996 年到 2006 年间,这一数字增长了 45%,几乎是同期非原住居民 8% 增长率的 6 倍。(2008)

随着原住民人数的增加,在加拿大的大部分地区,他们非常有可能成为主流族裔或接近主流地位,比如在加拿大北部地区(Dyer,2001)。原住民惊人的增长率可以归因于更多的自我认同和更高的出生率;例如,在 1996 年至 2006 年期间,原住民人口增长了 45%,而非原住民人口增长了 8%。最新的原住民人口普查数据,包括第一民族、梅蒂斯人(Metis)和因纽特人(Inuit),总人数为 1172790人,其中包括 50485 名因纽特人、389785 名梅蒂斯人和 698025 名第一民族人(加拿大统计局,2008 年)。关于原住民患者咨询有效性的研究继续增长。对许多少数族裔,特别是原住民群体来说,咨询成功并没有普遍出现,这可能是由于:

> 咨询师可能缺乏对当事人的民族和历史背景的基本认识;患者可能会被专业的咨询方式赶走;患者可能觉得他或她的世界观没有被重视;患者可能会觉得与一个陌生人开诚布公地交谈不太舒服;或者咨询师的种族背景可能会引起患者的担忧。(Trimble & Thurman,2002,p. 61)

虽然咨询过程的许多方面可能因不同的世界观而受阻,但也有一些方法和策略可以增进信任,促进咨询师与原住民患者之间的健康关系,无论双方种族背景如何。虽然没有明确的策略,但我们相信咨询师可以采取积极的措施,帮助他们更为成功。我们同意 Duran & Duran(1995)的观点,认为"北美印第安人社区中的传统从业者所面临的困难,与西方从业者相比并没有显著增加"(p. 9)。缺乏对原住民被压迫历史、政治和社会层面的了解,对他们的咨询实践过程随意地干扰,是使得咨询失效的一个重要原因。我们希望,通过对《印第安人法》的基本了解,咨询师们可以更好地理解为什么原住民会常常感到与加拿大政府机构的疏远。对某些原住民群体问题的了解也至关重要,比如寄宿制学校体制对原住民患者的影响。

在这一章中,我们使用了土著部落和原住民这两个可以交换使用的术语,尽管我们个人更喜欢部落这个词,因为它正在成为普遍使用的标准术语。我们将描述原住民群体和文化的多样性(包括城市原住民梅蒂斯人和因纽特人),以及使我们成为独特群体的共同因素。我们还将对原住民的咨询方法进行描述和讨论,包括与长辈共同工作、仪式、自然、艺术和文化友好策略的重要性。最后,我们将分享一些重要的关于助人策略和特定任务的研究内容,以帮助非原住民咨询师可以用于改善他们与原住民患者之间的咨询效果。

谁是原住民?

加拿大政府所承认原住民有三个主要群体:第一民族、因纽特人和梅蒂斯人。在欧洲人来到西半球之前,居住在这片土地上的是各种不同语言、习俗和信仰的民族。和世界上其他地方的人一样,他们是最初居住在这片土地上的人,这些人被欧洲探险者误认为是印度人。第一民族群体是加拿大原住民最主要组成群体之一,采用了第一民族这个名称,而不是印第安人。"第一民族"这个名字的意义在于,它认为人都是来自这片土地。(有趣的是,这种信仰在西半球所有原始居民中普遍存在)。在安大略省、马尼托巴省、萨斯喀彻温省、阿尔伯塔省和不列颠哥伦比亚省,有许多组织代表认为他们是加拿大梅蒂斯人的代表。梅蒂斯人全国委员会成立于 1983 年,是梅蒂斯人的官方机构。尽管梅蒂斯人历史悠久,但直到 1982 年,梅蒂斯人和因纽特人才被加拿大政府认定是原住民(如《宪法法案》第 35 条)。加拿大所承认的梅蒂斯人和因纽特人的权利与第一民族不同。在加拿大,大多数第一民族都享有宪法赋予的主权权利,这些权利允许他们从具有压迫性的法律和实践中寻求补偿。

在原住民群体中,有许多民族和许多传统,有各种各样的语言和习俗,但也有一些共性,如看重人与土地的关系、完整性、灵性和集体观,或认为集体利益高于个人利益。原住民的信仰强调人类是相互依存的,必须保持某种平衡,这种平衡不仅表现在思想、感情和行动上,而且在自我与所有创造物之间的精神联系上也要平衡。因为一切都是相互联系的,幸福是建立在确保一个人与周围环境和谐相处的基础上。在咨询中，患者所在的部落和大家庭是最重要的。沟通方式通常是循环的或非线性的。唯灵论（Spiritualism）作为了解世界的一种方式，同时也是一种"良药"，旨在通过观察、教导和治疗为人们提供指导和保护。

城市原住民

多年来，原住民群体不断移居到加拿大的城市地区，这并不奇怪。这种迁移已经生成，因为工作机会往往集中在城市地区；因此，有一半以上的原住民居住在城市中心。许多原住民保留区位于偏远的农村地区，那里失业率高企，教育发展机会减少，产业结构薄弱。然而，根据 Silver（2008）所述，居住在城市里的原住民同样"面临着大量的困难，比如住房不足，工作机会短缺，不安全的邻居关系，各种形式的种族主义……相对于非原住民群体来说，失业率更高，贫困发生率更高，平均收入水平更低"（p. 11）。如果我们翻阅从 20 世纪 60 年代到 70 年代有关城市原住民经历的文献，那么城市原住民群体作为研究主题就业已出现，由于原住民并没有适应城市生活，因此原住民在当时是一个新出现的问题，这也确实意味着他们并没有被同化。然而，虽然原住民生活条件发生了变化，但这并不意味着当他们从保留地迁移到城市地区时，需要为了成功适应城市生活而放弃自己的文化、传统甚至语言。个人的文化身份是一种资产，而不是被同化的对象。在大多数城市环境中都设有原住民友谊中心，已经能够为原住民提供一个地方，在那里他们的原住民身份可以得到增强，并能够为他们提供支持性的社区环境。Silver（2008）引用了皇家原住民委员会的说法，该委员会认为"城市原住民面临的中心问题是文化认同问题，并呼吁加拿大为改善居住在城市中心的原住民的文化身份而采取措施"（p. 30）。

城市原住民的经历对咨询有何影响？我们的感觉是，个体作为少数族裔生活在一个地方的挑战——因此也容易受到歧视——是所有城市中都会存在的问题（如缺乏支持、容易沾染酒精和毒品等危险），围绕原住民的身份问题成为最主要的问题。咨询师需要了解，在原住民中可能存在因为取悦主流文化而同化或放弃个人文化身份的行为。因此，应该鼓励咨询师发展能够增强自我意识、集体主义意识和参与个人团体（比如对领导权和其他问题的投票）的策略。

为梅蒂斯群体进行咨询工作

　　加拿大梅蒂斯人民的历史根源即便在世界范围内也是丰富而独特的,而梅蒂斯人对加拿大历史发展的影响不可估量。当欧洲人来到北美时,便迅速地开始与他们遇到的原住民混杂在一起,创造了用法语称谓的"metissage",意即"混血儿童"。那些早期为贸易公司工作的人,比如哈德逊海湾公司和西北公司员工,经常会习惯性地在当地结婚,并同时照料生活在当地和欧洲两地的家庭,双方都可以获得一些好处。对于欧洲人来说,婚姻和孩子可以巩固其与某个部落的关系,并缓解孤单生活带来的孤独感;对原住民来说,与欧洲贸易商和公司的战略联盟也是有意义的。虽然当欧洲妇女开始到达北美时,这种做法减少了,但它并没有完全停止。作为同时使用欧洲和当地语言的人,梅蒂斯人在从事翻译人员、谈判代表、说唱歌手和交易员等职业时都是被高要求的。根据Dunn(出自Cottell,2004)所述,

　　　　在一些社区,梅蒂斯人发明了一种被称为米奇夫语(Michif)的语言,这种语言是克里语、法语和英语的混合。梅蒂斯人饰带也成为一种独特的文化服饰,随着梅蒂斯人吉格舞(Jig)和具有独特风格的珠子饰品的盛行也开始流行。梅蒂斯的旗帜,至今仍是梅蒂斯人的重要标志,旗帜上有一个水平方向的数字8,或表示无限的符号,代表着一个全新的民族,同时也代表着他们扎根于北美和欧洲两地的文化和传统。(p.3)

　　作为混血群体,梅蒂斯人经常因为对原住民的种族主义偏见而面临歧视。尽管如此,异族通婚仍在继续。一些梅蒂斯人被原住民社区和一些欧洲-加拿大社区接纳。随着欧洲人在北美大陆的不断扩张,关于梅蒂斯人的身份也引发了不同的想法,但围绕红河起义(Red River Rebellion)所发生的诸多事件,极大地促进了梅蒂斯人身份的发展。

　　英国和法国之间围绕争夺北美控制权所进行的斗争,对梅蒂斯人产生了重大影响,在这个群体中,许多梅蒂斯人都说英语,但更多的人说法语。最大最著

名的梅蒂斯人群体(主要讲法语)主要生活在红河谷地区,后成为马尼托巴省一部分。这个群体的领导人之一就是路易斯·里尔,他在 1869 年公然反对英国总督的治理方案,该方案计划沿着英国控制的安大略省沿线组织新的社区。此外,说法语的梅蒂斯人关心的是否保存法语、天主教学校和梅蒂斯人的独特性。因此,他们都阻止新总督进入该地区,并宣布控制了这个地区。随后,里尔开始与渥太华的新政府直接进行谈判,试图建立一个名为阿西尼博(Assiniboia)的双语省份。但政府不愿谈判,遂派遣军队逮捕了路易·里尔并判处死刑,但里尔设法逃脱逮捕并越过边境进入美国,1885 年他又作为西北起义的成员返回加拿大;再后来他被政府处以绞刑。尽管如此,里尔的诉求最终还是被纳入 1870 年的马尼托巴法案,而当时马尼托巴省已经加入加拿大联邦。

当人们生活在"中间"(in-between)状态的文化和种族中时,梅蒂斯人经常遭遇与原住民许多同样的问题,例如压迫、经济和社会剥夺以及与这些挑战有关的所有问题。许多梅蒂斯人把他们的背景隐藏起来,作为自我的一种生存方式;或者如果可能,他们也会将自己融合进某个社群中,在那里能够寻求到有力量的支持。1982 年,梅蒂斯人被认定为原住民时,他们发起了一场运动来保护自己的文化,并与第一民族群体一起努力,争取获得与主流群体相同的经济优势地位,并最终达成所愿。在 Cottell(2004)看来,"对于梅蒂斯人来说,特别重要的是培养一种强烈的关于梅蒂斯人的自我意识,这对于建立梅蒂斯人幸福生活所必需的心理家园来说至关重要"(p.75)。Cottell 还建议,咨询师在与梅蒂斯人合作的过程中,叙事治疗可能是最有效的咨询策略,因为他们可以分享他们的故事—也就是叙事,从而探索作为原住民的他们背后的关于家庭和关系的历史和社会背景。这种分享对于治疗尤其重要,因为今天的梅蒂斯人可能已经缺少与大地在身体层面的联系;因此,这种联系必须是心理层面上的。Cottell 说这种叙事方法,

> 强调家庭、社群和社会政治气候对个体身份的影响,让人们从整体的角度来看待梅蒂斯人的身份发展。此外,叙事治疗方法中的多重现实概念,主张将个体看成具有多重的不同身份的人。(p.77)

White & Epston(1990)强调,如果咨询师与患者探讨的是生活中的挑战对其产生的影响,而不是探讨问题,将可能导致双方产生更大的心理距离。换句话说,如果患者能够将问题具体化,那么这些问题就会变成更容易聚焦和应对的目标。患者之后也可以在现实层面"重述"他/她的生活,重新聚焦于他/她的力量和优势,运用这些技能建构一个全新的、充满生机的自我,对他/她的生活有更大的掌控。从某种意义上说,运用于混血群体的身份发展模型同样也适用于原住民的身份发展,从而创造出更广泛的自我意识。作为这一观点的例证,Cottell(2004)分享了一些咨询师可以使用的最有效的方法。在探讨梅蒂斯人的身份时,她说:

> 当我回顾和探讨以前那些被沉默封存的家庭故事,我自己的身份也经历了一个重述的过程,然后我开始讲述自己的生活经历,而这些经历是不能仅仅通过承认我的欧洲-加拿大血统来解释。在探索这些被征服的家庭故事时,尤为重要的是要认可和接纳患者表露出的情绪,因为当患者开始讲述的这些故事,都是家族世代相传的秘密。在这一过程中,我们鼓励咨询师表现出对患者的祖先和家庭成员的尊重,比如认可他们的做法,对他们选择埋没原住民文化遗产的行为予以尊重,将之作为他们的一种强有力的生存策略,尤其是当他们没办法作为梅蒂斯人自由地生活在这样一个充满偏见的文化中时。(p. 78—79)

为因纽特人群体进行咨询工作

加拿大北部的因纽特人具有一种独特的文化和传统,这些文化和传统反映了他们与土地的密切关系。加拿大北部,包括北极和北极圈地区,不仅幅宽辽阔,而且气候严酷无情;因此,对某些人来说难以接受的方式,对因纽特人来说却是一种生存之道,这使得因纽特人得以形成独特的生活方式。因纽特人(Inuit)的名字来源于单词"inuk",意思是"人"。因纽特人分布广泛,不仅生活在加拿大,还生活在阿拉斯加、俄罗斯和格陵兰岛,在不同地区有不同的名字。爱斯基摩人这一之前的称谓有时也会被因纽特人继续使用。从地理上看,因纽特人生活在一片统称为因纽特纳纽纳特(InutNunaat)的区域。在加拿大，他们可能分布在努纳武特(Nunavut)地区，字面意思是"我们的土地"；还分布在魁北克省北部三分之一的地区，这片地区也叫做努纳武特(Nunavut)，意思是"居住地"，还有一部分因纽特人分布在拉布拉多、育空地区和西北地区。

因纽特人使用的是一种被归类为爱斯基摩语的语言。在历史上，因纽特人曾是游牧民族，逐草而居，将自己的家园建立在时节之上，比如哪里狩猎好就在哪里定居，然后再转移到其他地方，比如鱼特别多，或是驯鹿特别多的地方。和北美其他的原住民一样，因纽特人在与欧洲人的早期接触中被严重摧毁，大量因纽特人死于欧洲人所带来的各种疾病。

在文化上，由于居住在靠近陆地的部落居民依赖于动物的迁徙，所以因纽特人开发出了很多独特的工具、技能和活动，不仅帮助他们自己生存，也帮助他们蓬勃发展。随着和欧洲人的不断接触，生活方式的改变对他们自身及生活方式都产生了很大影响。因纽特人与加拿大南部的原住民有相似之处，不仅在文化方面，而且在社会挑战方面亦是如此(例如，滥用、酗酒、高死亡率、自杀和疾病，由于饮食的改变，仅举几个例子)。一些不同之处在于，大多数因纽特人仍然会说他们的语言，并实践他们的文化传统。虽然他们面临着和南部第一民族群体同样的政治和社会政策，但这些政策压力后来才出现，从而对因纽特人的影响程度较低。因纽特人也有一定的自身优势，他们已经控制了自己传统领土范围内的政治结构。有趣的是，他们控制了努纳武特地区20%到30%的公务员职位，并担任了最高的政治职务，其中包括加拿大总理保罗·奥卡利克(Paul Okalik)。

因纽特人是对陆地有着深厚感情的集体主义者，他们与所有的生物都有着密切的关系，虽然他们已经不再使用鱼叉和其他传统工具，但他们已经适应了雪地迁徙，并继续以和谐的方式进行狩猎和生活。他们相信创造万物的造物主，他们践行着一种口头上世代相传的传统、信仰、道德和文化。因纽特心理学家Catherine Swan Reimer 在写给莱德雷克(Red lake)处于哀伤中的人的信中说：

> 去年二月，当我的儿子去世的时候，我的梦中出现了一个象征，它成为治愈的催化剂，加速了我的愈合，减轻了我的悲伤。这个象征是一个火蜥蜴。我的朋友问我："你知道这意味着什么吗?"我不知道。她说，这意味着

"可以忍受大火的煎熬"。这对我来说意义太重大了,我试着画了不断冒火的火蜥蜴。我知道这是我的儿子,他的死并不是结束,而是他正在从他的世俗状态中转化,变得能够忍受这场大火进而涅槃。(有些家庭成员想将他火葬)当我被伤痛淹没的时候,我看到了这个象征,并被提升到一个更高的优雅的境界,在希望和爱中继续前行。(2005, www.swancircle.com)

在因纽特文化中,转换过程是一个共同的主题,这种传统通过老一辈人的故事不断流传下来。文化传统被认为是能够帮助人们解决当代问题的最佳药物。个体的想法和行为对环境会产生影响,并最终会影响到个体生活的社群。这种影响通过同情、慷慨和分享的行为得以体现。通过聆听人们过去的故事,以及鼓励人们过一种健康的生活方式等策略和途径,可以建立一种独特的助人和治愈方式。像许多原住民那样,他们既有来自西方的文化影响,也有因纽特文化的传承,这两种方式的融合和互补才是最有用的。Reimer(1999)认为:

> 在原住民那些长者看来,良好的亲子关系和社群支持,能够指引孩子们对自我及其与社群的关系形成积极的看法。这些长者分享的这些丰富的信息,可以帮助咨询师采取一些有助于建立健康家庭和生活方式的传统策略。因纽皮特人所分享的这些积极的活动,已经帮助咨询师运用传统的故事和经验,帮助患者达成身心幸福,远离那些烦扰心神的活动。(p.3)

原住民群体的重要问题

按照育空印第安人协会(1993年)的说法,"教育第一民族的孩子与良好的基础教育并没有什么区别,无非是同情、关心和理解"(p.1)。对原住民患者进行咨询,一般做法总是从适用、有效和敏感的咨询策略开始。然而,由于加拿大原住民的多样性,以及他们与非原住民之间的历史纷争,仍有许多问题是咨询师需要注意的,这并不是说这些问题必然会影响到患者,但相关文献研究确实反映了这些需要关注的领域:

- 疏离感

- 对主流群体愤怒和对政治的保留态度
- 歧视
- 政治和社会压迫（包括未解决的土地诉求）
- 寄宿制学校的历史
- 性泛滥和物质滥用
- 精神危机
- 文化流失
- 自杀

《印第安人法案》对咨询关系的影响

在对原住民患者的咨询工作中，我们可以很容易地在《印第安人法案》看到原住民与外来者之间的历史和政治关系，这就是我们为什么认为，每个咨询师都应该意识到法律是处理咨询关系的主要原则。1876 年国会通过的《印第安人法案》，其目的正如加拿大第一任爵士 John A. MacDonald 所表达的那样，是"让他们（第一民族）慢慢地戒除掉他们的游牧民族习惯，这些习惯几乎已成为他们的一种本能，进而慢慢地把他们吸引在陆地上生活"（Beltrame，2003，p. 37）。这部法律不仅规范了加拿大如何在政治上与原住民打交道，而且还深刻地影响了几代人的社会、精神和情感心理，直到今天。因为《印第安人法案》和随之而来的各种法律关系，已经导致了第一民族患者对政府机构和非原住民的意图在相当程度上产生了不信任。

为什么这部法律对今天的人们有如此大的影响？以下是《印第安人法案》的主要部分：

它规定了谁是印第安人：该法案确定了法定的印第安人和非法定的印第安人。对法定印第安人进行了注册登记，而非法定印第安人则没有注册登记。

它规定了对土地的控制：该法令禁止出售或出租任何保留地的土地，除非那些原先因投降而割让或租借给王室的土地。

它规定了对政府的控制：这种控制甚至囊括了第一民族元首的选举。这些首领的选举在联邦政府的监督下进行（通过一个印第安人机构），他们实质上是联邦政府的代理人。

它决定了对人民的控制：1880年的一项修正案规定，任何一个获得大学学位的第一民族的人，都将失去作为第一民族的法定地位，他/她也不再具有作为部落成员的资格。此外，人们不能在没有特殊通行证的情况下离开保留地。最后，第一民族的孩子也会被送往寄宿制学校接受同化教育。

这些年来发生了一些新的变化，其中最明显的是放宽了一些限制性规定，比如扩展了对每个公民身份的认定，废除了寄宿学校制度，取消了不能离开保留地的限制，教育权利也得以延展。此外，BillC—31法案还改变了关于谁是原住民的界定。最初，这个规定作为原住民要遵循父亲的种族身份，所以如果原住民妇女嫁给了一个非原住民，那么她就会失去作为原住民的权利。BillC—31法案改变了这一规定，带来了更大范围的性别平等。

就日常生活而言，《印第安人法案》控制了第一民族生活的方方面面并产生深刻影响。据一个住在印第安人保护区的人说，"如果我想在保护区自己的房子里装饰某个房间，我必须得到保护区负责人的许可，他们还必须从渥太华方面得到许可！这太官僚了，我就是不想再麻烦了……"（个人沟通，2009）。

最近，加拿大政府制定了新的《第一民族治理法案》，该法案目前正在议会审议中。这一法案将取代原来的《印第安人法案》，并在以下几个方面有所发展：

- 通过采用公开透明的行政法规和问责制，通过无记名投票方式进行酋长和地方委员会的选举；
- 通过制定法规进行法律制定的规范管理，并规定每年的审计预算；
- 设立公正的司法机构，允许原住民群体成员对酋长和委员会提出申诉；
- 通过制定配套法案，并通过借贷和内部的税收政策，使得原住民委员会能够更容易地为经济发展筹集资金。

有人可能会问，为什么原住民会反对这些变化，答案是令人惊讶的，因为这些建议都是由许多皇家委员会提出。从本质上看，新法案（C—7）是一个自上而下的过程，而不是合作和协商的过程。因此，联邦政府将最终为此付出代价，因为他们可能遗漏了那些应该受益的人。与政府的许多其他法案一样,该法案暴露了政府的家长式作风,因为这些法案的基本立场没有考虑到人民的价值观。例如,这些变化如何与部落那些世代相传的酋长们一起工作? 根据第一民族大会前主席 Mathew Coon Come 的说法,如果政府按照皇家委员会的建议,任命一个调查员和审计员作为新法案的一部分,那么达成和解仍然任重道远。Coon Come 酋长强调说,新法案与旧法案一样,违背了宪法所规定的自治精神。让第一民族大会深感不安的是该法案背后的假设:贫穷源于酋长和委员会的管理不善,而不是缺乏资源和可利用土地的不足(Beltrame,2003)。

建立信任和积极的工作关系的重要性

虽然加拿大从来没有经历过美国建国期间那样多的与印第安人的战争,但第一民族与在加拿大定居的欧洲人之间仍存在着相当大的冲突。大多数加拿大人对第一民族的态度都源于美国电视上对"印第安人"的历史态度,将他们看成是"被征服者"(Newman,1989)。因此,许多白人都期望"印第安人"接受欧洲文化作为其主导文化,因此更可以凸显自身的优越感。如果"印第安人"最后只能适应白人的文化和方式,那么一切都会更好。

事实上,在加拿大,"印第安人"从未与白人进行过广泛的战斗,也从未被打败过。他们选择与英国人和法国人订立条约,在当时这似乎对各方都有利。然而,"被征服"的人和"被征服的"土地这样的观点依然存在。这并不是说原住民群体并不感到被剥夺,因为他们的生活方式,他们的土地管辖权和许多原住民传统都被剥夺或放弃了,虽然有时是通过武力,但更多的是通过法律的手段。Duran(2006)将这种损失称为"灵魂创伤",这一术语描述了原住民因历史上的不公正、被征服和破坏而遭受的或被强加于身的苦难,所导致的深刻的代际之内或代际之间的创伤。原住民群体所遭受的苦难,从其本质来看是精神上的创伤,因为它侵犯了原住民文化中最有意义的方面:家庭、语言、传统,以及自我与精神、自然和他人的内在连接。

对原住民群体来说,人类有责任照顾和监管环境。但对北美的欧洲殖民者来说,土地是用来征服和控制的对象。土地是每个人不可或缺的一部分,卡尔·

荣格曾雄辩地论述了这种与土地相连的观念(Smoley,1992),他说:"那些出生(在外国土地上)的孩子,将继承栖息在那个国家树木、岩石、以及流水中的不适当的祖先精神……这就意味着(个体)要从土地上的一切去获取印第安精神"(p. 85)。

技术之路与欧洲文明有着密切的联系,它导致了社会的堕落和"焦土"政策的产生。虽然灵性之路不那么科学,但它却反映了传统的原住民信仰:环境是人们与更高存在关系的反映。在这个世界上有一种至高无上的存在,即伟大神灵(Great Spirit),还有诸多地方神灵、自然力量神灵和动物神灵。他们都有着不同的权力和力量。对于一些原住民来说,有些动物的力量甚至大于伟大神灵。事实上,伟大神灵很少被提及,但伟大神灵之下的其他神灵则通常被提及。例如,在萨利希人(Salish)当中,"几乎生活中的每一个行动都围绕着……神灵力量"(Ashwell,1989,p. 68)。每个神灵都是平等的,并不存在一个神灵比另一个神灵伟大;相反地,神灵是无处不在的:他们存在于大地母亲、天父和东南西北四个方向。任何地方皆有神灵存在,他们存在于树木中,存在于宇宙中,存在于生命的每个角落。

Duran 关于原住民的后殖民心理和心理咨询研究

非原住民出身的咨询师最困难的挑战之一,是需要了解殖民主义、压迫和种族主义对原住民群体的影响。这些经验常常会让原住民产生羞耻感和负罪感,这也是咨询师需要认识到的重要结果;但是,让这些自我怀疑消失并认识到压迫发生在过去至关重要。个人并不需要成为这些过往的一部分。Duran 和 Duran(1997)强调,要成功地与原住民一起工作,就必须接受原住民认识和理解宇宙方式的合法性,以及为了处理诸如滥用毒品和酒精、自杀和虐待配偶等具体问题而采取的隐喻策略。Duran(2006)紧接着描述了如何使用这些策略来治疗"灵魂伤痕"、代际创伤和历史创伤。我们的信念是,咨询师要想成功,则必须依赖和运用患者的信仰系统进行工作。此外,两个关键概念——内化压迫和自由对话——必须从治疗的一开始就开始贯彻,咨询师必须警惕对患者情况进行过度病态化解读。

　　Duran 指出,西方心理治疗模式"在强调人们肤色时便失去了适用性,因为它的治疗目标基本上是微观社会层面的,以自我为中心,几乎将注意力完全集中在社会过程中的个人特征因素上,而不是放在社会历史因素上"(p. 8)。举例说明,Duran 建议咨询师们,可以帮助患者把酒精看成是某种神灵,一个活生生的对象,而自己则是与之作战的斗士,这种方式可以有效帮助咨询师们应对患者的酒精滥用问题。我们需要改变人们对事物的看法;患者常常把自己看成是有缺陷的,并受到不良事物的影响(比如酒精)。当我们从原住民的角度来看待历史,那么当殖民者来到海龟岛(在美洲大陆)的时候,被殖民者使用过的关于吸血鬼的隐喻并不难理解。原住民被内化压迫所影响,慢慢就演化成为一种集体疾病。其结果就是会出现代际创伤,而代际创伤则产生了自我仇恨、家庭暴力和制度暴力。我们可以运用原住民的观点对西方心理疗法进行解构,以帮助咨询师们理解,在处理原住民群体面临的一些主要问题时,可以适当发展基于文化的应对策略。

　　作为原住民,我们强烈支持 Duran 的观点,我们认为,不仅必须要这么说,而且历史创伤问题也必须成为咨询哲学和实践的一部分。Duran 认为,心理健康与精神卫生职业非常隐蔽地促进了西方对原住民的殖民思想。人们需要从非西方视角看待心理咨询,采用更加接近自然过程的咨询方法和手段。Duran 在他的"梦中团体"(dreamtime groups)中描述了一个方法,他之所以使用梦的方法,是因为梦中的这些潜意识内容可以是一个很好的手段,帮助患者在结束心理咨询之后的康复阶段使用。Duran 在这里使用了郊狼的比喻,它会用狡猾的语言来欺骗审查梦境的自我。因为梦通常看起来很奇怪或者充满了奇形怪状的符号,所以自我经常会被欺骗,让它通过自我进入意识中。梦也是造物主对人类传递信息的方式,所以梦中的任何东西都非常重要。Duran 继续一步步地描述他使用梦进行工作的方法。他的方法是明确的,并且他还使用极为成功的个案来演示他的方法。我们可以思考下人类学家 Clements(引自 Duran, 2006)的观点,他将传统的治疗分为以下几类:

- 附体
- 丢魂
- 中邪

- 违反禁忌
- 巫术

　　咨询师必须是原住民才能成功地与原住民进行合作吗？Duran(2006)着重强调说,是不是原住民相对来说不是太重要,更重要的是咨询师要具备"西方范式下的高水平培训,以及对文化极为深刻地理解,并能够有效地运用这些方法"(p.6)。如果想要了解原住民患者,咨询师必须从心理学化转向精神化,换句话说,咨询师需要回归到心理学最初的意义——关于灵魂疗愈的研究——成为真正的治疗师或灵魂治疗师。西方科学留给我们的是笛卡尔分化哲学的遗产,这种分化将人与灵魂和精神疏远。Duran认为,要想成功地与原住民患者打交道,咨询师必须先处理好内在的思想和情感;否则,咨询师可能会无意识地向患者投射自己的想法和情感:"如果我们只是在认知的基础建立一个系统,就像以符号为中心的欧美传统,那么我们正在把霸权(把不同的世界观强加给他人)强加给那些有着不同观念的患者"(p.20)。我们认为,咨询师们需要从后殖民时代的角度去理解,首要的事情是他们必须探索自己的历史和拥有的特权,才能有效地与原住民患者合作。在Duran看来,治疗师在治疗患者心灵创伤过程中,为自己所在群体的施害者角色道歉可能是一个好主意。令人惊讶的是,Duran认为北美的所有人—甚至包括来自非洲、亚洲和欧洲背景的人,以及那些有着原住民背景的人—都被他所谓的"集体消费过程"(collective consumer process)所殖民。这种殖民过程会深刻地影响人们的灵魂。

　　在解释咨询师可以做些什么时,Duran(2006)用自己的经历来阐述如何开始全新的叙事。例如,当处理不同形式的暴力时,他说他寻找答案的方法是提出一些简单的问题,比如,你在哪里学的? 他的理由是,这个问题可以鼓励患者探索自我并最终理解自己的历史创伤。他还努力消除患者问题的病理化取向,并尽量较少患者因某种缺陷而受到的指责。Duran说,患者们通常会回答他的问题,回答的答案是他们的家人或父母。这个回答之后是下一个问题:他们从哪里学来的? 这个问题能够帮助患者客观地看待历史影响,而不只是他或她眼前的问题。从某种意义上说,这个问题会促使患者"形成一种反霸权的叙事方式,取代原有的殖民压迫的意识形态"(p.27)。有趣的是,使用叙事可以帮助咨询师理解患者的观点,并帮助患者释放他/她对问题的紧张感。根据Cottell(2004)

的观点,在讨论她是如何为梅蒂斯人群体进行工作时,她认为"叙事疗法看重和关注人们讲述他们的经历和他们的问题的方式,将身份视为个人、关系和文化背景下意义创造的过程"(p.77)。这种做法遵循了一些传统的原住民信仰,患者在讲述故事时,也能够允许咨询师帮助患者将问题命名为某种疾病,这样患者便能够开始看到疾病与能量的关系。疾病,包括情绪上的疾病,从本质上并不应该被人们看成是坏的、需要被消灭的东西。一旦患者能够与疾病建立关系,患者就可以发现疾病的目的,然后努力协调自己的生活。

一个心理治疗案例:辅导寄宿制学校幸存者

寄宿制学校教育是加拿大政府用来同化第一民族的最可恶的策略之一。这一政策的后果至今仍困扰着政府和原住民人民。这一失败的策略直到最高法院介入并一致谴责寄宿学校是可耻的,甚至这种行为是犯罪之后才停止。因此,管理学校的政府和教会们为他们的卑鄙行为付出了诉讼的代价。在为寄宿学校幸存者制定治疗方案时,我们采用了一种以文化为导向、遵循严格传统指导的治疗策略。当我们将我们的咨询方法,与我们在疗养所合作的团体结合在一起时,我们所希望的不仅仅是只使用一种文化敏感的方法,而且也希望能够采用加拿大西海岸文化的重要手段。我们的主题,正如 Couture(1991)所表达的那样,是

存在于关系中的,是原住民所赖以生存的精神基础。在传统观念中,没有任何事物是孤立存在的,一切都与其他事物或存在有着内在联系。我们也同样认为,我们对加拿大是一个所有人民的"幸福地方"之类的神话要进行解构,并不是所有人都是幸福的,我们还要揭示殖民主义的现实及其对原住民所造成的内化压迫,这些对于我们的患者来说都是必须的。这种对种族主义、殖民主义现实的错误解读,以及诸如《印度安人法案》等政策带来的所有后果,对我们作为第一民族的人民都是一种伤害。作为[第一民族],我们不会公然宣称:我所有的关系……(p.59)

作为咨询师,我们相信非常重要的一件事情是,我们要向幸存者团体中的每

个人解释犯错是人类的一种必然，是在通往红色道路（Red Road）上不断的挣扎。我们的意思是，作为人类，我们想要拥抱我们的文化，将"乡村生活"的真正精神带给每个人，因为我们知道，我们生活在一个现代化的工业化国家。正如我们的一位长者经常提醒我们的那样："我们不再生活在一个村庄里，但我们可以在我们的心中重建这个村庄"（个人交流，2002）。我们治疗和助人的方法是全面的，重点如下：

- 认知过程：例如，"面对问题和环境，你是如何看待自己的？"
- 情感过程：例如，"你对这个问题、问题相关的人，以及你和他们的关系有什么感受？"
- 社会或行动过程：例如，"你的行为在团体中是如何阻止问题解决的？"
- 精神过程：例如，"你怎样才能实现精神上的渴望？"

在运用文化方法进行心理咨询时，一个重要因素是，在治疗过程中将年长者纳入进来，作为共同促进者/顾问。我们的经验是，心智健全的年长者能够提供传统的知识和智慧，并能分享他们自己的治愈之旅。因为年长者在治疗过程中是非常活跃的，它们可以为患者提供宝贵的支持、文化上的强化和积极的行为模式。根据 Ross(1992)所述，年长者也可以为患者提供一种可供选择的方式，分享他们独有的经验和智慧。"年长者喜欢在直接批评中使用有指导意义的隐喻。批评的焦点几乎完全集中在过去和以往的失败上，而有启发性的隐喻也有助于帮助人们朝着未来更好的行事风格方向前进"(p.173)。

我们还在咨询工作中加入了一些仪式，以增强文化-精神两方面的结合。在团体活动中，我们都会坐成一圈，然后开始我们的工作：先由部落长老们祈祷，然后再邀请团体中的人加入我们的祈祷鼓和传统歌曲中。这些传统歌曲是为我们唱的，都是异常欢快的歌。巨大的鼓声则是我们希望在团体中能够完成工作的有力象征。这个祈祷鼓最多可由 10 名参与者演奏，鼓声能够创造能量的聚集，激发团体的活力，并提醒每个人在治愈过程中，他们都是团结一致的。另外还有声音的要素，不断提醒我们，我们的心在跳动，我们正努力与地球母亲的精神结合在一起。我们还使用鹰的羽毛作为手段，让圈子里的每个人分享他们一天的想法；这样的做法通常可以给我们提供线索，让我们了解参与者的情绪状态，并能够知道是否有人准备好进入这个圈子并着手解决问题。我们相信，任何治疗工作都应该在圈内进行，这样参与者不仅可以互相学习，而且还可以支持任何需要治疗的人。黑麇鹿(1961)曾经这样说过，所有神圣的事情都发生在一个圈子里。坐在圈子里，不仅可以增强我们自身对圆圈力量的信念，而且在疗效上也相应地与我们努力达成的治疗目标相一致。我们的信念是，每个人都需要被倾听，需要用自己的话来表达。在某种意义上，这个圈子是神圣的，其遵循的思想和信念是

> 一代又一代地通过典礼、棚屋和故事讲述等形式流传下来的。在集会、太阳舞、汗蒸棚屋、甜草仪式、烟斗仪式和供人们交谈、庆祝和祈祷的盛宴中，都有神圣圆圈的象征。这个符号象征着宇宙万物之间的统一、依存和和谐，也代表着时间，可以看作是自然形态的循环往复。(Regnier in Hart, 2002, p. 62)

情绪表达或净化是疗愈过程的一个重要组成部分。情绪，尤其是愤怒或伤害，对个人来说是很重要的，因为这些情绪往往要么被压抑，要么被不恰当地表达(例如，对所爱之人而不是对性虐待或种族主义的犯罪者)。因此，参与者在这个过程中可以学习如何发泄、表达和引导情绪。日常咨询工作的最后一部分强调决心和更有建设性地生活。我们经常用雪松"刷掉"参与者的心灵污垢，因为雪松是西北地区人们的神圣植物，也可以用老鹰的羽毛。有时我们也会使用角色扮演，在角色扮演中，参与者可以演练某些建设性的方法来处理日常生活中的问题。参与者面对他们村里的年长者，或生活场景中他们觉得自己被某些人"冤枉"是很常见的，这样在模拟情境中，他们就能知道和告诉别人，自己在与家人或社群成员打交道时，由于所犯的错误带来的痛苦和悲伤是什么感觉。重要的是，我们希望项目的参与者们能够明白，宽恕即是赎罪。毫不奇怪，在这些场景模拟的最后，所有参与者都表现出了极大的对他人的尊重。最后，我们以坐成一圈进行交流的方式结束我们的团体(考察一下这个团体的成效)，参与者们可以从其他参与者那里得到见解和口头上的支持，然后是来自长老的建议、评价以及祈祷。

从传统上看，第一民族的民众在他们遭遇压力事件的时候，往往会从社群关

系中家人、朋友和邻居那里寻求非正式的帮助。与此相一致地,我们也试图在这个圈子里创造一种家庭或社群的感觉。在相关文献中,这被称为网络疗法。这种治疗方法认为,所有对人们产生影响的社会力量之间都是相互关联的。因此,家庭、亲戚和朋友都是人们在遭遇情绪困扰时可以借用的资源。苏族人(Sioux)Red Horse(1980)开发了一个名为 Wido-Ako-Date-Win 的网络治疗项目,让每个想要给予患者帮助的人都参与到助人过程中。Red Horse 强调说,如果在他/她的社交网络中没有包括那些重要的人,那么人们很难帮助别人。这一想法反映的是这样一种观念,即助人的最好方法,是把第一民族中的每个人都看作是一个大家庭的成员。事实上,许多传统的第一民族的人强调说,精神幸福不能与整个社群环境分开。换句话说,为了治愈某个人的情绪情感问题,整个社群都必须参与到这个过程中。为了更进一步说明这点,我们可以考虑某些涉及第一民族大学生寻求帮助的态度研究,很多研究表明,他们"通常会在寻求心理咨询服务之前,首先寻求家庭成员的帮助"(LaFromboise, Trimble & Mohatt, 1990, p. 152)。

关于具体的咨询策略,我们借鉴了艺术疗法,尤其是雕刻作为我们工作的一部分。通过雕刻,参与者们能够将他们的想法投射出来,这样就有了一个现成的思想和想象的"画布",咨询师可以用来帮助他们。努卡特族(Nuu-chah-nulth)雕塑家和长老 Harold Lucas 告诉我们,"心中所想,手中所现"(个人交流,2002)。我们在治疗方法中也运用了自然疗法,鼓励参与者将户外体验作为一种日常习惯。在我们的团体里,我们把每个人都带到外面散步,但我们不只是散步和享受自然;相反,我们告诉参与者们,大自然是个人幸福的医药箱。有些植物具有某些传统的特性,可以用于不同的目的;知道这些特性的疗愈者会向团体中的每个人展示它的作用。我们向参与者们演示如何制作"四皮药"(four-bark medicine),作为一个团体,我们邀请每个人都去体验。这个练习的主要作用,是将我们重新与自然连接。咨询的要义是,治疗方法必须要超越专业训练的桎梏,确保患者感到自己与他们的文化之间有更广泛的连接;患者开始建立一个稳固的身份,确保他们的所学可以在各种文化环境中发挥作用,并不断促使自己成为第一民族。最后,无论是否有必要或是咨询要求,我们都会"放手",祈求他们安康舒适,从而强化精神力量对个体幸福的影响。

对第一民族疗愈的促进策略

McCormick(1995)所进行的研究集中在第一民族人们认为有助于心理疗愈的传统内容上。这项研究的意义在于,第一民族的人们,不论是传统治疗师到还是患者,都会分享与患者工作的成功经验,或是患者自己分享成功的经验。以下的条件和做法被这些促进者确定为有助于疗愈过程的主题。

坚守传统,参与仪式:这一主题包括主动参与、积极参加各种祭祀、庆典等文化活动,以获取传统文化知识。要能够知道,了解自己的文化和保持健康之间有着密切的关系,因为不论自己是与社群还是文化之间建立一个基础性的联系,都能够为自己带来更健康的生活方式。

设定目标并进行有挑战性的活动:在生活的各个方面都有明确的目标和平衡,就像"药轮"(the medicine wheel)所告诉我们的那样,这样不仅可以让人觉得生活是有意义的,还能够为自己的未来提供目标。从事积极的活动包括诸如完成一项困难的项目、重返校园或为一项更具挑战性的工作做准备等,有助于人们对自我和能力形成更好的评价和感觉。

表达自己:表达情绪的能力包括要能够表达愤怒、爱、挫折和其他情绪情感,表达自己有助于缓解压力,让患者以一种健康的方式表达情感。表达情感的方式可以从身体上(如在森林里尖叫、雕刻、唱歌)到心理上(如思考、写日记、咨询),再到精神上(如烟熏净化、苦修)。

来自他人的支持:社会支持不仅包括与社群中那些有血缘关系的人感觉上的联系,还包括对他人采取更具体的行动,比如以接受、鼓励、安慰和确认等方式。集体中蕴藏着力量。

精神联系:培养自我的精神性,不仅能给人一种内在连接的感觉,还能培养人们的道德感、建设性生活方式、谦卑感和自我超越。参加神圣的仪式和庆典会带来亲近感和紧密互动,这与人们和他人之间的关系截然不同。精神性在日常生活中有不同的表现方式,如用雪松给自己清扫、祈祷、唱圣歌等等。

　　榜样:良好的榜样,如长者、亲戚和社群中的成功人士,可以为问题解决、决策、建设性生活,或以健康方式进行自我引导提供灵感和指导。在第一民族中,故事、神话和传说一般是用来培育道德、良好行为、为行为后果负责,以及幸福生活的重要方法。

　　自然连接:作为大地一部分的连接感,并因此拥有比狭隘自我更广泛的感觉,可以为人们提供通过隐喻关系来思考和分析生活状况的机会(比如,个人可以在自然中散步时反思自己的生活、障碍、智慧,等等)。自然也有疗愈作用,如可以帮助人们平静和放松。此外,有些植物的根和某些植物经常被用来制作药物和补充膳食。

　　这些主题对于咨询实践的意义在于,咨询师可以很容易地将其纳入到他们与患者之间的互动和干预中:"咨询师如果具备更多知识,可能会给患者提出更具体的建议,如鼓励患者静观河流流淌几个小时,或参加某些仪式"(McCormick,1995,p.142—143)。显然,这些主题可以适用于各种干预方式,而人际支持资源,例如长者,也可以纳入咨询过程中。

为原住民患者进行咨询的指导原则

　　对于来自主流群体的咨询师来说,他们会面临着许多挑战,包括他/她的身份发展、他/她的治疗能力、在不同世界观中工作的能力和文化敏感性。在 Hart (2002)和(Duran2006)看来,将自己定位为一名咨询师,对服务于第一民族的来自主流群体的咨询师来说非常重要。这对于任何种族群体来说都是如此,但由于第一民族所处的在与教堂、政府和其他机构打交道时的历史背景,真诚、信任和和谐是建立良好关系的重要因素。建立信任的关系可以从了解原住民身份等多种方式开始。与我们一起工作的一个长老 Harold Lucas,他所讲述的一件轶事能够很好地证明这一点。Lucas 说,有一位非原住民身份的咨询师曾来过他们的村庄,他想马上和人们一起进行咨询工作。长者问了年轻的咨询师一个问题:"你从哪里来?"咨询师回答说,"我来自马尼托巴(Manitoba)。"长者又问:"不,你从哪里来?"咨询师的回答仍然是:"我来自马尼托巴。"长者于是接着说:

"你的人民是谁？你从哪里来？"（强调）。于是这名长者就想："如果这个人不知道自己从哪里来，我怎么能相信他呢？"（Lucas，个人交流，2012 年 1 月 12 日）。

毫无疑问他们之间存在着不信任；因此，咨询师需要确保他们在咨询过程中，能够带着强烈的自我意识，以及投射真情实感的能力。最近，越来越多的研究聚焦于第一民族的人民到底需要什么样的咨询，无论是本土的还是非本土的研究都很多。Reimer（转引自 Trimble & Thurman，2002）在对阿拉斯加因纽皮特族人的研究中发现，助人者和治疗师被期待的个性特征包括：

> (a)有德行、善良、尊重他人、值得信赖、友好、温柔、满怀爱心、干净整洁、乐于助人，不八卦，不自怜自哀；(b)在身体、心智、精神、个人、社会和感情等方面都很强大；(c)与所在群体中的人们相互熟识，与他人合作良好；(d)有良好的沟通技巧，愿意花时间进行交谈、探访和聆听；(e)因为他或她的知识而受到尊重，在思想和行动上能够自律，有智慧，能够理解他人，并愿意通过教导和服务为途径来分享知识；(f)没有物质滥用；(g)了解并遵循文化；(h)对造物主有信仰，并与之保持牢固关系的人。(p. 67)

Bruce(1999)在来自太平洋沿岸萨利希族不同部落的 36 位第一民族参与者的帮助下，探讨了非原住民咨询师如何建立积极的工作关系。这项研究的结果，为非第一民族的咨询师提供了建立积极治疗纽带的指导方针。这个研究结果分为五个主题：个人咨询技能；提升咨询的个人素质和治疗特性；群体关系；文化问题；历史构成要素；一般问题。

1. 重要的心理咨询技巧、个人素质和治疗特征包括：

核心技能：真诚、尊重、愿意倾听；运用有效的提问技术；给予积极强化。虽然这些技巧或特征中有一些对于原住民和非原住民都可以适用，但咨询师的方法则可能是不同的，例如，提问技术、对尊重的建构可能与非原住民不同，一些大家庭成员的参与也是必要的，因为他们也是这个过程的一部分。

个人素质：在助人过程中，患者总是对自己有一定的期望，同时他们对咨询师的个人和咨询引导也有一定的期望。患者希望能够在咨询师身上看到的品质，包括个人健康、开放、耐心、不吹毛求疵、支持、灵活、富有同情心、谦逊、可靠、愿意解释她/他是谁以及她/他想做什么。对于一些第一民族的患者来说，这些品质至关重要，因为他们与咨询师要建立新的信任关系，并对咨询师有信心。对于那些正在处理不信任问题（例如，寄宿学校，被虐待的配偶等等）和背叛的人来说，咨询师的自我表露可能会对正在进行的工作带来额外的好处。

治疗特性：患者除了对咨询师的个人素质有期待之外，Bruce 的研究还表明，职业精神、专业技能和胜任能力也是患者所需要的素质。人们也会寻找那些运用文化适用方法，愿意了解和理解患者的文化和语言，有界限并能够设定明确界限，表现出非正式性，保密性和亲和力，能够自我表露和有人情味的咨询师。

2. 对于进入某个原住民社群的咨询师，Bruce 提出以下建议：

联系社群或部落里联络人：大多数社群或部落都有一个指定的人，充当她/他的人民和不属于这个社群或部落的人之间的联络人。建立这样的联系不仅能够确保这些建议被人们遵守，而且也能够确保社群内的人们开始熟悉咨询师。

与酋长和咨询师会面：为遵从合适的进入部落的礼仪，助人者应与酋长及其他委员会成员会面，以示尊重，并遵从他们的建议及工作方法。

谨慎和尊重礼仪：一些非第一民族的咨询师对如何在原住民社群文化中进行咨询和互动一无所知，最好的策略是等着被邀请和人们一起进行咨询工作。有时候过于热情可能会传递错误的信息，咨询师是要引人注目，但也要谨慎，学会融入社群和部落，必要时包括参加葬礼和其他文化活动。

对咨询师的角色保持公开：咨询师解释和描述她/他打算如何与部落合作，她/他会使用什么方法，并能够始终让人们知道他/她的开放性和学习意愿，这些是很重要的。当咨询师能够这样做时，自我表露便成为一项优势。

与已经在那里的其他专业人员建立关系：由于第一民族的人们是从集体的角度进行咨询工作，其他人会在不同的时间参与不同的过程和任务，咨询师应该找到方法与已经在部落工作的其他专业人员建立联系。这种策略不仅表示咨询师愿意运用团队合作和集体的方法，而且还能够显露自身的专业精神。

3. 具有文化敏感性的咨询师必须做到以下几点：

了解文化：经常教育自己需要了解广泛的文化原则，以及某个社群特定的文化成分，包括历史、信仰和传统、故事和传说，这一点对于咨询师总是很重要的。咨询师应该了解，社群里的每个人都有属于自己的文化元素，但也有属于那些被许可使用它们的人（例如，歌曲、治疗活动、药物等等）。

了解文化和精神实践活动：尽管在不同的文化群体中，许多人都有共同的文化成分和元素（例如，他们都有自己的故事、仪式、符号、仪式等），但重要的是要知道关于心理引导、治疗和组织的方法、实践与方式是多种多样的。要能够认识到文化的多样性。

了解大家庭：咨询师必须记住，大家庭成员是助人关系的一部分。邀请家人参与到助人过程中不仅是礼貌行为，而且询问他们的意见和建议也是有价值的，尤其是如果大家庭里有长辈的话。

与健康的长者一起工作：长者是社群中受人尊敬的成员，因为他们提供的洞察力、知识和建议，往往被认为是维持群体文化活力所必需的部分。他们可以以支持者或合作者的身份与咨询师合作。不幸的是，一些年长者可能由于诸多问题导致健康状况不佳，这可能是部落群体特有的状况（如：诊所被废弃了、药物滥用等等）。

4. 了解历史对人的影响，对于咨询师学会如何在原住民群体中工作至关重要。如果咨询师能够理解如下几点，将对他们的工作大有裨益：

社群的文化和政治历史：咨询师在正式介入咨询之前或正在进行时，必须具备的理解和知识的一部分内容是，要能够认识到社会政治历史对人们生活方式、与他人关系，以及对他们世界观的塑造所带来的影响。

损失的重要性：在与欧洲人接触后，第一民族由于被同化而失去了大部分的文化。这包括孩子们被送到寄宿学校，在那里他们所使用的语言被从日常生活中剔除；他们的土地被政府征占或征用；政府制定的法律破坏了社群的生活方式。

《印第安人法案》的影响：对于助人者来说，非常重要的是要知道关于《印第安人法案》等相关政策文件的基本知识，以便能够更深刻地了解这些法律和法案对第一民族各方面所产生的影响（如教育、土地所有权、健康服务、房屋权利），还有对政府和人民之间关系的深远影响（例如，社会服务部门）。

5. 原住民群体面临的一些普遍挑战。当咨询师意识到这类问题并对问题原因进行自我分析时，如果能考虑采取灵活的方式和人们接近，并采取尊重个人和社群的预防性行动，那么对咨询师来说是一项有益之举。

寄宿制住校：在第一民族的历史上，寄宿制学校及其毁灭性的后果带来了大量难以克服的身心问题。来自身体、情感、文化和精神上的虐待，不仅影响了直接参与其中的人，也影响了后代们。家庭成员之间的关系由于滥用药物、使用暴力（可能导致性虐待），以及来自文化适应、自杀、歧视和种族主义的影响而被破坏。

社会服务的不均衡：社会服务通常不足以服务于第一民族的基本需求，这些社群往往孤立存在，缺乏基本的卫生服务。虽然最近儿童和青少年一直是各种社会服务机构服务的焦点，但事实是，随着项目和预算的变化，第一民族群体获得的服务种类也在发生变化。因此，咨询师必须知道，原住民群体中的人们可能不太信任咨询师提供给他们的服务。

时间概念：重要的是，助人者与第一民族一起工作时，要以不同于非第一民族观点的方式理解和评估时间。社群中的人们有这样的观念，即时间预约和日程安排与人们准备工作的时机密切相关。例如，在团体工作中，人们可以约定在白天的时间开会，但重要的是要记住，会议只有在大家全部到达，并做好准备开始的时候才能开始。对于咨询师来说，等待每个人都准备好是对他们的尊重。此外，咨询师还要能够知道，家庭和社群事务比咨询师的工作更为重要。

结　　论

> 我们必须理解的是，这种为恢复和保留尊重一切存在的传统价值观而进行的斗争，是年长者们对原住民文化丧失进行关注的中心……所有被取缔的和被诋毁的传统文化的方面，如精神舞蹈，汗蒸棚屋和种子仪式，日常的递给别人烟草作为感恩象征的仪式，这些都必须被人们看到，因为它们真正是：维持和加深对万事万物相互联系这一信仰的途径。（Ross，1992，p. 183）

正如黑麋鹿（Black Elk）很久以前所说的那样，所有文化背景下的人都团结在"一棵树下"，为我们的孩子更美好的明天和更好的生活方式而努力；因此，继续增强我们的仪式和价值观是至关重要的。无论我们的地理位置或部落归属如何，我们作为第一民族所拥有的所有共同信仰都令人着迷。作为 Ani-yun-wiya、Kikapoo 和 Mohowk 族的助人者，我们非常幸运，并十分感激有机会在加拿大、墨西哥和美国与不同的原住民生活和工作。我们知道,当我们回顾我们的经验和从关于原住民问题的各种研究人员那里学到的东西,并在后殖民语境中表达我们对咨询的看法时,我们需要在原住民群体中扩大他们关于群体的意识。这意味着我们要超越心理咨询中那些被普遍接受的角色设定,将自己从咨询师和促进者,变成到群体倡导者等各种角色。我们相信社群不仅仅是一群人的聚集(家人、朋友、同事),它还拥有更大的内涵,那就是交流是相互建立亲密关系的必要条件。我们需要从精神层面上理解交流,如果可以做到这点,我们便能够共同遵从原住民世界观的指导原则:尊重世间一切创造物,平衡各种关系,尊重更高存在的力量,重视与自然的联系。这四个原则本身就是一种交流,我们非常希望看到它们存在并体现于我们所做的一切事情中,从文化适应的咨询技术到支持群体自力更生,确保每个家庭都能拥有所有必要的援助,还有那些限制第一民族发展的制度性行为都能够终止。我们认为,接受其他世界观能够使咨询摆脱其殖民取向的过往,并确保尊重是咨询活动的基础。有时,像尊重这样的词会被过度使用,从而尊重的意蕴也被弱化了。我们对尊重的理解由诸多细微部分组成:诸如天空是由数以百万计的恒星、行星、小行星和其他还没发现的生命形式构成,大道同形,尊重也是由许多细微元素组成,其中一些我们还没有认识到。尊重他人的行为,体现在我们倾听、回应、参与、承诺、达成成就,以及爱的方式上。我们的长辈总是提醒我们,尊重是爱的至简形式。

很多文献和经验都告诉我们,原住民的独特性应该受到尊重。也就是说,家庭是重要的,大家庭通常都是生活中的一部分。在第一次见面中,咨询师要表现出尊重,真诚,认真倾听,观察人们是如何分享他或她的经历的,这些都至关重要,因此也是成功咨询的基础。由于信任是关键要素,它必须建立在对患者文化和生活的真正兴趣之上。Duran(2006)认为,要成为真正有作用的咨询师,个人需要知道自己的灵魂在哪里,"这是一个过程……在他持续不断地意识到自己对灵魂疗愈地过程中"(p. 46)。Duran 接着解释了黑麋鹿的话,黑麋鹿说宇宙的中心无处不在,尽管不是每个人都能认识到这一点。因此,Duran 建议非原住民咨询师找出他们自己来自哪里,以及他们自身民族的创世纪故事是什么。虽然主动倾听很重要,但研究也表明,具有指导性的康复计划同样重要。Trimble 和 Thurman(2002)继续这样论述到:

这种指导风格似乎更有效,因为许多印第安人患者,尤其是那些深受文化传统影响的患者,在咨询的早期阶段可能会沉默寡言,即使不是在整个治疗过程中……以传统为导向的印第安患者也非常不愿意寻求传统的咨询服务,因为他们认为这种体验是不可容忍的,这与他们对助人关系的理解不一致。(p. 75)

所有的咨询师都需要记住,原住民和世界上任何国家一样,是一个不同的、独特的群体。他们都有着与众不同的传统和实践,但是由于第一民族的人们在这个国家四处迁移,我们看到的是来自更多不同族群的人。所以当我们认识到这些差异存在的时候,我们还应该记住他们有更多的相似之处,这些相似之处比我们所能认识到的诸多差异要强烈得多。如果要用几个词来概括这些相似之处,人们可能会说,促使第一民族人民团结在一起的,是对我们祖先大声疾呼的渴望。这意味着我们以一种整体的方式看待这个世界,它承认并接纳关于我们存在的所有方面(心理、身体、精神和感觉)。我们不把自己的一部分看得比另一部分重要,因为它们对我们是谁都同样重要。在某种程度上,人们可能会说,助人过程的目的其实就是治愈和调和我们自身的这些不同部分,从而能够赋予和加强我们自身的身份。从治疗的角度来看,所有的咨询师,无论其背景如何,都需要记住:

必须允许自决(self-determination)的思想在生命的所有方面都能够蓬勃发展,包括治疗、研究和培训等领域在内。自决是拥有相关心理知识的必要条件,也是心理层面自我宽恕过程的开始。(Duran & Duran, 1995, p. 198)

参 考 文 献

Ashwell, R. (1989). *Coast Salish: Their art, culture and legends*. Vancouver, BC: Hancock House.

Beltrame, J. (2003, June 16). First Nations: Time of reckoning, *Maclean's*, pp. 37—38.

Black Elk(1961). *Black Elk speaks: As told through John Neilhardt*. Lincoln, NE: University of Nebraska Press.

Bruce, S. (1999). *First Nations protocol： Ensuring strong counselling relationships with First Nations clients*. Unpublished doctoral dissertation, University of Victoria.

Cottell, S. (2004). *My people will sleep for one hundred years： Story of a Métis self*. Unpublished doctoral dissertation, University of Victoria.

Council for Yukon Indians. (1993). *Cross-Cultural strategies*, Whitehorse, YK： Curriculum Development Program.

Couture, J. (1991). Explorations in Native knowing. In J. Freisen(Ed.), *The Cultural Maze： Complex Questions on Native Destiny in Western Canada*. Calgary, AB： Detselig Enterprises, Ltd. pp. 53—76.

Duran, E. , & Duran, B. (1995). *Native American postcolonial psychology*. Albany, NY： State University of New York Press.

Duran, E. (2006). *Healing the soul wound*. New York, NY： Columbia University Press.

Dyer, G. (2001). The new majority. *Canadian Geographic*, January-February, Retrieved from http:// www. canadiangeographic. ca/magazine/jf01/multicultural_canada. asp Hart, M. A. (2002). Seeking Mino-Pimatisiwin： *An Indigenous approach to helping*. Halifax, NS： Fernwood Press.

LaFramboise, T. , Trimble, J. E. , & Mohatt, G. (1990). Counseling intervention and American Indian tradition： An integrative approach. *Counseling Psychologist*, 18, 628—654.

McCormick, R. (1995). Facilitation of healing of First Nations people in British Columbia. *Journal of Native Education*, 21(2), 251—322.

Newman, D. (1989). Bold and cautious,*Maclean's*, July 12, pp. 24—25.

Reimer, C. S. (1999). *Counseling the Inupiat Eskimo*. NY： Praeger Press.

Smoley, R. (1992). First Nations spirituality. *Yoga Journal* (January), 104—108.

Statistics Canada. (2008). Retrieved from http://www12. statcan. ca/census-recensement/ 2006/rt-td/appa-eng. cfm

Sterling, S. (1997). Skaloola the Owl： Healing power in Salishan mythology. *Guidance Counseling*, 12(2), 9—12.

Red Horse, J. G. (1982). American Indian elders： Unifiers of Indian families. *Social Casework*, 61, 80—89.

Ross, R. (1992). *Dancing with a ghost： Exploring Indian reality*. Markham, ON： Octopus Publishing Group.

Rimer, C. S. (2012). http://www. swancircle. com.

Trimble, J. E. , & Thurman, P. (2002). Ethnocultural considerations and strategies for providing counseling services tonative American Indians. In P. Pedersen, J. Draguns, W. Lonner & J. Trimble(Eds.). *Counseling across cultures* (5th ed. , pp. 53—91). Thousand Oaks, CA： Sage.

White, M. , & Epson, D. (1990). *Narrative Means to Therapeutic Ends*. NY： Norton.

5. 为亚裔群体提供心理咨询

大卫·苏

S 先生是第二代加拿大人,他的父母是从印度移民至加拿大的。指导咨询师(The Guidance Counsellor)要求和他约谈,原因是他 15 岁的儿子经常被一群同学所困扰,他们称他为"巴基斯坦佬",儿子的成绩也因此受到了影响。S 先生感到很不安,并极力尴尬地解释道:"加拿大是一个好的国家",并教导他的儿子不要再制造麻烦。(Christensen,1989,p. 277)

本文开头的案例揭示了我将要讨论的亚裔加拿大年轻人及其父母所面临的一些问题。虽然加拿大以多元文化社会自居,然而某些群体还是难以被社会完全接受。一项研究显示,超过四分之一居住在加拿大的东南亚难民经历着种族歧视(Noh et al. ,1999)。某些社会群体所经历的其他问题中有一些更为微妙,比如用西方标准来评价不同文化群体的行为。

在本章中,我将会描述一些传统的亚洲价值观,并把其与加拿大主流文化进行比较,讨论环境和社会对行为影响的重要性。根据态度/信仰、知识和技巧指出了心理咨询的意义,并就为亚裔加拿大青年及其家庭提供咨询的介入策略提出建议。在我开始论述之前,我必须指出,亚裔加拿大人是一个由个体组成的高度多元化(Heterogeneous)的群体,这些移民源自中国、印度、韩国、巴基斯坦、越南等国,这里只列举了其中一些国家。此外,他们当中还有一些是难民,在离开本国时曾遭受了创伤和多种刺激。这些移民中也有一些人可能已经在加拿大生活了好几代。亚裔个体对于东道国社会的文化适应（Acculturation）程度和认同（Identification）程度也不尽相同。亚裔加拿大群体影响力逐渐增大，比如 Ujjal Dosanih 就曾当选为英属哥伦比亚省的省长（Connelly，2000），抑或超过三十万的亚裔加拿大人居住在英属哥伦比亚低陆平原地区，这些事实都是很好的证明（Janigan，1997）。事实上，在温哥华上学的孩子中有一半以上不是白种人，其中大多数是亚裔孩子（Turner，1997）。显而易见的是，学校心理咨询师越来越有可能面临亚裔加拿大青年及其家庭寻求心理咨询的问题。

熟练运用文化的心理咨询

在与亚洲人进行适当的、涉及伦理的心理干预讨论中，少数族裔精神卫生专家在三个大范围内确定了具有文化咨询技能的咨询师应有的特征：

信仰/态度：咨询师既能够意识到他/她自身的一整套价值观和假设规则，也能意识到这套价值观和假设规则是如何影响他/她对其他文化群体成员看法的。在自身价值观和信仰的作用下，咨询师能够区分什么是适当的，什么是不适当的。西方观点在美洲占据主导地位，该观点与个人主义（Individualism）、平均主义（Egalitarianism）、自我表现（Self-expression）和独立自主联系在一起。一个"好"的学生要能在课堂表达他/她自己的观点，能向老师表达不同观点，能朝向自我设定的目标前进。相比之下，在亚裔群体中，一个"好"学生的标准是能认真听老师讲课，认真记录下老师的观点，不去挑战老师提出的看法。对于亚洲儿童，咨询师应当注意，不要将在另一种文化下能够被接受的行为评估为"有缺陷"。

知识：心理咨询师要了解该文化群体的社会政治历史，并掌握该群体的价值观和特征。认识、评估和强调环境因素是重要的。根据 DSM-IV（美国精神病学协会，2000）和美国心理学协会（1993）的《种族、语言和文化多样性群体心理服务提供者指南》，明确表明以下三点是非常重要的。第一，界定社会压力源对个体的影响（语言问题、歧视、陌生的角色期望和冲突的价值观体系）；第二，评估个人的文化认同程度；第三，确定问题是否主要是由于个体因素还是环境因素所导致。在亚裔男孩受到班级同学种族歧视的案例中，咨询师需要帮助受害者拟定应对这些问题的策略,并评估改善学校环境的必要性。如果骚扰不是一个单独事件,必要干预还可能包括审查学校的文化氛围,审查会涉及到:学校接受不同族裔学生差异的做法和方式,学校是否能够促进所有人尊重其他文化。该审查可能需要包括对员工态度、信仰,教学风格、策略,教学材料和学校学习方式的评估(Banks & Banks,1993)。在为父亲提供心理咨询过程中,在谈及他儿子面临的骚扰问题时,咨询师可以同意加拿大是一个"好"的国家的观点,但应提及社会问题仍然存在,并就种族主义和歧视等问题进行公开讨论。在本案例中,咨询师应指出,儿子的反应和他的教养方式都不是被骚扰的原因,儿子可以在父亲的帮助下,讨论并形成应对骚扰问题的方式方法。

技能:一个具备文化胜任能力的咨询师应当掌握丰富的干预策略和方法,以便有效地与不同文化背景的患者进行沟通。在上述案例中,咨询师必须要采取系统干预的方法,以促进学校和学生更好地接受文化差异,并发展亲社会态度和行为。诸如共情在内的咨询策略和技术,需要实现从原先的以关注个体为重心,转变到同时考虑家庭和环境等变量。

接下来我将要讨论亚裔群体的一些价值观和特征。记住这些价值观和特征是亚裔群体的共性,咨询师应当评估特定儿童或家庭对这些价值观的坚定程度。在介绍一些传统的亚洲价值观后,我将要讨论它们对具有文化胜任能力的咨询师会有怎样的影响。

传统的亚洲价值观和家庭特征

正如我之前提到的,在"亚裔加拿大人"这一标题下,不同群体之间存在着实质性的区别。此外,每个群体内部的代际地位、种族认同和文化适应程度也各有不同。亚洲和加拿大主流价值观及特征的差异在表 1 中已经明确列出。以下这些信息都是归纳性的,咨询师需要评估这些特征和价值观,以决定如何将之适用于特定的孩子和家庭。

集体主义

与西方文化中的个人主义倾向不同,亚洲群体更贴近于集体主义者,也就是说，他们对"自我"的定义包含了与其他人的关系。个人与家庭、集体的目标和和谐相比，没有那么重要。因为这个倾向性，亚洲人会根据社会环境和其他人的评价反应调整自己。与北美人相比，亚洲人相对来说能够更好地实现自我控制。在一个针对亚裔美国大学生的调查中发现，避免羞愧感是一个强烈的动机因素，40％的亚裔美国大学生会选择遵从"白人社会"秩序以便不被视为异类（Yeh & Hwang，1996）。在不提倡攻击、冒犯，而是提倡顺从、尊敬，以确保群体凝聚力的那些国家，儿童问题一般表现为诸如恐惧和躯体化之类的"过度控制"行为。在强调独立和竞争的西方国家，"不被控制的行为（不服从、斗争、辩论）更容易被提倡和传颂"（Tharp，1991）。

表 1　亚裔和欧裔加拿大群体的价值观和特征比较

亚裔加拿大群体	欧裔加拿大群体
集体主义，关注家庭群体	个人主义，关注自我
不独立于家庭，集体行为彰显个人成就	认可儿童的自我获取
家长制的家庭关系	平等的家庭关系
情绪控制是成熟的标志	情绪表达是健康的
儿童应该顺从父母	儿童可以挑战父母

亚洲家庭的特征

　　当她做错事的时候……我会先坐下来，想想如何解决这个问题。如果我遇到困难，我会向专家咨询……（Kass，1998，p. 3）

　　这段话由一位叫做李侯林（音译）的父亲所述，他的女儿不仅欺骗他，还伪造他的签名，并把有伪造签名的笔记交给了老师。李侯林生气之余打了自己的女儿，按照法律规定他和妻子被相关部门指控，并被责令要求完成家长训练课程。该课程可能会让这对家长认识到自己的不称职，也有可能会加剧他们与女儿之间的紧张关系。如果你是咨询师，遇到这样的情境，会如何为这对家长提供咨询？

　　亚洲家庭的优势在于他们之间的相互依赖，这种社会联系可以帮助年轻人缓冲源自环境的压力。一个强大的家庭可以把针对少数族裔群体地位的潜在破坏降到最低。在这种背景下,家庭需要培养家庭成员们适应生活的技能(Yee,Debaryshe, Yuen, Su Yeong & Yess, 2006)。在亚洲家庭中,父母对年龄较大孩子的情感表达较少,对家庭成员的关心会更多表现为对物质需求的关注。羞愧感和内疚感是父母用来控制孩子们的手段。总体而言,亚洲父母认为规矩是必要的,这可以避免他们的孩子违法犯罪或做出其他令家庭蒙羞的行为。过度宠溺孩子而不给孩子定规矩更容易被认为是“虐待儿童”(Wu,1981)。

与欧美学生相比,亚洲的男性和女性大学生(85％是中国血统)认为他们父母教养风格更为专制,这种专制既表现在身体也表现在精神层面的活动中(Mest,Heiman,Trapnell & Carlin,1999)。在亚洲家庭中,家庭结构往往等级森严,男性,尤其是男性长辈拥有更高的地位。儿子负责继承家族姓氏,而女儿相对没有那么重要,因为她们会离开原生家庭。即使结婚了,儿子仍然被期望向原生家庭尽最大的忠诚。孩子们要听话,不允许与他们的父母争论。例如,在一项研究中,日裔美国家长将“举止得体”列为孩子社交能力最重要的表现,相比之下,欧美家长则认为“自我引导”最重要(O'Reilly, Tokuno & Ebata, 1986)。

为李侯林家庭提供咨询的咨询师,需要考虑孩子所处的等级制的家庭结构背景,在这种背景中孩子们往往被要求顺从,咨询师需要意识到自身对此的反应和态度。Gray 和 Cosgrove(1985)研究了不同族裔少数群体的常态化的养育活动,认为其中一些做法可能被儿童保护机构视为虐待。其他文化可能认为西方的养育模式会导致孩子们的自私和暴力增加。咨询师可能需要帮助该家庭识别不同文化的管教方式,探究女儿不当行为源自家庭和学校期望之间冲突的可能性。咨询师还需要探讨女儿和家长共同面对的文化适应冲突。通过这种方式,该家庭的问题将不被视为不当的教养方式,而是家庭试图在一个有着不同期待的社会中,努力维系传统文化价值观过程中所经历的挣扎。

一个十几岁的亚裔学生因为在学校有行为表现问题,被建议接受家庭咨询。在家庭咨询过程中,父亲看上去很不舒服且不善交流。咨询师问儿子和母亲对这些问题的看法。男孩指责父亲,抱怨家庭不公平的规则和限制。该家庭没有回来继续接受咨询。(Sue,1990)

在上述这个案例中，可能存在哪些文化和价值观的冲突？根据你自己的成长和价值观，什么才能构成一个功能良好的家庭？当为一个传统的亚洲家庭提供咨询服务时，你会怎样调整你的思维方式？如果你就是该案例的咨询师，你的咨询目标是什么？行动过程会是怎样的？你将要采用的方法有何依据？

在西方社会，针对子女的教养方式遵从的是平等主义观，并且是以帮助孩子自力更生为基础。这种方式会考虑孩子的观点，并且在与孩子协商过程中做出解释或改进决定。在上述家庭咨询案例中，导致咨询终止的原因不得而知。在为该家庭咨询时，咨询师最好尽量让父亲参与其中。此外，将这个问题重新定义为文化适应冲突带来的困难，可以减轻咨询师面对一个"不良"家庭的压力。对咨询师来说，如果可以调整儿子的言论，使其在一定程度上表现出对父母更多的尊重，将会有助于问题的解决。咨询师可以充当调解人，向父亲寻求解决问题的建议。

种族认同和文化适应问题

生活在加拿大的亚洲人经常受到主流标准和规范的冲击。许多人开始接受和采纳西方标准，这样可能会导致他们诋毁自己的出身背景和生理特征。与欧裔美国儿童和青少年相比，亚裔美国儿童和青少年的身体自信程度分数相对较低（Lee & Eng，1989；Pang et al.，1985）。南亚裔美国女大学生与欧裔美国女大学生相比，对形体满意程度的分数更低，她们还对自己的肤色不太满意（Sahey & Piran，1997）。对许多少数族裔儿童来说，直面主流文化冲击会产生心理困惑和矛盾。他们必须跨越自身原有价值观和主流社会文化价值观之间的冲突。他们所在的学校更多强调的是自信和独立等特质，而在家里却被期待顺从。在有关个性的心理测评中，与欧裔美国学生相比，华裔美国学生在自信、多样性需求和想象力等指标上的得分更低（McCone et al.，1998），该研究很可能反映了亚裔群体要务实，要控制情绪等价值观。试图从西方竞争性的文化价值观去解决冲突，可能会导致诸如"我是谁"和"我属于哪里"之类的认同问题。

亚裔年轻人可能会将他们父母的风格，与他们在书本、大众媒体接触到的父母风格进行比较。在亚洲家庭中，尤其对于父亲来说，爱的表达通常不那么直接。韩国小说家 Chang-Rae Lee 就曾描述过他的父亲"缺乏情感表露",在写到他父亲时,他是这么描述的:"我不确定他是否有能力去爱"(1995,p. 58)。如果孩子用主流价值观来评判父母,会导致家庭关系疏远。Lorenzo 等人(1995)发现,绝大多数欧裔美国青少年选择将自己的父母作为榜样,然而,仅有 18％的亚裔美国青少年做了同样的选择。对咨询师来说,应该始终注意到东西方相互冲突的文化价值观,可能对少数族裔父母和孩子关系产生强烈冲击。

　　父母也已经意识到传统价值观和主流价值观之间的冲突。他们可能担心会失去孩子。移民父母与他们的孩子相比,英语的熟练程度较低,在与外界社会交流过程中往往需要孩子帮助翻译,这种依赖可能会导致他们作为父母的地位受损。一个女儿和她的父母回到印度时发现,父母对印度价值观和规范的诠释远比当下的印度国内更严格,她将父母的标准描述为"老古董式的做法"(Das Gupta,1997)。但是,如果父母接触主流文化也可能导致他们在养育孩子过程受到主流价值观的影响(Jain & Belsky,1997;Lee & Zahn,1998),继而,这些移民父母可能开始感觉信心不足(Salvador,Omizo & Kim,1997)。一些父母往往会变得更加固执和严格来应对上述情形。

　　对亚裔青少年来说,这种冲突可能在之前章节所述的不同种族和文化认同发展模型描述中已经有所论述(Sue & Sue,2007)。这些模型尝试揭示了少数族裔个体,在面对主流文化冲击时自身种族认同的发展状况。Lee(1994)发现,亚裔美国高中学生主要存在四种种族认同类型。

1. "韩国学生":该群体中的韩国学生将自身定位为韩国人,且很少与其他亚裔交往。他们的父母指导他们去学习美国的方式,尽管父母期望他们在家里维系韩国身份。父母鼓励这些年轻人拥有二元文化,以适应主流社会价值观,同时在家里保持传统价值观。父母鼓励他们在学术上有所成就,因为这对提升社会地位很重要,同时也期望他们在学校刻苦努力学习。

2. "亚洲人":该群体中的个体坚持传统亚洲价值观,包括移民、在美国出生的中国人和东南亚人。这个群体最接近人们对典型少数族裔的刻板印象:沉默寡言、勤奋好学和彬彬有礼。该群体中的学生非常看重学习对出人头地的重要性,虽然他们已经认识到种族歧视可能会限制他们的机会。和韩国学生一样,他们会因父母做出的牺牲而产生责任感,继而被激励好好学习。该群体中的低成就者往往会感到羞愧和害怕,认为学业失败会让他们的家庭丢脸。

3. "新摇摆者":该群体中的学生完全认同主流文化。该群体尝试通过穿着非民族传统的服装,用广泛社交代替学习的方式来摆脱主流社会对亚洲人的刻板印象。他们的主要任务是参加各种社交聚会,在课堂上能过且过,马马虎虎。他们将坚守传统取向的亚洲人视为"呆子",将自己能够被非亚裔学生所接受视为首要目标。老师们往往认为这些人是亚裔群体中的"误入歧途者"。

4. "亚裔美国人":该群体中的个体往往有着泛种族身份。他们在学校中会努力学习和工作。但是他们也对种族主义直言不讳,并期待用教育武装自己,与种族主义作斗争。

Lee 的研究揭示了亚裔学生对待自己少数族裔身份的一些方式。除了"新摇摆者",亚裔学生会普遍感到在学业上取得成功的压力。成绩差的亚裔学生往往感到羞耻、沮丧,并会因为尴尬而不愿意寻求学业帮助,因为这样的请求会给家庭带来尴尬。

Lee 的发现揭示了亚裔青少年内部对自身种族、文化背景,以及与社会进行互动的方式有所不同。来自不同国家亚裔青少年的问题各不相同。例如,"新摇摆者"很有可能不会再接受关于文化适应问题的讨论,他们试图融入白人社会,这可能导致他们拒绝承认自己的种族身份。"亚裔美国人"可能对心理咨询师抱有怀疑态度,认为他们是既有体制的一部分,目的是让自己适应当前的种族主义社会。坚持传统亚洲定位的亚裔青少年可能会在咨询过程中会有强烈的羞耻感,往往只谈及职业问题,而回避个人问题。

关注学术和职业

亚裔美国人家庭十分强调学术成就,因为这既是给家庭带来荣誉的方式,也是在社会中确保成功的关键。在六年级、七年级学生家长中,日本、中国、韩国家长对孩子的教育期待高于欧裔美国家长(Lee,1987)。在美国,亚裔美国人在特殊教育项目中所占比例非常低,在天才项目(Gifted Program)中所占比例非常高,他们在所有种族群体中的大学完成率是最高的(Blair & Qian,1998)。在学术上有所成就的压力是极大的,九年级亚裔美国学生对成就的追求似乎更多出于对学业失败的恐惧:即使成绩已经超越了同龄欧裔美国同伴,他们对自己能力的认可度仍然比较低(Eaton & Dembo, 1997)。

亚裔美国学生的职业兴趣比较有限,他们主要会进入科学、数学或者其他不需要良好沟通技巧的领域。他们当中进入社科领域或者从事其他需要超强自我表现力的职业相对较少(Park & Harrison,1995)。造成这个结果的因素包括:英文运用能力相对较弱,缺乏培养自我意识的社交活动,或者感到自身难以被主流社会接纳。亚裔可能需要职业咨询来帮助他们拓展和寻找教育与就业的机会,也包括学术上的成就。我们需要对成功进行更宽泛的界定,这样才能使得成绩不佳的学生和家长不会觉得自己是失败者。另外,可能有必要减轻那些因害怕失败而感到压力和焦虑的优等生的压力。

一般治疗策略

在为亚裔学生及其家长提供心理咨询时,咨询师可能需要考虑以下指导方针:

1. 意识到自己的价值观,以及这些价值观对自己看待问题的影响。
2. 能够发现对方的优点和长处,而不是只关注问题本身。
3. 评估咨询对象的世界观。
4. 考虑情境、环境还有文化问题的影响。
5. 考虑把文化冲突作为讨论的焦点。
6. 采用学生和家庭认为可行的解决方案。
7. 为在家庭咨询中扮演好调解员的角色做准备。
8. 帮助家庭成员拓展对可接受范围的界定,考虑应对具体情境的替代性解决措施和方法。
9. 愿意提出可供咨询对象参考的想法和建议。

为亚裔咨询的总体目标是:帮助他们识别和发展出一套能够被他们的文化

取向所接受的广泛技能。通常来说,许多行之有效的咨询技术和理念在亚裔传统里已经存在。在处理相关问题时,通过展开对话来发现和评估不同的文化策略通常会有效,且能增加处理问题的灵活性。我与 Ivey,D'Andrea 和 Ivey (2011)的观点一致,他们把文化意向性(Cultural Intentionality)作为咨询师和患者咨询的目标:

> (文化意向性)是人们……与多样性的群体和个体进行沟通时,自身不断涌现必要的思想、语言和行为的能力……有能力基于自身文化进行沟通,也能够理解其他文化……有能力基于一个文化体系内已有的诸多可能性制定计划,采取行动,并在事后进行反思。(pp. 9—10)

参 考 文 献

American Psychiatric Association. (2000). *Diagnostic and statistical manual of mental disorders* (4th ed.). Washington, D. C.: American Psychiatric Association.

American Psychological Association. (1993). Guidelines for providers of psychological services to ethnic, linguistic and culturally diverse populations. *American Psychologist*, 48, 45—48.

Banks, J. A., & Banks, C. A. (1993). *Multicultural education: Issues and perspectives* (2nd ed.). Boston: Allyn & Bacon.

Blair, S. L., & Qian, Z. (1998). Family and Asian students' educational performance. *Journal of Family Issues*, 19, 355—374.

Christensen, C. P. (1989). Gross-cultural awareness development: A conceptual model. *Counsellor Education and Supervision*, 28, 270—286.

Connelly, J. (2000, Feb 21). B. C. premier breaks racial barrier. Province is first in Canada to elect man of Asian descent to post. *Seattle Post-Intelligencer*, p. A1.

Das Gupta, S. D. (1998). Gender roles and cultural continuity in the Asian immigrant community in the U. S. Sex Roles, 38, 953—974.

Eaton, M. J. & Dembo, M. H. (1997). Differences in motivational beliefs of Asian American and non-Asian students. *Journal of Educational Psychology*, 89, 433—440.

Gray, E., & Cosgrove, J. (1985). Ethnocentric perception of childrearing practices in protective services. *Child Abuse and Neglect*, 9, 389—396.

Ivey, A. E., D'Andrea, M., & Ivey, M. B. (2011). *Counselling and psychotherapy: A multicultural perspective* (7th ed.). Boston: Allyn & Bacon.

Jain, A., & Belsky, J. (1997). Fathering and acculturation: Immigrant Indian families with young children. *Journal of Marriage and the Family*, 59, 873—883.

Janigan, M. (1997, May 26). That West Coast differences. *Maclean's*, p. 21.

Kass, J. (1998, May 11). State's attorney needs some sense knocked into him. *Chicago Tribune*, p. 3.

Lee, C-R(1995). *Native speaker*. New York: The Berkeley Publishing Group.

Lee, L. C. , & Eng, R. (1989). The world of Chinese immigrant Children of New York City. In *Proceedings of the International Conference on Chinese Mental Health*. Taipei, Taiwan.

Lee, L. C. , & Zhan, G. (1998). Psychosocial status of children and youths. In L. C. Lee & N. W. S. Zane(Eds.), *Handbook of Asian American psychology*(pp. 137—163). Thousand Oaks, CA. : Sage Publications.

Lee, S. J. (1994). Behind the model-minority stereotype: Voices of high-and low-achieving Asian American students. *Anthropology and Education Quarterly*, 25, 413—429.

Lee, Y. (1987). *Academic success of East Asian Americans: An ethnographic comparative study of East Asian American and Anglo-American Academic Achievement*. Seoul, Korea: American Studies Institute, National University Press.

Lorenzo, M. K. , Pakiz, B. , Reinherz, H. Z. , & Frost, A. (1995). Emotional and behavioral problems of Asian American adolescents: A comparative study. *Child and Adolescent Social Work Journal*, 12, 197—212.

Meston, C. M. , Heiman, J. R. , Trapnell, P. D. , & Carlin, A. S. (1999). Ethnicity, desirable responding, and self-reports of abuse: A comparison of European-and Asian-Ancestry undergraduates. *Journal of Consulting and Clinical Psychology*, 67, 139—144.

Noh, S. , Beiser, M. , Kaspar, V. , Hou, F. , & Rummens, J. (1999). Perceived racial discrimination, depression, and coping: A study of Southeast Asian refugees in Canada. *Journal of Health and Social Behavior*, 40, 193—207.

6. 你究竟来自何方?

——为亚裔加拿大人进行咨询

安德里亚·萨姆

"那么,你究竟来自何方?"这个问题引发了我复杂的情绪反应,激发了我更多的自我反省,促使我在 2012 年对自己作为一个居住在加拿大的华裔加拿大女性的分裂身份进行探索。这个问题似乎对那些不是来自少数民族文化和种族的人影响不大。对我来说,这个问题引发了我的困惑和愤怒。我被迫为我的加拿大人身份进行辩护,但当我这样做的时候,我又会感到背叛了自身的中国血统。我经常不得不立刻回答这个看似简单的问题,这样让我感到很不自在。

虽然我从很小的时候就开始了这段自我探索的旅程,但直到我开始在加拿大以外的地方旅行时,我才开始从文化、共同社会观念、种族主义和政府政策等方面思考这个问题。在本章中,我先会讨论我所处的"夹层状态"(In-betweenness)。为此,我首先会探究我的血统:我的家人是如何来到加拿大的。其次,我会谈谈身处"夹层"状态的感受和经历,以及我的家庭教养方式对我的影响,还会讨论一些支持我的经验看法的文献研究。最后,我将讨论向那些与我有着相似背景的人提供心理咨询的意义。我承认,每个人的经历都是独一无二的,我的经历也不例外,不能根据我的个人故事和看法来概括对待所有华裔加拿大人的方式。

来到加拿大

讨论我的身份发展历程是因为，这与我的祖先来到加拿大的旅程是密切相关的。如果没有他们的故事，我的故事将是不完整的，因为我的身份只是整个故事中的一小部分。在我父亲家族这边，1881年前后，我的高曾祖父和第一批铁路工人来到了加拿大。像许多外出工作的中国男人一样，他独自来到加拿大，并寄钱回中国养家。他有两个儿子，其中一个儿子移民到了秘鲁，我的高曾祖父资助他的另一个儿子在1923年来到了加拿大（H. Sum，个人交流，2009年8月3日）。

我的曾祖父向加拿大缴纳了500加元的人头税。人头税从1885年的50加元增长到1903年的500加元，1923年加拿大的《排华法案》开始生效并一直持续到1947年（Fernando，2006）。和许多移民一样，我的曾祖父在Abbott街经营一家洗衣店，现在这里是温哥华历史悠久的盖斯镇（Gastown），我的曾祖父也寄钱回中国养家。

我的曾祖父先后两次回到中国，两次各生了一个孩子。一个孩子是我的祖父，另一个是我的姑婆，姑婆比她哥哥小了二十岁。我祖父是一所学校的教育工作者，也是校长，并在20世纪60年代中期加入了中国共产党。当我祖父有机会前往加拿大时，基于对党的责任未曾出行。为了让后代在海外接受更好的教育，他让六岁的大儿子接受了这个机会，他的大儿子就是我的父亲。我的父亲带着他的祖母（我的曾祖母）和他祖母的女儿，也就是我父亲的姑姑（我的姑婆，她比我父亲大六个月），踏上了一段史诗般的旅程。因为我的父亲和他的姑姑年龄很接近，所以我父亲假扮成他祖母的儿子。由于他们的年龄非常接近，这么小的年龄差距会引起加拿大官方的怀疑，我的父亲和我父亲的姑姑不得不更改了他们的年龄。因此，我父亲的官方年龄比他的真实年龄要小。当他在加拿大接受学校教育并开始社会交往时，更改年龄带来的影响就出现了，因为他看上去比他的许多同学都要成熟。我父亲并不知道，他在接下来的二十年里再也见不到他的母亲、父亲、姐妹和兄弟。

前往加拿大旅程的第一站是香港，我的家人首先去那里生活了两年。我的曾祖母、我的父亲和我的姑婆从香港乘船出发,经历了漫长而艰苦的旅行后,最终到达到英属哥伦比亚省的温哥华。我的曾祖母和她独居已久的丈夫团聚了,他们一起住进了我曾祖父在 Abbott 街洗衣房后面的一个仅有两个房间的小平房里。我父亲到加拿大时只有八岁,父亲在那个年纪便被送到本拿比(Burnaby)西南海洋大道的田地里摘草莓,以便为他们的家庭赚取一点额外的收入。当我父亲长大后,他开始在杂货店工作。他和我说过,他曾试图在伍德沃德(Woodward)这样的百货公司找工作,但并没有成功,他觉得自己没有被聘用的原因是因为他是中国人。20 世纪 70 年代初,我的父亲从大学毕业后,他资助其他家人来到加拿大。受语言和教育程度所限,他们开始经营餐馆,出售具有乡村风味的食物。大约在这个时候,我的父亲和我的母亲结婚了。

在我母亲家族这边,我的外曾祖父在十八、九岁左右来到加拿大并做了男仆,他在富有的英国家庭做粗活(S. Sum,个人交流,2009 年 7 月 27 日)。英国雇主教他如何用英语阅读和写作。他每三年回中国一次,他在中国娶妻并生育了 4 个女儿、1 个儿子,还收养了 1 个儿子,他的第三个女儿是我的外祖母。我的外祖母和外祖父有三个女儿和两个儿子,我的母亲排行第三。1952 年,在新中国成立初期,我的外祖父决定离开故土,前往加拿大生活,他装扮成他岳父的儿子来到加拿大。因为我的外曾祖父的亲生儿子决定搬到得克萨斯州去,他的文件被留下闲置,我的外祖父就利用了这个机会。我外祖父的其他家人(包括我母亲)在香港住了七年,我外祖父就像其他很多人认为的那样,觉得自己会在英属哥伦比亚省的金矿山淘到黄金。然而不幸的是,他并没有找到一盎司黄金,因此他在一家中国餐馆当了厨师,直到 1959 年才存了足够的钱把家人接到了加拿大。

因为我外祖父用过他舅兄(弟)的背景资料,所以他的官方年龄比实际年龄小了十岁。这种变化也意味着我母亲和她的兄弟姐妹不得不调整自己的年龄。我母亲不得不把官方年龄改小十个月,她的姐妹们必须把官方年龄改小两岁和四岁。此外,他们的姓氏也从 Wong 改为成了 Yee。这些变化影响了他们的自尊心和认同感。加拿大在 1967 年有过一段的大赦期,大赦期间里,加拿大政府允许"伪造身份的人"(Paper People)把他们的名字和年龄改回原来的名字和年龄而不受惩罚。我的母亲告诉我说,有一天当她的同学们以另外的身份来到学校时大家都非常惊讶。

当我的母亲来到温哥华时,她的家人全部搬到了我外祖母在 Powell 街的公寓,这里现在是温哥华著名的市中心东区的中心地带。直至今天,那所名为"金"的公寓依然被用以出租。在那里,我母亲帮助她的家人管理出租屋,并像我父亲一样采摘草莓赚取收入。我母亲在 Lord Strathcona 小学上学,她和我父亲在同一个班级,这是他们第一次见面,他们完全不知道双方将在近 20 年后结为夫妻。十几岁时,我母亲在一家罐头厂从事剥虾工作,上大学时,她曾在服装店打工。直到那时,我的外祖父才有能力购买一所房子,并把他的家人带离贫民窟。我的父母在大学里再次重逢。基于对奋斗、贫穷和文化价值观的内在共识,他们开始了交往。他们对世间百态的看法是一致的,共同的目标和需求让他们在这个世界上结伴同行。

我 的 经 历

我父母(以及大家庭)的经历影响了他们与外界交往的方式,因此也影响了他们养育我和我妹妹们的方式。那些萦绕在部分第一批进入加拿大的中国移民心头的情感代代相传,并深刻地影响到了我。来到加拿大的中国移民通常不受欢迎:"中国人对加拿大西部的发展是有贡献的,但他们并不是理想的公民"(Li,1998,p.17)。为了临时解决白人工人短缺问题,我的高曾祖父才进入了加拿大,他的薪水比白人同行低得多,也不能被社会平等地对待。流行病、过度拥挤、卖淫、吸食鸦片和腐败等社会弊病都被归咎到中国人身上。在许多针对中国文化的不公平的论断中,有一种指责便认为中国人无法被同化,他们将积蓄带出加拿大,也无意在加拿大定居(Royal Commission,1885,转引自 Li,1998)。虽然这种指责就我高曾祖父的经历来说是成立的,但也有许多中国移民在加拿大定居,且再未离开。对于那些离开加拿大的中国人来说,我很难因为其在加拿大没有归属感而责怪他们。"白人"种族的概念,甚至"种族"这个词本身也是一个相当新的定义。Mensah 指出,

有迹象表明"种族"这个词在英语中的首次使用,可以追溯到 1508 年苏

格兰诗人 William Dunbar(1460—1520)在一首诗歌中提及的诸多国王们。然而直到 1684 年,法国医生 Francois Bernier 才第一次使用"种族"概念,并基于"面部特征和肤色"对人类进行分类。(2010,p. 13)

在 Van den Berghe 看来,"种族概念仅对种族主义者有意义,对其他人本质上没有任何内在意义"(1967,p. 21)。Ash 强调了这样一种理念,非欧洲血统的人往往被看成是"某人家里的客人,人们期望他们既能够接受主人家的规矩,还要能待在自己本该待的地方"(2004,pp. 407—408)。亚洲血统的人们来到加拿大的海岸地区从事各种各样的工作,包括矿藏开采和铁路修建。加拿大政府对从中国来到加拿大的人征收"人头税",最终演变成 1923 年的《华人移民法案》(Chinese Immigration Act of 1923),这项法案禁止几乎所有华裔进入加拿大①,直到 1947 年加拿大移民政策改革时才被废除(Asian Canadian web Site,2012)。

中国文化固有的羞耻感和内疚感与主流社会的歧视相交织,形成了中国人在加拿大社会中感到孤立,却又不会为平等权利斗争的长久循环。我无法想象人们会为一个永远不被称之为家的地方而奋斗。我的高曾祖父为了他的家庭在加拿大努力工作,但却最终返回中国故土而离世。

报纸报道经常用温顺、耐心和勤劳来描述中国人(Roy,1989,as cited in Li,1998)。一个人工作越努力,就会取得越多的成就,成就等同于成功,这个观点在我心中引起了共鸣。在中国文化中,努力工作与获得成就直接相关,如果你没有获得成就,你就应当更加努力。我并不确定这是一种文化价值观,抑或是一种个人体验,还是两者兼有。我的母亲表示,当她还是个孩子的时候,同化的压力曾是一种难以明说的期望,有些时候,这种期望意味着把自己原本的文化、语言和习俗抛至一边。我的父母都丧失了讲述大部分母语的能力,他们之间的交流也不会说母语。因此,我和我的妹妹们没能在粤语环境中长大。我的母亲通过在学校里努力学习以获取加拿大社会的接纳。她的父母长时间在外工作挣钱,很少待在家里。我的母亲从学校收获了价值感,因为在这里她的学术成就可以为

---

① 译者注:该法案不是局限于中国公民,而是针对所有华裔,只有极少数"特别个案"的华人可以进入加拿大。

她赢得奖励,我的父亲也是如此。我的父母都很努力,以证明他们父母移居加拿大的决定是值得的。最终,我父母在校内外取得成功并获得肯定,努力获得肯定正是中国文化中爱的表达方式(Wang,1995)。

我的父母并没有表现出我们在西方文化中经常看到的那种感情:"除了用文字表达情感外,中国人更倾向于关心和照顾彼此物质方面的需求"(Tseng & Hsu,1970,转引自 Tian,1999)。我的外祖父母长时间工作的事实,证明了关心和爱不是通过"在一起"来表达的。(至于我的父亲,他的父母还留在中国。)相反,"为别人付出"被视为是一种关心。我现在可以从我和父母的关系看到这一点。我的母亲喜欢做美味的饭菜,把房子收拾得井井有条,以此来表达她对我们的爱。我父亲则在庭院里忙碌,掌管和处理家庭财务等事宜。

我小时候,父母很少公开表扬我们。上大学,取得好成绩,做正确的事,不要做出逾矩的行为——这些都是他们对我们的期待。我们知道,如果我们没有达到他们的期望,他们就会很失望。失望从某种意义上来说是失去了父母的认可。Nancy Wang 认为,赞美或承认个体身上的优点会影响集体的团结(Wang,1995)。在选择伴侣、学校、工作甚至是一件物品时,我觉得都需要得到父母的批准。当我意识到我是在为接近他们的许多价值观而奋斗一生时,我感到有点不安和困扰。我的朋友,我以前的伴侣,甚至我的妹妹们都不理解我的这种需求。他们问我:为什么会这样? 为什么我如此关心父母的想法? 我毕竟是一个成年人,有能力过自己的生活,对吧? 我不能简单地回答这些问题。我的生活既想远离父母的掌控,同时也迫切需要他们的认可。

这就是所谓的"拔河现象"①,而这种现象的出现,一定程度上是因为我成长于一种可以自由给予赞扬的主流文化中。在学校,我受到表扬,但在家里,我很少受到表扬。我知道我父母真正认可我所做的事情的唯一方法就是,我听到他们将该事情告诉他们的朋友。当我告诉他们好消息时,也可以从他们的细微肢体语言推测他们的真实想法。来自主流文化的信息与我在家里的生活体验背道而驰。我常常相信,无论我怎么努力,都是不够的。我记住了我父母对他们朋友孩子的不经意的评论,并发自内心决定不做同样的事情,或者至少不让父母知道

———————
① 译者注:指的是笔者受到主流社会和原生家庭双重价值观的影响。

我在做他们不赞成的事情。

无论我行至何处,希望获得父母认可的隐形需求都与我如影随形。多年前我就意识到,地理上的距离并没有改变我原有的生活,就好像我的父母还在观察或评判我的行为一样。这种心态影响了我的个人和职业生涯。我对别人言语和非言语上的看法都非常敏感。我通过观察社交线索(Social Cues)来决定自己的行为。我不想对抗,因为害怕失去尊重、友谊或良好同事关系。我经常发现自己扮演着消极的角色,同时又用相反的方式来矫枉过正;继而我觉得,我给别人的印象应该是固执己见或专横跋扈。无论我是屈服于自己的成长环境,还是与之相抗争,我都围绕着需要被认可的这个中心无法动摇。

我的生活常常与羞愧和内疚相伴。这两种感觉规制并约束我的行为。我质疑我自己的言行举止,并介意人们对我的看法。我认为这种精神力源于中国的集体主义精神,这种精神影响着个人乃至整个家庭:"在儒家的自我概念,甚至是自我发展的概念中,也具有内在的一切为公的寓意"(Tian,1999,p. 60)。我已经数不清父母曾多少次告诉我,不要讨论他人的事情,不要乱发评论或观点。几年前,当我妹妹和她的男朋友住在一起的时候,我的母亲为此心烦意乱,既羞愧又愤怒,她表达了不要把我妹妹的行为和任何人说的重要性。她哭了好几天,因为她认为自己是一个失败的母亲,且无法接受她的朋友们可能会发现这个身为母亲的重大过失。妹妹的未婚同居行为不仅会质疑她的教养方式,还会损害家庭名誉。这种心态渗透到我的日常生活中。我发现自己常常在发表评论或表达观点之前说:"这是我和你之间的事"或"如果你不把我说的话告诉任何人,我会很感激的。"这种对隐私的需求在我的身上根深蒂固。我发现自己对隐私的需要,驱使着自己在他人面前伪装。隐秘会滋生内疚和羞愧,内疚和羞愧又会促使新的隐秘产生。只有有意识地觉察和行动,才能暂停这个恶性循环。

随着几代人的逝去,中国的文化价值观在逐渐淡化。如果父母不有意识地去教育和灌输中国文化和语言,我们就会在主流文化影响下生活。我们受到流行文化、媒体和教育的深刻影响,虽然我们看上去是中国人。就我们到底是中国人还是加拿大人,我们进行了持续的争辩和妥协。自从我高增祖父开始,"亲属关系不再是社会交往的首要原则;相反,以个人为中心的社会关系以及……文化群体……已经变得更为重要"(Lai et al.,1988,转引自 Tian,1999,p. 82)。

我自己是生活在两种文化中间的:天平的一边是个人主义,天平的另一边是集体主义。有时候,我是果断而直接的;在其他时候,我又是随和而不对抗的。这些特质不是非此即彼,相反,它们相交并融合成为一体。我相信,在很大程度上,我能理解自己的内心。当我感到别人的观点强加在我身上时,我会反抗斗争。人们通常会对我说,"你真的不是那么中国化","你是中国人,你应该擅长数学"和"我爱亚洲女人,她们如此与众不同"。许多人对中国人是什么样和不是什么样有先入之见。我也曾认为我对中国人是什么样有一个具体的定义。

Nancy Wang 曾提出过双盲种族主义(Double-blind Racism)的概念,这是别人和自己之间的一种共识,即对自己采取种族主义的态度和行为。这个共识将我们束缚在自己的自我仇恨循环中(Wang, 1995)。我一度为自己不是"那么中国化"而感到自豪。我开始意识到,成为真正意义上的中国人不是一件简单的事情:身上的中国特质处于不断变化之中。我落在这个文化天平的某个灰色地带。在那里,我的经历、探索、对观点的接受、对观点的否定都在不断地变化之中,进而影响着我。事实上,把一个人贴上"中国人"或"加拿大人"的标签是以很多假设为前提的。我喜欢把自己放在不同的价值观之间。如果我把一滴食用色素挤进一壶水里,色素就会稀释,变成自己的颜色。我接受并拒绝这两套价值观,这使我成为了我自己。

对咨询的影响

在与华裔加拿大人共事时,记住文化适应性因素是很重要的,因为在 Li(1983)看来:"传统的中国家庭主义对加拿大华裔家庭的发展影响甚微"(p. 87)。因此,我不能代表每一个寻求咨询的华裔加拿大女性。但是,作为一个生活在中国和加拿大主流文化中间的人,我可以从个体角度给出如何在心理治疗环境中感到舒适的建议。

当我告诉我的大家庭我正在攻读心理咨询硕士学位时,他们礼貌地点头表示认可。在传统中国文化中,正规的心理咨询是不存在的。你把自己的问题隐藏起来,仅限于家人知晓,这样才是一种挽回面子的方式。寻求咨询有时被视为最后的解决手段,且带有禁忌。你需要切记不能和陌生人分享你的问题。咨询师需要知道这个参考框架。咨询师需要做到不评判，中立客观，并接受来访者的一切，以尽量减少患者在寻求外部帮助时的羞耻感。由于纯粹的北美心理咨询概念在亚洲很少见到，加拿大的治疗师们可能需要采取一种更结构化的治疗方式(Sue & Sue，2007)。

咨询师不仅要通过常规的知情同意环节，而且要真正明确地和患者讨论咨询的意义，这两点都很重要。有时即使对一个在主流文化中长大的人来说，对方也不清楚咨询的意义。对于那些在不重视、也从未讨论过心理咨询的环境中长大的人们来说，进行咨询教育本身就是建立安全感的过程。在知情同意阶段，咨询师也应当在收集信息时表现出足够的敏感和克制，清晰地觉察到他们谦虚的文化倾向。心理治疗应尽可能简单有效，集中着眼于解决当下或不远的将来所遇到的问题(Sue & Sue，2007)。

在与患者接触的过程中，咨询师应当首先处理具体问题，而不是强调问题背后的深层情绪。咨询师还应当聚焦于咨询过程中所遇到的具体问题，并为这些问题的解决制定目标和方案，以减少将自身的世界观强加于患者的可能性(Sue & Sue，2007)。以我自己为例，在我信任某人之前，在我确信自己不会被某人评判之前，我不会向他透露我内在的情绪和想法。我已经被训练得能敏锐地意识到任何人的动作和表情变化。当有人对我不真诚的时候，我立刻就能感觉到。如果咨询师不能够真正理解和接纳患者，而只是假装理解，进行毫无意义的对话或肤浅的解释来凑时间，那么还不如一座只听不说的雕像。我不需要一个和我一样的咨询师。事实上，我更喜欢与我的文化背景不同的咨询师，因为在具有同样文化背景的咨询师面前，我常会将之与文化中的羞耻感和评价联系起来。不过，有着类似背景的咨询师的好处在于其对原有文化的理解更为深刻。但在咨询中，这还不足以成为一个因素，帮助我克服从与我有着相同文化的陌生人那里感知到的潜在评判和羞耻感。不管咨询师是谁，都需要时间去信任，一旦我信任他，我就会对咨询师如实相告。

在我看来，一个有胜任力的心理咨询师不仅仅是拥有广博的知识面，可以为中国人乃至具有集体主义文化背景人群提供咨询服务的人。拥有丰富的知识固然是有用且积极的，但如果咨询师把患者进行归类或基于自身知识做出各种预判，咨询的效果就会打折扣。真正具有胜任力的咨询师会把我看作一个完整的人,并且很想知道什么造就了现今的我。我们都是不同的,根据感知的文化背景进行归类带有评价性,不再是中立的态度。虽然很多人把中国人作为一个群体来加以看待,但在中国人内部,两个不同的民族之间也存在着很多差异(Tian,1999)。同样的道理也适用于那些在主流文化中成长的人们。尽管如此,咨询师需要记住的是,在加拿大生活的亚裔各种各样,他们有着不同的文化传统。向华裔加拿大人和其他亚裔加拿大人提供有效的心理咨询:

> 仍然是一个需要不断努力的目标,心理咨询专业人员也越来越能够理解存在于咨询师和患者之间进行种族匹配时的动力特征,还有由于这种匹配所产生的潜在后果……同化和种族认同仍然是与种族和文化相关的重要发展过程。(Maki & Kitano,2002,p. 126)

结　　论

"你究竟从哪里来?"这个问题与我形影相随,让我困惑不已。我来自地理意义上的加拿大。我的价值观源自两种甚至多种文化的结合。我将先辈们的经历和我所生活的西方社会的思想一起内化。忽视这些因素中的任何一个就是否定我自己,否认其中一部分就是否定我自身的整体性。我相信,要生活在一个真正的多元文化社会,我们需要明白,没有人的身份可以用一句话来加以概括。我们每个人都是一系列价值观、经历和信仰的结合,进而塑造了形形色色的个体。世界上没有两幅画完全一样。

我究竟来自何方?

Andrea Sum

我来自于清晨纳布咖啡的细微清香,

我来自于马克西姆烘焙店美味的蛋挞、弓形椰子味面包,

我来自于"练习弹钢琴"和"做你的功课"的要求,

我来自于父亲抚摸我下巴的温暖感受,

我来自我于旅行过的地方和曾遇到的人,

我来自于破碎的牛仔裤和格子衬衫,

我来自于"涅槃"乐队和"新鲜王子"乐队，

我来自于吉他、沙包球和"暗黑破坏神"游戏，

我来自于樱桃坑和草渍，

我来自于用棉签清理窗台的过程之中，

我来自于大海之底，来自于高山之巅，

我来自于资产阶级群体，循规蹈矩，

我来自于纸板箱和沙发垫堡，

我来自于和姐妹们的斗争和竞争，

我来自于痛彻心扉的悲伤和痛苦，

我来自于狂喜和欢欣，

我来自于母亲的洞察世事，

我来自于共产主义和民主，

我来自于寻找小龙虾、小溪边散步的过程中，

我来自于飞机、汽车、公共汽车、轮船、拖船、火车、卡车和手推车，

我来自于摩天大楼，来自于富饶的铁锈色土壤，

我来自于海洋和峭壁，

我来自于纽约地铁里敲打非洲手鼓的表演，

我来自于受教的时刻，

我来自于 yela！allons-y！ 和 chevre！

我来自于评判和歧视，

我来自于忠诚的朋友和不断的变化，

我来自于桑格里亚天台的红酒，

我来自于失败和成功，

我来自于这里、那里，以及任何地方。

参 考 文 献

Ash，M. C. (2004). But where are you really from? In Camille Nelson & Charmaine Nelson, *Racism, eh? A critical interdisciplinary anthology of race and racism in Canada* (pp. 398—

409). Concord, ON: Captus Press.

Asian Canadian Web Site(2012). History of Asians in Canada. Retrieved from http://www. asian. ca.

Fernando, S. (2006). *Race and the city*. Vancouver, BC: UBC Press.

Li, P. S. (1998). *Chinese in Canada*. Toronto, ON: Oxford University Press Canada.

Li, P. S. (1983). The Chinese Canadian family. In P. S. Li & B. S. Bolacia(Eds.), *Racial minorities in multicultural Canada* (pp. 86—96). Toronto: Garamond Press.

Maki, M. & Kitano, H. (2002), Counseling Asian Americans. In P. Pedersen, J. Draguns, W. Lonner, & J. Trimble(Eds.), *Counseling across cultures* (pp. 109—132). Thousand Oaks, CA: Sage Publications.

Mensah, J. (2010). *Black Canadians: History, experience, social conditions* (2nd ed.). Halifax, NS: Fernwood Publishing.

Sue, D. W. & Sue, D. (2007). *Counselling the culturally different* (5th ed.). New York: John Wiley.

Tian, G. (1999). *Chinese-Canadians, Canadian-Chinese*. Wales, UK: The Edwin Mellen Press.

Van der Burge, P. (1967). *Race and racism: A comparative perspective*. New York: John Wiley.

Wang, N. (1995). Born Chinese and a woman in America. In J. Adleman, G. M. Enquidanos & G. M. Enquidanmos-Clark(Eds.), *Racism in the lives of women* (pp. 97—110). Binghamton, NY: Haworth Press.

7. 为印度裔加拿大人咨询:挑战和承诺

鲁比·拉纳 & 苏克·西荷塔

　　纯正印度人,半印度血统的人,部分印度血统的人,完全不是印度人:所有这些都是印度-加拿大群体文化身份的谱系隐喻。成长为一个典型的印度裔加拿大人,通常指的是出生在加拿大的印度移民;或者更广泛地说,是那些出生在加拿大但是祖先血统起源于印度的人。由于印度的早期移民,全球化和跨种族婚姻,"印度裔加拿大人"就像许多二元文化认同那样,越来越难以用单线性的术语来定义。文化背景、社会群体和身份发展过程中的个人阅历(Guzder & Krishna, 2005;Sue & Sue, 2007),决定了人们如何对自己的文化归属感进行评估(Benet-Martinez, Lee & Leu, 2006;Benet-Martinez, Leu, Lee & Morris,2002;Tadmor & Tetlock,2006)。评估文化排斥和包容的界限是一个复杂的问题;虽然人们可能会说他们在印度和加拿大的文化中都有坚实的基础,但有时他们也可能会说,他们觉得自己完全是加拿大人,或者在其他场合完全坚持他们的"印度人"身份。如果人们想找到一种方法,将两种截然不同的文化——个人主义的加拿大文化和集体主义的印度文化——融合在一起,却不发生什么冲突,这种情形并不经常发生。不然也太容易了。

　　具有讽刺意味的是,作为一个印度裔加拿大人,即使个人可能看起来已经部分或者完全拥有了公民身份,并不能保证他在"适当的"文化或民族群体中的成员身份被合法化,他的身份也同样会被质疑。这种讽刺的现实更多来自于这样的情况,个人往往会因为来自陌生人的嘲弄而遭遇种族主义,比如印度裔加拿大人会被称为"咖喱"、"印度教徒"或"巴基斯坦佬",同时还往往被他人叫嚣着,"你应该滚回自己的国家"。加拿大是我们的国家啊! 这不仅令人痛心,而且让人怀疑,作为第二代、第三代或第四代印度裔加拿大人,我们是否能够被接受。非常确切地说,"咖喱"是一个非常普遍使用的名字,主要在印度以外的地区使用,指的是印度的素食和非素食食品。它不是形容词。虽然我们的祖先来自印度,但我们也不是每天都只吃印度菜——尽管印度菜中有绝对美味的菜肴。"印度教"是指信奉印度教的人,印度教是印度的主要宗教信仰之一。如果有人愿意花时间去注意我们右手上戴的卡拉(kara)①,并且知道它是什么,那么他/她可能会更为准确地称我们为锡克教徒(Sikh)。"巴基斯坦佬"一词指的是来自巴基斯坦的人。如果这就是现在人们对我们的称呼,那么是不是说,加拿大人应该被称为"加拿大佬",美国人应该被称为"美国佬"呢?

在印度-加拿大双元文化背景下,期望也会给人们在寻求归属感的方式方法上带来挑战。这些挑战是人们生活在不同文化之间所带来的(Abouguendia & Noels,2001;Sodhi,2008;Ying & Lee,1999)。正是这些经历和挑战提醒我们,作为印度裔加拿大人,我们是多么地自豪——无论是从我们自己的角度,还是从我们家庭的角度去看,了解自己的文化、家庭和宗教历史是多么重要。就文化归属而言,印度裔加拿大人有两种身份可以主张、坚持和保护;无论我们遇到多少傲慢、愤怒的人,他们都无法从我们身上夺走。

身为印度裔加拿大人意味着什么? 在我们的生活中,我们一直在受到这个问题的挑战,身心也不断挣扎。当我们偶尔穿着纱丽去参加印度人的活动时,我们会觉得自己完全就是印度人。然而更多时候,我们穿着我们的加拿大服装,不仅因为它对我们更舒适,还因为它是我们身份的一部分。虽然我们的外表可能代表了我们身份的某个方面,但我们的着装或肤色并不是我们内心冲突最重要的来源。相反,冲突源于我们内心的自我意识。我的价值观和信仰是来自我的锡克教父母,还是来自我们所接触的加拿大文化下个人所遵循

① 印度锡克教徒为宗教和文化的忠诚而传统上佩戴的铁手镯;最初被剑客作为护腕而佩戴。

的角色、规则和期望。这些都是我们在青少年时期开始探索,并在成年后继续探索的问题。

许多第二代印度裔加拿大年轻人面临着同样的冲突,并对他们身份和归属感有所质疑。他们是印度人、加拿大人还是印度-加拿大人? 他们可能觉得,他们的身上有两种不容易融合在一起的文化。Ghuman(1994)指出,最近迁移到加拿大的南亚移民已经深深地扎根于他们的宗教和文化中,并对他们的个人身份非常确定。他们的归属感没有受到影响,因为他们确信自己是锡克教徒。然而,这些移民的子女对自己的个人身份和社会地位并不太确定。第二代印度裔加拿大人更倾向于质疑他们自身的价值观和信仰。他们更会经常遇到自我意识的冲突,并可能遭受文化冲击。对许多印度裔加拿大学生来说,学校里的价值观和信念与家庭中传递的价值观是矛盾的。因此,Ghuman 认为,重点应该放在弥合家庭文化和学校文化之间的鸿沟上。

印度裔加拿大人口的多样性

印度裔加拿大人也被称为东印度人或南亚人。被称为"东印度人"或"南亚人"并不能够反映我们加拿大身份的重要性。我们是印度和加拿大两种文化的产物,尊重这种二元论是很重要的。"南亚人"一词仅是指那些大部分时间都在印度生活但并不是加拿大公民的人。同样重要的是,要注意到印度裔加拿大人在宗教、文化、语言和食物方面的多样性。事实上,印度宪法承认 15 种官方语言,最近的一项印度人口普查统计了 500 多种在印度境内被使用的母语(Mogelonsky,1995)。因此,尽管印度裔加拿大人群与原始的印度母国有很多相同之处,但它们不一定有相同的文化背景或个人经历。

本章主要聚焦于是锡克教的印度裔加拿大人,尽管有一些普遍性的说法可以适用于任何将他/她的文化追溯到南亚的人。宗教信仰固然重要,但我们的经验是,宗教在文化中起着次要的作用。锡克教徒是加拿大最大的印度裔加拿大人群体,尤其是在不列颠哥伦比亚省。锡克教结合了印度教、佛教和伊斯兰教的诸多特点,因此,如果我们对所有印度裔加拿大人进行概括和归纳,那么不管他们的背景如何,这都将是一个能够提供最佳视角的地方。

锡克教的历史背景

关于锡克教的理论有很多精彩的解释，但我们觉得，作为出生在锡克教家庭的年轻加拿大女性，我们最感兴趣的是分享我们自己的个人观点和身份感。孩提时代，我们经常去锡克教寺庙（gurudwara）。作为大学生，我们学习了印度宗教、印度当代问题、印度历史、旁遮普语的心理语言学（旁遮普语是与锡克教联系在一起的语言）和跨文化动力学。作为人群中的一员，我们有兴趣探索印度移民的经历；作为个人，我们围绕着印度、加拿大和移民之间的跨文化动力学来塑造我们的学术生涯。正是在这种背景下，我们与你们分享我们的理解。

第一批来到加拿大的移民是在 19 世纪，并在不列颠哥伦比亚省（BC 省）定居下来。大多数印度裔加拿大人都来自印度的旁遮普省，而在加拿大的 BC 省，大多数旁遮普人是锡克教徒。因此，锡克教信仰与 BC 省的旁遮普文化有着密切的联系。虽然你的脑海中已经考虑到这些文化和宗教方面的人口统计学资料，但是了解为锡克教加拿大人进行咨询的含义是很重要的。在此之前，你必须首先了解锡克教加拿大人以及锡克教是怎么一回事。

锡克教是由一个名叫那纳克（Nanak）的年轻人创立的，他后来被称为古鲁①先生那纳克·德夫·吉（Shri Guru Nanak Dev Ji），这是锡克教十大师的第一个大师。在此期间，印度两大主要宗教印度教和伊斯兰教之间存在不和谐。那纳克·德夫·吉（Nanak Dev Ji）大师基于许多原则创立了锡克教，其中一些原则是社会平等、诚实生活、社会服务和分享所得。锡克教强调平等，以调解印度的种姓制度，并强调社会服务的重要性，目的是让每个人都积极回馈社会，关心他人疾苦。锡克教和它的教义后来被进一步加强，以反映时代的社会需要。那纳克之后的九位古鲁清楚地认识到这些社会需求是什么，并在锡克教圣经《本初经》（Sri Guru Granth Sahib）中对它们进行了阐明。

在锡克教建立前后，印度经常遭受邻国的侵略。许多外来入侵都是通过开伯尔山口（Khyber Pass）进来的，这意味着入侵者要穿越整个旁遮普邦，旁遮普

①　指印度教等宗教的宗师或领袖。

邦后来成为了与锡克教有密切关联的一个邦(Rai,2011)。结果就是,许多入侵者都试图逼迫锡克教徒改变宗教信仰。为了生存,锡克教徒需要学习如何保护自己以及他们的国家。保护、力量和防御的价值观成为锡克教徒身份的一个根深蒂固的部分(Rai,2011)。如果个人遵循锡克教十大师的变化模式(pattern of change)教义,那么很明显就可以看到,古鲁那纳克时代的和平社会是如何发展成一种更倾向于防御的社会,因为后来的古鲁们所面对的是无比痛苦的经历。到第十代古鲁戈宾德·辛格·吉(Gobind Singh Ji)时,被尊称为锡克教徒兄弟姐妹的卡尔萨(Khalsa):诞生了。男人和女人都要接受洗礼成为锡克教徒,勇敢而大方地信奉他们的宗教,废除任何种姓或阶级标志,所有男性都使用辛格(Singh,"狮子"的意思),所有女性都使用考尔(Kaur,"公主"的意思)作为自己的姓氏,人与人之间都是平等的。古鲁哥宾·辛格·吉重申了捍卫自己和信仰的重要性。由于社会时代的原因,在锡克教早期阶段,创建社会秩序的许多方法都是被动的。其结果就会导致许多暴力行为针对锡克教徒,锡克教徒一直忍受着这些不公平,直到古鲁戈宾·辛格·吉将勇士精神融入锡克教,这是一种捍卫自己、保护那些手无寸铁的人的精神,不管他们的种姓、信仰和信仰是什么都会义无反顾(Dorn & Gucciardi,2011;Rai,2011)。

暴力过去不是、现在也不是锡克教宗教生活方式的一部分。是的,古鲁戈宾·辛格·吉是一名战士。是的,锡克教勇士的历史悠久,是许多锡克教徒身份认同中的荣光所在。然而,这并不意味着锡克教徒是暴力分子。渴望学习、平和、温柔、坚强、勇敢、公正、保护他人、平等——这些都是我们作为锡克教以及我们的同龄人身上与生俱来的品质。作为印度裔加拿大人,我们对历史事实已经掌握了相关的背景知识,这些历史事实直接导致了锡克教世俗意义上的帝国在1801年诞生,并由君主兰吉特·辛格(Maharaja Ranjit Singh)进行统治,也就是后来所说的旁遮普帝国。

金殿是锡克教最神圣的地方(相当于罗马天主教徒心目中的梵蒂冈),但它同时也被视为一个宗教圣地。1984年一场针对这个锡克教寺庙的野蛮袭击,很好地说明了这一点。那次袭击被称为"蓝星行动"(Operation Blue Star),是由印度政府组织领导。这一行动的目的,是将锡克教分离主义者领袖(Jarnail Singh Bhindranwale)赶走(Rai,2011)。印度政府的这一政治任务显然侵犯了最神圣的锡克教圣地的和平,并随后导致了重大流血冲突,这一事件被金庙博物馆记录在册。在印度,锡克教徒不仅要为维护他们的文化身份而战,而且在印度的日常生活中,反锡克教的情绪依然存在,锡克教仍然是一个被边缘化的群体。许多锡克教徒来到加拿大的原因之一就是,他们可以在这里践行他们的宗教信仰,并获得安全感。许多 BC 省的旁遮普人,都在印度和旁遮普邦历史上所发生的重大宗教和/或文化创伤基础上,形成了自己的观点和价值观(Rai, 2011; Shani, 2005)。尽管如此,我们必须强调锡克教信仰中关于暴力的观点:锡克教徒被教导不要采取暴力。我们强调这一观点的原因是,我们已经注意到了把暴力和锡克教联系在一起的评论,他们往往误解了我们保护自己和他人的重要意义。

民 族 认 同

对青少年来说,获得认同感是一项重要的心理任务。这项工作包括了解和理解自己作为一个个体存在的能力,以及认识到自己在社会中的特殊地位。在占主导地位的社会群体中,一个有着不同的民族背景的个体,其民族身份对个人的影响在社会中是最相关的因素。民族认同可以定义为“个体对民族的归属感,以及个体作为某个民族群体成员的思想、感知、感情和行为的一部分”(Rotheram & Phinney, 1987, p. 13)。在 Rosenthal(1987)看来,民族身份可以由客观和主观两部分来进行界定。从客观部分,个人可以根据自身所归属的或外在的特征与自己的民族群体联系起来。这些特征可能包括地理上的出生地、语言、宗教、民族或身体属性、历史和风俗等。这些外部特征不一定能够满足个体对民族的主观认同感。主观归属部分是指个体的身份认同感和民族归属感。对民族的主观认同会导致基于民族群体成员身份的社会认同发展。

拥有双重文化身份意味着什么?第二代印度-加拿大青年能被认定为拥有双重文化吗?Phinney 和 Rotheram(1987)指出,“双重文化认同指的是自己对两个民族身份都能够认同”(p. 39)。从我们个人的角度和经验来看,很明显的是,第二代印度-加拿大青年确实具有双重文化身份。考虑到他们每天都接触到这两种文化,第二代印度裔加拿大青年倾向于同时接触和认同印度文化和加拿大文化。

种族/文化认同发展模型

Sue and Sue(2007)的种族/文化认同发展模型,描述了个体在试图寻找自己的身份过程中,个体处理与自身原有文化、主流文化这两种截然不同的文化,以及应对文化之间冲突所带来的压抑关系时所经历的阶段。该模型由从众阶段、失调阶段、抗拒和沉浸阶段、自省阶段,以及整合阶段五个阶段组成。

Sue and Sue(2007)认为,在从众阶段,"少数族裔群体因其对主流文化价值观优于自身原有价值观的明确偏好,很容易将其区分开来"(p. 99),因此,在这个阶段的个体往往努力认同主流群体文化。他们改变自己的外貌,如服饰和发型,使自己符合主流文化群体在这一年龄阶段的典型特征。在失调阶段,个体在欣赏自身少数民族遗产和将其视为一种抑制自身发展之间存在冲突。在抗拒和沉浸阶段,少数民族群体对主流文化异常抗拒,反而是对少数民族遗产表现出强烈的重视和欣赏。在这一阶段,个体可能会认为主流文化具有压迫性,因此可能会有强烈的反应。自省阶段,个体对自身面对主流文化时持有消极情感的利弊得失进行思考。在这个阶段,"个人开始发现这种情感强度(对白人社会的愤怒)的程度是一种心理负担,不再允许自己真正投入更多宝贵的能量,浪费在理解自己或者自己的种族文化群体上"(Sue & Sue,2008,p. 104)。最后是整合阶段,个体对自己的民族身份和主流社会的文化都能够接受。在这一点上,个体能够接受和拒绝来自不同文化的价值和信仰,而这些是他或她认为没有优势或吸引力的。

文 化 冲 突

锡克教徒对他们的宗教和文化非常自豪。为了移居加拿大,他们中的许多人克服了巨大的障碍,但这个国家与他们的祖国截然不同。尽管加拿大的价值观、信仰和整体文化经常与印度移民习惯的规范之间经常发生冲突,但他们还是设法让自己随遇而安,并将西方世界当成自己的家。那么,这对在加拿大出生和长大的移民子女意味着什么呢? 他们似乎被夹在两种截然不同的文化中间。

正如我们上面提到的,印度裔加拿大青年人可能会开始质疑他们的身份,想知道他们究竟属于什么文化背景。父母们常常试图把传统价值观强加给孩子,以此来传承他们自己的印度文化。与此同时,这些年轻人每天都被要求遵守加拿大社会的规范。因此毫不奇怪,父母和孩子之间的冲突起因于印度文化和加拿大文化的差异。虽然在印度裔加拿大青少年的自我内部也有很多方面的冲突,他们与第一代移民父母之间也有很多不和谐的地方,但是影响青少年身份的最普遍的因素主要表现在如下几点。

种 族 歧 视

在 Ghuman 的(1994)研究中,对印度裔加拿大人和亚裔英国人两个样本进行了探讨,其结果与我们针对青少年种族评价方面的研究存在着显著差异。虽然 Ghuman 注意到,亚裔英国人参与者都表达了他们个人遭受种族主义的经历,但他的印度裔加拿大人样本中,却没有一个人承认曾经遭遇到过任何明显的种族偏见。这与我们的研究相矛盾,我们的研究得出的结论是,大多数印度裔加拿大人曾经切身经历过来自白人的种族歧视。Mann-Kahalma(1997)的研究结论与我们相同。在她的研究中,印度裔加拿大女性也谈及了她们遭遇种族主义的亲身经历。

在我们的研究中,参与者遭遇到的种族歧视导致他们开始质疑他们的民族背景和认同感。大多数受访者表示,在他们童年和青少年时期,由于显而易见的种族歧视,他们倾向于让自己远离印度-加拿大文化,从而接受西方观点。这种反应与 Sue 和 Sue(2008)种族/文化发展模型中的从众阶段是一致的,在这个阶段,个人努力认同主流社会文化。年轻女性在这一阶段表现出的迹象,往往是她们不与印度裔加拿大人交朋友,拒绝说自己的母语,当她们被迫为父母提供翻译时,她们会说些很羞愧的话。虽然女性并不能改变印度裔加拿大人的外表,但她们试图让自己和其他人相信,她们的内心是纯粹的加拿大人。参与者认为在两种文化之间并没有简单的妥协之道,因此他们都朝着融入主流文化的方向前进。

家 庭 结 构

旁遮普文化和许多集体主义文化一样，都是以家庭为重心的，而做出决定通常需要考虑到集体的家庭利益而不是个人利益。这并不是说以家庭为中心的方法只存在于旁遮普家庭中；然而，似乎即使是最私人的决定，比如约会（如果被允许的话）、婚姻、教育和职业目标都是按照家庭准则和规范来设定的。对于在加拿大长大的许多旁遮普-锡克教青年来说，这些来自家庭的限制和期望，增加了他们作为个体和作为一个更广泛的文化群体成员的日常决策的压力。我们用下面的论述来说明许多（但不一定是全部）BC省旁遮普-锡克教家庭的典范。

- 家庭是第一位的；
- 为了家庭的期望和传统可以牺牲个人的幸福；
- 社会规范很重要；人们要有相应的行为；
- 家庭里要说旁遮普语；
- 通常在家里要吃印度食物，不论早餐、午餐还是晚餐；
- 家庭文化和家庭之外的西方主流文化之间必须断开；
- 移居国外的父母试图用他们年轻时就已被灌输的文化价值观来抚养他们的孩子；
- 在纪念日、庆祝日和感恩日等场合，家人和朋友聚在一起读圣典《本初经》，用他们的话语来纪念上帝，唱圣歌《赞美诗》（Shabads）；
- 宗教信仰存在于屋内（例如，房间里划定一块指定区域用于存放《本初经》和祈祷；房间四周要挂上锡克教古鲁的图片；音乐播放器上要播放《赞美诗》；收听或收看锡克教金黄庙宇大师们的广播和电视）。

决定旁遮普人在 BC 省家庭文化的一个主要社会因素是城乡分割。这种分割反映了来自旁遮普农村生活方式家庭结构的移民，与来自旁遮普城市生活方式家庭结构的不同移民之间所存在的文化差异。这种分裂在新移民和第二代移民家庭中最为常见。另一个影响家庭动力的社会因素是家庭在加拿大的时间长度，特别集中在那些在加拿大出生和长大的多代移民家庭。正如我们在当地社会圈中看到的那样，第三代、第四代或第五代旁遮普锡克教人的文化规范和价值观具有分层化、复杂化的特点。在这里,农村或城市的生活方式可能会起到一定的作用,尽管在这种情况下,这种生活方式的影响可能比第一代或第二代家庭更少。当然,社会经验和个人价值观的因素也在起作用。我们在我们自己的文化群体中所观察到的趋势,我们已经在这里做了说明,尽管在集体主义文化中也存在一些个体差异。

我们也倾向于在这里提及,有些家庭可以归类于锡克教/印度裔加拿大人/旁遮普的类别,也有家庭将自己归类于我们所列出的许多特征之外。重要的是我们要记住,虽然在来自旁遮普的印度裔加拿大人群体中,在家庭生活方面有一些惊人的共同点,但我们不能说旁遮普家庭中存在普遍适用的真理。

在列举了几个特点之后,我们认为,在这个特定的旁遮普-锡克教背景下,家庭生活、宗教和文化是紧密相关的。有些家庭选择宗教来为他们的部分或所有行为进行庇佑,就像宗教也为他们的部分或所有行为开脱一样。我们已经看到了这一点,并且不止一次地我们认为,用这种方式利用宗教会导致人们对宗教形成消极看法。有些人选择一时冲动行事,当被问及他们为什么会有这种行为时,他们会利用宗教上的借口来搪塞,从而试图让自己的行为不那么讨厌。另一方面,一些家庭非常笃信他们所学到的锡克教价值观,并按照这些原则进行生活。在我们的经验中,只有那些把从内心深处真诚接受宗教信仰的人,以及那些受到自身信仰激励而以真我方式行事的人,我们才能从他们身上真切地体会到在加拿大作为锡克教徒的意义。我们与其他宗教背景的人的经历是相似的。

作为一个少数民族面临挑战是在所难免的,我们传承自祖先的文化动力,在我们从印度旁遮普来到加拿大之后,无疑会带给自己挑战。为了让大家深入了解移民经历,我们用以下几个典型故事进行说明。

几天前,我和妈妈聊了聊她19岁时独自前往加拿大的感觉,我对她说的话感到非常惊讶。我并没有惊讶于她第一次来到这里的时候所面对的挑战和文化调整,而是惊讶于30多年后,她仍然在进行一些文化调整。可能是由于我在BC省出生和长大的原因,所以我才更容易忽略这种文化调整的意义吗?当我有时间深入思考妈妈告诉我的事情时,的确,这很有意义,也很值得我们注意。对此我有一些话想说,就是你只能看到你想要寻求的东西，并且事实远远超乎我们眼睛所看到的这些！

母亲出生和成长在印度北部，属于一个锡克教旁遮普人的家庭。她的父母和祖母每周中要有一天的时间去锡克教寺庙。但由于母亲是一个年轻而活跃的少女，她热衷于参与许多活动，而且不像她的长辈那样经常参加锡克教寺庙的活动。妈妈曾多次告诉我，她和她的祖母曾一起去参加各种各样的锡克教活动。虽然妈妈说她不是非常虔诚的教徒，但似乎从她所讲述的那些关于她祖母的故事，参加锡克教仪式，聆听迦塔（katha，分享锡克教故事和历史的一种口述传统），以及参加各种宗教活动等，可以看到她与周围关系亲近的人建立连接的方式。母亲完成了研究生教育，结合她高超的人际关系技巧和在商业方面的悟性，得以帮助她继续在旅游和酒店管理方面取得成功。她在一个充斥游客和名人的熙熙攘攘的环境中工作——以一种西方化的印度人对待和招待客人的方式——不间断地进行跨文化的和文化内部的自我暴露。妈妈是一个具有极强进取心的人。她是一个独立的思考者，并能够非常成功和巧妙地处理各种挑战，当她具有能力的时候，她会欣然自发去做，也愿意冒险。她原本是一个普通的安巴拉（Ambala）小女孩，梦想着有个小房子和一个小但却温馨的家。物质财富从不是她的兴趣所在，各种真正的、真诚的人际或其他联系，却始终是她的梦想。

父亲出生在印度北部，也属于一个锡克教家庭。他40年前来到加拿大，当时他只有20岁出头。他在大学毕业时获得了奖学金，从而来到了加拿大，他也是他的家庭和大家庭中第一个来到加拿大的。不用说，这可是件大事。当我和爸爸谈起他早年在这里的经历时，在他身上能够明显感觉到一定的压力。听起来他别无选择，除了在加拿大设法生存下来。他需要在学校里好好学习；需要确保自己有赚钱的途径；需要确保自己能还清购买往返机票的贷款，而这些贷款的抵押品就是他叔叔的房子。

爸爸来自一个谦卑的锡克教家庭，他出生在旁遮普邦的帕蒂亚拉（Patiala）。1947年印巴分治期间，父亲的父母和母亲的父母都从今天的巴基斯坦迁移到了今天的印度，留下了他们在生活中所拥有的一切（他们的村庄、家庭、朋友和关系、工作等等）。在分治期间，某些邦或省首当其冲面临冲击，印度西北部的旁遮普邦便是其中之一。父母双方的家庭都被迫从现在的巴基斯那里坦连根拔起,然后被迫在新成立的印度为自己建造新家。在印度家庭中,家族连接性通常是非常重要的,但他们却被以这种方式彻底摧毁,这对许多家庭的家庭动力会产生深刻影响。

爸爸有一个姐姐;在四个兄弟姐妹中,他是长子,而作为长子,他还肩负着一定的责任。我的祖父花了很多时间对父亲进行一对一谈话和辅导,以确保父亲在学业上的成功。一般来说,爸爸的家人对宗教都很虔诚。爸爸家里的规矩并不只是在饮酒和节日庆典方面有所限定;同时,他们还在宗教庆典和祈祷集会中进行诸多社交活动。父亲在印度成功地完成了学士和硕士学位之后,在他 20 岁出头的时候离开了印度,到加拿大继续深造数学专业。父亲说当这些变化发生在他身上的时候,他的确有几次遇到了相当大的挑战。当他继续讲述他所遇到的一些挑战时,他对困难的处理方式似乎是受到家庭的鼓励和责任感的驱使。虽然这是他第一次离开印度的家,但感觉很奇怪的是,放弃对于他来说从来都不是一个选择。爸爸的家人非常相信他;他们为他感到骄傲,并做出了相当宏大的姿态,以庆祝他在加拿大读研究生时取得的成功(例如,他的亲叔叔抵押了他的房子,作为父亲飞往加拿大的机票贷款的抵押品,而其他亲戚则提供了精神上的支持和鼓励,因为他们知道,在加拿大的父亲和在印度的亲戚之间进行频繁的沟通是很困难的)。父亲来到安大略省,前往多伦多大学继续他的学业,他的身上肩负着信任、责任和一生中唯一一次出国深造的机会。

爸爸遇到了来自加拿大新生活的挑战。从在昌迪加尔(Chandigarh)相当单调乏味的程式化生活,来到世界另一端的大城市,肯定会有一些困难。爸爸不会做饭,英语说得不好(虽然他能较为轻松地用英语阅读和写作),远离家乡熟悉的生活,不认识任何人,还是一个戴着头巾的锡克教男性。父亲与家人的联系非常有限,虽然与家人沟通联系是个人理想的支持网络,但沟通的成本是昂贵的,而书信沟通则可能需要很长时间。这些听起来会让人很孤单,爸爸也证实了这一点。不过爸爸有一个无处不在的支持系统,无论他走到哪里,他都能得到这种支持系统,不管他离他的家庭有多远,不管他有多少艰难的时刻,这个支持系统就是他的锡克教信仰。

锡克教的信仰是父亲成长过程中的重要组成部分。他的家人经常举行宗教祈祷仪式，他们称之为帕特（path，发音为 paaaw-T）。当他第一次来到多伦多时，他认为自己很虔诚。当他在多伦多大学学习时，适应加拿大生活的困难，以及内心孤独所带来的问题，导致他承受了巨大压力。在多伦多大学学习一段时间后，他又申请了其他几所大学，并由于出色的学术成就被许多大学录取。祖父在父亲青少年时所花费的时间和精力终于有了回报，由于父亲在学业上的成功，他被宾夕法尼亚大学沃顿商学院、阿尔伯塔大学和北美其他一些优秀的大学录取。爸爸最终决定去阿尔伯塔大学，因为这所学校给予他奖学金，这是他继续学习所需要的。

当爸爸正在重新申请大学的时候，他没有奖学金支持。这给他带来了一个问题，因为他持有的是学生签证，这就限制了他的就业选择。他的选择是尽快申请到另一所大学，这样他就能设法筹集资金并在校园里学习。爸爸在加拿大的早期生活，大部分时间都是以大学生活为中心。他通过学业奖学金来养活自己，在自己的学术生涯中获得了三个研究生学位，并最终留在学校工作。在完成学业和校内校外的各种工作后，他回到印度结了婚。1975 年，我的父母在印度举行了婚礼。父母结婚时，妈妈还不到 20 岁，爸爸的年龄是 25 岁。父母结婚后，父亲仍然在加拿大许多大学读研究生。这是一场包办婚姻，就像当时的许多婚姻一样。在婚礼后不久，爸爸回到加拿大为妈妈的到来做准备。爸爸当时住在埃德蒙顿，并以获得三个研究生学位证书顺利毕业。他找到了一份稳定的工作开始他的婚姻生活。他曾多次申请工作岗位，但多次被告知他的"学历过高"，或者他没有"加拿大经验"——这些都是工作不适合的冠冕堂皇的借口而已；但没想到幸运的事情发生了，爸爸申请了一个省级监管机构的工作。他当时还犹豫着是否去申请，因为怕是又一次的拒绝和浪费时间。但他最终得到了这份工作，并很快就去了温哥华开始工作。

妈妈说她很高兴离开印度。因为生活的巨变即将到来，她将跟随父亲在加拿大生活，这也为她提供了全新的机会。1975 年 6 月，她第一次降落在温哥华国际机场。当她讲述她到达加拿大的生活时，她回忆起他们当时住在格兰维尔（Granville）的一个漂亮的一居室公寓里，小区还有 24 小时的保安服务。她深情地怀念这段时光。不过，在温哥华的日子仍然是她生活的一部分,虽然不是很享受。"一切都是如此不同,"她在描述自己生命中的那段时光时,曾多次对我这么说。她申请了很多工作,虽然她英语很好,但仍难以如愿。"人们不会因为我年轻就给我工作,他们会告诉我,我没有在加拿大工作的经验。"虽然妈妈很高兴能够离开印度的生活,但她在温哥华却很想家:"与其遇上不认识的新鬼,不如遇到认识的老鬼。虽然我会经常走出去,但没人会注意到我。我真的很怀念在印度吃的食物。那时我不知道怎么做饭。没有朋友,不认识任何人,也不了解体制,这些都让事情变得非常困难"。从妈妈的话来看,这听起来就像她在印度的时候一样,很有挑战性,但不管怎样,至少当她在印度的时候,她可以在她熟悉的文化中发挥作用,生活在熟悉的环境中。"在印度人们一点都不孤单,印度到处都是人"。她形容自己在加拿大的生活是孤独的。虽然多年过去了,她经历了许多事情,这些经历也加深了她的理解、感受、学识和爱,但对她来说,在这里仍是孤独的。她描述她在加拿大的生活就像生活在一个泡沫里,或者像"生活在只有你自己的世界里",妈妈接着说,"就像你在加拿大独自过着印度式的生活"。妈妈说印度和加拿大这两个世界之间有一种脱节,他们没有办法融合在一起:"这里只有一个例外;唯一渗透到加拿大生活的就是不管怎样都要工作和纳税"。

情况渐渐开始有所好转。妈妈发现了一些她还能吃的过去的新食物(如肯德基)。虽然她仍然想念印度菜,但这只美味的五香鸡对她来说却是一种享受。多亏了锡克教庙宇的存在,她才能够拓展自己的社交范围。在我父母生活的早期阶段,这是他们唯一的社会联系。锡克教庙宇不仅是进行宗教和敬奉活动的场所,也是与他人进行联系和交友的地方。妈妈虽然没有严格的宗教信仰,但参加锡克教聚会对于她也是一种与人交流的方式。对许多锡克教群体成员来说,这是锡克教庙宇的共同作用。妈妈还提到,当他们外出走动的时候,其他的锡克教徒也会设法接近他们,因为爸爸的锡克教徒头巾很容易辨认,他现在还仍然戴着。锡克教徒有典型的5K标识,其中之一就是父亲所戴的 Kase(头巾),佩戴头巾不仅可以增加社会联系,也是个人进行宗教/精神生活的一种方式。

虽然我们许多人都非常熟悉关于某些宗教或文化的刻板印象，但我必须指出的是，尽管我上面列出的家庭特征很常见，但仍有许多锡克教家庭在文化或跨文化上表现的更加融合。我所说的融合可以是一种生理-民族特性的融合，也可以是一种社会-文化特性上的融合。这些家庭的生活与"典型的"锡克教家庭完全不同。有许多印度裔加拿大人享受着这些"非典型"生活带来的挑战：如果这些规范对他们不再起作用，他们就有勇气反对这些根深蒂固的规范。这需要个人具有强大的力量、勇气、自信和强烈的自我意识。想要拥抱和接受文化上的挑战，还需要个人具有坚强的自我和支持你的家庭。感谢父母无条件的爱和支持，感谢他们的经验智慧、亲身经历与丰富阅历，我们可以理解家庭生活是如何形成的。印度裔加拿大人家庭生活具有各种综合表现形式，但其基础无外乎是平衡个人关注和家庭关注（Berry，1997；Berry，2005；Berry，Phinney，Sam & Vedder，2006；Rumbaut，2005；Tadmor & Tetlock，2006）。

性别的影响

研究结果显示，与婚姻有关的诸多问题多年来并没有明显改变，仍然是家庭矛盾产生的根源。Mann-Kahalma（1997）的研究发现，年轻女性仍然被期望要坚持"好女孩"的标准，包括内敛、顺从和纯洁。同样的规则并不适用于男性，因为男性并不承担维护家族荣誉的责任。这种区别通常会带来女性的怨恨和愤怒。

父母通常不愿意改变自己对婚姻问题的看法，尤其是在女儿们关切的地方。根据 Wakil，Siddique 和 Wakil（1981）的研究，这更多是父母的一种"核心信念"，而不是出于"实用价值"。父母的改变倾向于发生在更实际的具体问题上，而不是家庭的核心信念。女儿通常被认为是家族荣誉的关键所在。因此，父母会对女儿施加更多的限制，以防止家庭荣誉被玷污。

包办婚姻

显而易见的是，包办婚姻的概念正在发生变化，以迎合第二代印度裔加拿大人关于婚姻的考虑。父母们正在提高关于包办婚姻的严格标准，希望找到一个共同的立场,以期能够继续维持包办婚姻的存在。父母并不是孩子婚姻幸福的唯一决定因素,他们只是在得到孩子的同意后才采取行动。总的来说,第二代印度裔加拿大人似乎对自己的包办婚姻持矛盾态度,并强烈认为他们应该成为这个过程的一部分。年轻女性仍然幻想自己能找到理想的另一半。Wakil 等人(1981)发现,在加拿大出生的孩子一般不愿意接受"婚后才有爱情"的传统观念;相反,年轻女性倾向于接受加拿大文化所宣扬的浪漫爱情。

尽管一些父母已经改变了包办婚姻的传统,尽量使自己能够满足他们在加拿大出生的孩子的愿望,但他们仍然认为这个决定不应该只由孩子们做出。Vidynathan 和 Naidoon(1991)将传统婚姻的变化概括为:与祖先国家相比,东道国的父母权威具有更大的灵活性,第二代移民的独立性和决策权也相应地增加了。

对印度裔加拿大人的研究表明,当人们意识到在东道国进行最佳生活需要采取妥协和平衡的态度后,他们会表现出顺从行为(Vidynathan & Naidoon,1991)。

成长为锡克教男性与女性

在与诸多来自加拿大旁遮普-锡克教家庭的男性和女性交谈之后,我们可以说,在锡克教群体中,男性和女性受到的待遇是不同的。虽然我们可以肯定地说,不同家庭之间的差异的确存在,也并不是所有人受到的差异对待都是负面的,但这些差异确实存在。当我们询问他们为什么会有这些差异时,我们总结了以下一些原因。

印度旁遮普文化是父权制的文化,在旁遮普的家庭中,女孩一般被认为是临时存在于她们的出生家庭。女孩在人们看来早晚是要嫁给一个合适伴侣的人,之后她就会离开家和她的丈夫一起生活,然后正式"归属于"她丈夫的家庭。比如,在锡克教婚礼后的一种被称之为"doli"的仪式上,我们可以看到女孩与原有家庭之间的分离。在 doli 仪式上,新娘的家人要向她告别,家庭中的每个人都该在这个时候哭泣。其内在理由是,新娘离家时应该感到非常难过,这种象征仪式强调新娘要与家人分离,并接受一个新的家庭。对于新娘和她们的家人来说,无论她是搬到离家 10 分钟以外的地方,还是搬到全国各地,其或是搬到世界各地,哭泣的声音都是一样的强烈。在锡克教-旁遮普传统中,女儿在结婚后要离开原来的家庭;儿子在结婚之前和之后都应该和父母住在一起,对长子来说尤其如此。我所听到的对于女孩和男孩之间差异进行解释的一个观点是,家庭中的男孩孩子是对未来更好的投资,因此他们应该待在自己的家庭附近,在父母年老的时候,这些男孩孩子可以从经济和情感上支持和照顾他们。

印度裔加拿大人的几个故事

对三名男性和一名女性旁遮普-锡克教印度裔加拿大人进行了四次非正式采访。讨论和分析了来自旁遮普的印度裔加拿大人家庭中女孩和男孩的生活经历和思想变化。除了关注性别之外,这些谈话是非结构化的。进行这些访谈的目的,是为了倾听和弄清楚受访者是如何看待和理解他们的成长经历的。被选中的受访者事先已被采访者所知悉。

H. S. P 的故事

H. S. P 是一个 20 多岁的男大学生。一旦戴上锡克教头巾,他就会自豪地表明自己的旁遮普-锡克教身份,并积极与朋友们分享。和他的对话进一步支持了上述的锡克教-旁遮普家庭中关于婚姻及男女差异的观点。在这次谈话中,有一点反复出现。H. S. P 认为,锡克教-旁遮普女孩和男孩所遭受的待遇,以及普通锡克教家庭结构之间的不同,取决于这些家庭传统是源自旁遮普的乡村生活,还是源自印度的城市生活。他指出,在 BC 省的锡克教人口中,大多数家庭都是源于旁遮普乡村生活的传统,因此性别差异通常更为明显。

根据 H. S. P 所述,男孩被认为是会把家族姓氏、传统和荣誉传递下去的人。他们也要承担养家糊口的责任。另一方面,女孩被认为是自己家里的客人。一旦她们结婚,他们就会离开家庭,成为丈夫家庭的一部分。男性家庭成员,尤其是父亲和长子,被视为家庭的代表。在我们的理解中,这是父权制家庭结构在发挥作用。在每年 8 月会举行一个叫做 Rakhri 的节日,以庆祝家庭中男孩子们的诞生。在这个节日里,家庭中的姐妹们会在哥哥或弟弟的手腕上系上一根彩色的绳子,而哥哥或弟弟则要承诺永远保护她们。因此,在锡克教家庭的结构中,男性角色往往作为保护角色存在。

女孩被视为家庭荣誉、敬重和纯洁的守护者。不只是在 BC 省的锡克教-旁遮普社会中,即便在整个社会中,这些品质也被认为是值得保护的美德。在这种家庭结构中,女孩在社会交往中可能只有有限的自由,以维持她们身上这些品德,并反过来也会维持她们作为社会理想新娘的形象。一个男孩在成长过程中很可能会遵循以下价值观:结婚、生子、打理家务、挣足够的钱来养活妻子、孩子和父母。一个女孩在成长的过程中,很可能会遵循这样的价值观:维持自己符合社会结婚期待的合适形象,如提高自己的技能,接受教育,保持良好的外表,努力保持白皙的皮肤(理想的旁遮普美女是白皙的皮肤)。父母通常非常重视结婚这件事,传统上,在女孩的父母把她嫁出去后,他们作为父母的主要责任就已经完成了。H. S. P 在我们的谈话中提到,"父母只想给孩子最好的东西"。这是一个很重要的观点,可以引发我们进一步的思考。父母如何定义"最好的"取决于许多因素。在这个案例中,我们谈论的是旁遮普的文化价值观和锡克教对印度裔加拿大人生活的影响。

R. R. 的故事

R. R. 是位 30 多岁的男性。他是一位来自锡克教家庭的戴着头巾的年轻健康专家。他强调说,他已经注意到旁遮普家庭倾向于保护女孩,但对男孩却更为宽容。女孩被要求在"指导方针"内行动并表现出克制。R. R. 详细阐述了女孩在父母和女孩之间,以及哥哥和妹妹之间所具有的保护作用。他提到的另一个非常有趣的观点是旁遮普家庭之间存在的社会竞争,这种竞争和他们抚养孩子的方式有关。旁遮普通常存在一种竞争心态,看看谁能培养出社会上和文化上最受欢迎的孩子。一个人的孩子在成长过程中,不仅要受到家庭的关注,还要受到整个旁遮普-锡克教众人的关注。如果这些年轻人都是能够独当一面的公民,在"好"的人群中进行社交活动,为发展自己的未来而努力,再加上通常都有好的头脑,那就是人中龙凤了。在这种情况下,不仅是家庭对待男孩和女孩的方式有所不同,而且这个社群本身也在构建性别差异。如果女孩一旦偏离了良好的社会标准,那么她在社会上的名声就会受到相对于男人更大的伤害。社会对女孩子的要求似乎比对男孩子更为严厉。而当被问及为什么人们会如此保护女孩时,R. R. 认为"这可能是代代相传的结果。"

A. R. 的故事

A. R. 是一个 20 多岁的男性。他是一名戴着头巾的小学教师,对个人幸福有自己独到的看法。他谈论了关于年轻成年男性和年轻成年女性期望值的差异。他说,对于男性来说,他们的期望是安定下来。男人一旦有了稳定的工作或事业,就会很快安定下来,结婚成家。"对于男性来说,他们被期待着为家庭和妻子提供支持,一旦他们接受了教育,找到了一份工作,那么他们就有责任提供经济支持。"对于女性来说,她们的期望是安定下来,然后生孩子。接受教育是安定下来的基本条件。A. R. 发现,当一旦涉及到女儿时,父母往往会担心女儿的人品问题,但是当涉及到儿子时,他们担心的是儿子的行为问题。在谈到目前社会上的性别差异遭遇时,A. R. 说:"现在它比过去变得开放一点了,也更加平等一点了。"

S. C. 的故事

S. C. 今年 50 多岁,是三个孩子的专职母亲,还是两个孩子的祖母。她出生在加拿大的坎卢普斯(Kamloops),父母都是旁遮普省的锡克人,在 1947 年印巴分治之前,他们就已经定居在 BC 省了。S. C. 是家中五个孩子中最小的一个:老大老二都是哥哥,老三老四都是姐姐。父母双方都曾经工作过,她的父亲曾在附近的锯木厂工作,就像当时 BC 省的许多旁遮普移民一样。S. C. 提到,当她和她的兄弟姐妹们长大后,家里的男孩们总是可以得到更多的食物,并且被允许更多地外出。当她在谈到父母对她和她的姐妹的看法时,她简短而意味深长地说到:"他们都是男孩,他们都很特别,但这并不是说我们不受重视。"S. C. 的大哥(长子)、二哥(次子)和大姐(第三胎)是家里最负责任的人。甚至在她四年级的时候,她的哥哥就很清楚他作为家庭监护人的角色。放学后,他会赶回家去迎接家人的归来,确保他的兄弟姐妹们安全到家;他对自己严格要求,免得兄弟姐妹们惹事生非。她的大姐也担任照顾者的角色;她负责为家庭制作食物,并照顾她所有的兄弟姐妹,包括年长的和年轻的。在她的童年时代,S. C. 记得住在坎卢普斯的印度人很少,但她的父母在锡克教寺庙找到了一种集体感和联系感,这一发现强化了锡克教寺庙的社会和文化作用,并超越了它的宗教功能。

对咨询师的指导意义

婚姻并不是男性获得更多自由的唯一领域,更甚或是,他们可以享受整个社会生活领域。虽然现在更为鼓励年轻妇女追求她们的教育和职业抱负,但她们的社会自由仍然会受到限制。Ghuman(1994)研究中的印度裔加拿大人样本没有发现女孩和男性受到的待遇有任何不同,但有趣的是,在英国样本中有一个非常高的比例的认为男孩和女孩之间存在差别待遇。Ghuman 对他的发现感到惊讶和疑惑,认为两个样本存在差异的可能性,在于印度裔加拿大人样本往往会用"理想的"方式进行反应。在与老师和咨询师交谈后,Ghuman 对自己的结果产生了怀疑,他们纷纷指出这些女性对家庭中的差别待遇其实感到不满。

Drury(1991)关于英国群体的研究支持了我们这一章中关于女性对自由男性心存怨恨的结论。然而,Drury 指出,这些妇女中的绝大多数人并不会违背父母的意愿。只有小部分人表示,他们会进行不公开的反抗,其目的也是为了避免与父母发生冲突。在我们自己的研究中,结论是不同的;参与者们指出,在年轻的印度裔加拿大妇女生活中有很多秘密。正如一名参与者所说,"每个人都这么做;没有人谈论它。"因此,我们可以从研究中得出这样的结论,秘密生活是一些年轻印度裔加拿大女性应对两种截然不同文化要求的一种方式。这些女性发现,保密是一个可行的办法,既可以让她们维持家庭荣誉和尊严,同时也能满足自己在西方世界的需要。

宗教及其对身份的影响

我们的研究表明,大多数参与者只有在有特殊的宗教仪式或婚礼的时候才去锡克教庙宇。大多数参与者表示他们并不相信锡克教的教义。在五个反馈者中,只有一位参与者透露,自己希望能获得更多的关于锡克教古鲁和锡克教历史的知识。Wakil 等人(1981)也发现了同样的结果,父母对孩子学习宗教的热情与年轻人自身不一样。然而,Ghuman(1994)在对第二代印度裔加拿大人的研究中给人留下了不同的印象。Ghuman 发现,尽管第二代印度裔加拿大人对他们的宗教并不了解,但他们渴望了解更多。

显然,在我们的研究中,女性对锡克教宗教没有积极的经验。事实上,一些妇女指出,锡克教的教义并没有体现在其追随者的行动中。由于这种明显矛盾的存在,大多数受访者认为锡克教并不是他们想要的信仰。有趣的是,考尔("公主")这个词是用来称呼女性的,因此能够反映性别和宗教之间的关系;对于男人来说,使用的则是辛格("狮子")一词。这些规定性的用词含有一种性别角色感,不一定指男女相同甚至是平等,而只是作为一个男人或女人的意思。

接受自己作为印度裔加拿大人

正如我们之前提到的,我们的参与者觉得他们已经接受了自己作为印度裔加拿大人的事实,而在过去,他们试图通过对加拿大文化的模仿来抵制原有的印度文化。在 Ghuman(1994)的研究中,年轻的印度裔加拿大人对关于他们身份问题的评论也特别积极。Ghuman 看到,加拿大官方的多元文化政策对印度裔加拿大青年产生了积极的影响。他得出的结论是,这项政策有助于培养年轻人的双重文化身份中的自豪感和安全感。

根据 Sue 和 Sue 的(2008)发展模式,这些年轻女性处于种族/文化认同发展模式的整合阶段。因此,他们不再试图回避自己的民族传统,而是学会了接受它,并将它融入加拿大文化。他们已经开始接受他们的民族身份和占据主导地位的加拿大社会的文化。一名参与者发表了一则鼓舞人心的评论:"通过交接受它(种族),我正在接受我自己。"

种族在咨询中的实际应用

我们非常重视心理咨询的作用,因为它可以帮助人们实现自己的潜能,发觉自身的能力。曾经作为跨文化交流和心理学系的学生,借助于有关倾听和支持的训练,以及自己作为一个来访者的经历,当我们为印度裔加拿大群体提供咨询时,我们有不同的角度去开展工作。这里有几点值得关注:

- 作为一名咨询师,你必须了解自己对于印度裔加拿大人的偏见。
- 咨询的重点是个体,但是对于更具有集体主义取向的人来说,个体只是更大群体的一个成员(如家庭、社群)。
- 学习有关印度裔加拿大人群体的文化价值观。作为患者,他们会很高兴有咨询师能与他建立联系。

- 如果你不知道如何与人相处或建立联系,也不要假装。

当患者前来向你寻求帮助时,需要注意的事情:

- 患者可能是正在秘密地寻求咨询,因此保密尤为重要。
- 一般来说,很多人对咨询会有一种病耻感。社群中的人们可能会奇怪,为什么"深处麻烦"中人不能向自己的家人或大家庭寻求建议,为什么有人会向陌生人表达自己的心事。
- 患者可能会面对"如果他人发现自己寻求咨询,会怎样评论自己"的困境,在咨询中,有些印度裔加拿大人由于有种种顾虑,从而难以打开自己。

从这一章中,希望咨询师们能够得到的一个重要信息是,每个印度裔加拿大人都是不同的。也就是说,我们的印度裔加拿大群体中有许多不同之处。我们鼓励你从本章节去了解这个文化群体的社会模式;但请记住,这里提供的信息只是概括性的描述。仅仅阅读这一章节,你将无法理解你所遇到的全部印度裔加拿大人。但这一章可以作为了解的开始,在这一章中,咨询师们建立他们自己的患者-咨询师互动方式,公众也可以发展自己与旁遮普-非旁遮普群体的互动方式。

那么,这对咨询师意味着什么呢? 在一个双元文化主义已不再罕见,且更为强调更广泛意义的多元文化主义国家,咨询师必须要了解和学习那些能够反映不断变化的咨询需要的咨询技能。咨询师需要更为开放、敏感和接受新的助人方式,这可能与他们业已习惯的常规咨询方法有所不同。如果咨询师不去了解印度裔加拿大人的文化价值观,如果他们觉得西方的生活方式优于印度的生活方式,那么他们的态度很可能会导致与印度裔加拿大患者之间的冲突和疏远。另一方面,如果咨询师拥有同理心和非批判性的态度,对患者的民族文化培养自己积极的看法,那么心理咨询对患者来说更有可能是一种积极的体验(Pederson,Draguns,Lonner & Trimble,2007)。

对于一个印度裔加拿大人家庭来说,因为家庭或学校发生的冲突而寻求心理咨询服务可能是较为罕见的。通常来说,这些家庭会依靠亲戚或朋友来帮助解决他们遇到的冲突和困难。Assanand,Dias,Richardson 和 Waxler Morrison (1990)认为,他们几乎不会寻求社会服务机构的帮助,有时甚至不信任所有的政府工作人员……南亚家庭会优先寻求家人、朋友、寺庙或医生的帮助,很可能只把社会服务作为最后的手段。(p. 179)

同样,Segal(1991 年)认为,"即使是自愿寻求咨询,他们也常常觉得这样有损自己的尊严和骄傲"(p. 239)。

对价值观的觉察

咨询师可能不了解印度裔加拿大人群体的所有价值观和传统,因此,他们可能需要依靠少数族裔患者来教育自己去应对在咨询中由患者提出的问题。Sodowsky, Kwan 和 Pannu(1995)确定了亚裔美国人固有的一些价值观,这些价值观似乎也适用于印度裔加拿大人,和心理咨询服务有关的价值观和特点如下:

- 沉默、不对抗、行为适度、自我控制、耐心、仁慈、谦虚、朴实无华等都被视为美德。
- 尊重长者,长者也背负更多期待。
- 不太看重个人主义,重视家庭。家庭和社会的存在是为了个人利益的最大化。
- 社会和谐是通过有明确行为规范的结构化的家庭关系实现的,包括语言使用和等级角色。
- 非常尊敬父母,孝敬父母。每个家族成员都寻求维护家族荣誉,获得好名声,并保护家族免于受到耻辱。家庭责任和义务优先于个人欲望。社会控制是通过家庭对服从和履行义务的要求来实现的。人们对家庭有强烈的责任感。
- 人们非常重视学习。
- 性行为和性关系应该被人们适度和谨慎地对待。异性之间的感情通常不会表露出来。
- 当一个人准备结婚时,家庭就会参与帮助他/她寻找合适的伴侣,所以约会的需求就会相应减少。
- 重视保护文化和原始宗教。族内通婚是被人们许可和期待的;异族通婚可能会带来麻烦。

教育模式

许多印度裔加拿大人面临着生活在两种截然不同文化中的挑战。作为咨询师,我们需要意识到"生活在两个世界"到底意味着什么。印度裔加拿大人的观点和思想受到他们的种族文化和主流群体文化的影响。心理咨询中可能出现的一些压力因素包括身份认同、同化、代际冲突、性别角色冲突以及对种族冲突的关注。

为了应对和解决这些问题,Segal(1991)提出了一种全新的教育模式。因为印度裔加拿大人不愿意寻求心理咨询服务,所以发展一种课堂教学式的展示或演示方式,包括小组讨论形式,可能是一种有效的替代性咨询。Segal 建议首先澄清相互的价值观。其次,Ibrahiam, Ohnishis 和 Sandhu(1997)补充解释道,这种关系方式允许咨询师和患者同时探索两种价值观体系,从而在患者了解到咨询师对他/她的假设是客观的,并认识到他/她的文化身份的边界时,增加对咨询师的信任水平。第三,Segal 接着阐述说,患者了解自己有关加拿大文化和生活方式的迷思是很重要的。咨询师可以在小组设置中,先行回顾这些青少年的心理状况和同伴群体的压力。第四,Maydas 和 Elliot(转引自 Segal)认为,应该讨论人们在顺应、适应、同化和融入一种新文化时发生的文化冲突。最后,应着重探讨由于移民带来的各种影响和不可避免所发生的变化。

在处理具体的双重文化问题时,对父母的咨询干预目标是,拓宽他们对处在两种文化中挣扎的年轻人所面临的困境的理智层面的理解。对于第一代印度裔加拿大人来说,这种教育模式可以帮助他们获得情感上的接受,接受那些不可避免的变化,这是他们决定定居在一种通常与他们自己的印度生活方式相反的文化中所必然会带来的(Segal, 1991)。对于正在为自己的双重文化身份而挣扎的第二代青少年来说,他们的咨询目标之一就是帮助弥合他们与父母之间的沟通鸿沟。由于家庭内部的混乱,沟通经常会中断。如果能够为双方交流打开大门,那么这样的咨询会让两代人受益。另一个目标是通过探索双语和双重文化的好处,让青少年对自己的双重文化背景充满自豪感。传统咨询方式的另一种选择可能是团体治疗,在团体治疗中,青少年或父母可以彼此分享他们的经验,并发展相互支持的人际网络(Segal, 1991)。

具体的干预措施

考虑到 Segal(1991)提出的替代方法可能并不是非常有效,印度裔加拿大人也可能选择家庭咨询或个人咨询。Ibrhaim 等人(1997 年)对咨询师们提出一些补充准则:

患者需要咨询师能够尊重他/她、他/她的文化认同和世界观。患者需要相互尊重的咨访关系,也需要充分的自主权。他们不太愿意遵循那些不是由他们自主发展出来的干预措施或建议。

在计划进行干预之前,应该首先了解患者的文化适应水平和自我认同状况。

在确定目标和结果之前,要先澄清患者的精神与身份。理想的心理咨询策略是能够遵循精神发展和身份发展协同工作的思想,因为患者焦虑的主要来源就是如何在这两个领域保持平衡。

充分利用患者的认知、行为、生态、精神和其他相关领域,多维度干预对患者是有益的。使用能够同时支持个人主义和关系取向的咨询模式。

认识到患者的生命阶段和年龄的重要性。在某个年龄和人生阶段内,同时也要评估性别对他们的影响。

永远不要假设患者不理解或不能理解你的态度和非言语态度。这种文化具有很高的非言语信息使用的背景。

认识到谦逊在患者的文化认同中的重要作用,不要由此认为患者的自我概念很糟糕。

尊重患者的诚信和个人主义。在家庭背景下,印度裔加拿大人是天生的个人主义者。

允许患者就其自身对种族亚文化、宗教、价值观、世界观与更广泛的社会等具体层面的认同程度对咨询师进行反向教育。

结　　论

关于印度裔加拿大人的已有研究还没有定论。尤其需要关注的是,Ghuman(1994)的研究似乎在几个问题上相互矛盾。具体地说,他的研究得出的结论是，印度裔加拿大人没有遇到多少种族歧视，女性没有受到与男性不同的对待，第二代印度裔加拿大人渴望了解他们的锡克教。其他研究，包括我们本章中所呈现的研究，却提出了相反的观点。与此同时，Ghuman 也注意到了他对自己研究结果的怀疑，并相信受访者的回答是研究者"想要"的。所有的研究对象都认为，包办婚姻是为了满足第二代印度裔加拿大人的需求而发展出来的，而且父母对女儿的婚姻态度也并没有发生很大改变。

虽然印度裔加拿大人可能并不愿意寻求心理咨询服务，但如果咨询师选择为他们提供心理咨询服务，那么他们必须了解该群体的价值观和压力源。为了帮助印度裔加拿大人顺利应对他们的挑战，咨询师必须知道可以从哪些方面帮助他们，而不是阻碍咨询过程。

参 考 文 献

Abouguendia, M., & Noels, K. A. (2001). General and acculturation-related daily hassles and psychological adjustment in first- and second-generation South Asian immigrants to Canada. *International Journal of Psychology*, 36, 163—173. doi: 10.1080/00207590042000137

Assanand, S., Dias, M., Richardson, E., & Waxter-Morrison, N. (1990). The South Asians. In N. Waxler Morrison, J. Anderson & E. Richardson(Eds.), *Cross-cultural caring: A handbook for health professionals in western Canada*. Vancouver, BC: University of British Columbia Press.

Benet-Martinez, V., Lee, F, & Leu, J. (2006). Biculturalism and cognitive complexity: Expertise in cultural representations. *Journal of Cross-Cultural Psychology*, 37, 386—407. doi: 10.1177/0022022106288476

Benet-Martinez, V., Leu, J., Lee, F, & Morris, M. (2002). Negotiating biculturalism: Cultural frame switching in bicultural with oppositional versus compatible cultural identities. *Journal of Cross-cultural Psychology*, 33, 492—516. doi: 10.1177/0022022102033005005

Berry, J. W. (1997). Immigration, acculturation, and adaptation. *Applied Psychology: An International Review*, 46, 5—68. doi: 10:1111/j.1464—0597. 1997. tb01087

Berry, J. w. (2005). Acculturation: Living successfully in two cultures. *International Journal of Intercultural Relations*, 29, 697—712.

Berry, J. W., Phinney, J. S., Sam, D. L., & Vedder, P. (2006). Immigrant youth: Acculturation, identity, and adaptation. *Applied Psychology: An International Review*, 55, 303—332.

Dorn, A. W. , & Gucciardi, S. (2011). The sword and the turban: Armed force in Sikh thought. *Journal of Military Ethics*, 10, 52—70. Routledge. doi: 10. 1080/15027570. 2011. 562026

Drury, B. (1991). Sikh girls and the maintenance of an ethic culture. *New Community*, 17(3), 387—400.

Ghuman, P. A. S. (1994). *Coping with two cultures: British Asian and Indo-Canadian adolescents*. Clevedon: Multilingual Matters Ltd.

Guzder, J. , & Krishna, M. (2005). Mind the gap: Diaspora issues of Indian origin women in psychotherapy. *Psychology and Developing Societies*, 17, 121—138. doi: 10. 1177/097133360501700203

Ibrahim, F, Ohnishi, H. , & Sandhu, D. (1997). Asian American identity development: A culture specific model for South Asian Americans. *Journal of Multicultural Counselling and Development*, 25, 34—50.

Kondapalli, R. (2011). Revealed: The golden temple. *Discovery Channel*. Retrieved from http://www youtube. com/watch? feature=player_embedded & v=Oeo4BDViHcM

Mann-Kahalma, P. (1995). *Intergenerational conflict and strategies of resistance: A study of young Punjabi Sikh women in the Canadian context*. Unpublished master's thesis, University of Victoria, Victoria, British Columbia, Canada.

Mogelonsky, M. (1995). Asian Indians. *American Demographics*, 17, 32—39.

Pedersen, P, Draguns, J. , Lonner, W. , & Trimble, J. (Eds.). (2007). *Counselling across cultures*. Newbury Park, CA: Sage Publications.

Rai, J. (2011). Khalistan is dead! Long live Khalistan! *Sikh Formations: Religion, Culture, Theory* (pp. 1—41). Middlesex, UK: Routledge. doi: 10. 1080/17448727. 2011. 561607

Rosenthal, D. (1997). Ethnic identity development in adolescents. In J. S. Phinney and M. Rotheram(Eds.), *Children's ethnic socialization: Pluralism and development*. Newbury Park, CA: Sage Publications.

Rotheram, M. , & Phinney, J. S. (1997). Introduction: Definition and perspectives in the study of children's ethnic socialization. In J. S. Phinney and M. Rotheram(Eds.), *Children's ethnic socialization: Pluralism and development*. Newbury Park, CA: Sage Publications.

Rumbaut, R. G. (2005). Sites of belonging: Acculturation, discrimination, and ethnic identity among children of immigrants. In TS. Weiner (Ed.), *Discovering successful ways in Children's development: Mixed methods in the study of childhood and family life* (pp. 111—164). Chicago, IL: University of Chicago Press.

Segal, U. A. (1991). Cultural variables in Asian Indian families. *Families in Society: The Journal of Contemporary Human Services*, 72(4), 233—242.

Shani, G. (2005). Beyond Khalistan? Sikh diasporic identity and critical international theory. *Sikh Formations: Religion, Culture, Theory* (pp. 57—74). Middlesex, UK: Routledge. doi: 10. 1080/17448720500132565

Sodhi, P. (2008). Bicultural identity formation of second-generation Indo-Canadians. *Canadian Ethnic Studies*, 40, 187—199.

Sodowsky, G. R. , Kwan, K. K, & Pannu, R. (1995). Ethnic identity of Asians in the United States. In J. G. Ponterotto, J. M. Casas, LA. Suzuki & C. M. Alexander(Eds.), *Handbook of multicultural counselling*. Thousand Oaks, CA: Sage.

Sue, W. , & Sue, D. (2008). *Counselling the culturally different: Theory and practice* (5th ed.). New York: John Wiley and Sons.

Tadmor, C. T. , & Tetlock, PE. (2006). Biculturalism: A model of the effect of second-culture exposure on acculturation and integrative complexity. *Journal of Cross-Cultural Psychology*, 37, 173—190. doi: 10. 1177/0022022105284495

Vaidyanathan, P, & Naidoo, J. (1991). Asian Indians in western countries: Cultural identity and the arranged marriage. In N. Bleichrodt and P. J. D. Drenth(Eds.), *Contemporary issues in cross-cultural psychology*. Amsterdam: Swets and Leitlinger.

Wakil, R. S. , Siddique, C. M. , & Wakil, EA. (1981). Between two cultures: A study in socialization of children immigrants. *Journal of Marriage and the Family*, 43, 929—940.

Ying. Y. , & Lee, P. A. (1999). The development of ethnic identity in Asian-American adolescents: Status and outcome. *American Journal of Orthopsychiatry*, 69, 194—208.

8. 文化顺应与文化适应：
为移民和难民提供咨询

李雅丽，M. 奥诺雷. 弗朗斯，& 玛丽亚·德尔·卡门·罗德里格斯

　　根据加拿大统计局（2012）的数据，加拿大的移民数量比世界上任何其他国家都要多：其移民数量大约是加拿大本土人口的两倍（目前约为 3400 万），加拿大移民占总人口的比例与美国持平，同时约为英国的四倍。趋势表明，移民的模式由原先从发展中国家移民居多（如中国和印度）转移到发达国家居多（如加拿大和美国）。出现这种模式的原因是复杂的，不仅由于发展中国家的经济和政治不稳定，而且还来自发展中国家对劳动力的需求的增加和出生率的下降。这种现象不仅仅只是北美才具有的问题。Remak 和 Chung（2000）认为，"移民和难民人口一直在稳步增加，导致移民已经成为一个全球性问题"（p. 200）。如果要想在新的加拿大人身上进行有效的心理咨询，咨询师必须了解他们的适应过程，以及它是如何影响人们进行自我调整的。

　　移民的经历——无论是通过自愿选择成为移民还是被迫作为难民——都会使他们面临出现情感和心理问题的风险。加拿大政府鼓励与支持移民和难民来到这个国家；在过去的十年里，成千上万的人得到了庇护。加拿大政府甚至有时空运数千人直接离开战区（例如，科索沃的难民）。对于这些人们来说，这一变化过程会给个体增加非常大的压力，并且也会让社会服务体系实施文化敏感的实践活动面临挑战。为了帮助人们能够重新进行安置，多元文化的咨询师需要准备好应付各种不同的人，他们都有着不同的语言，有着不同的文化传统。

这些移民来自世界的什么地方？最大的移民群体来自亚洲（见表 1）；目前居住在加拿大的绝大多数新移民都不是欧洲人，这意味着加拿大社会将发生巨大的文化和种族变化。理想的适应新的文化环境的过程究竟是顺应、同化还是相互适应，这是个很难回答的问题。然而，这是每个移民都需要解决的问题，因为在某种程度上，这个问题的答案将决定个体在新的文化环境中所能够获得的舒适度和成就水平。

什么是文化顺应？

当人们遇到新的环境和文化时，会本能地做出各种反应。顺应过程通常包括下面三种反应之一，即调节、反向作用或退缩。在调节的情况下，人们通过改变来减少冲突，寻求与环境和文化群体之间的和谐。在反向作用的情况下，人们试图改变环境和文化以迎合他们自己的需要。退缩的情况发生在移民想要减少环境因素的压力，或被主流文化排斥在外面时。

进一步区分可以划分为心理顺应和社会文化顺应两个层面。心理顺应是指一系列个体内部心理活动的结果，包括个体在新的文化环境中明确的个人和文化认同感，良好的心理健康水平和个人成就的满足感。社会文化顺应则指的是一系列外部活动的结果，这些结果将个人与他们所处的新环境联系在一起，包括他们处理日常问题的能力，尤其是在家庭生活、工作和学校生活方面。心理顺应最好是在心理压力层面和精神病理学方法的背景下进行分析，而社会文化顺应则与社会技能框架更紧密地联系在一起（Walton & Kennedy，1993a；Berry & Sam，1997）。

表 1 加拿大永久定居人口统计（按来源地区）

2001—2010

来源地区	2001	2002	2003	2004	2005	2006	2007	2008	2009	2010
非洲和中东	48237	46340	43674	49531	49279	51858	48562	51313	56153	66691
亚洲和太平洋	132945	119057	113728	114571	138048	126469	112654	117481	117172	135004
中南美洲	20211	19469	20349	22254	24642	24304	25890	26493	26776	28354
美 国	5909	5294	6013	7507	9263	10943	10449	11216	9723	9242

（续表）

来源地区	2001	2002	2003	2004	2005	2006	2007	2008	2009	2010
欧洲和英国	43294	38867	37569	41902	40906	37944	39071	40649	42310	41318
未标注来源地	41	21	15	59	101	122	127	94	37	65
为标注类别	1	0	1	0	2	2	1	2	1	7
总计	250638	229048	221349	235824	262241	251642	236754	247248	252172	280681

统计来源：加拿大移民管理局，2012

什么是文化适应？

从理论上讲，文化适应是指移民和东道国社会之间相互作用所带来的结果。它可能包含相互的文化学习，或从一个或两个群体的相互妥协中寻找共同点来进行联系。在实践中，大多数变化都发生在非优势群体或生命力较弱的群体（Berry & Sam，1997；Nielsen & Wire，2009）。文化适应的过程以人们所采取的四种策略为主要特征：同化、分离、边缘化和融合。

在同化策略中，新来者自愿或非自愿地放弃他们的传统文化，以进入东道国文化中。对于东道国社会而言，同化意味着作为少数民族的移民被吸收进主流文化，从而形成一个同质性的社会。如果选择是无意识的，同化就包括他们要完全放弃移民的民族身份，对他们造成有时会让人感到非常痛苦的牺牲，从而不可避免地带来文化适应的压力（Berry，1997，1990；Bourhis 等，1998）。

在分离策略中，新来者保留了他们的传统文化，并与东道国文化保持分离。当有分离存在时，新来者就会孤立自己，与其他社会非主流的群体建立关系，或者只参与一部分主流社会中去（ISS，1993）。分离表示移民不愿意被主流社会所接受，具有反向作用的性质。

在边缘化或失范策略中，群体既抛弃或排斥传统文化，也排斥主流社会文化（Berry & Sam，1997）。这一策略的特征表现可能是人们由于种族歧视或被排斥在外等原因，很难融入主流文化。这种结果往往会伴随着疏离感、身份丧失感、相当多的集体或个人困惑和焦虑感。

文化适应的理想结果是文化之间的融合,这也是大多数移民和某些移民国家如加拿大和澳大利亚所采取的一种策略。融合反映了移民期待维持自己文化身份的关键特征,在积极采纳东道国社会的基本原则和价值观同时,对自己的文化进行修正(Bourhis 等,1997;加拿大公民和移民,2010)。

文化适应策略的典型案例可以在美国和加拿大的历史中找到。在北美,欧洲移民成功地学会了在新大陆中生存下来,尽管欧洲移民者与第一民族人民在土地控制权方面发生了冲突,并最终导致了原住民被迫屈从。然而,在某些情况下,原住民也修正了他们自身的结构,从而可以更好地与欧洲人交流。

文化顺应和文化适应使得移民和难民如果能够与东道国文化产生共鸣,那么就会产生个人满足感;如果与东道国文化建立关系失败了,则会产生孤立感和焦虑感。适应过程之间的差异主要取决于个体看待和对待东道国文化的方式、改变的理由,以及做出这种改变的方向(结果)。

意识形态领域的文化适应

从前面的讨论中,可以确定文化适应中的两个重要关键字:接触(交互作用)和变化。文化适应的主要问题是谁应该改变,往什么方向改变? 即便如此,每种文化都不可避免地会因接触而发生变化,但需要注意的是,大多数研究都是探讨移民和难民的文化变化。这可能仅仅是因为侵略和殖民统治的时代已经结束,而今天,在大多数情况下,人们是为了个人安全、和平,或追求更好的生活而进行移民。

移民往往被认为不可避免的处于弱势地位,并且应该改变,无论他们是如何来到新的土地(自愿或非自愿的),无论他们移居到哪个国家都是如此。在当代社会中,唯一现实的选择是,难民和移民都要改变,这样才能保证东道国继续正常运转(Berry & Sam, 1997;Furnham,Bochner, & Ward,2001)。虽然难民和移民可以成为文化变革的推动者,但他们选择变革方向的权力仍然非常有限。

有两个主要因素会影响文化适应的方向或结果:政府制定的政策和主流社会的文化适应取向。人们普遍认为政府的移民和安置政策可以对文化适应的方向,既包括移民也包括主流社会成员,产生决定性的影响(Berry & Sam,1997;

Bourhis 等人，1997；Boutang & Papademetriou，1994；Halli & Driedger，1999）。国家移民和安置政策通常是在四种国家意识形态集群中的一种，或是哲学领域中的某个方面中形成的：多元主义、公民主义、同化主义和民族主义（Bourhis 等人，1997；Breton，1988；Drieger，1989；Helly，1994）。意识形态的每个领域，都可能会产生特定的关于移民和难民群体文化适应方面的公共政策。在国家政策的背景下，移民和东道国成员都需要发展他们的文化适应方向。

多元主义的意识形态期望移民能够采用东道国的公共价值观。然而，这种意识形态也支持国家无权界定或规范公民的个人价值观，公民在个人领域的个人自由必须得到尊重。这种方法的一个前提是，东道国能够重视那些保持其文化和语言独特性关键特征的，同时也接受东道国主流群体公共价值观的移民。加拿大是多元主义社会的一个典型，采用多元文化主义的政策和机制来包容少数族裔的文化。

公民主义意识形态具有多元主义意识形态的两个重要特征：一是期望移民接受东道国的公共价值观，二是同样认同国家无权干涉公民个体的个人价值观。然而，这种意识形态也具有官方的国家政策的特点，即不干涉特定群体的私人价值观，包括移民群体和民族文化上的少数族裔群体。英国是一个支持公民主义意识形态的国家。

同化主义的意识形态同样包括对移民接受东道国公共价值观的期望。然而，它希望移民们放弃自己的文化语言的独特性，其目的是为了让他们能够适应主流群体的文化和价值观。美国虽然逐渐从最初的同化主义政策转向公民主义立场，但仍被广泛视为一个采用同化主义意识形态的国家典范。

民族主义者的意识形态也认同这样的观点，即移民必须采用东道国的公共价值观，国家有权限制某些特定价值观的表达，尤其是移民的少数族裔的价值观。然而，与其他的意识形态不同的是，民族主义意识形态通常将国家定义为由出生和血缘决定的有着共同祖先的民族。没有这种血缘关系的移民可能永远不会被接受为国家的合法公民，无论是在法律层面还是在社会层面都不可能。大多数由同一民族构成的国家，如德国、日本和以色列，都被认为是民族主义意识形态的典型。

只有多元主义和公民主义社会才能使不同文化背景的人生活在一起，形成一个多元文化的社会。不可否认的是,国家政策不能代表社会每一个成员的观点,无论这个国家是民主还是专制都是如此。因此,东道国文化的不同态度将极大地影响移民和难民文化适应的体验。在大多数情况下,东道国社会的文化都是被移民群体所欣赏、分享和赖以为生的主流文化;主流文化成员的文化适应取向要么是支持,要么是限制这一过程。一个重要的将移民体验与难民体验区分开的因素是,尽管文化适应是有条件的,但在多元主义社会中,移民大体上是能够享有自由来决定他们的文化适应取向(结果)或如何进行适应的(策略)。此外,由于移民和难民的原因不同,难民的文化适应过程可能不能反映其选择文化适应方向的自由。例如,对难民来说,同化可能是他们立即需要进行改变所采取的策略,因为几乎不可避免地,难民们可能感到自身有义务融入接纳他们的文化。然而,对于这两个群体来说,他们的文化适应方向(结果)通常是在研究人员确定的框架内确定的。

关系型文化适应的方向

当东道国群体的文化适应方向与移民的文化适应方向不同时,或者当两个群体由于文化适应方向的预期而出现不完全一致的情形时,就会出现文化适应的冲突。Bourhis 等人(1997)指出,"排他主义者和种族隔离主义者很可能对移民有着非常负面的刻板印象,并且在包括就业和住房在内的许多领域中会歧视他们"(p. 384)。

Berry(1997)指出,在文化适应中,移民和东道国社会的成员都必须处理两个问题:文化的维持和发展,以及种族间的接触和关系。Berry 的文化适应框架建立在这样一种理念之上,即对这两个问题的态度会导致不同的文化适应的结果。移民的文化适应策略是基于对这些问题的回答:

• 保持原有的文化身份和特征是否有价值?

• 与占主导地位的社会群体和其他群体保持关系是否有价值?

当文化适应能够为人际互动带来积极结果时,和谐就会出现,社会稳定就会得到维护,移民的压力就会减少。相反,如果通过逃避或排斥来实现文化适应,移民就会经历巨大的压力,他们的精神健康也会受到很大影响。与此同时,东道国社会也会出现种族冲突、问题移民和混乱的社会秩序。

例如,当移民们努力推动政府制定一项融合的政策时,加拿大公民和移民部在 1994 年进行的公开协商结果显示,加拿大人更希望看到移民融入加拿大社会,而不是在多元文化的官方政策下融合(加拿大公民和移民,2010)。这些关系结果上的分歧可能会引发族群间的沟通障碍,助长不同族群间的负面刻板印象,导致族群间的歧视行为发生,并造成移民间较大的心理压力。

与移民压力有关的文化因素

根据 Furnham 和 Bochner(2001)的研究,地理空间上的改变与心理幸福感的变化之间存在着一定的联系。尽管研究尚未达成共识,认为在长期迁徙和心理干扰之间存在正相关关系,但通常会在进行文化适应的时候,会出现种种压力感,如心理健康状况下降(尤其是困惑、焦虑、抑郁),被边缘化和疏离的感觉,心身症状水平升高和身份混乱(Berry,1990;Furnham,Bochner & Ward,2001)。文化适应的压力是一种可能导致个人健康状况下降的现象,包括身体、心理和社会等方面(Berry, 1990)。

行为

加拿大社会的个人主义取向与许多移民自身文化的集体主义取向形成鲜明对比。个性化和独立性是主流群体所秉持的强烈的价值观念,在其他领域经常也会出现能够反映其文化的现象。体育运动是团队为导向的,如足球(世界上最流行的运动),但也会与曲棍球等运动形成鲜明对比,在曲棍球等运动中,一名运动员可能因其突出的滑冰能力从而脱颖而出。曲棍球是个人力量取向的,是球员利用个人力量战胜对手的比赛形式。相对于足球比赛中强调合作的行为,曲棍球是为数不多的几个明显看重个体能力的体育运动之一。垒球是另一个例子,一个人拿着球棒就可以用本垒打扭转整个比赛。一个高大的、技术娴熟的篮球运动员,其能力足以改变整个比赛的构成。但在某些文化中,让自己脱颖而出,无论是在体育运动中还是在其他任何需要努力的领域,都可能被其他人消极地感知和评价。

在一些国家,隶属关系是一种被高度重视的行为,因为个人的成功非常可能会因为各种相互关联的关系而获得(例如,家人、朋友或帮会系统)。在考试中分享信息甚至答案可能被认为是可以接受的,因为社会重视彼此之间的联系。送礼不是贿赂,而是表示尊重的一种方式。在 Jay(转引自 Remak & Chung,2000)看来,有些人来自于"这样一种文化,他们严重依赖于关系,依赖于谁能为谁做什么"(p. 581)。在加拿大,利用关系做事具有消极的含义,赠送礼物可能表示某人想要某些东西。在其他社会中,相较于加拿大等社会来说更为重视权威,而在加拿大,公民的不顺从则被视为一种美德。

在咨询方面,集体主义文化强调和看重集体协商,影响家庭的决定应该由集体商量,甚至是由集体做出决定而不是基于个人做出。例如,在许多来自亚洲的移民家庭中,如果教育和职业决策不能够反应家庭的诉求,那这些决定都是非常负面的。

沟通

沟通方式因文化而异。许多文化认为直接的眼神接触具有侵犯性,而在加拿大,眼神交流被认为是诚实的表现(如,"看着我的眼睛说")。表达自己对某件事的感受,比如发表自己的意见,对于那些来自认为言多必失的社会中的人来说是不可接受的。将个人意见与群体意见保持一致,可能看起来只是一种顺从的行为,但不完全是出于尊重。

心理-社会和个人因素

文化适应的心理特征包括两部分,即进行文化预接触的个人素质,以及文化适应过程中出现的特点。前者指的是能够帮助个体在文化适应压力下更有效地工作的那些经历,后者主要是指个体选择某种适应策略所带来的种种结果,以及对文化适应过程进行认识调整意识的缺失。

除了这些特征之外,还有其他一些因素影响着移民的心理健康,如原籍国的文化特征、移民身份、年龄和性别、顺应能力、先前的期望和目标。一个友好、支持的政治和社会环境并不能保证顺利的文化适应过程,因为文化适应在许多方面是个人的旅程。例如,那些在本国享有较高社会地位的人,在东道国可能不会有同样的地位。当一个医生连护士的工作都找不到,或者一个原先是大学教授的人必须做洗碗工的时候,移民们很难不经受心理压力,并导致糟糕的心理健康状况,尤其对于那些原本对东道国期望很高的人来说,更是如此。但问题是,正如 Furnham、Bochner 和 Ward(2001)等人所观察到的那样,高期望值原本就是移民决定迁移的动机:"除了难民,如果他们的期望值太低,很少有人会自愿移民"(p.175)。因此,个体的移民期待、策略选择和最终结果等理由,都是决定个体融入新社会程度的关键。因此,社会支持被大多数研究者认为是提升移民心理健康水平,降低身体和精神疾病可能性的最重要的社会因素。在文化适应初期,社会支持通常来自于同民族群体和社交网络。尽管来自同民族群体的社会支持可以有效减少压力(Berry,1990),但频繁地与同民族群体接触还可能会妨碍文化适应的进程(Kim,1988),因为新来的移民还没办法以过来人身份为他人提供支持,因此他们得到的支持也就很少,从而可能导致他们特别容易产生精神崩溃(Furnham,Bochner & Ward,2001)。

移民对家庭的影响

　　就像任何一种剧烈的变化一样,移民过程会对家庭产生不利影响,特别是如果家庭来自以土地生产为基础的社会。这一点在那些来自大家庭的个体身上尤其明显,除了个体之外的其他人往往被留在原籍国。跨国迁移不仅破坏了原有的扩展家庭系统,而且也损坏原有家庭内部的支持系统。家庭规模越大,就越有可能有一些关系亲近的家庭成员,比如年长的和年幼的兄弟姐妹,被留给家庭中的叔叔阿姨,被迫与父母分开。由于新迁移的国家职业模式存在不同,父亲(通常是主要的养家糊口者和家庭首脑)可能不得不接受原有教育水平和职业地位之下的工作,从而失去自尊。此外,一个或多个其他家庭成员,比如年龄较大的孩子或母亲,可能也不得不工作以提供足够的收入来满足家庭的经济需要。学龄儿童可能无法向父母寻求帮助,因为语言障碍和文化价值观使父母陷入一种尴尬的境地,他们为了获得简单的语言帮助而不得不听命于子女。孩子的父母可能不喜欢这种占主导地位的语言,因此也可能不喜欢参与到孩子的教育中。根据 Juntune、Atkinson 和 Tierney(2002)所述:

在多样性迅速增长的学区,家长参与教育的程度往往也有所下降,学校老师或负责人往往会抱怨文化价值观和家庭结构的变化,而家长则指责学校老师或负责人的歧视和不敏感。(p. 153)

不同文化对孩子抚养和教育有着不同的看法,比如关于父母角色、性别期望、学校人员的等级制度以及对课外活动的重视程度,皆有不同。北美的学校教育可能会给移民带来家庭结构和价值观方面的巨大挑战。移民们对法律规定的禁止体罚儿童的担忧,可能也会给移民带来问题,尽管这些做法在原籍国可能是传统的,也可能会与高度的同情、亲密和支持结合在一起,但在这里却完全不能这样去做。根据 Fontes(2002)所述,"一些拉丁裔父母被错误地指控为虐待或忽略他们的孩子,因为非拉丁裔的专业人员对他们不熟悉但无害的做法感到非常困惑"(p. 31)。在 20 世纪 80 年代,人们注意到了不同文化关于儿童惩罚的差异(Fontes,2002):

- 非裔美国人更倾向于使用电源线、皮带或鞭子等来抽打儿童的背部或臀部;
- 欧洲少数族裔更倾向于用球拍或张开手抽打儿童的臀部;
- 亚裔群体可能更有可能打脸或拉扯头发。

随着时间的推移,移民子女融入主流价值观的速度要比他们的父母快得多,因此在家庭中创造了潜在的文化冲突。青少年开始比家庭其他成员拥有更大的影响力。如果父母来自不同种族,孩子可能更会经历或明显或隐蔽的种族歧视,进而影响整个家庭结构,"无论在生理上还是心理上,种族歧视都会对学生的学习产生毁灭性的影响"(Juntune, Atkinson & Tierney, 2002, p. 154)。

对移民的负面影响被证明得最多的是经济预期的改变。正如我们之前讨论的,许多移民来到加拿大,都是希望能够找到更好的工作,改善生活条件。但事实是,他们可能不得不进入另一种职业,或者隐忍多年来"升级"他们的从业证书,这往往会让他们的压力很大。一些移民能够移民,往往是得到本国大家庭其他成员的帮助,他们需要寄钱还债或回报原先的大家庭,或者还要帮助他们移民到这里;这种期望如果无法实现,往往会让个体期望更难办。随着两个人的收入越来越多地被用于生计,其他费用如孩子抚养费,也会成为经济拮据家庭的额外负担。

　　显然,压力对所有家庭成员的心理和身体健康都有非常负面的影响。除了新环境对移民家庭的文化传统和价值观带来各种挑战之外,家庭作为一个整体来维持收支平衡,也增加了整个家庭的压力水平,进而造成家庭功能失调。

两个移民案例

　　移民到加拿大主要是为了过上更好的生活,比如在经济收入和社会福利上。许多人实现了自己的目标,但许多人面临的挑战不仅是被迫离开家人和熟悉的社交圈,还有重新开始职业生涯前景的困难,因为他们的资历不被接受,或者因为加拿大的职业结构等有关的其他因素。2001 年,加拿大移民委员会进行的一项研究显示,由于对 54 万人(包括近 35 万移民)的职业资格证书等缺乏足够认识,致使加拿大每年的损失估计高达 41 亿至 59 亿美元。Antonio 和 Marianna 是众多移民中的典型:

- Antonio 是一名 36 岁的内科医生,最近从墨西哥移居加拿大,为自己和家人寻求更好的生活。他能说一口流利的西班牙语、英语和日语,并有几年的从事医生职业的经验。然而到目前为止,他在不列颠哥伦比亚省的生活并不轻松。他想在省内的任何一家医院找到一份工作,但却不可得,最终不得不做服务员以维持家庭。

- Marianna 是一名 38 岁的智利护士,在她的第三个孩子出生几周后,她跟随丈夫来到加拿大。Marianna 刚到加拿大的时候不会说英语,并坦陈自己在温哥华岛定居后不久就患上了抑郁症。虽然她和她的丈夫已经精心策划了他们的搬迁计划,但他们没有预料到他们所面临的困难,如经济拮据、找不到工作,以及语言能力较弱等。

难民的经历

　　与移民不同的是,难民来到新的国家并不是出于他们自己的选择,而是作为一种生存方式,虽然许多因素与移民的经历相似,但有些特征则截然不同。首先,难民的形成是因为他们不得不被迫离开自己的家园,去任何能给他们提供安

全的地方。从个人经验以及观察所见,他们的离去通常表现为心理和肉体上的折磨。研究发现:

> 许多难民都遭受过战争的暴行,比如亲身经历和目睹了酷刑……他们被迫经受暴行,被监禁,并被驱赶到改造营地里,[面临]饥饿,强奸和性虐待,还会遭受无故殴打和伤害。这些事件真实地发生在战争或冲突期间,以及在难民随后的逃跑中,或者发生在难民营中。(Bemak & Chung,2008,p. 202)

这些经历对难民造成的消极影响,由于难民们的生存本能,可能不会立即出现在他们到达东道国之后,但可能在很久之后,甚至时在他们完成定居或安置之后才会出现。在难民群体中,由于他们的经历各不相同,相对来说老年人更容易出现心理障碍。他们的年龄和根深蒂固的行为模式不仅给他们带来了更多的挑战,而且他们也很难获得语言发展上的能力。单独逃难的人,他们的日子也不好过,因为他们来到这个新的国家时,几乎没有家庭支持,而且可能永远无法与原有家庭重新建立联系。Bemak 和 Chung(2008)强调说:

据估计,在临床难民中,患有创伤后应激综合症(PTSD)的比例为 50% 或更高,抑郁障碍的人为 42% 至 89%。不同的研究发现,在难民群体中,抑郁症的发病率从 15% 到 80% 不等。(p. 202)

移民和难民都会遭受到文化冲击,而且经常会经历种族主义。

帮助移民和难民适应

了解外来人口的文化认同有助于提升人际沟通水平和咨询效果。移民身份认同发展模式的基本假设是,最好从移民来自于什么地方开始,从他/她如何看待自己的角度来进行咨询。移民和难民对新文化的适应,不应该只是以他们在新社会生活的年数来衡量,还应以他们对新社会融入程度的感受来衡量。移民和难民的适应程度越高,则反映他们适应的文化方法成功的可能性就越大。以下是身份认同发展的几个阶段:

第一阶段—顺从:对移民和难民来说,这一阶段的特点是强烈的顺应和接受主流文化的愿望。当移民试图顺应主流文化时,有些人会否定自我原有的旧观念。顺应被认为是生存的唯一途径,他们迫切地想融入并归属其中。

第二阶段—冲突:对于移民和难民来说,一旦他们经历了作为少数族裔地位的现实,面临着经济、心理和精神上的融合所带来的困难,那么冲突就会出现。他们对自己移民的好处存在着困惑、冲突,以及信仰和价值观的改变。移民们开始怀念在原籍国家的生活,并感到原先的生活是美好的,并认为相对于现在是优越的。

第三阶段—反抗:对于移民和难民来说,这一阶段的特征是对主流文化的拒绝、不信任、愤怒,以及对原先国家生活的认可。移民们认为新国家是腐败的、不诚实的,也是不可接受的。如果可能,他们会决定回到过去的生活,在新的国家重新建立他们的旧生活模式,或者对原有的文化变得保守和传统,拒绝适应新的国家的方式。

第四阶段—反省和适应:对于移民和难民来说,这一阶段的主要特点是冲突。现在人们开始质疑对自身所在文化群体的忠诚和责任。移民们开始认为,适应新的生活方式并不意味着放弃他们原有的文化。他们仍然存在着不信任,但也有和解的感觉。

第五阶段—顺应与融合:对于移民和难民来说,这一阶段的特点是具有与众不同的意识,在自己的文化环境中获得个人身份认同,作为移民的文化自我实现感,更强的控制感和灵活性,以及对主导文化的客观看法。移民本质上接受了多元文化的思想,并开始把自己看成是归化的加拿大人。

人们从一个阶段发展到另一个阶段,直到他们获得自我认可。当移民被困在第一阶段到第三阶段时,就会出现问题。了解移民的文化背景和历史,对于了解他们的世界观来说也非常重要。此外,如果咨询师能够理解他们的语言中以及描述事物方式等方面的细微差别,也会加深咨询师对移民如何看待他们问题的理解。

最后,重要的是咨询师要知道问题是个体内在的(心理的、认知的、精神的、身体的)还是外在的(就业、歧视、财务等)。

对于心理咨询的指导意义

非常关键的一点是,咨询师要发展自己对文化敏感的意识和做法,提高他们对移民人口文化多样性的认识。文化敏感和文化意识与"主义"无关;相反,它是关于人际关系、相互依赖、彼此差异和联系的一种观念。当心理咨询是以文化为导向的时候,那么心理咨询模式就变成了跨文化的心理咨询。"跨文化"一词指的是在文化领域,专业人员在遇到移民问题时,运用符合文化期待的方法去解决问题。跨文化模式为人们提供了审视自身文化、价值观、信仰和最重要的身份认同的理由,以尊重和接受自己在专业咨询活动中遇到的差异。

文化是一种意义层面的地图,透过文化能够使世界变得可以被人们理解。在咨询活动中,移民的经验—他们的解释和这些经历的意义—他们对文化的理解和文化对他们的价值观、信仰和选择的影响,这些都应该塑造咨询师的心理咨询过程。这一点很重要,因为文化是人们代代相传的那些知识的主要来源,尊重这种动态过程可以提高咨询师的胜任力。此外,重要的是,跨文化咨询方法鼓励咨询师在遇到移民时要能够保持理解、敏感性和警觉性。跨文化咨询方法可以提升咨询师的能力,使其成为更具有胜任力的人。

根据 Das、Kemp、Driedger 和 Halli(1997)所述,咨询师在处理移民时必须考虑以下问题。

1. 少数族裔的身份地位可能使人们更容易经历社会孤立和高度紧张的感觉。
2. 移民中的适龄儿童可能会成为负面刻板印象和社会排斥的对象。
3. 第二代移民可能会在主流价值观和他们的民族文化价值观之间经历紧张。
4. 第二代移民可能会并不太愿意被视为外国人。
5. 在规模较小的社区里,移民很可能感到社会孤立和孤独。
6. 那些呆在家里,与外界社会接触有限的配偶有可能变得抑郁,在家庭暴力事件中也缺少寻求帮助的途径。
7. 那些发现自己的社交生活被传统父母过度限制的第二代女孩可能会开

始反抗。

8. 由于种族歧视和没有任何补救措施,以前成功的专业人士发现自己从事着没有前途的工作,可能会重新开始自我怀疑,将自己沉浸在酗酒或吸毒等不良行为中。

9. 新移民可能无法实现他们心目中的理想职业。(p. 33)

以上所述的问题除了适用于心理咨询外,还可能帮助所有社会服务领域的专业人员具备思想上的灵活性和开放性。这并不是说,专业人士没有经过培训,也可以为来自不同文化、民族和种族背景的患者提供有效的服务。这份清单可以给我们一些建议,帮助人们意识到与多样性和公平性相关的问题,以及帮助专业人士在应对移民挑战方面具有一定的作用,进而为患者的成功提供某些必要因素。

结　　论

要想成为能够服务于移民的咨询师,咨询师必须了解诸如文化顺应和文化适应的概念,指导这些过程的策略以及影响它们的因素,比如国家移民政策的意识形态等。此外,重要的是要确定文化适应的潜在结果、文化和社会构成等文化适应过程中的相互关系、移民对家庭的影响,以及移民为应对他们在多元文化社会中不断变化的地位而制定的策略。

从这个意义上说,加拿大是独一无二的。加拿大的挑战将是帮助所有民族和种族群体超越他们自己的文化界线,使他们能够自由地跨越文化边界。在多元文化政策下,政府鼓励人们保持他们的语言和文化习俗。从心理层面上来看,这一政策意味着政府各项服务必须帮助专业人士了解人们的文化认同是如何发展的。所有的人都希望被接受,但他们的文化根源将他们捆绑在一起,这种约束会影响其他人对他们的看法。多元文化政策强化了这样一种观点,即每个民族都有强烈的文化认同,这意味着文化对每个群体可能拥有更广泛的生活控制感。通过研究文化认同对人们的影响,专业的助人者将能够做好准备,帮助新来者适应环境。有趣的是,Dasko(2003)认为,人们对加拿大多元文化政策的态度,从一开始到今天,总体上看都是非常积极的,支持率为 74%,这是"一个非常重要的发现，表明加拿大人对这一政策非常拥护"(p. 1)。

文化适应的过程既不是愉快的经历，也不是一个顺利的过程。移民或难民们首先面对各种州/省的移民和融合政策，然后还需面对东道国成员对州/省政策和移民的不同态度。这两个重要因素要么鼓励，要么限制文化适应的方向和结果。

真正的多元社会中，尽管在融合政策下移民被允许保持他们自己的文化，但事实上他们的文化已经被改良，以被东道国社会所接受，并被东道国社会中的移民所生活。这种客人文化就像是海外的中国食物，对当地人来说这是中国食物，但对中国人和曾经去过中国的人们来说，则不是中国食物。在文化改良过程中，移民们保留了在东道国文化允许范围内的部分，但改变或放弃了在新文化中不能容忍的那部分。当他们改变自身这些内在的习惯、习俗、信仰和观念时，移民们不可避免地会经历内心的冲突和压力。

对于那些相信个人努力可以带来改变的移民来说，压力变成了挑战和可以接受的部分，也能够促进个人成长，这些共同形成了文化适应的内在动力。对这些人来说，打破旧的内部条件通常不会造成混乱或崩溃，而是创造出一种新的内部结构，以便更好地适应东道国环境。对于一些移民来说，文化适应可能是一个痛苦的过程；对另一些人来说，它代表了个人成长和令人兴奋的学习机会。我们必须记住，归根结底来说，每个移民都是独一无二的，因此，每个移民都经历了一个独特的文化适应过程。

移民对文化适应的不同态度及其采取的不同应对策略，对专业助人者有着重要的影响。咨询师需要有心理转变的潜力和能力，还需要学习其他文化下的哲学和多样的工作方法。对于那些来自不同文化适应阶段和不同文化的人来说，我们有必要拓宽我们的视野，理解人们对新文化进行应对、互动和适应的不同方式。此外，人们必须意识到，有些策略在某些情况下是适用的，有些策略并不适用于特定的人群，移民们的个人和社会预期对文化适应有着深刻的影响。一个现成的关于心理转变的案例可以在中国古代的塞翁失马故事中找到。

在中国北方边境附近住着一个精通道教的人。

他的马有一天毫无征兆地进入了北方部落的领地。每个人都同情他。

"也许这很快就会变成一种幸事,"他的父亲说。

几个月后,他的马回来了,还带回来一匹来自北方的好马。每个人都祝贺他。

"也许这很快就会有不幸的事情发生了,"他的父亲说。

由于他的家境富裕,养了许多好马,他的儿子喜欢骑马,最后从马上摔下来,摔断了大腿骨。每个人都同情他。

"也许这很快就会变成另一件幸事,"他的父亲说。

一年后,北方部落开始大规模入侵边境地区。

所有身体健全的年轻人都拿起武器与入侵者作战,结果,在边境战役中十个人中有九个人都战死了。但这个人的儿子没有参加战斗,因为他身有残疾,所以儿子和他的父亲都活了下来。

参 考 文 献

Bemak, F. , & Chung, R. C. (2008). Counselling and psychotherapy with refugees, In P. Pedersen, J. Draguns, W. Lonner, & J. Trimble(Eds.), *Counselling across cultures* (6th ed. , pp. 209—232). Thousand Oaks, CA: Sage.

Berry, J. W. (1990). Psychology of acculturation: understanding individuals moving between cultures. In R. W. Brislin(Ed.), *Applied cross-cultural psychology*. Newbury Park, CA: Sage.

Berry, J. W. , & Kalin, R. (1995), Multicultural and ethnic attitudes in Canada: An overview of the 1991 National Survey. *Canadian Journal of Behavioral Science*, 27, 301—320.

Berry, J. W. , & Sam, D. L. (1997). Acculturation and adaptation, In J. W. Berry, & M. H. Segall(Eds.), *Handbook of cross-cultural psychology* (pp. 291—326). Boston: Allyn & Bacon.

Bourhis, R. Y. , Moise, L. C. , Perreault, S. , & Senecal, S. (1997). Towards an interactive acculturation mod el: A social psychological approach. *International Union of Psychological Science*, 32(6), 369—386.

Boutang, Y. M. , & Papademetriou, D. (1994). Typology, evolution and performance of main migration systems. *In Proceedings of 1994 OECD Conference: Migration and development*, (pp. 21—41). Paris: OECD.

Breton, R. (1988). From ethnic to civic nationalism: English Canada and Quebec. *Ethnic and Racial Studies*, 11,85—102.

Breton, R. , Isajiw, W. , Kalbach, W. , & Reitz, J. (1990). *Ethnic identity and equality*. Toronto: University of Toronto Press.

Citizenship and Immigration Canada. (2010). *Finding a new direction for newcomer integration.* Retrieved from http://www. cic. gc. ca

Das, A. , Kemp, S. , Driedger, L. , & Halli, S. (1997). Between two worlds: Counselling South Asian Ameri cans. *Journal of Multicultural Counselling and Development*, 25(1), 23—34.

Dasko, D. (2003). Public attitudes towards multiculturalism and bilingualism in Canada. *In Canadian and French Perspectives on Diversity*, *Conference Proceedings*, October 16, 2003. Toronto, ON.

Dyer, G. (2001). Canada's visible majority. Canadian Geographic, January-February, 46—52. Fleras, A. , & Elliott, J. L. (1992). *Multiculturalism in Canada.* Toronto: Nelson Canada.

Fontes, A. (2002). Child discipline in immigrant Latino families. *Journal of Counselling and Development*, 80(1), 31—40.

Furnham, A. ,Bochner, S. , & Ward, C. (2001). *The psychology of culture shock.* New York, NY: Routledge.

Helly, D. (1993). The political regulation of cultural plurality: Foundations and principles. *Canadian Ethnic Studies*, 25(2), 15—35.

Hunt, G. (1996, September). Public says no to Asians, Islanders. *National Business Review*, 13—16.

Hunt, G. (1995, October). Xenophobia alive and well in New Zealand. *National Business Review*, 27—16.

Immigration Canada. (2012). Canada facts and figures immigration overview permanent and temporary residents 2010. Retrieved from http://www. cic. gc. ca/english/pdf/research-stats/facts2010. pdf Immigrant Services Society of British Columbia. (1993). *Settlement in the 1990s: An overview of the Fraser Valley.* Vancouver: Immigrant Services Society of BC.

Juntune, C. , Atkinson, D. , and Tierney, G. (2003). School counselors and school psychologists as school home-community liaisons in ethnically diverse schools. In P Pedersen & J. Carey(Eds.),*Multicultural counselling in schools: A practical handbook* (pp. 149—168). Boston, MA: Pearson Education.

Kim, Y. (1988). *Communication and cross-cultural adaptation.* Clevedon, UK: Multilingual Matters.

Neilson Wire(2009). *Below the wire: US Hispanics and acculturation.* Retrieved from http://blog. nielsen com/nielsenwire/consumer/u-s-hispanics-and-acculturation

Neuwirth, G. Jones, S, & Eyton, J. E. (1989). *Immigration settlement indicators: A feasibility study.* Ottawa: CIC.

Walton, B. , & Kennedy, A. (1993). Psychological and sociocultural adjustment during cultural transitions: a comparison of secondary students overseas and at home. *International Journal of Psychology*, 28, 129—147.

Warnica, R. , & Geddes, J. (2012). Is the federal immigration system a failure? The Harper government seems to think so, but the stats tell a different story. *Maclean's*. Retrieved from http://www2. macleans ca/2012/04/18/

9. 咨询师们应有的关于当地和
海外难民创伤的思考

丽萨·库力特尼克

　　世界上每 206 人中就有一人被联合国难民事务高级专员署(UNHCR,n. d)所"关注"。根据 2010 年的数据,世界上总共有 1470 万国内流离失所者(由于安全受到威胁,他们在自己的国家内流离失所)。此外,世界上还有 1050 万难民,这其中大多数是妇女和儿童(UNHCR,n. d)。难民的创伤通常来自于其国内发生的有组织的暴力行为,如强奸、酷刑、监禁、财产损失和杀害等。难民和流离失所者所处的难民营,也给他们的社会、文化、家庭、精神和身体健康带来了额外挑战。移民之后,通常会经历的漫长法律程序和创伤的影响,困难可能更多表现为持续的经济、教育和社会支持不足等形式。Miller,Kulkarni 和Kushner(2006)认为,西方干预措施过多且毫无助益地集中于西式的心理健康诊断,尤其是创伤后应激障碍(PTSD)。这类西方式的干预措施往往忽略文化适应性,从而影响这些心理干预手段作用的发挥。当治疗的关注焦点围绕着构成西方特定诊断标准的种种症状时,就不太可能发现难民在经验、表达和治疗方面的文化差异,更不会去使用具有文化适宜性的治疗方法(Miller et al. ,2006)。西方的心理治疗实践,通常会在难民身上延续权利不对等的现象,这种不对等深植于难民固有的原始创伤之中。因此,为了寻找能够符合西方标准的具有可行性的替代方案,咨询师必须了解难民的文化复杂性和适合难民的治疗疗法。

谁是难民？

在 1951 年联合国的《关于难民地位公约》中，难民被定义为：

> 因有正当理由畏惧由于种族、宗教、国籍，属于某一社会团体或具有某种政治见解的原因遭受迫害留在本国之外，并由于此项畏惧而不能或不愿接受该国保护的人；或者不具有国籍并由于上述事情留在他以前经常居住国家以外而现在不能或者由于上述畏惧不愿返回该国的人。（UNHCR，1951，p. 14）

联合国难民事务高级专员署（UNHCR）是一个经 1950 年联合国大会通过并设立的联合国难民机构，主要目标是帮助第二次世界大战产生的难民，最初的任务期限是三年（UNHCR/Arnold，2008）。然而，向难民提供援助的需求并没有得到解决，而且从那以后，这种需求开始以令人担忧的速度增长（UNHCR/Arnold，2008）。根据联合国难民事务高级专员署的统计，加拿大和美国是全球范围内接受难民重新定居人数最多的国家，而且还将继续接收大量难民（UNH-CR-Canada，n. d.）。世界上大约每十个难民中，就有一个在加拿大重新定居（加拿大公民及移民部，2011）。2011 年，加拿大接收了 25000 名难民申请者（数据来自难民数据，n. d.）。

Mille 等人（2002）从"迁移代价"和"离境紧迫性"两个角度来描述移民和难民之间的区别。移民更多是在深思熟虑的基础上做出决策，朝着更美好未来的希望和梦想前进；而难民们则在几乎没有任何准备、未携带物质财富的情况下，逃走或远离暴力和危险局势（Miller et al.，2002）。Cariceo（1998）指出，如果对迁徙没有任何准备，难民除了会面对已经面临的广泛挑战外，还可能会迷失方向。

难民的创伤经历

Herman（1992）将心理创伤定义为"无能为力的痛苦，在这种痛苦中，受害者因无力反抗压倒性的力量而变得无助"(p. 33)。难民心理创伤的潜在来源包括:由于死亡、失踪或流离失所而失去大量的家人和朋友;目睹或经历了情感上和/或身体上的强奸、折磨、爆炸或其他形式的暴力;集中营的监禁;对安全的担心;饥饿;还有财产损失和无家可归(Yakushko et al. ,2008)。战争状态对妇女的暴力行为会显著增长,性暴力是一种常见的战争武器(Aube, 2011; Liebling & Kiziri-Mayengo,2002)。在战争期间,"女性的身体成为部分男性向其他男性表达愤怒的战场,因为女性的身体一直是隐性的政治战场"(Berman, Giron & Marro qufn, 2006, p. 37)。此外,根据 Gorman(2001)的研究发现,酷刑的流行程度越来越高。Gorman 解释,酷刑的主要目的是恐吓当事人,通过摧毁人的人格和主观能动性来获得和维持权力。长期经受极端的暴力,会造成当事人在生存意义、信仰和自我认同的严重危机(Miller et al. ,2002)。此外,人们还可能会丧失自我安全感,生活在这个世界上也缺乏安全感(Cariceo, 1998)。在 Cariceo看来,缺乏自我认同会阻碍与人们与外界的联系,妨碍自我控制,也会影响生存意义的构建。Gorman 认为,认识和了解酷刑所在社会的社会—政治动力特征和环境背景十分重要,这有助于增加我们对创伤的了解。

战争不仅影响个人,而且影响社会的各个层面(Miller et al. ,2006)。其中包括强奸对妇女、她们的家人和女性群体的影响;需要对那些曾对自己部落群体实施暴力的儿童兵进行再教化训练;被自己的邻居们背叛;因缺乏资源而成为孤儿、丧偶和残疾受害者的比例很大;破坏原有那些可靠和值得信赖的社会系统和制度往往会滋生腐败(Miller et al. ,2006)。社会环境与个人福利相互影响(Miller et al. ,2006)。相关人群对于自身持续的心理和社会压力源的报告也必须加以考虑,同时还必须考虑到人群各个阶层关于身心健康和功能受损的定义(Miller et al. ,2006)。还有些研究着力于评估"战争幸存者对自身心理健康自评的担忧程度和等级",发现在战争幸存者的社会心理问题主要包括社交网络丧失、悲伤和丧亲之痛、家庭冲突以及无法供养家庭等(Miller et al. ,2006)。流离失所者往往遭受了社会孤立、失去或与爱人分离、贫穷和缺乏基本保障等境遇,这使人想起马斯洛的需求层次(生理需求、安全需求、爱与归属的需求、尊重的需求,然后是自我实现的需求)(Maslow, 1970, p. 159; Miller et al. , 2006)。在为难民人群提供心理咨询时,必须考虑社交网络、经济地位、家庭情况、性别、阶级、民族、语言状况、宗教或精神信仰等因素，还有自我和族群概念（Bracken，Giller & Summerfield，1995；Cariceo，1998）。Hussain 和 Bhushan（2011）指出，群体的意识形态、价值观和信仰对创伤事件的评估和适应会产生影响。在非西方文化中，创伤既是一种社会现象，也是一种文化现象（Bloem，Kwaak & Waas，2003）。

难民/流离失所者的难民营经历

难民和流离失所者居住的难民营营地是安全的临时避风港。然而，在难民营的生活也充满了挑战，具体包括：与爱人分离；缺乏诸如电力、医疗用品、充分的避护、隐私、卫生、舒适感、充足的食物和干净的水等基本保障；缺乏接受教育的机会和获得收入的方法（Bloem et al.，2003；Stepakoff et al.，2006）。战争和创伤导致的无力感会因难民营本身的环境而加剧（Stepakoff et al.，2006）。Stepakoff 等人（2006）指出，难民营存在许多糟糕的状况，例如其他难民、政府官员甚至人道主义援助工作者存在着腐败和剥削情况。难民集中营的临时性质和有限的资助金额只会使情况更加恶化。Kreitzer（2002）在她的研究中发现，有些人认为自己在难民营难以发展和形成自给自足的能力，而且还造成了对难民营的依赖，这使得难民的无助感加剧而不是得到改善。创伤的影响和长期居住停留于临时、不充足的生活环境之中会导致人情冷漠（Kreitzer，2002）。

研究发现，许多社会问题在女性身上更为突出（a ranson et al.，2004）。在农村地区，特别是在非洲，妇女往往通过务农成为家庭的主要经济支柱；流离失所严重限制了她们进行种植和获得食物的机会（Brittain，2003）。Kreitzer（2002）曾描述，在难民营或流离失所者的住所中，妇女通常是其家庭的唯一照顾者（妇女通常得到食物配给），但却缺乏营养品和适当食物的充分供应，因此容易患病、疲累。由于经济和教育机会的缺乏，男性作为一家之主的角色受到了严重的损害，导致男人们越发懒散（Pavlish，2007）。由于女性的主要责任是照顾家庭，通常她们的社会地位比男性同伴低，她们的受教育程度受到更严重的限制，因此为了满足生存需求，她们不得不从事性交易等风险更高的工作（Bloem et al.，2003）。

根据 Brittain（2003）的研究发现，女性和女孩陷入诸如性奴役、强奸、贩卖、卖淫和家庭暴力等性暴力陷阱非常普遍。Pavlish(2007)采取叙述方法对卢旺达难民营中的 29 名刚果难民进行了定性研究，并指出，在难民营中与贫困有关的一个主要问题是，妇女被迫用性来换取食物、衣服和/或美容产品。有时候，性甚至是在丈夫的要求下去换取物品的(Pavlish,2007)。强奸司空见惯，艾滋病毒的传播持续上升(Pavlish,2007)。例如，来自人权组织的医生发布的报告揭露，塞拉利昂 94％的流离失所家庭都经历过性侵犯(Brittain,2003)。Shanks 和 Schull(2000)声称，这些肇事者甚至包括维和人员，他们会提供食物用以换取性服务。联合国难民事务高级专员署和"拯救儿童会"发表的一份报告指出，他们自己的工作人员曾在西非流离失所者难民营中有过对妇女和女童的性剥削现象(Brittain，2003)；Brittain 声称，这些案件并不是孤立的事件。寻求安全的妇女和女孩被那些声称为她们提供安全保护的人进一步虐待。在寻求援助和获得基本生存需要时，妇女只能用唯一的资源，也就是她们的身体作为交换。

　　大概是由于耻辱、羞耻和屈辱等原因，许多国家的难民妇女并不经常描述她们遭受创伤的经历(Liebling & Kiziri-Mayengo,2002)。在那些妇女被强奸却受到歧视的社会中，妇女往往对这些经历保密，这会导致疏远感和分离感，使得社会团结这样的潜在改善效果难以实现(Bracken et al.，1995)。例如，在卢旺达发生大规模强奸后，社会规范和罗马天主教价值观的压力导致妇女秘密生育，并常常遗弃她们的子女(Berman et al.，2006)。此外，在阿富汗、柬埔寨和刚果民主共和国等地发生的令人心碎但并不罕见的事件是，家庭为了生存而卖掉自己的孩子(Brittain,2003)。根据 Pavlish(2007)的研究，无能为力感通常与低自尊感联系在一起，而低自尊感则与关系暴力和性暴力密切相关。对于乌干达北部妇女来说，社会变革是心理疗愈最重要的关切所在(Bracken et al.，1995)。

　　很少有研究描述难民或流离失所者对难民营有积极的适应性。Almedom(2004)提及了在希腊埃雷特里亚的一个少见的例外，在那里，外国援助可以在不削弱或取代当地的积极性和容纳量的前提下，可以用来填补国家资源和能力方面的缺口。在这一地区难民营中进行的研究表明，该地的运作模式相对发挥了较高的作用，主要原因在于当地通过大力开展了旨在实现难民自给自足和发挥主动性的活动，同时维持他们原有的社会网络、文化习俗和群体的可持续性(Almedom，2004)。总而言之，援助虽然是善意的，但往往也会导致成难民的依赖性、自我价值的缺乏，对心理健康和身心幸福也有负面影响，从而削弱了他们自给自足的能力。不幸的是，这些影响还会强化难民群体之前遭受的创伤经历，导致自身能力长期低下，并减少保护性因素。

迁移后的难民经历

Gorman(2001)声称，重新获得力量感和控制感对心理恢复至关重要，但在寻求庇护的体制中，这些并不总是能够得到支持。Cariceo(1998)指出，难民在其他国家重新定居的过程中，随之而来各种寻求庇护程序、限制和驱逐出境的威胁，加剧了难民自身的巨大创伤。Yakushko 等人（2008）认为，对自身脆弱法律地位的恐惧可能会导致难民长期的压力和虚弱。难民通常出现紧急情况、经济、法律、社会和/或医疗方面的问题(Cariceo, 1998；Gorman, 2001)。例如，难民营和流离失所者居住地不卫生的条件影响了难民的健康，难民带着健康问题来到了新的定居地(Yakushko et al., 2008)。此外，在抵达一个新的国家后，难民可能进一步受到贫穷、语言、孤立、失去亲人朋友、自尊和身份认同等问题的影响(Century, Leavey, & Payne, 2007)。通常，农村、传统或族群文化被现代、世俗和城市环境所取代。难民压力源包括适应一种新的、潜在的歧视性文化；因丧失专业地位、经济地位、特权而导致的自尊丧失；以及因缺乏社会支持导致的孤独和孤立(Yakushko et al., 2008)。Fazel, Wheeler 和 Danesh(2005)对 20 项研究进行了元分析(Meta-analysis)，这些研究中包括共计 6743 名难民，主要研究领域是关于西方国家难民群体中重度抑郁症、创伤后应激障碍和精神疾病患病率的。他们发现，这些难民患创伤后应激障碍的可能性是西方人的 10 倍。Yakushko 等人认为，移民和难民人群的抑郁、焦虑和自杀率更高，而且随着他们的迁移，家庭暴力和代际冲突随之加剧。Yakushko 等人声称，积极的调整因素包括难民能够提升语言技能、积极的期望、自愿迁移和有力支持等，而这些因素在因有组织的暴力而被迫迁移的情况下可能不存在。

Miller 等人(2002)发现，在芝加哥的波斯尼亚难民经常遇到以下挑战：社会隔离和社群丧失，终身努力的丧失，缺乏对环境的掌握（很大程度上是由于交通和语言问题，创伤相关损害影响了记忆力和注意力，又加剧了前述问题），社会角色的丧失和有意义活动的相应丧失,没有足够的收入以支付足够的住房和其他基本必需品(参与调研者们最常见的痛苦来源),还有以前没有经历过的健康问题(包括身体健康和心理健康)。Stijk 等人(2011)对在荷兰的 30 名难民和寻求庇护者进行了关于社会和健康需求的研究,发现了以下共同关注的问题:丧失、社会劣势、孤独、闪回和获取基本需求的挣扎。社会不利地位在这个新国家是显而易见的,而且还伴随着不确定性和归属感缺乏。一个参与研究的难民指出:"我感觉在非洲和欧洲这两个世界之间左右为难,我在任何地方都没有属于自己的一方净土"(Stijk et al.,2011,p.51)。根据 Stijk 等人的说法,愤怒来自于其在原有国家所经历的不公正,在新国家也持续经历着不公正。所有的被调查者都报告了睡眠问题和噩梦的重复出现。Stijk 等人发现,制服经常让人感到恐惧,它经常伴随着过去可怕场景的再现,这一问题阻碍了患者使用公众交通出行。最后,人与人之间的信任被破坏了,信任的破坏转化成了对会见陌生人的恐惧,同时也加剧了孤独感。Gorman(2001)指出,世界各地的心理健康从业者正越来越多地面临着对难民人群的心理治疗问题,对这些难民来说,创伤经历和情境压力源可能相互交织。

Schweitzer,Greenslade 和 Kagee(2007)针对在澳大利亚的苏丹难民,开展了过往文献中相对缺乏的心理弹性因素研究,他们发现了难民中存在几种应对措施。家庭和族群支持被认为是必不可少的。在迁移前阶段,这种支持主要来自朋友和家人。由于在暴力和分离中失去了爱人们,在难民迁移后,其他苏丹群裔承担着给予他们支持的角色。宗教在其中也发挥了一些作用。信仰上帝帮助参与者们恢复了控制感和意义感,并在与教堂的联系中获取了情感支持、社群支持和物质支持。参与者们认为,个人的心理品质很重要,因为他们相信每个人对待挑战的不同态度会产生很大影响。最后,与其他人相比是否具有优越感,在难民移居后阶段也发挥了一定的作用,这种优越感来自于参与者的所秉持的一种希望感,他们认为自己比那些回到故土的人过得好(Schweitzer et al.,2007)。

创伤后应激障碍

创伤后应激障碍是《精神疾病诊断和统计手册》(第四版修订本)中诊断类别

的一种,包括以下标准:直接经历或亲眼目睹发生在自己或他人身上的创伤事件;当事人感到极度害怕、惊恐或无助;这些事件既可以是实际的也可以是被威胁死亡或伤害的,进而呈现出侵入性回忆、极度觉醒和避免/麻木的症状超过一个月的时间,由此会对患者重要的社会功能造成重大损伤或损害(美国精神病学协会,2000)。创伤后应激障碍于 1980 年首次被纳入《精神疾病诊断和统计手册》,用以适用于在越南战争中经历战争创伤的美国士兵们(Breslau,2004)。Kienzler(2008)宣称,将创伤后应激障碍纳入《精神疾病诊断与统计手册(第三版)》反映了美国对越战退伍军人的尊重,对战争伤残者、受害者获得赔偿的合法性的确认和道德层面的忏悔等氛围。创伤后应激障碍的诊断在推广至全球适用之前,扩展到了包括在儿童时期遭受性虐待、车祸和自然灾难中的幸存者(Breslau,2004)。

Kienzler(2008)认为,创伤后应激障碍和其他生物医学层面的诊断和建构,都是建立在西方关于正常和异常等概念基础上的,并没有考虑和体现人类经验的所有背景因素和社会文化因素。Summerfield(2008)则认为,如果能够找到明确的生物学原因,而不仅仅是一系列症状的描述,那么诸如创伤后应激障碍之类的心理健康诊断将更加普遍可行。Summerfield 指出,官方关于精神病学分类也会发生变化,同医学分类一样,精神疾病分类也会基于西方文化和社会趋势发展进行删除或增加。例如,同性恋已从《精神疾病诊断与统计手册(第三版)》中移除,同年,创伤后应激障碍被添加进入该手册。Summerfield 宣称,"这是医学领域的帝国主义",类似于殖民时代原住民知识体系的边缘化,而且通常对原住民群体是不利的"(p. 992)。Miller 等人(2006)认为,将西方文化对心理和心理社会健康与损害的定义,强加于被服务人群和正在进行的研究之中是错误的、自以为是的,也是有害的。Breslau(2004)建议说,创伤后应激障碍的科学基础及其与政治的关联性,甚至可以认为比临床治疗的维度更重要。

Zarowsky 和 Pederson(2000)指出,创伤后应激障碍的诊断往往是一种个体诊断,它忽略了集体层面的创伤以及产生创伤的文化、社会和政治环境,在他们看来,治疗在很大程度上是无效的。Shoeb,Weinstein 和 Halpern(2007)声称,创伤后应激障碍的诊断是将创伤置于个人而非社会环境中,并强调病理层面而非文化和宗教层面的混乱。患者经历、解释和表达创伤的多样性往往被忽视

(Miller et al.，2006)。例如，Marsella(2010)曾发现和提出"创伤后成长综合症"的概念，在这种现象中，患者的心理健康得到了改善，改善的原因可能来自于患者相信危机也是机遇。创伤经历还可以促使社会凝聚力、抵抗力和心理弹性的增强(Zarowsky & Pederson，2000)。

有一种观点认为，类似创伤后应激障碍的诊断分类，本质上是一种分类谬误，因为它错误的假定，只要可以找到相同的特征，在一种文化中建立的诊断类别也同样可以简单地适用于另一种文化之中(Miller et al.，2006)。西方分类标准可能会在诸多无法独立支持这些分类的情境中被强制实施。在乌干达，研究人员发现，创伤后应激障碍症状的证据能够找到，但通常不是当前关切的这些症状。目前对创伤后应激障碍的研究经常使用问卷调查法，它假设被调查人群和研究人员对这些概念有同样的理解(Kienzler，2008)。此外，创伤后应激障碍的调查，没有考虑到那些未明确变量或与难民自身相关的特点(Gozdziak，2004)。根据 Eisenbruch，de Jong 和 van de Put(2005)的观点，应该避免使用西方的定量研究工具来测量没有建立在文化敏感性定性数据基础上的创伤后应激障碍，因为它们可能会持续造成分类错误。

Summerfield(2008)声称，关于创伤后应激障碍和其他心理健康问题的诊断可能会将人们的注意力从比如贫困、暴力和不正义这些更关键的问题上转移开(Summerfield，2008)。他指出，利用外国援助进行的研究和干预通常代表的是外部利益，而不是优先考虑受灾地区的利益。Breslau(2004)提出，创伤后应激障碍研究的全球性扩张是带有投机性的，它与受害者和加害者的界定、资助权利的"合法性"、确保援助的分配建立在此类诊断基础之上的政治议题交织在一起。创伤后应激障碍的治疗越来越多地直接指向制药公司销售的药物(Breslau，2004)。对人道主义援助项目工作人员的批评，通常包括他们对当地政治、经济、历史、文化、权力动态和卫生医疗的无知断言(Kienzler，2008)。西方病理学的诊断，非常看重患者的消极症状，基于这种诊断的治疗可以改善受害者的状态，但很难提升他们的心理弹性和应对方式(Crosby & Grodin，2007)。尽管关于创伤后应激障碍诊断及其标准化症状清单的适当性存在相当大的争论，但在国际上和北美洲，创伤后应激障碍仍然是临床医生工作中最常用的治疗框架(Shoeb et al.，2007)。

心理咨询中的文化考量

Vontress(2001)指出,疾病、治疗师和治疗方法的概念,换句话说,病因和疗法在文化上是密切相关的。Schultz, Sheppard, Lehr 和 Shepard(2006)强调,人们对于疾病病因出现的看法差异巨大,从生物学原因到超自然解释都有(p. 117)。文化的巨大差异可能表现在人们在决策过程和治疗实践中,个人所处的族群或大家族发挥的作用大小(Hunt, 2008)。Liebling 和 Kiziri-Mayengo(2002)指出,人们在表达情感和悲伤时存在着文化差异。例如,印度尼西亚文化不鼓励情感分享或心理关切(Bloem et al. ,2003)。许多亚洲文化缺乏表达心理困扰的语言(Ruwanpura, Mercer, Ager & Duveen, 2006)。根据 Bloem 等人(2003)的观点,亚洲人的症状经常包括躯体化,亚洲难民通常更愿意寻求疾病治疗,而不是寻求心理咨询服务。Ruwanpura 等人(2006)还发现,藏族人在表露自身更多的困难之前,往往会先表现出躯体化症状。

那些认为西方的知识和治疗方法优于当地治疗方法的假设,会延续原始创伤造成的力量失衡情况,并进一步造成伤害(Duran, 2006)。Duran 将价值观暴力定义为,治疗师将一种不同的世界观强加于患者,进而对其"知识世界"造成损害(p. 9)。Marsella(2010)指出,创伤是普遍的,但行为、心理和社会反应,以及创伤后果则由患者的民族文化因素所塑造。Bracken 等人(1995)认为,从现象学和建构主义的视角来看,创伤或暴力事件对于患者的主观意义应当加以考量。类似的,Miller 等人(2006)建议,社会建构主义方法最有利于帮助外国群体;根据这一观点,那些普遍的西方病理知识和诊断应该被回避,这样才能有助于理解患者在特定社会环境中发展出的独特世界观和心理健康概念。意义形成过程的中心地位和它对个体如何经历创伤事件的适用性,是建构主义反复倡导和宣扬的(Miller et al. ,2006)。Marsella 关于"民族文化胜任力"概念,指的是人们在教学、科研和临床服务等领域,准确理解文化因素相关性和重要性的能力。

西方注重内心力量的取向不是普遍的;许多文化将关系和精神的力量置于个人内心力量之上(Bracken et al. ,1995)。对于那些可能经历过严重创伤的难民来说,失去原本熟悉和舒适的文化习俗,会阻碍他们的恢复过程(Bracken et al. ,1995)。Englund(1998)发现,在马拉维的莫桑比克难民最显著的痛苦特征是:由于流离失所而无法参加亲人的葬礼或其他仪式。强烈的文化信仰和习俗,如丧葬权,如果环境不允许他们完成,就会对深爱着逝去者的生者的精神产生负面影响,因为他们觉得没有完成丧葬习俗,进而可能会刺激他们原本的创伤反应(Bracken et al. ,1995)。在针对难民的研究中,Eisenbruch 等人(2005)描述了这样一个案例:一个失去了自己孩子的埃塞俄比亚妇女,逃离母国的时候被诊断患有支气管哮喘和精神病,最后才明白她是因为不能通过自身传统文化内的净化仪式以致于无法顺畅地表达悲伤。Mille 等人(2006)提出,为了提供最有效的心理治疗,咨询师必须理解患者传统文化下的健康和疗愈观点,以及这种心理援助的来源和操作方式。他们认为,在患者感觉有威胁的情况下,传统治疗师或精神人物的作用就更为重要,如果将没有对应关系的两个不熟悉、不认识的人建立咨询关系,以取代舒适、熟悉的咨询关系的建立,这样做不仅违反直觉,也毫无效果。此外,Mille 等人指出,在治疗过程中理解当地传统的精神和宗教信仰、习俗以及患者在治疗中的地位可能是关键所在。

　　启发式谈话疗法建立在这样一个前提之上,那就是人是特别的、独立的,并且有能力从社会背景中分化出来(Bracken et al. ,1995)。在非西方文化中,创伤通常来说不仅是个人经历,也是社会和文化经历。因此,Bloem 等人(2003)提倡,需要形成支持性的社会环境,并将之作为最有效的治疗干预。Almedom(2004)认为,有研究表明,在有类似经历的人中,个人的"汇报"不如同伴的支持有效。Bracken 等人(1995)断言,在创伤和暴力文化中涉及到的社会和政治因素,在以个人为导向的心理治疗过程中并没有得到解决。在对 1134 名东非难民的研究中发现,尽管受到精神损害的自我评分很高,但只有不到 1‰的人接受或请求心理健康服务(Jaranson et al. ,2004)。Bracken 等人宣称,人们必须重建社会、经济和文化身份,并将之作为他们心理康复过程中的重要部分。在一项针对"67294 名难民参与的 56 项已发表的心理健康研究"的元分析研究发现,流离失所后的社会条件是最强的改善因素(Summerfield,2008)。在非洲和其他发展中国家,治疗实践通常涉及家庭和更大的社群。将个体看成是孤立的,可能会妨碍社群作为整体在患者康复过程中的作用(Bracken et al. ,1995)。个人和集体创伤常常并存;Zarowsky 和 Pederson(2000)认为,包含处理个人与集体关系的创伤治疗方法值得考虑。

Stepakoffet al.（2006）在几内亚设计了一个项目，通过培训来自难民人群内部的辅助专业人员，并发展更持续的社会网络，用以支持在当地建立自给自足的群体服务体系。Stepakoff 等人，使用以相互关系为基础的、支持性的团体辅导三阶段模式（确保安全、表达悲哀和重新连接），帮助生活在难民营的利比里亚和塞拉利昂战争、酷刑幸存者进行心理康复。这种治疗方法结合了西方经验和当地本土经验，从当地人群中选取的辅助专业人员促进了文化适应能力服务。参与者的丧亲仪式得到了探索和修改（当有必要时），用以疗愈患者，同时显示了对传统信仰和仪式的尊重。专业人员用社会活动来扩大患者的社会网络，提高他们的心理弹性。在刚接受治疗和治疗后的 1、3、6 和 12 个月，研究人员都对患者进行了心理症状、日常功能和社会支持的测量，结果持续显示创伤症状的明显减轻。在治疗期间和治疗后，患者的日常功能和社会凝聚力指标明显得以增加。需要说明的是，他们没有使用创伤后应激障碍的诊断。酷刑受害者中心的几内亚国际精神健康队伍在 2004—2005 实施了该项目，也因此而获得了国际人道主义奖（Stepakoffet al.，2006）。

结　　论

当今世界人口的很大一部分是难民和国内流离失所者，其中许多人将在加拿大寻求庇护。我已在文中论述了难民/流离失所者在难民营、移徙后的相关经历和需要关注的问题。此外，我还总结了难民心理创伤的一些常见经历，并提出了自己的一些新的思考，尤其在考虑文化因素的情况下，质疑了创伤后应激障碍对这一人群适用的适用性和有益性。显然，与有组织暴力相关的创伤通常会造成难民的无能为力感，而难民/流离失所者在难民营的经历、移徙后的生存条件以及具有讽刺意味的西方治疗师提供心理援助的方法，似乎都会加剧这种感觉。咨询师需要从个体和群体两个层面，对难民在意义、隔离和政府机构方面遭遇的危机，从文化敏感性和心理咨询实践等方面予以强调。在文中我还描述了一些针对难民的心理治疗项目，这些项目将西方的咨询方法与本土的治疗实践、信仰和价值观相结合，在考虑社会和文化背景的同时，允许难民保持自己的完整性和身份特征。在意识到这些问题之后,我希望能够在更大程度上,把这些问题转化为心理咨询实践中的实际行动,这也是对人类种族和存在方式多样性的充分尊重。

参 考 文 献

Almedom, A. M. (2004). Factors that mitigate war-induced anxiety and mental distress. *Journal of Biosocial Science*, 36(4), 445—461.

American Psychiatric Association. (2000). *Diagnostic and statistical manual of mental disorders* (revised 4th ed.). Washington, DC: Author.

Aube, N. (2011). Ethical challenges for psychologists conducting humanitarian work. *Canadian Psychology*, 52(3), 225—229.

Berman, H. , Girón, E. R. I. , & Marroquín, A. P. (2006). A narrative study of refugee women who have experienced violence in the context of war. *Canadian Journal of Nursing Research*, 38(4), 32—53.

Bloem, M. , Kwaak, A. , & Wass, J. (2003). Psychotrauma in Moluccan refugees in Indonesia. *Disaster Prevention and Management*, 12(4), 328—335.

Bracken, P. J. , Giller, J. E. , & Summerfield, D. (1995). Psychological responses to war and atrocity: The limitations of current concepts. *Social Science and Medicine*, 40 (8), 1073—1082.

Breslau, J. (2004). Cultures of Trauma: Anthropological views of post-traumatic stress disorder in international health. *Culture, Medicine, and Psychiatry*, 28(2), 113—126.

Brittain, V. (2003). The impact of war on women. *Race Class*, 44(4), 41—51.

By the Numbers: Refugee Statistics. (n. d.). Retrieved April 8, 2011 from www. cdp-hrc. uottawa. ca/projects/refugee-forum/projects/Statistice. php

Cariceo, C. M. (1998). Challenges in cross-cultural assessment: Counselling refugee survivors of torture and trauma. *Australian Social Work*, 51(2), 49—53.

Century, G. , Leavey, G. , & Payne, H. (2007). The experiences of working with refugees: Counsellors in primary care. *British Journal of Guidance and Counselling*, 35 (1), 23—40.

Citizenship and Immigration Canada(2011). *The refugee system in Canada*. Retrieved April 8, 2011 from http://www. cic. gc. ca/english/refugees/canada. asp

Crosby, S. S. , & Grodin, M. A. (2007). Ethical considerations in crisis and humanitarian interventions: The view from home. *Ethics and Behavior*, 17(2), 203—205.

Duran, E. (2006). *Healing the soul wound: Counseling with American Indians and other native peoples*. New York, NY: Teacher College Press.

Eisenbruch, M. , de Jong, J. T. V. M. , & van de Put, W. (2005). Bringing order out of chaos: A culturally competent approach to managing the problems of refugees and victims of organized violence. *Journal of Traumatic Stress*, 17(2), 123—131.

Englund, H. (1998). Death, trauma and ritual: Mozambican refugees in Malawi. *Social Science and Medicine*, 46(1), 1165—1174.

Fazel, M. , Wheeler, J. , & Danesh, J. (2005). Prevalence of serious mental disorder in 7000 refugees resettled in western countries: A systematic review. *Lancet*, 365(1), 1309—1314.

Gorman, W. (2011). Refugee survivors of torture: Trauma and treatment. *Professional Psychology: Research and Practice*, 32(5), 443—451.

Gozdziak, E. M. (2004). Training refugee mental health providers: Ethnography as a bridge to multicultural practice. *Human Organization*, 63(2), 203—210.

Herman, J. L. (1992). *Trauma and Recovery*. New York: Basic Books.

Hussain, D. , & Bhushan, B. (2011). Cultural factors promoting coping among Tibetan refugees: A qualitative investigation. *Mental Health, Religion and Culture*, 14(6), 575—587.

Jaranson, J. M. et al. (2004). Somali and Oromo refugees: Correlates of torture and trauma history. *American Journal of Public Health*, 94(4), 591—598.

Kienzler, H. (2008). Debating war-trauma and post-traumatic stress disorder(PTSD) in an interdisciplinary arena. *Social Science and Medicine*, 67, 218—227.

Kreitzer, L. (2002). Liberian refugee women: A qualitative study of their participation in planning camp programmes. *International Social Work*, 45(1), 45—58.

Liebling, H. , & Kiziri-Mayengo, R. (2002). The psychological effects of gender-based violence following armed conflict in Luwero District, Uganda. *Feminism and Psychology*, 12(4), 553—560.

Marsella, A. J. (2010). Ethnocultural aspects of PTSD: An overview of concepts, issues, and treatments. *Traumatology*, 16(4), 17—26.

Maslow, A. H. (1970). *Motivation and personality*(2nd ed.). New York: Harper and Row.

Miller, K. E. , Kulkarni, M. , & Kushner, H. (2006). Beyond trauma-focused psychiatric epidemiology: Bridging research and practice with war-affected populations. *American Journal of Orthopsychiatry*, 76(4), 409—422.

Miller, K. E. , Worthington, G. J. , Muzurovic, J. , Tipping, S. , & Goldman, A. (2002). Bosnian refugees and the stressors of exile: A narrative study. *American Journal of Orthopsychiatry*, 72(3), 341—354.

Pavlish, C. (2007). Narrative inquiry into life experiences of refugee women and men. *International Nursing Review*, 54(1), 28—54.

Ruwanpura, E. , Mercer, S. W. , Ager, A. , & Duveen, G. (2006). Cultural and spiritual constructions of mental distress and associated coping mechanisms of Tibetans in exile: Implications for western interventions. *Journal of Refugee Studies*, 19(2), 187—202.

Schultz, W. E. , Sheppard, G. W. , Lehr, R. , & Shepard, B. (2006). *Counselling ethics: Is-*

sues and cases. Ottawa, ON: Canadian Counselling Association.

Schweitzer, R. , Greenslade, J. , & Kagee, A. (2007). Coping and resilience in refugee from the Sudan: A narrative account. *Australian and New Zealand Journal of Psychiatry*, 41(3), 282—288.

Shanks, L. , & Schull, M. J. (2000). Rape in War: The humanitarian response. *Canadian Medical Association Journal*, 163(9), 1152—1156.

Shoeb, M. , Weinstein, H. M. , & Halpern, J. (2007). Living in religious time and space: Iraqi refugees in Dearborn, Michigan. *Journal of Refugee Studies*, 20(3), 441—460.

Stepakoff, S. , Hubbard, J. , Katoh, M. , Falk, E. , Mikulu, J. B. , Nkhoma, P. , & Omagwa, Y. (2006). Trauma healing in refugee camps in Guinea: A psychosocial program for Liberian and Sierra Leonean survivors of torture and war. *American Psychologist*, 61 (8), 921—932.

Strijk, P. J. M. , van Meijel, B. , & Gamel, C. J. (2011). Health and social needs of traumatized refugees and asylum seekers: An exploratory study. *Perspectives in Psychiatric Care*, 47 (1), 48—55.

Summerfield, D. (2008). How scientifically valid is the knowledge base of global mental health? *British Medical Journal*, 336(7651), 992—994.

UNHCR. (n. d.). *UNHCR statistical online population database*. Retrieved December 17, 2011, from http://www. unhcr. org/statistics/populationdatabase

UNHCR. (1951). *Convention and protocol relating to the status of refugees*. Geneva, Switzerland: UNHCR Communications and Public Information Service.

UNHCR, Arnold, R. (2008). *Protecting Refugees and the Role of UNHCR*. Retrieved April 8, 2011, from http://www. unhcr. ie/images/uploads/pictures/pdf/4034b6a34. pdf

Vontress, C. E. (2001). Cross-cultural counseling in the 21st century. *International Journal for the Advancement of Counselling*, 23(2), 83—97.

Yakushko, O. , Waston, M. , & Thompson, S. (2008). Stress and coping in the lives of recent immigrants and refugees: Considerations for counselling. *International Journal for the Advancement of Counselling*, 30(1), 167—178.

Zarowsky, C. , & Pederson, D. (2000). Rethinking trauma in a transnational world. *Transcultural Psychiatry*, 37(3), 291—293.

10."最沉重的负担?"为残疾人群体进行心理咨询

Abebe Abay Teklu

"一个民族的伟大,体现在其对待最弱势群体成员的方式。"

——Mahatma Gandhi

埃塞俄比亚有一则谚语是这样说的:"当一只手生病了,那么另外一只手会随之受影响,因为我们不能只用一只手完成鼓掌"。这则谚语说明了这样一个道理:如果一些社会群体被忽视了,那么这个社会无法实现繁荣。几乎所有关于残疾的研究都基于一个"宏大理论"衍生出各种残疾人的"个人悲剧论"(Oliver,1996,p.1)。残疾人士,比如说我,就对"个人悲剧论"持质疑态度,因为该理论认为,残疾人将不可避免地依赖于社会。这些研究通常建立在揭示权力动态特征和结构性压迫的批判哲学基础之上。

研究文献缺乏对各种残障人群应对就业问题或社会经验的研究,对视力障碍人群的研究尤为缺乏。作为一名视力障碍人士,我研究了帮助盲人青少年获得教育、就业的个人优势和社会支持等问题。尽管不同国家存在文化和经济上的差异,但身患残疾的体验、支持和挑战都是可以进行比较的。社会文化环境可能有所不同,但有一个共同因素仍然存在:"残疾"是一种建构(Construction)①,

---

① 译者将这里的"建构"理解为:残疾是个体生理结构上的缺陷。

通常会带来负面效应。因此,在全球范围内考虑残疾人的日常生活差异是有价值的。

在这一章中,我将讨论的内容是应对策略、优势、成功,而不是悲剧,并将向大家展示那些必须克服的环境挑战。此外,我还想与大家分享,我们的心理咨询师可以做些什么来支持、助力、帮助残疾人充分发挥他们的潜能。残疾的概念,就像种族歧视一样,限制了咨询师对残疾人能够做些什么的思考,所以咨询师需要审视自身对残疾人是否存在偏见,不应把残疾人当作一个有着个人悲剧色彩的人来看待,而是应该将之当作一个有着无限可能的人来看待。

残疾人的个人优势、社会支持和挑战

Teferra(1998)尝试确定残疾人的心理弹性特点、应对策略和社会保护因素。他看到了个体和环境的力量。实验参与者包括视力障碍者、四肢障碍者和听力障碍者。他们都是"高成就者",都有工作并被认为是成功人士。作为学生,他们能够从事各种领域的研究。然而,受制于政策制定者和大学官方的态度,学习和教学过程的性质,残疾人自身受损的类型或程度,残疾人进入某些领域工作和学习仍存在诸多限制。残疾人面临的挑战包括"被教师和非残疾学生诋毁、嘲笑,缺乏对残疾人的特别教育支持,无法使用某些教学道具,许多学校设施无法使用"(p. 70)。Teferra 说,残疾人在学校和工作场所面临的挑战,主要是基于各种成见而带来的对残疾人的误解。有趣的是,在本次研究中,超过 94% 的参与者具有积极的自我效能感,94.7% 的残疾人认为自己有学习和自我照顾的潜力。该研究中所发现的残疾人极高的自我效能感,也意味着高效能感总是与成功相伴,这也支持了 Bandura(1982)的相关研究。Teferra 还发现,残疾人的个人优势包括"学习、工作的强烈愿望和奉献精神以及(拥有)耐心;具有与人沟通的精神力量和特别能力;认识到自己的短处并努力弥补短板;努力不成为别人的负担"(pp. 76—77)。所有参与者的共同之处在于,他们都有来自家庭和群体的社会支持、与同龄人群体的良好关系以及成功残疾人士的建议。在接受教育和就业方面,参与者往往秉持"接受自己残疾"的心态来加以应对;变得更有耐心;努力学习并开发自己的潜力;通过教育或培训获得知识和技能;证明个人获得接受和认可的潜力;稳定地寻求与他人建立亲密关系或友谊,以及有效地利用时间(p. 77—78)。

Burke,Hagan-Burke,Kwok 和 Parker(2009)在全纳课堂(Inclusive Classroom)①中对残疾儿童的研究发现,与那些没有残疾的儿童相比,残疾儿童取得的成绩并没有区别。这项研究的让人惊叹的地方在于,许多残疾学生的潜力没有得到充分开发,原因在于他们缺乏接受普通课程教育的机会,如果他们在教育内容领域获得专业教师的帮助,他们可能会学得更好。现实中经常出现的情形是学校在教育残疾儿童方面通常是失败的,因为学校缺少相应的资源,教师也缺少相应的理解和能力。Teferra(1999)发现,残疾儿童在早期的家庭心理社会支持对他们的成长发挥着至关重要的作用:"(支持性的)环境资源越丰富,残疾个体陷入发展障碍的机会就越少"(p. 195)。有时,标签可以定义一个人,因此,咨询师需要避免使用标签。"残疾"(Disability)可以指像视觉障碍这样的身体状况,但"缺陷"(Handicap)意味着残疾人不能做一些事或做这些事的时候不能达到一个健全人的成就水平。社会资源越多,一个残疾人存在的缺陷就越少。

浪费人类潜能:对残障的文化歧视

如果我们审视诸如澳大利亚、加拿大、美国等西方国家的残疾政策,很容易在我所说的"残疾建构"中看到人们的态度。尽管这些国家有保护性的社会政策,但残疾人通常生活在贫困之中(Clear,1999)。加拿大人力资源发展部门(以下简称 HRDC)的报告指出,在 15 岁至 64 岁的加拿大人中,身体健全人的薪水几乎两倍于残疾人的薪水,且残疾人群的就业率明显更低(2003)。HRDC 一份"关于参与和活动限制"(PALS)的调查显示,在 25 岁至 54 岁的残疾人群中,42.7%的残疾人不属于劳动力范围,27.9%的人收入较低,这些数据几乎是健全人中低收入群体比例的三倍(HRDC,2003)。Clear(1999)指出,即使是在诸如加拿大、澳大利亚和美国这样富裕的国家,也存在令人沮丧的残疾人贫困情况,

---

① 译者注:接受"全纳教育"理念的课堂。"全纳教育"容纳所有学生,反对歧视排斥,促进积极参与,注重集体合作,满足不同需求,是一种没有排斥、没有歧视、没有分类的教育。

这与我们组织和管理自身的生产系统、资源分配相关……在一个公正、平等的社会,没有理由让任何特殊形式的差异导致系统性劣势、不正当和歧视……社会使那些本有障碍的人变得更加无助(p. 7)。

显然,社会对待残疾人群的方式存在偏见;对残障的文化歧视表现为:对待残疾人的歧视性态度、刻板印象和文化表征,并假设"残疾人不可避免地会出现依赖、无助,处于悲剧之中"。这种歧视不仅导致残疾人群经济和社会劣势的产生,还对残疾人群的"残疾"心理产生影响。从历史角度来看,对待残疾人的不公正还可以通过对残疾人个体病理的忽略可见一斑。我们忽视了对残疾的社会基础进行研究和挑战。残障歧视和种族主义类似,因为根深蒂固的经济、文化权力结构的自我复制,产生了一个充满异化、压迫、不公正的极端"残障歧视"的世界。

Clear(1999)强调,残疾人的经历还具有政治意义。"残疾"远不止身体上的局限,也是一种社会建构。他和其他一些学者(例如:Teferra, 1998, p. 195; Beaty, 1994; Oliver, 1990; Mcreath, 2011)都指出,残障带来的劣势并不是自然结果或不可避免的。该项研究指出,对残疾人生理的歧视性解释会带来文化和经济层面的压迫,且这种压迫构成了对人权的侵犯。Weeber(1999)将残障的文化歧视定义为"一种偏见和偏执,这是身体健全的人所不会经历的……'非残疾人'让人们具有了某种优越感;每个残疾人都想不惜任何代价让自己成为健全人"(p. 23)。这种文化歧视试图让残疾人确信自己有一些根本性问题,自己是"有缺陷"的,自己不应该接受自己的存在。因此,对残障的文化歧视态度既触痛了残疾人群,也让健全人群陷入非议。在为残疾人提供咨询之前,咨询师需要审视自己对残疾人是否存在偏见。

性别与残疾:女性的呼声

Hawley(2003)在为残疾女性咨询时发现,她们离异和/或成为单亲妈妈的概率是健全女性的两倍多,且这一群体更易遭遇虐待,包括性侵犯。Fawcett(1996, 2000)和HRDC(2003)也发现,残疾女性在任何社会或种族群体中都是最难就业、贫困率最高的群体,这一群体中超过60%比例的个体完全或部分依靠社会福利才能满足基本日常需求。HRDC(2003)分析了残疾人群的收入情况,并发现了群体中存在巨大差异。在 25 岁至 54 岁的人群中,残疾男性的平均年收入是 34536 加元,健全男性的平均年收入是 44312 加元。在同样的年龄区间,残疾女性的平均年收入是 23302 加元,健全女性的平均年收入是 28697 加元。在就业状况方面,HRDC(2003)也发现了巨大的差距:在 25 岁至 54 岁的男性中,相对于 88.9% 的健全男性就业率,只有 55.5% 的残疾男性实现了就业。在同一年龄段的女性中,残疾女性的就业率仅为 48.4%,而健全女性的就业率为 78.2%。

根据 Williams(2002)的研究,在诸如加拿大这样的国家,雇主们缺乏对残疾人群的支持性措施,以及对残疾人能力和生产潜力的相关知识。认知缺乏导致这类本应成为劳动力的群体出现了高失业率的情况;而缺少工作也让此类群体无法获得完整的公民身份。

为残障人咨询的一般性建议

Oliver(1996)提出了残疾人的社会模型,描述了主流社会对待残疾人的反应方式,这种描述可能与残疾人的医学模型相类似。残疾人的医学模型将残疾人的身体看作一台需要被修理的机器,且任何障碍人都需要被治疗以符合社会标准。残疾人的社会模型着重关注社会对那些看起来不完美的人所持的态度,并找出社会中针对残疾人的阻碍、负面态度和排斥行为。这种观点认为,无论是有听力障碍还是视力障碍,抑或不得不使用轮椅的人,都应该被接受,我们应该改进社会环境以适应任何特殊人群的需求。如果社会不能改变环境,那么就会导致残疾人无法充分发挥自身潜能。

当你为残疾人提供心理咨询服务时,你应该知道什么?

作为一个有着视力障碍的人,我经常意识到人们不确定我能做或不能做什么。我能感觉到他们的不适,有时也能意识到他们会因为这种不适而矫枉过正。我注意到他们缺乏关于残疾的知识,也缺乏与残疾人相处的经验。Ward(引自 Beecher,Rabe & Wilder,2004)提出了以下指导原则,有时这些原则也被称为

"与残障人士交流的十条戒律"。

1. 真诚直接地表达,而不是通过同伴或手语翻译来转达。

2. 被介绍的时候要主动握手。手部受损或使用假肢的人通常也可以握手,使用左手也是一种可以接受的问候方式。

3. 当你会见视力障碍的人的时候,需要介绍自己以及同行者。当在一群人中交谈的时候,请记住告诉视力障碍者与你对话的人是谁。当与视力障碍的朋友共同就餐时,请询问是否可以向对方介绍其餐盘中的食物。

4. 如果你想提供帮助,请在对方应允后再进行,并听取或向对方询问具体的帮助指导。

5. 将成年残疾人当成成年人。只有在对所有人都很熟悉的情况下,才可以直呼残疾人的名字。永远不要通过拍轮椅上的人的头或肩膀来讨好他们。

6. 不要倚靠或紧紧抓住残疾人的轮椅。记住残疾人将他们的椅子视作他们身体的延伸。同样,他们也是这样看待导盲犬和服务犬的。不要在未经允许的情况下调戏残疾人的动物。

7. 当与有说话障碍的人交流时,请集中注意倾听,并等待他们说完再说。如果有必要,询问一些简短的问题,这些问题只需要简短的回答或点头回应即可。永远不要装作听懂;相反,你需要重复你听懂的内容,并给对方做出回应的时间。

8. 当与坐在轮椅上或使用拐杖的人说话时,最好弯腰或俯身将自己放在对方的视线水平上。

9. 与有听力障碍的人交流时,可以轻拍对方肩膀说话或者挥手以引起对方的注意。直视对方并使用清晰、慢速、直接的语言表达,以确定对方是否可以读懂你的唇语。如果可以,尽可能面对光源,并在说话时保持将手、香烟和食物远离自己的嘴巴。如果一个人带着助听设备,不要想当然以为他或她有能力区分你的发音,不要对他大吼大叫,只需要用正常的语调说即可。

10. 放松点。如果你不小心使用了似乎影射一个人残疾的普遍表达词句(例如:"回头见"或"你刚才听到了么?"),也不要感到太窘迫(pp. 85—

86)。

与视力障碍人士打交道的机构和人士、包括我自己,已经总结出了为视力障碍人士提供咨询服务的一般性技巧,可以作为"与残障碍人士交流的十条戒律"的补充。建立一段关系中最重要的是:永远不要假设一个人能做什么,或不能做什么。虽然我看不见,但是我和其他人一样,我可以做很多事情,这也是我进入高校并成为一名教授的原因。以下是你们可能觉得有用的一些建议:

- 当你接近视力障碍者时,要表明身份并直接和他或她说话。
- 除非情况紧急,否则在未经允许的情况下永远不要触碰视力障碍者。
- 如果你想帮助他,请等到对方应允后再着手实施。
- 用你的胳膊或胳膊肘引导视力障碍者,并且走慢一点。
- 如果你给对方指引方向或提供口头信息,请准确并清晰地表达。例如,如果正在接近一扇门或一个障碍物,请说明。
- 不要想当然地认为视力障碍者看不到你。
- 不要将视力障碍者留在房间正中,将他或她带至椅子处,又或指引他或她到一个舒适的位置。
- 向视力障碍者介绍路标或其他可以指示他或她周边环境的细节信息。
- 离开视力障碍者之前要说再见。类似的,如果你要离开房间一会然后再回来,请让视力障碍者知晓。
- 保持耐心。事情或许会花费长一点的时间。

在人际关系中,我非常重视诚实这一品质,我重视有着下列行为的人们,我认为以下这些是所有咨询师在与残障人士建立关系过程中应具备的良好品质:

表现出真诚:在咨询关系中做你自己(公开的,透明的),不要将自己隐藏在职业化的面具后面,这个概念也可以被理解为一致性、真实或诚实。

表现出无条件积极关注:不加判断、不加条件地接受患者,这个概念也可以被称之为关心、重视、赞赏或尊重。

表达深层次的共情理解:努力获得走进患者世界的能力,就好像你身处他或她的境遇中,但并没有失去自我真实的品质。

能够真正接受患者:真正接受的特点包括:关怀、关心、同情、一致、礼貌、坚定、兴趣、倾听、赞赏、尊重、重视和温暖。

我还需要指出的是,我生活中经历的一些事情成为接受自我的阻碍。其中一个主要的障碍就是刻板印象。刻板印象也被表述为:贴标签、分类、类型投射、归档、归类、把某人放入模子中、预判或假设。刻板印象源自我们对于人们或群体所持有的信念。刻板印象不允许有独特性的存在,并且通常是消极的。刻板印象通常来自于我们对于他人根深蒂固且往往是条件性的信念,这些信念可能基于我们对与自己不同的群体缺乏了解或恐惧而产生。我希望每个人,尤其是为残疾患者提供服务的咨询师,首先检查自身是否存在偏见,并且能够理解自己的一些对于残障人士的看法可能是社会造成的,这种看法会阻碍基本的人际交往,使人们处于不客观的状态。一旦你意识到你有这些信念,并意识到这些信念可能使得你有可能无法有效地为残障人士服务,这时你需要对自我和他人进行相关教育。

为残疾人提供心理咨询的建议

在我看来,无论咨询师是在为患者提供就业咨询,抑或是压力应对或家庭问题处理提供心理咨询时,作为一名视力障碍人士,我都会建议咨询师自身充分认识到视力障碍患者们所面对的社会障碍。咨询师需要意识到,消极的刻板印象依然深深植根于加拿大社会之中。咨询师可以考虑自己以某种方式发挥积极作用,帮助公众提高他们对视力障碍人士每天面临的挑战和有害成见的认识——也就是说,咨询师可以成为倡导者。

我也相信,对于大多数有视力障碍的人来说,失明不是障碍,而仅是一个人的特征。我是一个来自非洲埃塞俄比亚的人,只是碰巧视力受损了。我也是一位父亲和丈夫,我深信我能在社会正义方面改变世界。我也是一个时时面临挑战的人,有时我需要处理那些令我沮丧的事情;所以如果我来看你,我是在寻找答案,而我的失明与这些挑战都无关。视力障碍只是一种生理特征,并不是我要克服的障碍。

当为残障人士咨询的时候,如果能够参考以下的主题内容,则可能会改进你的咨询效果（Beecher，Rabe & Wilder，2004）。

治疗联盟：这种做法允许咨询师和患者之间进行讨论，比如身体缺陷是如何对咨询产生不利影响的；通过彼此间的相互探讨，咨询师能够形成对残疾患者的大概轮廓（Contours），这种做法并不会妨碍咨询目标，实际上还会助力目标达成。

习得性无助：很多患者在面临挑战时，即使这些挑战并不明显，也会让患者产生一种无助感，这种习得性无助感可以定义为，在反复失败或被他人控制后不愿尝试一项任务的习得性反应。心理咨询师必须面对和处理这种现象，让患者知道疾病或生活的其他方面是无法控制的。

缺乏一致性：对一些残障人士来说，生活中会遇到很多障碍，包括疾病、交通等等，而且生活的很多方面是无法预测的。残障人士已经能够接受生活中会有各种不便的现实。从咨询师的角度来说，在为患者进行咨询时，如果能够允许患者的咨询过程出现偶然中断，对于最终的咨询效果并不是坏事。

缺乏认可：直到最近，社会才越来越了解到这些阻碍残障人士获取自身权益的社会障碍，文化歧视和偏见仍然存在，有时还会使残障人士被社会孤立。这种缺乏认可的感觉，尤其是在身体缺陷并不明显的情况下，会给他们带来心理压力。Beecher，Rabe 和 Wilder（2004）指出，"如果能够帮助残障人士理解，他们对诸多异常情形的反应都是正常的，会有助于他们理解自身的挫败感"（p. 88）。

缺乏责任感：根据我的经验，大多数残疾人都是非常负责任的，并乐于承担自身责任；他们更关心的是社会障碍。然而，对于那些已经变得依赖他人，或已经接受自己无能为力标签的残疾人来说，咨询师最好能够帮助他们制定一个策略，让残障人士周围的人们认识到，他可能需要些时间来完成自我调整。对我来说非常有趣的是，随着技术的发展，我开始越来越少地依赖他人的帮助，因为我知道我能够用自身拥有的工具来完成工作。

不合理目标和无法回到以前：一些曾经有生理障碍，但近期才成为残疾人士的患者仍然难以适应轮椅生活，或者适应与导盲动物相伴的生活。因此，咨询师可能需要帮助患者学习替代策略，帮助他们完成既定任务。

资源缺乏：对许多人，即使是没有残障的人来说，最大的问题之一是需要知道去哪里获取他们需要的信息或资源。有时残障人士缺乏去相关机构获取信息的意识,比如向加拿大国家盲人机构(CNIB)等组织,虽然这些组织被 McCrath (2011)认为不仅没发挥多大作用,还加剧了残障人士的无助感。咨询师最好能够很好地获得相关信息,或者为残障患者的相关权益呼吁。咨询师需要了解那些能够帮助残障患者的社会资源。

结　　论

Teferra 的研究表明,如果社会条件和政策能够给予残疾人足够的支持,他们也可以通过坚持不懈的努力接受教育,事业有成,实现自身独立。Teferra (1999)、Beaty(1994)、Clear(1999)、Weeber(1999)和 McCrath(2011)强调说,我们必须改变对残疾人的社会构建。今天,对残障的文化歧视在许多国家都造成了不公平现象。事实上,我们有能力为残疾人创造比今天更美好的生活条件和就业机会。当前残疾人的现状是一场社会、文化和经济悲剧(Williams,2002;Teklu,2007)。我们大家都有责任改变加拿大和世界各地阻碍残疾人就业、获得成就和充分实现其公民权利的社会条件。我将以下面这首诗来结束本章,这首诗描述了视力障碍人士的生活境遇。让我们不要让悲剧成为故事的结局。

当一个盲人在清晨醒来

Abebe Teklu

当一个盲人在清晨醒来,他恨恶这一天。

即使天气很好,他也无法看到。

今天是新的一天,我要做点什么呢?

我希望,我能像你们一样为工作做好准备。

我相信,我像你们一样有能力工作。

他们将我拒之门外,从来不知道我有这样的能力。

只是因为我是一个盲人,他们就对我视而不见。

我怀疑究竟谁是真正的盲人,他们? 还是我?

当无聊驱使我走出家门,我开始前行。

与我交谈的只是我的手杖或是我的导盲犬。

即使走了很多很多英里,我的心情依然忧郁。

我很累,我的鞋子也快走穿。

我边走边说:"嗯!"

我努力呼吸新鲜空气。

阳光明媚,微风拂过我的耳尖。

我能闻到各种气味,我能听到交通噪音。

我听到了男孩、女孩们的美妙声音。

门口和经过的车辆传来了音乐声。

公园里,鸟儿在唱歌、飞翔。

但那又怎样?

我无法看到一切,永远无法看到。

我无法想象一切,也无法实现灵魂的升华。

我知道我很有天赋。我们所有人都有自己的能力。

我无法发挥自身技能,因为我撞到了那堵墙。

如果你不能工作,不能挣钱,不能回家,生活又是什么?

只是回顾自己一天做过的事情?

作为一名盲人父亲,我有妻子和孩子们,

我想给予他们充实的生活。

我坐在家中,没有任何产出。

音乐和谈话节目不能带来满足。

他们将我持续置于黑暗之中,又或是一个梦之中。

这不是现实。这似乎是一个死局。

家庭负担沉重。他们知道我在生气或哭泣。

我竭尽全力也找不到工作。

在某些人眼中,我是一个"不幸的生物"。

他们禁止我从事工作。这公平么? 正确么?

这是人性么? 我在自己的人生之旅苦苦挣扎,

却并没有得到一份工作,

取而代之的却是鲜红的福利支票。

夜幕又一次降临了……其实我更喜欢黑暗。

每个人都结束了白天的工作，回家了。

当夜幕降临的时候，我和其他人终于一样了。

我装作忘记了悲伤和害怕。

孩子们睡着了，四周又一次安静下来。

他们的爱是唯一治愈我伤痛的良药。

如果我能让自己累了，我还是会睡着的。

但是至少我在隐藏；黑夜比白天更美好。

参 考 文 献

Bandura，A. (1982). Self-efficacy mechanism in human agency. *American Psychology*，37(2)，122—147.

Beaty，L. (1994). Psychological factors and academic success of visually impaired college students. *RE：view*，26(3)，131—139.

Beecher，M.，Rabe，R.，& Wilder，L. (2004). Practical guidelines for counseling students with disabilities. *Journal of College Counseling*，7(Spring)，83—89.

Burke，M. D.，Hagan-Burke，S.，Kwok，O.，& Parker，R. (2009). Path analysis of early literacy indicators from middle of kindergarten to end of second grade. *Journal of Special Education*，42，209—226.

Clear，M. (1999). Disability and the political perspective. *Social Alternatives*，18(1)，6—11.

Council of Canadians with Disabilities. (2001). Immigration challenge. *Equality Matters*. Retrieved March 5，2005，from http://www. ccdonline. ca/publications/equality-matters/index. htm

Fawcett，G. (1996). *Living with disability in Canada：An economic portrait*. Hull，QC：Office of Disability Issues，Human Resources Development Canada.

Fawcett，G. (2000). *Bringing down the barriers：The labour market and women with disabilities in Ontario*. Ottawa：Canadian Council on Social Development.

Hawley，J. P. (2003). *From the margins：Voices of women with disabilities*. Dissertation Abstracts International. DAI-A 63/12，p. 4502. AAT 3074707.

Human Resources Development Canada (2003). *Disability in Canada：A 2001 profile*. Retrieved December 1，2004，from http://www. hrdc-drgc. gc. ca/bcoh. odi

Human Resources and Skills Development Canada (2004). *Defining disability：A complex issue. Part II：Disability definitions in federal laws and programs*. Retrieved March 5，2005，from http://www/hrsdc. gc. ca/asp/gateway. asp？hr＝/en/hip/odi/documents/

Definitions/Definitions005. shtml & hs=hze

McCreath, G. (2011). *The politics of blindness：From charity to parity*. Vancouver：Granville Island Publishing.

Oliver, M. (1996). *Understanding disability, from theory to practice*. London：Macmillan.

Statistics Canada(2002). *A profile of disability in Canada*, 2001. Catalogue No. 89-577-XIE. Ottawa：Author. Retrieved December 1, 2004, from http://www. statcan. ca/english/freepub/89-577-XIE/

Teferra, T. (1998). Self-esteem, coping styles and social dimensions of persons with disabilities of high achievements in Ethiopia. *Ethiopian Journal of Health Development Research*, 20 (2), 65—91.

Teferra, T. (1999). Retrospective study of early childhood experience among persons with disabilities of high achievement and resilient personality qualities. *Ethiopian Journal of Health Development*, 13(3), 196—204.

Teklu, A. (2007). *The voices of Ethiopian blind immigrants and their families：Facing the challenges of life in Canada*. Unpublished doctoral dissertation, University of Victoria, Victoria, Canada.

Weeber, J. (1999). What could I know of racism? *Journal of Counseling and Development*, 77 (1), 20—24.

Williams, J. (2002). *They have the ability, so why aren't more working?* Washington：National Organization on Disability, March 30, 2002. Retrieved January 14, 2005, from http://www. nod. org/index. cfm? fuseaction=page. viewPage & PageID=661 & C:\CFusion-MX7\verity\Data\dummy. txt

11. 为拉美裔群体进行心理咨询

乔治·加西亚&玛丽亚·德尔·卡门·罗德里格斯

文化是人类的必需品,也是一种生活方式。它是人类发展自我意识的内在方式的核心,包括价值观、信念、思维模式、感知和世界观。所有这些品质都有助于决定和塑造个体外显文化的各个方面,这些方面通过那些影响人们态度、行为和习俗的隐性规范、语言、传统、仪式和忠诚,决定了人们建立和维持各种关系的方式(Gushue,1993)。

从人类出现的时候开始,迁徙便是人们的一种经验和探索新生活的方式,也是人们获得知识和生存之道的方法,一个特定的社会往往将人们置身于信仰、价值观、习俗、行为和文化制品的熏陶之下,分享这些文化内容,以便为了日常生活的继续和世代传承(Koslow & Salett,1989)。这些遭遇往往会引起文化冲击、不满和对新文化的评判态度。适应、应对、同化和抵制这些价值观是新来者选择融入新环境的方式。当人际互动变得困难,或人际关系成为阻碍人们在新环境中进行互动的障碍时,咨询师或其他专业助人人员可以提出解决这些挑战和打破障碍的方法。

这一章将探讨文化冲突的本质、家庭动力和性别角色对北美拉丁裔移民的重要价值,还将探讨这些价值观如何与北美社会发生冲突。另外,本章还会讨论个人如何学会适应新文化的理论和方法。

历史学和人口学因素

在西班牙人摧毁了西班牙最后一个摩尔人据点的同一年,克里斯托弗·哥伦布(Christopher Columbus)和他的船员到达了美洲大陆,这两个事件并不是巧合(Skidmore & Smith, 2005)。西班牙重新征服伊比利亚半岛后,交战中的基督教贵族获得了土地,国王也加强了对这片土地的控制。1492 年事件的结果是,贵族和准贵族们都渴望获得更多的战利品,国王也准备派遣探险家到海外去获取殖民地(Skidmore & Smith, 2005)。因此,在狂热的征服精神的推动下,西班牙人最终到达了美洲大陆的新世界。欧洲和美洲文明之间的碰撞是 15 世纪欧洲疯狂扩张的一部分。欧洲人逐渐了解了世界上的其他地方,因为欧洲的航海家和探险家把他们先前有限知识的前沿不断推后。到 17 世纪早期,他们就已经在全球范围内编织了一套完整的通信网络,并确立了塑造现代世界的经济主导地位(Skidmore & Smith, 2005)。

历史上,一些拉丁裔家庭就是我们今天所称的美国和加拿大的原住民。在Berdichewsky(2007)看来,说西班牙语的人口在加拿大的存在可以追溯到 1700年代末,最初到来的欧洲移民甚至早于库克发现美洲,他们在不列颠哥伦比亚省的某些地区留下诸多印迹,如 Quadra、Galiano、Valdes、Malspina 以及其他许多姓氏都是拉丁语中的。从那时起,加拿大便经历了拉美裔和西班牙裔的移民浪潮,他们把北美作为他们自己的家园,追求各种机会和自由,或者逃避政治迫害和国内动荡。大多数拉丁裔的加拿大人是 20 世纪晚期从墨西哥、中美洲和南美洲以及多米尼加和古巴来到这里的移民。

谁是西班牙裔和拉丁裔?

在美国和加拿大,往往对那些有着共同语言、国家或地区,以及其他可定义特征的人进行归类统计。根据加拿大统计局(2006)的数据,西班牙裔和拉丁裔群体拥有相同的语言(西班牙语),但他们来自不同的地方。西班牙裔群体指的是来自西班牙,会说西班牙语;拉丁裔群体指的是来自拉丁美洲的人(包括巴西人,尽管语言不是他们共同的特征)。其他描述这个群体的术语还有拉丁裔加拿大人或拉美裔加拿大人。然而,为了本章的写作需求,我们将交替使用西班牙裔加拿大人和拉丁裔加拿大人这两个词。

到2006年,加拿大的拉美裔人口总数为52万,主要分布在多伦多、温哥华、卡尔加里、渥太华和蒙特利尔等大城市(加拿大统计局)。尽管加拿大统计局(2006)的报告宣称,大多数拉美裔移民都宣称自己有归属感,但适应一种新文化还是可能会给移民带来挑战。那些自称是难民的人则声称他们在学习语言、了解自己的权利和责任、找工作,以及融入一个他们可以称之为自己的社区等方面则有着更困难的经历。移民们往往由于各种原因在不同的时间来到加拿大,有些人是为了逃离其原籍国的政治迫害和国内动乱而来,而另一些人则是为了寻找更好的未来和就业机会而来。然而,Rubio(2004)指出,30%的拉美难民生活在贫困水平以下。有很多因素使难民处于不利地位,比如克服贫困和其他障碍,举个例子来说,他们往往不知道如何获得服务以及缺乏在不同文化中发挥作用的适当技能。此外,种族主义和歧视,加上缺乏语言技能,限制了人们获取有关其公民权利和责任的信息,以及降低了解就业机会的可能性。一些移民能够利用他们自己的生活技能、收集信息和寻求他人帮助、以及依靠他们自身的生活经验来克服挑战。有些人能够在讲西班牙语的社区内,或与其他社区如学校、教堂或宗教办事处等建立安全的联系网络。

每个人的旅途都会充斥着下面不同的感觉:孤立、歧视、孤独、社会经济挑战、歧视,以及理想和文化最终的调整。出于这些原因,为了北美拉丁裔人口的共同利益,传播有关这个群体的知识是很重要的。本章希望为这一目标做出一些贡献,因为了解这些人口的信仰体系、传统、文化、价值观和行为,可以给精神卫生机构提供必要的参照,以促进作为加拿大一部分的拉丁裔人群的发展。

家庭动力和文化价值观

传统的拉丁裔家庭往往是一个大家庭,在这个大家庭中,除了核心成员之外的其他成员,如祖父母、阿姨、叔叔和堂兄弟姐妹,都是这个大家庭的组成部分。家族主义(familism)的传统强化了这种文化规范,它意味着将亲属关系延伸到核心家庭界限之外,强调相互依存而非独立,从属而非对抗,合作而非竞争(Koslow & Salett，1989）。拉丁裔大家庭概念还可以更一步拓展，将非血缘关系的家庭包含在内，比如亲密的家庭朋友，他们经常被称呼为"阿姨"或"叔叔"，也同样被当成血缘关系的成员对待（Koslow & Salett，1989）。相互依赖是拉丁美洲人的文化价值观，在许多家庭中都非常盛行，这种价值观强化了集体主义的价值。同样，围绕家庭发展重大事件所进行的各种活动也具有高度优先性，所有家庭成员都要参加。家人聚在一起参加诸如婚礼、洗礼、纪念日和葬礼等活动，也参加节日庆祝活动。参加这样的家庭仪式会增强对集体的归属感。

北美白种人的个人主义价值观和拉丁美洲人的集体主义价值观之间存在着巨大的跨文化差异，在人际互惠方面尤为如此。这一惯例在大多数调节日常生活的社会安排中都能够让人产生共鸣，因为它构成了一种隐性的契约，定义了人的自由与实现共同目标的限制之间的平衡。家庭结构、政治制度、工业关系和提供卫生保健、教育以及刑事司法服务的机构只是受这一方式影响的一些例子（Bochner，Furnham & Ward，2001）。Bochner 和 Furnham（1986）指出，移民往往会遇到大量潜在的压力变化，而心理疾病或生理疾病的发展可能直接归因于这些变化。从预测文化冲击的心理量表来看，分数越高，受到的冲击越大。

另一个在传统的拉丁裔家庭中根深蒂固的文化价值观念是尊重（respeto）。这一概念支配着人们所有积极的相互人际关系，决定了人们在年龄、社会经济地位、性别和权威的基础上，应该对他人采取适当的恭敬行为（Koslow & Salett，1989）。因此，例如，老年人期望从年轻人、父母期望从子女、雇主从雇员那里得到尊重。另一方面，当居住在美国或加拿大的拉丁裔移民察觉到自己没有被不同习俗的尊重，或者他们不知道礼貌称呼的重要性时——例如，用先生、小姐或女士——他们会感到非常震惊。

性别角色

另一个重要的可能会受到不同价值观挑战（造成文化冲击）的拉丁裔移民价值观，那就是"城堡之王"（King of castle）角色（指男性角色）的作用。在传统的拉丁裔文化中，性别角色被严格定义；然而，男女关系往往是复杂和矛盾的。男孩和女孩被不同的性别行为准则所教导。拉丁裔男性被往往被期待成为冷静的、聪明的、理性的、深刻的、坚强的、权威的、独立的和勇敢的，而拉丁裔女性则被培养成顺从的、依赖的、多愁善感的、温柔的、敏锐的和温顺的(Crow & Go-tell,2000)。然而,通过与新文化的接触,拉丁裔移民的传统性别角色正在改变,有些价值观被侵蚀,有些则已经消失。文化迁移本身鼓励拉丁裔男性和女性性别角色的互换。在新环境下生存的经济压力,以及适应市场需要的不同技能,可能导致许多低收入拉丁裔移民性别角色发生逆转,因为妇女往往更容易获得工作(Rubio,2004)。

偏见和歧视

目前,对少数民族和移民的偏见似乎已达到世界范围内的最高水平。尽管偏见几乎是普遍存在的,而且并不局限于某一特定群体,但偏见总是倾向于发生在从一个人到另一个人,或从一个群体到另一个群体上(Al-Issa,1997)。由于20世纪后半叶有大量移民从发展中国家迁移到发达国家,对少数民族和移民的偏见已成为几乎每个发达国家的社会政治问题。此外,偏见和歧视是世界上许多种族和宗教冲突的基础(Al-Issa,1997)。

两个世界间的拉丁裔青少年

拉丁裔移民,甚至第二代拉丁裔移民,都必须学会生活在两个不同的现实中,因为他们必须应对两种不同的文化、语言、价值观和世界观(Falicov,1998)。因此,焦虑、抑郁和混乱是由于水土不服带来的必然结果。拉丁裔家庭历来受到歧视、文化疏离和贫困的困扰(Falicov,1998)。此外,拉丁裔青少年同样可能面临社会和种族歧视。Falicov(1998)指出,这种被边缘化可能会影响青少年的自尊:这种制度化的种族主义往往会导致个体产生无助的感觉,因为社会的低期望被人们内化了。两种社会现实关系之间的冲突可能会在他们的反社会行为中被引爆(Falicov,1998),尤其是在青少年时期,当他们还小的时候,如果当家庭外部的主流社会文化不再能够给他们安全感,更会如此。冲突和混乱进入家庭内部的圣地,像一个专横的客人一样,吵着要引起注意。Falicov(1998)认为,关于连接性和分离性、集体主义和个人主义,还有不同的年龄和性别等级观念,都存在着不同的观点,这是不容忽视的。

Falicov(1998)也提到解决这些问题的复杂性,这种复杂性可能会将拉丁裔家庭带到咨询之中。虽然尊重和服从父母的前提是普遍的,但关于越轨的文化规范及其后果则是不同的。例如,对一些拉丁裔家庭来说,子女们与父母顶嘴或逃避对社会或家庭的责任,往往不被认为是父母的过错,而通常被认为是父母的坏运气,这种坏运气在于他们拥有一个忘恩负义的儿子或女儿(Falicov, 1998)。但是,对于主流文化来说,家庭里有孩子脱离社会规范,是对父母培养良好公民能力的一种负面反映。另一方面,拉丁裔青少年往往是有过错的,但他或她的父母并没有因为他们违反规则和没有表现出适当的举止而感到羞愧。文化规范和文化活动是人之所以为人的核心所在,有助于我们发展自我意识,包括价值观、信仰、思维模式、认知方式和世界观。所有这些心理品质都有助于决定和塑造一个人的外显文化特征,也就是说,个体往往通过影响其态度、行为和习俗的那些隐性的规范、语言、传统、仪式和忠诚,与环境和其他人建立和维持关系的方式(Gushue, 1993)。

社会压力和心理压力

在为拉丁裔青少年进行心理咨询时,可以通过借助一些资源,帮助家庭通过找到文化上和谐的方式来理解和接受他们的青春期成长,同时保持父母和孩子之间的联系。咨询师通常作为家庭联络人,澄清彼此的期望,解决冲突,解释家庭成员的文化行为,鼓励父母和青少年之间达成妥协和协商。当父母和青少年在约会、宵禁和其他自由方面的发展时间框架不同步时,就会产生误解(Falicov, 1998)。

为拉丁裔群体提供咨询

Vasquez(1994)认为,如果想要了解影响拉丁裔群体心理健康的各种条件,对拉丁文化特有的因素和对该群体特定变量的敏感都是必要的。咨询师必须充分了解和尊重重大的环境影响和社会文化的影响,以便提供足够胜任、符合道德规范和负责任的心理治疗。Vasquez(1994)还提到,心理健康从业者常常忽略与他们自己不同的文化价值观、态度、行为和经历。这种知识的缺乏导致他们倾向于依赖于他们自己的世界观,并以一种错误和毁灭性的方式对他们的患者做出假设。

　　相反地,心理治疗师应该避免单纯基于他们自己,或基于患者的种族和性别来进行简单的、毫无根据的假设。许多治疗师——有时甚至是心怀善意的治疗师——也会采用种族刻板印象,而不是仔细对患者进行评估,例如,治疗师对一个来自拉丁美洲的人往往就会如此。咨询师对患者的文化和社会经济背景有一定了解是很重要的:咨询师最好能够将这些知识作为知情调查的基础,而不仅是作为一种笼统的观点,然后用这种观点来对患者的问题进行刻板地处理和应对(Vasquez,1994)。McGoldrick,Giordano 和 Pearce(1996)认为,在心理治疗中,引导、倾听和验证患者生活在新的环境中是如何影响他们生活的故事,能够帮助家庭看到他们自己的问题,而不是被这些问题所限制。

　　Koslow 和 Salett(1989)指出,没有一种单一的方法或手段可以被认为是治疗拉丁裔群体的最佳方法:根据患者的反馈得知,有些人对这一种方法的反应更好,有些人对另一种方法的反应更好。已经有多种治疗方法被用于拉丁裔群体。有些咨询师倾向于在家庭治疗中引用诸如家族主义之类的文化价值观,其他的治疗方法还包括行为和动力引导方法。与文化相关的心理治疗和干预措施,如故事疗法(Cuento therapy,在治疗中使用民间故事)也得到了发展(Comas-Diaz & Green, 1994)。

　　不管针对拉丁裔群体的治疗方法是什么,咨询师都需要解决他们患者的复杂的治疗预期,包括身体、心理和环境等方面的多重因素。除此之外,咨询师还应该适当关注患者的社会文化背景(Kostow & Salett, 1989)。

对拉美裔群体的治疗干预

　　考虑到在家庭和社区中人们对性别角色的刻板期望,因此建议助人者在与拉丁裔人合作时同时使用女权主义和多元文化的治疗方式。Vasquez(1994)指出,这两种治疗方法都基于以下理念,即外部因素是导致拉丁裔女性出现心理问题的原因。心理治疗过程非常看重咨询师对患者的支持和赋权,鼓励其进行改变。如果这是她想要的,而不是用病理学方法去分析或责备她。Vasquez(1994)建议,咨询师应强调患者的优点而不是缺点。Vasquez(1994)还提出,咨询师必须时刻保持警惕，应鼓励患者积极适应他们认为不健康的环境，而不是赋权和鼓励他们改变这样的环境。咨询师的文化敏感在为拉丁裔女性的咨询服务中非常重要，因为她们倾向于为自己失败和痛苦的经历承担责任并自我责备。因此，咨询师的作用是帮助患者认识到，自己同情和爱惜自己非常重要，要照顾好自己的身体和感受，并学会从那些于她来说很重要的人那里期待尊重（Vasquez，1994）。

减少偏见

Al-Issa（1997）指出，人们可以通过多种机会了解其他群体的成员，并作为个体与他们进行互动，从而减少社会中的歧视和偏见。他还注意到，如果主流群体之外的外群体（out-group）能够分化，并发现其个体成员的排外性，可能会最大化外人对他们所产生的积极看法。减少偏见的另一个重要因素是，接受人与人之间的接触应该建立在平等主义的基础上。此外，正常群体成员之间的互动，通常发挥作用的应该是与任务所涉及的技能有关，而诸如种族、肤色、年龄和民族等因素都应该尽可能减少。

Al-Issa（1997）看来，重要的是我们要记住，在西方，殖民地化和奴隶制的历史导致了欧洲血统的白人和其他种族和民族之间的支配关系。为了支持白人对自身文化的优越感以及强化其他文化的自卑感之类的信仰，他们可能会寻求科学和基督教的帮衬。其结果是，历史背景或西方种族中心主义的影响代代相传，通过他们的家庭、同龄人、朋友、大众媒体、学校和其他机构等方式所进行的社会学习传递下去（Al-1ssa，1997）。Comas-Diaz 和 Green（1994）建议，为了改善拉丁裔群体患者的心理健康状况，可能需要进行直接的宣传教育活动，例如，学生可以学习写一封信（有参考版本），谈谈如果可以重新入学会怎样。此外，宣传也可包括改善政府政策、法律和司法决定之类的努力。

有些组织或机构，如大学，习惯为那些在新的文化中挣扎的人，或为那些从宽泛意义和理解上来看经历多样性挑战的人提供咨询服务。Corey（2007）曾提出了一系列有助于促进多元文化咨询的方法，比如焦点解决疗法，它非常适用于有适应障碍、焦虑和抑郁问题的人。叙事疗法已经被广泛应用于各种各样的人群，包括人际关系、饮食障碍、家庭压力和抑郁。这些方法可以在各种各样的环境中,适用于不同年龄段的人,如儿童、青少年、成人、夫妻、家庭和群体,咨询师使用得当可以有效发挥作用。此外,叙事疗法和焦点解决疗法更有助于进行团体咨询。因为这些后现代主义的疗法,更多关注的是患者行为的社会和文化背景,在心理治疗室里阐述过的故事,还需要被重新锚定在现实世界中,这是每个人生活的世界。

咨询师不应该对来前来咨询的人做出假设,相反,咨询师还应该尊重每个人的故事和文化背景。此外,咨询师还应该发挥积极作用,挑战任何能够导致群体压迫的文化和社会不公正现象。治疗也因此成为帮助人们从压迫性的文化价值观中解放出来的过程,使咨询中的个体成为自己命运的积极推动者。

Corey(2007)提到了阿德勒学派的心理疗法,他认为该疗法关注社会利益、帮助他人、集体主义、追求生活意义、以及家庭的重要性,而且是目标导向,这些都与拉丁文化和其他文化的价值观相一致。关注环境中的人(person-in-environment),便可以充分挖掘文化因素对人的影响。另一种对拉丁裔群体非常有用的咨询方法是认知行为疗法(CBT),因为这种疗法采用的是一种合作的方法,允许个人表达他们关注的领域。这种治疗方法具有心理教育的成分,在探索文化冲突和提供新的行为建议方面非常有用。尽管这种方法强调个人的思考,而不是识别和表达情感,但对患者来说还是可以接受的。专注于学习和教学的过程可以避免精神疾病所带来的任何耻辱。拉丁裔群体可能会重视治疗师的这种心理引导的立场(Corey, 2007)。

家庭系统治疗是为拉丁裔群体进行咨询的另一个重要方法,因为它关注家庭或群体动力系统。此外,许多家庭疗法都会与患者的大家庭成员以及拉丁裔群体等支持系统打交道。家庭系统治疗的另一个重要方面是人际网络的建立,这与拉丁裔群体许多成员的价值观是一致的。因此,如果患者的其他家庭成员富有同情心,个人就有机会改变。这种方法为我们提供有效的途径,可以促进患者家庭的心理健康水平,还可以增进拉丁裔群体每个成员的福祉(Corey, 2007)。

尽管这些疗法可能是有益的,但它们在多元文化咨询过程中也有局限性。例如,一些批评家认为这些疗法大多支持的都是患者的"拉拉队"(cheerleading),而且这些疗法的主张显然过于积极。在咨询"行业"中,有很多人对大多数后现代治疗师在心理评估和诊断方面的立场持批评态度，也对咨询师的"无知"立场持负面态度。家庭系统治疗的一个限制是，在咨询过程中使所有家庭成员都参与显然是非常困难的，这也可能导致一些家庭成员抵制系统结构的改变。咨询师有自知之明，并愿意解决自身的家庭问题是至关重要的，因为他们很有可能在治疗过程中对患者产生反移情。因此，心理治疗师都必须经过良好的训练，接受专业的督导，并有能力在家庭环境中对患者进行评估和治疗（Corey，2007）。

三维咨询模型

Atkinson、Thompson 和 Grant（1993）所提出的多模式咨询方法，描述了咨询过程中咨询师存在的八种不同角色，与传统咨询方法相比，这种模型可以帮助咨询师更积极地参与患者的生活经历中。根据患者的问题、情况或目标，咨询师可以独立地或联合地使用这些角色。虽然由于角色的性质问题，这些角色可能在某些时候会有所重叠，但是每个角色都包含一些构成要件，使其成为独特的存在。

该模型由三个要素或变量（维度）组成，它们存在于一个连续统一体中，当咨询师为少数族裔群体咨询时，需要考虑下列因素：

- 咨询目标（预防性的/治疗性的）；
- 心理问题的病因（内部/外部）；
- 患者的文化适应程度（低/高）。

Padilla（1980）认为，文化适应状况是向拉丁裔群体提供心理咨询服务时必须考虑的一个中心变量，因为它是一个囊括万千的连续统一体，受到社会经济地位、价值取向和语言能力、个人偏好和策略运用的影响（Elliot，2000）。然而，当个人缺乏社会支持网络时，文化适应有可能成为一个风险因素。由于生活经历的变化和价值观的文化冲突，个人原本轻松的日常生活可能变得陌生、紧张和充满冲突。个体在努力维持原有文化认同的同时，也在努力适应新的文化认同。一些与拉丁裔群体的文化适应相关的因素包括：

- 代际状况（与家族史、教育和职业机会有关）；

- 英语使用状况（在家庭和工作中，需不需要说，是否有使用英语的偏好），还有熟练程度；
- 向原籍国流动的频率（特定文化态度和价值观取向的维持）。

咨询师的角色

Atkinson 等人（1993）根据咨询过程中的变量和情形的差异，确定了咨询师的八种治疗性角色，这些角色以不同的方式帮助患者解决问题，分别是建议者、倡导者、原住民支持系统的促进者、原住民治疗系统的促进者、顾问、变革推动者、咨询师、和/或心理治疗师。咨询师所扮演的角色，将基于上述三个维度进行转换。表 1 展示的是这些角色如何根据维度进行并行开展的。

表 1 咨询师的角色

角　色	文化适应程度	问题类型	目　标
建议者	低	外部	预防性
倡导者	低	外部	治疗性
原住民支持系统的促进者	低	内部	预防性
原住民治疗系统的促进者	低	内部	治疗性
顾问	高	外部	预防性
变革推动者	高	外部	治疗性
咨询师	高	内部	预防性
心理治疗师	高	内部	治疗性

1. 建议者：当患者文化适应程度较低，问题是外在的，治疗的目的是预防性目标时，咨询师可以作为建议者的角色出现。咨询师就患者或其家人可能遇到的问题，向患者提供建议，以尽量避免出现各种困难。咨询师开始时可以和患者讨论潜在的发展问题，并就防止问题出现向患者提供替代方案或选项等建议。这种方法主要适用于新移民，他们可能需要咨询师提供在新的国家遇到困难的建议。建议者的角色主要是为那些想知道如何减少新遇到的环境影响，如文化冲击、调整、同化和适应等患者服务的。

2. 倡导者：当患者文化适应程度低，问题是外在的，咨询的目的是治疗性时，咨询师可以作为一名倡导者发挥作用。当咨询师作为倡导者时，需要为患者的利益说话，这里的患者可能是一个个体，也可能是一群生活条件恶劣的人。在这个角色中，咨询师代表个人/团体，必须愿意和患者一起或为患者去追求替代性的更优路线。作为一名倡导者，咨询师有责任确保患者从主流文化的多样性资源中获取利益，而不丢失患者自身文化中独特和有价值的部分。作为倡导者的咨询师的作用在多种族学校中已经得到了加强。1988 年，全国学生倡议联盟（National Coalition of Advocate for Students(1988)）提出了一些建议，为移民学生的权益进行呼吁。敦促学校咨询师向学校工作人员倡议，移民儿童有法定权利获得免费、适当的公共教育，并呼吁重新制定政策和采取新的做法，撤销专门将移民学生分为三六九等却无助于其未来更好发展的预备项目。学校咨询师还必须确保移民学生能够顺利适应学校环境，尽量不受伤害、骚扰和群体间的冲突，并确保为这些学生服务的学校公平分配资源。

3. 原住民支持系统的促进者：当患者的文化适应水平低，问题是内部的，咨询的目标是预防性的目标时，这个角色就可以发挥作用。咨询可以被认为是一种社会支持系统，可以有助于预防和纠正问题；因为在许多文化中，原住民支持系统比专业咨询或治疗更容易被人们接受，因此，患者很可能会信任由咨询师所扮演的原住民支持系统促进者的角色。这些支持系统包括少数族裔的教堂、社区中心、家庭网络等。在此，请咨询师务必要强烈认识到支持系统的重要性，并鼓励不同的族裔或政府组织提供个人或群体所需的服务。此外，咨询师还可以通过转介患者，鼓励他们使用现有的服务等方式，来促进患者使用原住民支持系统。

4. 原住民治疗方法的促进者：如果患者的文化适应水平低，问题是内在的，治疗的目标是治疗性质的，咨询师可以承担这个角色。承认、尊敬和尊重患者的信仰体系是咨询师的职责。每一种文化都有多种多样的有效手段来处理和解决问题，因为他们已经形成了关于这些方法的有效性的积极信念，群体成员多多少少都会接受和相信。因此，相信某些治疗程序的人很可能会遵守这些程序。通过承担这个角色，咨询师要能够接受患者原有文化中的治疗方法，可能比传统的主流疗法或策略更有效。当咨询师向患者提供主流治疗方法的建议时，结果可能会在患者的需要和咨询师提供的帮助之间出现分歧，由此咨询师失去了患者的信任，最终患者也会脱离咨询。

5. 顾问。Hansen、Himes 和 Meier(1990)将咨询定义为咨询师与患者之间的一种合作关系,他们共同努力去影响第三方的行为。在这个角色中,咨询师应尽量防止问题进一步恶化,咨询师可以帮助少数族裔学习与主流社会成功互动所需的技能。因为不同的文化有着有不同的价值观和潜在的反应方式,像拉丁裔这样的少数族裔群体可能会因为自己的无能感而挣扎,因为他们无法掌握那些被主流文化所重视的技能。这样的挣扎使得他们在应对主流文化时处于不利地位。因此,我们鼓励咨询师向少数族裔群体的患者传授基本的应对技巧和社交技巧。根据 LaFramboise 和 Rowe(1993)的研究,一种方法是在小的团体中进行模仿训练,因为这个训练过程采取的是不同的传递知识的方式,虽然是间接的,但却是有效的。

6. 变革推动者:Egan(1985)将变革推动者描述为"任何在设计、重新设计、运行、更新或改进任何系统、子系统或程序中扮演重要角色的人"(p. 12)。在这个角色中,咨询师试图改变、修正或调整那些困扰着少数族裔群体的社会环境。咨询师帮助患者确定他/她的问题的外部来源,探讨解决这些问题的方法。他们共同制定一些策略,消除或减少对患者生活产生不利影响的这些困扰。通常,可以通过促进少数族裔政治团体的形成来实现这一点。作为变革推动者的咨询师总是低调行事,他们经常能够发现和调动机构中其他有影响力的人,来促成变革的出现。Lewis 和 Bradley(2000)指出,咨询师作为变革推动者有四种方式:咨询师可以评估群体需求;咨询师可以协调活动和资源;咨询师可以提供技能培训;咨询师可以倡导和呼吁变革。Ponterotto(1987)曾描述过一种为墨西哥裔美国人提供咨询的方式,其中包括可适用于其他族裔群体的变革推动者,还阐述了它的构成要素。正如 Ponterotto 所描述的,这个角色构成包括识别社会、环境和制度因素,这些因素压迫着患者,但对患者的控制是外部的。

7. 咨询师:当患者有较高的文化适应水平时,问题是内在的,目标是问预防性的问题时,助人者会遵循传统的咨询师角色。咨询师的主要职责是帮助患者思考,然后做出决定,这个过程中药考虑到患者的历史、信仰、态度、价值观和背景。每一种选择方案都要考虑目标和后果、结果发生的可能性、决策过程和决策技能。由于患者具有高度的文化适应能力(这意味着他或她已经发展了适应技能),咨询师必须意识到自己的偏见,这些偏见可能会影响患者选择特定的替代方案或选项的决定。

8. 心理治疗师:当患者的文化适应程度很高,问题是内在的,患者想要解决这个问题时,咨询师可以担任这一角色。咨询师行使这个角色时必须考虑的两个重要因素,一是维持作为咨询师的信誉,二是让患者尽快从治疗中获得收益。Sue 和 Zane(1987)认为,维持咨询师的信誉需要考虑三个方面的重要内容:1)患者问题的概念化必须与患者的信念体系相一致;2)咨询师要求患者的回应和给予患者的建议必须与文化兼容并可接受;3)咨询师和患者对目标的界定必须相同。通过给予对方所需,咨询师可以加强自身的可信度。咨询师的给予可以被描述为治疗中的那些有意义的收获,包括(给予)安慰、希望、信念、技能获得、应对方法和焦虑减少的选择等。

为拉丁裔群体咨询时的一般注意事项

一些咨询师所秉持的职业和个人方面的态度和信仰,会对少数族裔群体的咨询过程产生负面影响。患者的文化历史和受压迫经历,会使他们的行为发生变化,这对咨询师和患者来说可能具有不同的含义。为了避免刻板印象和个人偏见,咨询师必须寻找与患者问题相关的具体信息,如人口统计学信息(历史和文化背景)、专业技能(患者曾经的工作经验)和个人经历(种族主义/排外/接受)。

为了帮助拉丁裔患者,咨询师必须考虑如下几个因素,如语言维持、社会关系、家庭结构和历史,以及宗教信仰。由于一种语言的生命力可以确切表明该群体在社会中维持自身发展的状况,因此应在更广泛的社会、政治和意识形态因素框架内加以考虑。语言作为我们社会中最重要的实践活动之一,不断进行着文化生产和文化繁衍(Corson, 1998;Darder, 1991)。尽管拉丁裔作为一个群体,成员们有诸多相似之处,比如都会受语言、精神信仰和价值观的约束,但是咨询师必须明白,世界观方面也存在着诸多差异,这是非常重要的。在加拿大,拉丁裔群体的现实与美国的拉丁裔群体并不相同,因为他们的历史和来源地存在差异。由于刻板印象和偏见的原因,拉丁裔群体中被诊断出有心理问题的频率,相对其他群体来说尤其高。然而有趣的是,与其他任何群体相比,他们接受助人者帮助的时间则更少。在界定什么是"心理正常"时,原先形形色色的心理卫生机构的定义应该受到挑战,尤其是界定非主流群体的问题,我们更应该谨慎。评估和界定"心理正常"必须根据患者的具体情况、个人历史和背景,以及某一事件发生的特定环境,进行综合的评估和理解。

如果咨询师能够意识到以下几点,那么咨询师可以更好地识别和理解患者的具体情形,并将能够从中受益:

- 要注意到咨询师可能会被患者认为是值得尊重的权威人物,他的建议应该被采纳和遵从。在父权制社会中,人们期望得到指导,甚至被告知在各种情况下该做什么和如何去做。
- 咨询师要知道,对"自我"概念的理解,在个人主义的北美社会,与集体主义的拉丁裔男女患者之间并不相同。咨询师必须重视联系、支持和依赖大家庭的价值。
- 小心不要陷入刻板印象中,尤其是在治疗或帮助过程中快接近预期结果的时候。刻板印象利用一个人的民族或种族背景,就直接对患者的信念或行为进行简单粗暴地预测。
- 要认识到拉美裔患者能够接受替代疗法,如按摩治疗师,疗愈师和草药疗法等。

患者可能会经历什么?

在拉丁裔群体的患者中,由于被压迫的历史、个人经历和特定的文化背景的不同,导致了患者具有不同的反应和行为。对于患者来说,咨询师(通常基于刻板印象)认为理所当然的事情,可能却是另一个独特的现实。因此,患者往往并不能被很好地理解,并根据他们自己的经验处理一些事情。因此,咨询师有必要获取更多的统计学和经验层面的信息,这样可以为他们提供更多的机会来更好地帮助拉丁裔群体。Diaz、Vasquez 和 Ruiz de Esparza(2002)认为,"[咨询师]可以从这样一个基础中,提升并扩展他们区分刻板印象和真理、偏见和健康、有效咨询和文化压迫的能力"(p. 146)。从拉丁裔患者的角度来看,一些普遍的看法包括:

- 相互依赖被视为健康和必要的。

- 家庭在患者的生活中扮演着重要的角色，包括鼓励、教育期望、重要生活事件、替代学习和工作选择（Fisher & Padmawidjaja，1999）。

- 由于糟糕的工作机会、社会关系、社会压迫、被歧视、获得教育的困难和西方文化看待他们的方式等原因，一些拉丁裔男性和女性可能有低自尊的体验，这种体验可以反应在他们激进的行为、孤立等现象中（McNeill，Prieto，Pizarro，Vera 和 Gomez，2001）。

- 有些患者可能认为咨询师应该更进一步，帮助他们改变社会环境，而不仅仅是调整或适应它。

- 和咨询师透露亲密问题可能会很困难，因为它可能会对家庭产生负面影响。在拉美裔群体中，言语上的直截了当和开诚布公并不是常态。这一点应该被理解为一种文化价值观，而不是咨询过程中令人畏惧的方面。

- 快速熟识对方是不可取的，尤其是在与新认识的人（例如第一次到办公室拜访时）见面时。咨询师对不熟悉的人有礼节，是尊重对方和有敬意的表现。

- 患者过去的经历很重要，这会影响他/她的直接的感觉和行为。

- 思维可以是线性的（因-果关系），也可以是循环的（事件被认为是独立于后续事件的）。有可能出现某些情形是由上帝的意愿、好运或超出患者控制的力量造成的。

其他可选择的方法

Casas、Vasquez 和 Ruiz de Esparza（2002）认为，咨询过程应该关注患者的期望、偏好、价值观和态度，他们建议咨询师可以考虑到以下咨询方法：

使用存在主义哲学方法：这种方法能够强化和尊重彼此的文化差异，并将那些反映人类普遍关注的经验组织起来。

发展文化同理心：咨询师必须发展自身的思想、语言和行为，以便有效地与不同的文化群体进行沟通。

使用多维模型咨询方法：多维模型方法能够提供足够的灵活性，以适应拉丁裔群体内部的文化多样性；它增强了患者行为改变的可能性，并关注患者的行为、形象、认知过程、感觉和人际关系。

有一定的参与度：咨询师可以积极参与拉丁裔群体开展的一些活动，并全身心参与。这是一种应该被接纳的社会责任形式。

结　　论

根据 Vanier(1998)所述，"爱和尊重，就像恐惧和偏见一样，都是由一个人传给另一个人的。从寻求认同到承担责任，再到对不同的人打开自我，这意味着自我意识的转变"(pp. 81—82)。咨询师的转变则是能够将文化认同看成个体行为的主要因素，因此，对患者文化背景的敏感和理解必不可少。拉美裔群体作为一个拥有种族多样性但却有着共同语言的文化群体，处于一种独特的境况中。

拉美裔群体是北美增长最快的人口之一，尤其是在美国，但在加拿大也是如此。我们认为文化不是一成不变的：文化总是在变化，就像人类一样。我们的理解是，拉丁美洲的社会经济状况比以往任何时候都更糟：贫困程度不断加剧，失业率达到了最高点。因此，我们的一些公民迫切想要迁移到"北方"，以实现他们的梦想。在过去的二十年里，拉丁裔群体的人口迅速增长。当拉丁裔人最初来到美国时，非拉丁美洲人对他们的态度让他们感到沮丧。他们的语言、肤色和文化——这一切对他们的生活至关重要——似乎是遭受压迫的原因。我毫不怀疑，拉丁美洲移民中存在的知识和文化的多样性，为他们的新国家创造了巨大的机会；然而，我们只听到人们对这一群体的负面印象。我们不能否认，一些拉丁美洲人的观点可能是过时的，但美国需要纠正他们对新移民的剥削，改变狭隘的看法，重新审视这些拉美国家。北美倾向于认为拉丁美洲的移民都是一样的；然而，他们也是个体，每个人都有自己独特的生活经历和世界观。当拉丁裔移民迁移到美国时，他们往往会被迫抛弃家庭、朋友、配偶、亲属和宝贵的传统；在美国，几乎所有的事情都与原先不一样。基础设施和上层建筑的许多组成部分，如法律、法规和规章，对移民来说都是新鲜事物。因此，文化冲击的可能性很高，可能导致拉丁裔移民出现抑郁。

重要的是，咨询师要了解患者的文化背景如何影响他们对苦难的看法。尽管对前来寻求咨询的拉丁裔人产生刻板印象是不明智的，但重要的是要评估文化背景在多大程度上影响了他们的关注。心理治疗有许多方法，其中一些可能与患者的社会化过程相矛盾而引起内心冲突；因此，患者对某些技术的回应（或缺乏回应）是判断咨询师所运用的技术是否有效的重要方法。跨文化心理咨询的研究非常广泛，它可以为少数族裔群体的心理咨询提供多种模式和模型。Atkinson、Thompson 和 Grant(1993)提出的为少数族裔提供咨询的三维模型，是咨询师与拉丁裔群体患者共同合作的最有用的范例之一。然而，助人者对咨询过程选择的判断和责任，才是给患者带来最大利益和积极结果的最重要因素。正是因为我们愿意接受他人，作为助人者的我们才能够开始理解他人的需要和希望，从而不会忘记尊重患者、开放心态和共同情感，将永远是构成良好咨询实践的关键组成部分。

拉丁裔群体的有效咨询，更多取决于咨询师熟练地将认知、行为和情感等方面的技术进行结合。这样的结合有助于咨询师帮助拉丁裔群体分析他们的信仰和假设，体验内心冲突和挣扎感觉的程度，将这种感觉慢慢平复下来，在他们的日常生活中学习以新的方式行事，并将他们的见解转化为行动计划。

参 考 文 献

Al-Issa, L. , & Tousignment, M. (1997). *Ethnicity immigration , and psychology*. New York: Plenum Press Atkinson, D. R. , Thompson, C. E. , & Grant, S. K. (1993). A three-dimensional model for counselling racial/ ethnic minorities. *Counselling Psychologist*, 21, 257—277.

Bochner, S. , & Furnhamn, A. (1986). *Culture shock*. New York and London: Methuen.

Bochner, S. , Furnham, A. , & Ward, G. (2001). *The psychology of culture shock*. New York and London: Routledge.

Berdichewsky, B. (2007). *Latin Americans' integration into Canadian society in B. C.* Vancouver: BC. Retrieved from http://www. lulu. com/shop/bernardo-berdichewsky/latin-americans-integration-into canadian-society-in-bc/ebook/product-17482201. html

Casas, J. M. , & Vasquez, M. J. T. (1989). Counseling the Hispanic client: A theoretical and applied perspective. In PB. Pedersen, J. G. Draguns, W. J. Lonner & I. E. Trimble (Eds.), *Counseling across cultures* (3rd ed. , pp. 153—175). Thousand Oaks, CA: Sage Publications.

Comas-Diaz, L. , & Beverly, G. (1994). *Women of color: Integrating ethnic and gender identities in psychotherapy*. New York: The Guilford Press.

Corey, G. (2007). *Theory and practice of counseling and psychotherapy*. Belmont, CA: Thompson.

Corson, D. (1998). *Changing education for diversity*. Bristol, PA: Open University Press.

Darder, A. (1991). *Culture and power in the classroom: A critical foundation for bicultural education*. Toronto, ON: OISE Press.

Egan, G. (1985). *Change agent skills in helping and human serving settings*. Monterey, CA: Brooks/Cole.

Elliot, K. A. G. (2001). *The relationship between acculturation, family functioning, and school performance of Mexican-American adolescents*. Unpublished doctoral thesis, University of California, Santa Bar bara.

Falicov, CJ. (1998). *Latino families in therapy: A guide to multicultural practice*. New York, NY: The Guilford Press.

Fisher, T, & Padmawidjaja, I. (1999). Parental influences on career development perceived by African American and Mexican American college students. *Journal of Multicultural Counseling and Development*, 27, 136—152.

Gushue, G. V. (1993). Cultural-identity development and family assessment: An interaction model. *The Counselling Psychologist*, 21, 487—513.

Koslow, D. & Salett, E. P. (1989) *Crossing cultures in mental health*. Washington DC: SIETAR.

McGoldrick, M., Glordano, J., & Garcia-Preto, N. (2005). *Ethnicity and family therapy*. New York, NY: The Guilford Press.

McNeill, B. W., Prieto, L. R., Pizarro, M., Vera, E. M., & Gomez, S. P. (2001). Current directions in Chicano psychology, *Counseling Psychology*, 29, 5—17.

LaFramboise, T., & Rowe, W. (1983). Skills training for bicultural competence: Rationale and application. *Journal of Counselling Psychology*, 30, 589—595.

Lewis, J., & Bradley. L(Eds.). (2000). *Advocacy in counseling Counselors, clients, and community*.

Greensboro, NC: ERIC-CASS.

Moursund. J. (1995). *The process of counseling and therapy*. Portland, OR: Prentice Hall.

Padilla, A. M. (1980). *Acculturation: Theory, models and some new findings*. Boulder, CO: Westview Press.

Ponterotto, J. G. (1987). Counselling Mexican-Americans: A multi-modal approach. *Journal of Counselling and Development*, 65, 308—312.

Rubio, E. (2004). *Social inclusion: The basis of and possible effects of social inclusion and exclusion on the Hispanic community in Toronto*. Unpublished paper. Toronto, ON: Hispanic Development Council.

Skimore, T. & Smith, P(2005). *Modern Latin America*. New York, NY: Oxford University Press.

Statistics Canada(2006). The Latin American Community in Canada. Retrieved from http://www. stat can gc. ca/pub/89-621-x/89-621-x2007008-eng htm

Sue, S. , & Zane, N. (1987). The role of culture and cultural techniques in psychotherapy: A critique and reformulation. *American Psychologist* , 42, 37—45.

Vasquez, M. J. T. (1994). Latinas. In D. Comas-Diaz & B. Greene(Eds.), *Women of color : Integrating ethnic and gender identities in psychotherapy* (pp. 114—135). New York, NY: The Guilford Press.

Vanier, J. (1998). *Becoming human.* Toronto, ON: House of Anansi Press.

12. 为加拿大黑人提供咨询

埃利亚·切布德 & M.奥诺雷.弗朗斯

我的家族在加拿大的历史,是埋葬在历史堆里的众多不为人知的故事之一。20世纪40年代,我的父母从经济萧条的新斯科舍省(Nova Scotia)搬到了蒙特利尔。他们本来是为了给自己和孩子寻求更好的生活,但很快发现,对黑人来说,在加拿大任何地方的生活都充满着种族歧视,也缺乏工作和上升机会。新斯科舍省的生活每天都在为生存而挣扎——失业、种族隔离、缺乏教育、酗酒和普遍的绝望状态,吞没了许多新斯科舍省的黑人社区。我看到了它对我家族的几代人所造成的伤害。这给我的许多亲戚留下了无尽的痛苦,他们的余生都会被这种痛苦所困扰,许多人试图从这个"恶魔"之瓶中逃脱出来并最终打碎它,以摆脱生活的幻灭和艰辛。(Ruggles,1996,p.5)

在加拿大社会的每一个社会阶层,都存在着关于种族主义的问题,或是公开或是隐蔽;然而,尽管如此,非洲裔加拿大人仍继续为加拿大社会做出贡献。大多数人都熟悉由法律所体现的公开形式的种族主义,也就是南非种族隔离制度的翻版。但种族主义更细微层面的形式,有时是隐蔽的,甚至有时是无意的,更难被人们识别。根据 Mensah(2010)所述,制度化的种族主义"是比较常见的做法,一直到最近,还要求未来的公交司机或警察必须具备一定的体重或身高……

[但是]这样的规定,总是不可避免地违背一些种族或民族群体的意愿"(p. 17)。在 Mensah(2010)看来,"具有讽刺意味的是,旨在保护少数族裔的《权利和自由宪章》,最终却以言论自由的名义,给极端分子提供了支持种族超现实主义(racial surrealism)的法律依据"(p. 17)。对我们来说,在教育课程中的种族主义,其表现形式是我们缺少系统地公开探讨学生种族多样性的问题。近年来,各级教育机构都采取了措施来确保这一点,即种族多样性在校园中具有更大的优先性和重要性;然而,仍有许多地方和实践仍需要改进。在咨询师训练中需要强调的是,要充分认识到文化在咨询师胜任能力中所发挥的关键和复杂的作用,在跨文化培训中的每个人,事实上都在文化适应过程中,注定要犯错误。因此我们需要的是耐心和互相帮助。进行跨文化咨询和开设教学课程的目的,是对他们进行启发、告知、对文化敏感,并教授课程方法、助人方式,还有能够用来帮助他人的策略。在加拿大社会每种文化中的个体,大家都是"兄弟姐妹";相互包容,消除种族歧视,是建设公正社会的唯一途径。我们应该创造条件,让每个人都可以跨文化成长。我们需要互相教导,让彼此对文化更敏感一些。尊重他人的想法是一项困难的任务,充满了障碍和误解。它要求人们在一定程度上对他人要具有敏感度,这也就是 Ridley 和 Lingle(1996)所说的"文化移情"。

> 文化移情是一种通过学习获得的能力,咨询师要能够准确地理解自我,还有来自其他文化患者的经历。这种理解是由咨询师根据自身对文化信息的解释所形成的。文化移情还包括心理咨询师将这种理解向不同文化的患者进行有效地传达的能力,并且这种传达是基于对患者的关心而进行。(p. 32)

文化移情也可以称为多元文化移情。虽然多元文化移情很有帮助,但它并不能取代咨询师和患者之间的文化相似性等因素。不同文化背景的人可以学习解码彼此的文化线索,这个解码过程并不依赖于个人文化价值观的消退,因为无法接触一个人的文化身份是一个让人不安全的个人基础。和其他技能一样,文化移情也是可以学习的。学习文化移情首先要学习如何进行移情,然后再解码文化中的含义。这一步之后,要能够以一种合乎文化要求的方式做出反应,包括人性的情感、认知和精神层面。Ridley 和 Lingle(1993)指出,为了具备文化移情能力,咨询师必须能够从文化的角度区分自我和他人。文化敏感性要求咨询师要能够准确地了解患者文化方面的信息,可以采取包括以下一些步骤:观点探讨("站在别人的角度")、能够感同身受(患者的感受),以及对患者问题进行回应。

加拿大黑人都有谁?

与欧洲人一样,非洲裔群体也一直都在加拿大生活,尽管与美国相比,他们在全国总人口相对较少。根据加拿大统计局(2011)发布的数据,在大约 3400 万人口中,有 27 万余人人认为自己来自加勒比海地区或非洲(占加拿大人口的 1%,而美国为 12%)。虽然"非裔美国人"一词在美国被人们广泛接受,但许多从加勒比海地区来到加拿大的黑人喜欢用"加勒比裔加拿大人"或"加拿大黑人"这个名字来反映他们的加勒比血统。Rinaldo Walcott 是一名加拿大的黑人和非洲后裔,他说,"我用黑色人种这一古代的和古老的词汇进行政治话语的自我建构"(1997,p. 2)。他认为黑人这一词汇的运用现在充满了政治意味,从而超越了狭义上的那些最初的祖先来自非洲的人的身份特征。另一方面,美国政治活动家 Jessie Jackson 认为,使用黑人这一称呼在多元文化的美国已经过时了。他曾提及过,当别人批评他的时候,会说世界上没有"黑人"这样的地方,但有一个地方叫非洲,有着悠久的历史和文化。许多最初批评杰克逊的人也开始使用"非裔美国人"这个词。我们选择在这一章中交替使用加拿大黑人和非裔加拿大人,因为这两个词在以往文献研究中都有使用。除了少数例外,在加拿大,黑人远比"黑人和非裔加拿大人"被更为广泛地引用。尽管在美国有一些例外,但黑人和非裔加拿大人这两个词不仅包括原本生活在加拿大的"黑人",还包括来自加勒比海、斐济和许多非洲国家的新移民及其子女。

在过去的三十年里,来自非洲的移民和作为难民的黑人数量不断增加。撒哈拉以南最大的移民群体来自肯尼亚、埃塞俄比亚、索马里、南非和坦桑尼亚,预计人数还会持续增加;然而,与来自亚洲的移民数量相比,总体人数相对还是较少。在加拿大,黑人女性比黑人男性多 3.2 万。有趣的是,大约 30% 的加拿大黑人拥有牙买加血统,并都是以移民的身份来到加拿大;另外,还有 32% 的人来自于加勒比海的其他地方或百慕大地区。60％的加拿大黑人生活在安大略省,但 90％的海地裔加拿大人生活在魁北克。60％的加拿大黑人年龄在 35 岁以下,97％的加拿大黑人生活在城市地区。

黑人和非裔加拿大人的历史背景

在 Walker(1976)看来,对于加拿大人来说,“忽视黑人的历史不仅是对重要文化遗产的视而不见,也是对加拿大整体历史发展方向的误解”(p. 51)。加拿大主流历史教科书显然忽视了非洲后裔群体的地位和作用。从欧洲移民到加拿大开始,非洲裔群体就在这个国家生活和工作。在 1834 年大英帝国宣布废除奴隶制之前,大多数黑人被贩卖到加拿大地区,要么做奴隶,要么做契约奴仆。然而,也有许多例外,包括 5000 多名在美国独立战争结束时作为英国效忠者来到这里的黑人。非裔美国人与种族歧视作斗争的经历被广泛记载,这也掩盖了加拿大黑人的种族主义和种族隔离的历史。事实是,加拿大政府和人民由于肤色的不同,对有色人种有着长期的种族歧视和种族主义的历史。虽然成千上万的黑人从美国奴隶制度下逃离到了加拿大,并在加拿大获得了自由,但他们仍然被政府隔离起来。甚至在第一次世界大战时,加拿大军队中仍然有专门为不同种族士兵设立的军营。1954 年,种族隔离在新斯科舍省的学校被正式废止,但在加拿大各地,有色人种争取平等的斗争仍在继续,并最终被逐渐接受和认可。

我们可以往前回溯一下,加拿大不列颠哥伦比亚省的第一位省长是 James Douglas 爵士,他是一名有着英国和非洲血统的人。他的母亲出生在加勒比海,她的父亲是一个自由人,最初是作为奴隶从非洲被贩运过来的。有趣的是,1858 年春天,Douglas 主动邀请了第一批黑人来到英属哥伦比亚省的温哥华群岛,许多人就此定居在盐泉岛和中部的萨尼奇地区。这个殖民地的第一支警察部队全都是黑人组成,由 Douglas 在 1858 年夏天组织。最显而易见的成就发生在 1972 年,Rose mary Brown 当选为加拿大省级立法机关的首位黑人女性。虽然非裔加拿大人已经成为不列颠哥伦比亚省社会不可分割的一部分,但在加拿大,种族主义仍然以各种形式存在。此外,黑人的社会参与和社会贡献很少得到承认,或者在历史书中缺乏应有的记载。加拿大黑人仍然缺少存在感,同时也是有色少数族裔群体的一部分。人们必须记住的是,文化是不断演变的,受其周围的历史和社会力量所影响。然而,黑人和非裔加拿大人群体对文化演变的影响往往被忽略或完全遗忘。不承认他们的贡献实际上是否认贡献者的存在。

种族主义及其心理影响

> 为什么我要去蒙巴萨[肯尼亚]这样的鬼地方?……我有点害怕去那里……我看到自己就在一锅沸水里那样,周围都是些围绕着我跳舞的土著居民。(ABC 新闻,2001 年 6 月 26 日)

前多伦多市长 Mel Lastman 否认自己是一个种族主义者,尽管他为了支持自己的城市申办 2008 年奥运会而前往非洲争取支持。然而,他的声明不仅让这座城市和加拿大感到尴尬,也让许多少数族裔群体对加拿大的看法直线下降,会让他们认为许多加拿大人完全不理解种族主义是如何破坏社会和谐的,并且会让非裔加拿大人感到被羞辱和伤害。我们可以考虑一下这个案例,魁北克高中教师 William Kafe 在 1993 年向人权法庭投诉自己在学校受到的不公正待遇。在审判中,

> Kafe 进行陈词说,多年来,学生们把粪便扔向他;有两次,学生们放火烧了他的教室,并大叫"我们要把那个黑鬼烧掉";他们冲进他的教室,大声喊道:"我们要淹死那个黑鬼!"他们踢打他,用领带把他捆绑在地上,拽着他不断转圈,就像对待一条狗一样;他们告诉他他很脏,便拿了肥皂和一块抹布来"清洗那个肮脏的黑鬼",他们嘲笑非洲舞蹈,高喊"祖鲁,滚回非洲去吧"(Ruggles 1996,p. 94)

Kafe 报告说,他对学生们对他的种族侮辱感到焦虑和沮丧,以至于无法继续教书。然而在判决公布前两天,Kafe 却被逮捕了,因为他之前给当地市长写过一封恐吓信,在信中他抱怨种族主义,并提到自己可能会采取"枪击暴行"进行反击。法庭认为,Kafe 受到种族骚扰事实充分,并补偿他 1 万美元。在对他写给市长恐吓信的审判中,Kafe 被判有罪,但如果他愿意接受心理咨询并提供保释金,可以获得保释。有充分证据表明,Kafe 的压力是如此之大,以至于他患上

了精神疾病,尽管他对自己所受到的虐待的感觉是具体的。这种案例可能是非常极端的,但话说回来,也可能不是那么极端。它所说明的是,种族主义会让人们疏远,并让他们感到绝望。

Ruggles(1996)描述了下面的情景,通过将人们摆在关于种族主义场景的位置上,来说明人们感知到的或真实的种族主义事件是如何对个人产生影响的:

> 游览了一整天后我感到精疲力竭,我在富人区的一家户外餐馆坐下。迎接我的并不是服务员殷勤地问我想要点些什么,而是我被粗鲁地警告说,除非我打算点什么东西,否则我是不能坐在这个位置上的。他凭什么决定我不吃东西? 当我的妻子和孩子一走出洗手间时,他的态度发生了巨大的变化。我在想,是不是一个带着家庭的黑人更值得怀疑? (p. 90)

2007 年,加拿大联邦作家奖的最佳长篇小说得主是 Lawrence Hill,他写了备受赞誉的小说《黑人之书》(The Book of Negros)。在文学领域,许多文学界的同行称赞 Hill 对当代加拿大小说的贡献是杰出的,认为他揭示了非裔加拿大人奋斗的人类故事。如果想要体会一下从美国奴隶制中逃出来的加拿大黑人的感受,可以参考小说中的一个角色:"在新斯科舍省的奴隶和自由的黑人在一起?"他舔了下自己的牙齿说,"这里是应许之地"。(p. 294)。的确,人们在这里可以找到自由,但他们却并没有被接纳。

内部张力所产生的焦虑、自我怀疑和隔离是如此之深,许多少数族裔人们拼命寻找慰藉或麻醉自己的方法来应对分离。当听这些类型的故事或情况时,咨询师可能需要记住的是,咨询师对某些事情的感受应该怎样的看法,远比这些事情是否是真实的或想象的更为重要。咨询有效的关键是让自己意识到他们被轻视的那种感觉。种族主义通常是非常微妙且具有隐蔽性的,但其结果和公开的种族主义一样具有破坏性。下面的研究结果表明:对少数族裔来说,种族主义的代价是巨大的。1947 年的一项关于白人儿童和非裔美国人儿童关于种族意识选择偏好的研究中(转引自 Sue & Sue,2007),研究人员发现,非裔美国人的孩子更喜欢玩"白色娃娃而不是黑色娃娃,黑色的娃娃被认为是丑陋的。大约三分之一的非裔美国人儿童,当被要求选择看起来像他们自己一样的娃娃时,他们选择了白色娃娃"(p. 99)。1987 年,一组研究人员在美国心理学会报告说,他们的研究结果与 1947 年的研究结果相似。

> 如果想要建设更美好的联邦国家,意味着我们要了解到底是什么困扰着非裔美国人群体,这些困扰不只是存在于黑人心中的,还有更深层次的原因。种族歧视的后遗症——还有目前频发的种族歧视事件,虽然没有过去那么明显——但却是真实发生的,必须加以解决。(Barack Obama 在 Henfield 的演讲,2011,p. 141)

这些话强调的是,这个关于种族主义的演讲认为,当前种族主义形式已经从公开的行为转变为更微妙的行为,可以描述为微侵犯(Micro-aggressions),这种形式在许多方面比公开行为更为伤人。Sue 和 Sue(2007)将"微侵略"描述为"短暂而常见的日常、言语、行为和环境上的侮辱,无论是有意还是无意的,都是对目标个体或群体的敌意、贬损或负面的种族侮辱和侵犯"(p. 273)。微侵犯行为使人自尊受损,同时又是以阴险的方式攻击他人,会进一步强化种族偏见或态度(例如,智力低下),这些都是公开化种族歧视时期的产物。Henfield(2011)在一项针对传统白人中学中的黑人青少年的研究中发现,黑人青少年能够发现很多不同类型的微侵犯。

非洲哲学:非裔加拿大人世界观的基础

已有诸多研究关注过生活在北美的不同民族的世界观,当人们不知道他人世界观时所,误解非常容易产生。世界观是以哲学观为基础的;如果我们熟悉非洲哲学,就可以增进对非裔群体的了解。为什么在黑人和非裔加拿大人的祖先来到北美多年后,非洲哲学变得如此重要? 在 Nobles(1972)看来,

> 它的独特地位并不是来自于黑人在白人世界[北美]中的弱势和负面影响,而是来自于非洲和新世界中非洲人的价值观、习俗、态度和行为等基本非洲哲学的积极特性。(p. 18)

非洲哲学的下述维度为人们提供了在日常生活中如何行动、说话和思考的一种感觉。这是一种集体无意识，它为人们如何以系统和自然的方式行事提供了整体框架。基本行为都是从作为"黑人"的所有方面衍生而来，而在非洲各国人民之间，也存在着民族和部落差异，就像在世界上任何地方一样。不过虽然他们的地理位置可能不同，但也有一种共同的特质将人们联系在一起（Cheboud, 2001）。

信仰和宗教：人的人性是建立在作为整体的一部分的基础上的，包括作为群体和宇宙的一部分。信念和行为是同一的；因此，人的生活就要参与到出生、死亡和复活这一自然循环中（在所有的非洲社会中都发现人们相信死后会复活）。

统一：虽然上帝是宇宙的中心，但所有的生物，包括动物和人类，都是联系在一起的。每个个体身上都蕴藏着宇宙，它是存在于每个个体身上的一种共同的力量。

时间：现在和过去总是联系在一起，生活系统的取向是从现在回到过去。时间总是包含着过去和现在的这两个基本要素。

死亡与不朽：生命不是从出生开始，而是从命名、青春期、启蒙教育和婚姻/生育开始。不朽是存在的，只要这个人能被人们记住；因此，只要你被认可，你就可以做到不朽。生育可以确保人们能够被记住。

关系：家庭、氏族或部落的生存是所有非洲人民的基本目标，而这些家庭、氏族或部落是由个体与他人的血缘关系决定。亲属关系不仅是垂直的（祖父母、父母、孩子），而且是水平的（阿姨、叔叔、堂兄弟和部落里的每个人）。个人相较于家庭、氏族和部落来说处于次要地位。

黑化理论：身份的发展

根据 Rowles and Duan（2012）的说法，"尽管种族主义已经被证明是一种负面的影响，而且种族主义和种族歧视仍然存在，但[黑人]……仍然继续极大地改善他们在社会中的地位，并在各行各业取得成功"（p. 11）。从本质上说，他们从"适应的自卑"所表现出的谦逊和模仿白人的态度，发展到"黑人骄傲"和"黑人力量"的阶段，非洲民族自我认同的发展源自于 William Cross 提出的黑化理论。这一理论最早呈现在他的著作《黑人的阴影：非裔美国人身份的多样性》（Shades of Black: Diversity in African American Identity)中,这本书最早于 1971 年出版并于 1991 年再次修订。黑化(Nigrescence)一词原本是一个法语词汇,意思是在文化心理意义上变黑的过程。这一理论旨在揭示非洲人后裔经历中那些独特的、与身份发展相关的细微差别。黑化发展阶段理论为思考亚裔美国人的身份发展、女权主义的身份发展和同性恋/拉美人的身份发展提供了基础。当前黑化理论已经被人们修正,以诠释当代黑人领导人"真实世界"中的身份冲突和意识形态的分裂(Vandiver,2001)。例如,在身份认同动态发展过程中,对于所有到达内化阶段的人,修改后的模型不再坚持所有人的身份动态中存在着共性,而是允许在那个阶段存在意识形态的"分裂",或者是以非洲为中心的世界观相对于一个二元文化框架。

在身份认同发展方面最有影响力的理论家之一是 Erikson(1968),他影响了几代心理学家和咨询师。后来,其他心理学家如 Phinney(1989)修改了 Erikson 最初的理论,这一理论在解释来自欧洲种族背景的人的身份发展方面仍然是一个重要的相关理论,而 Cross 的黑化模型则被认为更适合于黑人、非裔加拿大人和其他人。虽然在心理咨询中得到了广泛的应用,但黑化理论并不是唯一的身份认同发展理论。其他理论还包括 Baldwin 的非洲人自我意识理论,它有时也被称为黑人民族主义理论(Worrell、Cross & Vandiver,2001)。该理论模型提出了身份认同发展的四个阶段:预接触阶段(Pre-encounter)、遭遇阶段(encounter)、沉浸-复现阶段(immersion-emersion)和内化阶段(internalization)。

1. 预接触阶段:在这个阶段,一些黑人对非洲人的特性或黑色的外观并不认同。在这一阶段原本理论认为黑人持有的是支持白人和反对黑人的立场;然而,经修正的观点认为,这一阶段的特点是同化或自我憎恨。在同化中,"对自己作为黑种人并不认可,对成为美国人有强烈的取向"(vandiver 等人,2001,p. 176)。自我憎恨或对于作为非裔加拿大人有着消极的自我形象,已经在定义上不再规定,尽管这一特征可能存在。积极心功能或自尊问题是其中两个变量,并不一定是黑化的组成部分。Vandiver 等人(2001)认为,在预接触阶段的人可能已经具有了一种由于种族主义学校课程的"错误教育"而导致的自我形象。有可能的是,一些人会因为受教育不当而将关于黑人的种族主义概念内化。因此,他们可能表现出低自尊和虚弱的自我发展。对于这两种类型的人来说,一旦他们的生活中出现增加有关种族优越感的事情(而不是对种族自我否定的一种矫正),他们就会开始出现黑化。

2. 遭遇阶段:指的是导致个体认为他/她需要在更大的文化意识方向上做出改变的特定事件或一组事件。这是一个缺少自我接受和自我反省,还会可能经历种族歧视的阶段,人们会怀疑自己的选择或存在。当一个人变得善于内省并开始寻找生活的意义时,这一阶段也可能发生。

3. 沉浸-复现阶段:这是一个过渡阶段,在此阶段,原本存在的和新形成的身份之间会因为争夺支配地位而斗争(例如,支持黑人和反对白人)。这一阶段包含两个方面的内容,一方面是黑人强烈的参与度,其特征是"凡是涉及黑人的任何事物都要支持和拥护……"[作为走向黑人身份内化阶段的第一步](Vandiver 等,2001,p. 177)。他们对非洲传统都要积极拥护,并对所有非洲事物保有热情。然而,在另一方面,Vandiver 等人(2001)强调说,这样做是有代价的,那就是"愤怒、焦虑和内疚,这些情绪在不受控制的情况下具有潜在的破坏性"(p. 177)。有时这种愤怒早在预接触阶段就会转向他人。Vandiver 等人说"将自己完全沉浸在黑人文化中,其结果必然是他们会表现出反白人的态度,并会变得完全迷恋黑人、文化和历史"(p. 178)。

4. 内化阶段:这一阶段的人对种族和文化表现出高度的重视;然而,他们聚集在不同的意识形态阵营。内化阶段的人比预接触阶段的人有更高的自尊和更健康的自我认同发展,他们会表现出已经内化的种族主义的特征。然而,对于那些在预接触阶段就表现出较低种族优越感,但却几乎没有种族内化证据的人来说,这一阶段几乎没有什么不同。人们在这一阶段的主要转变,主要是对他们其他参照群体能够认同,并在下面三个独立的意识形态方向上各自发展:黑人民族主义(为黑人赋权、经济独立以及对黑人历史和文化意识的提升)、双元主义(将自己等同于黑人和加拿大人)和多元文化主义(承认自己是黑人,但以同样的方式认同至少两个其他特征)。自己与其他种族群体成员的关系被内化为某个值域的不同值。此外,自我接受程度和心理健康是不对等的,有时自我接受程度高,心理健康却不一定好。换句话说,健康的心理功能并不取决于对黑色外观的接受程度。

影响黑化的关键因素是个体差异(如社会认同、受教育程度、职业、性取向、宗教信仰等),以及定义个体身份背景的情境因素(如家庭结构、社会经济地位、周围邻居好坏和交往程度)。在某些情况下,认同自己黑人身份和特征可能会带来最佳的心理功能。个体如何看待情境中的自己,似乎是一个比较好的解释变量或调节变量。

对咨询的指导意义

根据 Thomas 所述,对于非洲裔的人们来说,"价值观在家庭内部通过种族社会化进行传播"(p.7)。家庭不仅是帮助儿童进行社会化,而且能够为他们提供一种友好的种族氛围,塑造他们强烈的自我感觉。因此,家庭应作为心理咨询的资源。此外,由于教堂不仅能够为人们提供一种归属感,而且也是一所保护和为非裔加拿大人呼吁的机构,它也是咨询师们的宝贵资源(Wilmore,1978)。

如果想要进行有效地咨询,并且具备文化胜任力,咨询师在为非裔加拿大人咨询时,需要牢记以下几点:
- 尽量避免出现与患者身份特征密切相关的,以种族为中心的适应水平的假设;
- 注意个人背景对健康的黑人适应的影响;
- 试图理解患者的参考框架;
- 以黑人心理功能的多维模型为基础,进行社会干预和其他干预。

为黑人和非裔加拿大人咨询:障碍和挑战

要想成为一名成功的咨询师,需要考虑下面四个因素,这些因素对黑人和非裔加拿大人提出的问题起到了调解作用。这些因素包括:
- 对种族压迫的反应;
- 主流文化的影响;
- 美国非裔黑人文化的影响;
- 个人经历和禀赋。

对于咨询师,尤其是那些不是黑人或非洲裔加拿大人的群体来说,接受种族主义是患者体验的一部分是至关重要的。虽然患者可能没有亲身经历过种族主义，但他或她也知道奴隶制的历史，以及其他人经历的其他暴力行为。压迫感通常表现为一种无力感、尊严的丧失和人权的丧失；从心理层面上讲，它会带来一种无助感、抑郁感、焦虑感，以及许多其他让人丧失权力的行为。Atkinson，Morten 和 Sue(1993)描述了许多少数族裔所经历的压迫类型的例子："在 1990 年人口普查中少数族裔人员的减少，向无证工人支付的最低额度的工资，那些充斥在书面和口头交流中的种族/民族歧视，以及种族主义犯罪者对个人的人身伤害"(p. 12)。此外，对"黑人意识"不加评判地接受，也强化了咨询师对黑人抗争历史的理解。认识到现实情况是很重要的，因为假装自己是"色盲"，或者在种族背景的问题上采取家长式的做法，这就是另一种形式的种族歧视。这一观点在 Shanee Livingston 的诗中得到了有力的印证：

为平等而抗争

整个种族开始觉醒。

他们想扼杀一个想法……

黑色意识。（Miller，Steinlage & Prinz，1994，p. 47）

黑人和非裔加拿大人必须要建立起一种保护机制，帮助他们在种族歧视的环境中生存。这些机制包括防范、"评估"和挑战。这些机制和其他机制有助于帮助那些经历过种族主义的人，保持心理防御的平衡和头脑清醒。不秉持这些防御心态或被这些机制所阻碍，不仅可以帮助咨询师与患者建立沟通的桥梁，而且也能够证明这些机制是积极的品质。一旦大桥建成，防御工事就不再需要了。能够帮助咨询师克服这些机制的品质包括耐心、自然和直接真诚。显然，花时间营造一种信任氛围是至关重要的。建立信任不仅包括要能够承担给予和分享的风险，还包括接受、合作、开放、不评判和支持他人。本质上看，就是要成为人。

种族主义带来的压力是巨大的，并会影响到患者的心理机能水平；然而，加拿大黑人，就像社会上的其他人一样，面临着影响人们幸福感的所有问题。种族主义是一种生活现实，但生活在社会中也会给他们带来同样的问题，如人际关系、家庭、自尊等。我们相信，我们需要制定更为积极的策略，这样咨询师，尤其原本不是黑人的咨询师，能够使自己更加敏感，使咨询更为有效：

1. 了解黑人的历史和现状。

2. 要充分考虑黑人和其他种族之间的价值和文化差异，以及咨询师的个人价值观对咨询治疗的影响方式。

3. 考虑咨询师的个人价值观对个人看待问题的方式和治疗目标的影响。

4. 在目标设定过程中包含患者的价值体系。

5. 对正常的适应压力所导致的黑人家庭规范的变化保持敏感，并对接受这些变化有足够的灵活性。

6. 要意识到由于文化差异所导致的言语和非言语方面的无效沟通，它们可能会导致治疗提前终止。咨询师要熟悉不标准的或黑人专用的英语，并接受患者的使用方式。

7. 在更大的背景下考虑患者的问题。在你的思维中要将大家庭、重要个体和更大系统等概念囊括进去，如果不是在治疗阶段的话。

8. 注意患者的种族认同，不要因为患者对自己种族的文化认同而感到威胁。

9. 学会接纳和适应患者的文化差异。

10. 考虑特定治疗模式或针对特定黑人家庭的干预措施的适当性。在没有充分考虑每个家庭独特性的情况下不要轻易进行干预。

11. 把每个黑人家庭和每个黑人家庭成员都视为独一无二的。不要将任何形式的关于黑人家庭的研究发现，推广给所有的黑人患者。可以利用这些研究来帮助自己找到合适的方法，而不是对个人进行分类。

结　　论

根据 Walcott(1997)的说法，非裔加拿大人的身份是"融合性的，总是在改变中，并且在一个形成过程中，(因为)它是由不同的历史、迁移、交换和不断反抗的政治行为，以及自我(再)定义组成的"(pp. 120—121)。换句话说，种族隔离法的终结和多元文化政策的实施并不一定会改变人们对种族的态度。人们在媒体上看到的变化已经发生了很多，比如在公众视野中比较常见的运动员、演员和其他人物等。然而在 Castle(2000)看来，对黑人的种族主义仍在继续。白人和黑人在收入、职业地位、失业率、社会条件和教育方面的差距仍然是极端的。种族暴力和骚扰仍然是严重的问题……种族间关系日益复杂,导致新的冲突类型,并使文化和种族问题政治化。1992 年洛杉矶骚乱就是这种趋势的象征。(pp. 178—179)

也许种族歧视是人类社会的一部分？无论如何,咨询师们都将面对那些因种族主义而受到创伤的人,因为他们总是试图弥合"肤色"之间的鸿沟。关于患者是否受到咨询师的种族或民族背景的影响,人们的看法不一。许多研究人员认为,欧洲民族背景的人无法为非洲民族背景的人进行咨询;事实上,的确有一些研究表明非洲裔美国人更喜欢与他们相似的咨询师(Pederson 等,1996)。一个人处于种族身份发展的不同阶段,会影响其对他人是否敏感的能力。然而,咨询师的能力和风格仍然是跨文化咨询的重要变量。将患者与咨询师的背景进行匹配,其实是一种刻板印象,一些少数族裔对此心存不满。即使在最好的情况下,非洲血统的人比欧洲血统的人更容易放弃咨询(Jenkins, 1982;Pederson 等,1996;Aponte & Wohl,2000)。

为非裔加拿大人成功进行咨询的关键之一,是咨询师对患者身份发展和认同有深入了解,并且知道患者个体对自我认同的情况。身份仍然是一个复杂的依情境而变化的现象,需要更多的研究。对"自我"或个体的整体身份特征进行诠释,似乎取决于个体所感知到的自己在多大程度上与他人和外界相连接,他/她与他人和外界相联系和获得平衡感的程度,并要能够超越种族主义的限制。这些要件可以帮助人们认识到个人在整个发展过程中的位置,然后可以进行设计、构造,并最终获得积极的认同感。因此,在这个过程中,自我的发展或转变会导致个体产生更广泛和更具体的身份界定。这种活动实际上是一个认识和重组的过程。同时,这一过程有助于评估个人与他人、自我与社会、自我与世界之间的关系。认识到身份认同这一概念可以避免两个极端的理论立场是很重要的。首先,它并不是假设一个人步入世界时,就已经拥有一个完整的自我,只是后来才开始像在超市货架上选择商品一样,选择自己的身份;其次,它也并不假设个体身份是由命运简单地赋予,这样避免了个体只能以忠诚或不忠诚的态度来回应这个既定身份。

根据 Young(1993)所述,"用决心和坚毅、还有精神、人性和对生活的热爱,来面对纯粹的真理的能力,已经成为非裔[加拿大人]独特遗产的一部分"(p. 86)。人们能够经受住北美大陆几代人的种族灭绝行为,这充分证明了非洲人传承的力量。对非裔加拿大人最具影响力和支持最大的社会群体是社区里的教堂。教堂不仅是一个人们可以作为精神团体聚集在一起的地方,而且也是政治和社会行动的发源地。正是教会的领导人领导了加拿大和美国的民权运动——比如像马丁·路德·金这样的人(转引自 Siccone,1998),他说:"这实际上可以归结为:所有的生命都是相互联结的。我们都被困在一张无处可逃的相互关系网络中,被绑在一件命运的外衣上。任何直接影响一个人的事物,都会间接地影响所有人"(p. 91)。

参 考 文 献

ABC News, June 26, 2001, http://abcnews.go.com/International/story? id-80865 & page=1#. UBrTrqPdfOp

Atkinson, D., Morten, G., & Sue, D. W. (1993). *Counseling American minorities: A cross-cultural perspective* (4th ed.). Madison, WI: Brown & Benchmark.

Aponte, J, & Wohl, J. (2000). *Psychological intervention and cultural diversity*. Boston, MA: Allyn & Bacon.

Cheboud, E. (2001). *A heuristic study of Ethiopian immigrants in Canada*. Unpublished doctoral dissertation, University of Victoria, Canada.

Erikson, E. (1968). *Identity: Youth in crisis*. New York: Norton.

Henfield, M. (2001). Black male adolescents navigating micro-aggressions in a traditionally white middle school: A qualitative study. *Journal of Multicultural Counseling and Development*, 39(3), 130—140.

Hill. L. (2007). *The book of negros*. Harper-Collins: Toronto, ON.

lenkins, A. (1982). *The psychology of the Afro-American: A humanistic approach*. New York: Pergamon General.

Mensah, J. (2010). *Black Canadians: History, experiences, social conditions*, 2nd Edition, Halifax, NS: Fern wood Publishing.

Miller, L., Steinlage, T., & Prinz, M. (1994). *Cultural cobblestones: Teaching cultural diversity*. London: Scarecrow Press.

Nobles, W. (1972). African philosophy: Foundations for Black psychology. In R. Jones(Ed.), *Black psychology*. New York: Harper & Row, pp. 18—32.

Phinney, J. (1989). Stages of ethnic identity in minority group adolescents. *Journal of Early Adolescence*, 9, 34—49.

Ridley, C. & Lingle, D. (1996). Cultural empathy in multicultural counselling: A multidimensional process model. In P. Pederson, J. Draguns, W. Lonner & J. Trible(Eds.), *Counseling across cultures* (4th ed.)(pp. 21—46). Thousand Oaks, CA: Sage.

Rowles, I. & Duan, C. (2012). Perceived racism and encouragement among African American adults, *Journal of Multicultural Counseling and Development*, 40(1), pp. 11—23. 13.

Ruggles, C. (1996). *Outsider blues: Voices from of the shadows*. Halifax, NS: Fernwood Publishing.

Siccone, F. (1998). *Celebrating diversity*, Boston, MA: Allyn and Bacon.

Sue, D. W, & Sue, D. (2007), *Counseling the culturally different* (5th ed.). New York, NY: John Wiley.

Statistics Canada. (1996). *Population by visible minority*. Ottawa: Canada: Government of Canada.

Thomas, A. J. (1998). Understanding culture and world view in family systems: The use of the multicultural genogram. *Family Journal*, 6(1), 1—19.

Thompson, C. & Issac, K. (2003), African Americans: Treatment issues and recommendations, In D. Atkinson, (Ed.), *Counseling American minorities: A cross-cultural perspective* (4th ed.). Madison, WI: Brown & Benchmark. pp. 116—130.

Vandiver, B. (2001) Psychological nigrescence revised: Introduction and overview. *Journal of Multicultural Counseling and Development*, 29(3), 165—173.

Vandiver, B. , Fhagen-Smith, P, Cokley, K. , Cross, W. , & Worrell, F. (2001). Cross's nigrescence model: From theory to schale to theory, *Journal of Multicultural Counseling and Development*, 29(3), 174—199.

Walcott, R. (1997). *Black like who?* Toronto, Canada: Insomniac Press.

Wilmore, G. (1978). The gifts and tasks of the black church, In V. D'Oyley(Ed.), *Black presence in multiethnic Canada*. Toronto, ON: Canada: UBC & OISE.

13. 如何为阿裔加拿大人进行心理咨询

阿卜杜拉·班瑞斯 & M. 奥诺雷. 弗朗斯

自称为阿裔加拿大人的人不仅来自阿拉伯国家,而且来自 60 多个不同的种族群体,包括非裔美国人、欧洲人、西班牙人、南亚人、非洲移民,甚至还有原住民。加拿大的阿拉伯人最初来自不同的国家,包括阿尔及利亚、波斯尼亚、埃及、伊朗、印度、巴基斯坦、黎巴嫩、叙利亚、索马里和土耳其;但也有一些阿拉伯裔人来自法国、德国和英国。

渥太华经济学家 Dawood Hassan Hamdani 分析了阿拉伯移民和出生率,他说,加拿大的阿拉伯裔人数已经翻了一番,从 1991 年的 29.3 万人增加到现在的 (2010)65 万人。仅多伦多地区就有至少 16 所阿拉伯学校。简而言之,阿拉伯裔加拿大人已经是加拿大社会的一个重要组成部分。本章将探讨阿裔加拿大人的价值观,以及如何为他们提供心理咨询。

阿拉伯裔加拿大人的世界观

阿拉伯裔加拿大人所信奉的伊斯兰(Islam)这个词来自阿拉伯语 salaam,意思是和平;然而,这个词的还有微妙的深层含义,意味着要服从。当我们把伊斯兰当作一种宗教来研究时,那么第二个意思,即服从,就变得非常重要了。要成为一个好的阿拉伯人,必须服从真主的意志;因此,宗教决定了人们看待世界和进行生活的方式。在 Farid Esack 所著的一本书中，深刻地揭示了宗教对于那些生活在德国的阿拉伯人，在生活及各方面所发挥的无可替代作用。Esack（1999）写到：

> 很多因素都使我必须具备"伊斯兰"风格，必须要服从真主的意志，在我生活中的几乎每一天，各种因素经常威胁着我们，要让自己虔诚地匍匐在地上，将自己像雪花那样融化到虚无……我们被无情地聚合在一起，从那一天起，我们就都被称为"阿瓦米·阿拉斯特（yawmi alast）"；当我们的灵魂面对我们的主时，我们会被问："Alastu bi rabbikum"（我不是你的主吗）？我们说："巴拉"（确实）！……我不能控制自己的行为……我知道，我的人性和我的伊斯兰教义之间如何共存，取决于我付出多大的努力去理解它所传递的信息。（p. 59）

阿拉伯裔加拿大人必须有意识地服从真主的意志，这样才能获得内心平静和外在和谐，保持同步与和平。内心平静是指个体的自我内部没有冲突，进而产生的安宁祥和，而外在和谐则源于自我与真主和环境之间保持和谐与爱的关系。

在阿拉伯文化的宇宙论中，所有的创造物都遵从神的旨意。所有的创造物，从微小的原子到宏大的星系，都崇拜真主，因此全部按照真主的意志和谐共存。当一个人接受了阿拉伯文化，就会心甘情愿地成为这种和谐共存关系的一部分。因此，作为一个阿拉伯人，就必须围绕着真主运转（就像电子和天体所做的那样），既不能超越界线，也不会侵犯自身、环境和真主的权利。通过这种虔诚的生活，阿拉伯人希冀达到的是一种包罗万象的和平，这是阿拉伯文化的一个基本概念。阿拉伯人之间相互的问候语，以及每日祈祷的结束语是"Assalaamu aleikum"，意思是"和平降临在你身上"。阿拉伯文化中的天堂叫做 Darussalaam，意思是"和平之所"（Brise, Turner, Cheboud, Elvira & Brise, 2002）。

阿拉伯国家中没有宗教和政治的分离，政教分离是加拿大和西方的惯例。伊玛目（阿拉伯宗教领袖）会参与到国家政治生活，或政府管理（如伊朗），或教育系统中（如沙特阿拉伯的瓦迪人），这对于阿拉伯人来说并不奇怪。所有遵循阿拉伯传统的学校都认为，学习古兰经不仅可以将人教育成好人，同时也是教育的

主要内容。我们可以想想，在埃及最大的爱资哈尔大学（AI Azhar University）
"有 35 万名学生，其中约有 10 万名女生，所有人都能背诵《古兰经》（共 114 章
666 节）"（《国家邮报（National Post）》，2002，p. A12）。背诵和反思宗教经典不
仅是阿拉伯人了解真主的根本途径，也是学习判断善恶和道德发展的基础。事
实上，阿拉伯经典论著中有三分之一都是鼓励人们以各种方式进行学习或思考
的（Braise，1999）。

  在 Rashid 看来（转引自 Altareb，1996），阿拉伯人的世界观由七个要素构
成。我们要这样去理解阿拉伯人，因为阿拉伯人的文化根基是与阿拉伯语和阿
拉伯国家的圣地是紧密联系在一起的，我们很难将阿拉伯人的宗教活动与阿拉
伯文化区分开，就像我们很难将基督教信仰的历史基础与耶稣生活区分开一样。
如果能够了解阿拉伯宗教在信徒身份认同塑造过程中所发挥的巨大作用，那么
对于我们成功地与阿拉伯裔加拿大人的患者合作大有裨益。阿拉伯人的世界观
包括以下七个要素：

- 人性本善；
- 有绝对道德存在；
- 真主（阿拉伯语，安拉）是一切的主宰；
- 彼此之间不能背叛；
- 女人是文明的源泉；
- 安拉是世界的中心，也是人类生活和思想的中心；
- 所有智慧皆来自真主安拉，只有服从真主才能实现和平。

  作为世俗生活的中心力量，阿拉伯人精神焦点主导着人们的行动，还包括人
们的想法和感受，以及生活的方式。将宗教活动作为生活的重中之重，所有的行
动都以培育神识或塔克瓦（taqwa，敬畏真主）为目标，并让自己更接近真主安
拉。因此，人们的每一个行动，包括穿衣打扮、饮食习惯、养育子女和家庭生活
等，都必须围绕着宗教教义。阿拉伯宗教中共有五个支柱（Pillar）来规范一个人
的生活。这五个支柱可以帮助阿拉伯人们实现精神完整，并发展自身良好和道
德的存在。

1. 信仰宣言（shahadah）：这是必须宣称的信仰，"真主是唯一的神，穆罕默
  德是真主安拉的先知；"

2. 祷告（salat）：每天要进行五次祷告仪式，面对麦加的圣迦巴方向；
3. 慈善（zakat）：所有阿拉伯人都必须捐赠一定数量的财产，以造福整个社会，特别是穷人；
4. 禁食（siyam）：在阿拉伯历法的第 9 个月的斋月期间，所有的阿拉伯人必须从黎明到日落，禁止一切食物、饮料和性活动；
5. 麦加朝圣（hajj）：所有阿拉伯人在其一生中，必须要在阿拉伯年历的最后一个月里，至少要去圣城麦加（Makkah，先知出生的地方）朝圣一次。

阿拉伯人信仰的超文化性

"自 9·11 事件以来，阿拉伯人认为，在西方人的心目中，虔诚和定期参与宗教活动意味着原教旨主义和对暴力的嗜好"（National Post，2002，p. B6）。宗教和极端主义之间没有关系。一个有宗教信仰的人，都有着明确的宗教意图，都是在宗教经典指导下的人，不管这本书是古兰经，圣经还是旧约。这并不是说所有的宗教都有心胸狭隘的人，而是说因为政治、信仰或对人的态度等原因，这些都很难消除。加拿大的阿拉伯裔群体，因为他们的经历原因，不管他们来自哪里，可能都会经历以下一些事情（Abudabbeh & Nydell，1997）：

· 压力：要么来自文化冲击，要么来自于与阿拉伯—以色列冲突相关事件的经历。
· 家庭：对家庭的感觉是个人的基础，因此需要成为咨询的中心。
· 依赖：不管孩子的年龄有多大，他们总是依赖于他们的父母，因此咨询师需要调整他们的咨询过程来融入这种文化价值观念。
· 价值观：一些价值观——比如关于女性角色的价值观，凸显着个人生活方式以及父母和孩子的行为方式——与加拿大主流社会的价值观非常不同，即使是出生在加拿大的阿拉伯人也可能会接受阿拉伯文化价值观。

阿拉伯人的行为观念可以纳入咨询目标中，从而确保患者可以保留他们的思想和存在的文化方式。

阿拉伯人们被要求必须信仰和敬畏神的所有的先知，从亚当（Adam）到穆罕默德（Mohammed），彼此之间不能有歧视。诺亚（Noah），亚伯拉罕（Abraham),摩西(Moses),耶稣(Jesus)和穆罕默德被阿拉伯人尊为上帝最伟大的先知。在描述他在历史上不同时期上帝所派来的一系列先知中的地位时,穆罕默德说,

　　与我前面的先知相比,我的相似之处在于,有一个人已经把房子盖得又好又漂亮,只是墙角还有一块砖在那儿。人们围着房子转了一圈,会对房子的美丽感到惊奇,但他们又会说:"那块砖要放在它应在的地方吗?"我就是那块砖,我是最后一位先知。(摘自 Authentic Book of Bukhari)

　　阿拉伯人也相信所有已被诠释的经文。他们相信最初给摩西用来指导犹太人的律法;同时阿拉伯人也相信神启示给耶稣的新约。阿拉伯人信奉的宗教是这些伟大先知的纯粹教义的延续。然而,在七世纪时,穆罕默德收到了上帝最后的启示:即今天指导所有阿拉伯人的《古兰经》。阿拉伯人相信上帝向先知穆罕默德传授了《古兰经》;《古兰经》不是由许多不同的人所写,就像今天的摩西五经和圣经一样。

阿裔加拿大人的规范和价值观

　　阿拉伯裔加拿大人的价值观与加拿大其他宗教的价值观在许多方面都很相似,但有些价值观占据着主导地位。想想这句话:"我前几天看了一场奥普拉脱口秀。她正在和一名 13 岁未婚的但已经怀孕女孩谈话。我很高兴我的生活中没有那些烦心事"(时代周刊,p.53)。由于对贞节和保持纯洁的严格观念,阿拉伯人可能会与西方的生活方式发生严重的冲突。在《古兰经》中明令禁止饮酒和其他物质滥用的行为。在许多传统的阿拉伯社会,如科威特和沙特阿拉伯,酒精的销售是被严格禁止的,而在其他的阿拉伯国家,只有外国人才可以通过特别许可购买酒精。以下是世界上许多阿拉伯传统中存在的另外一些文化价值观:

- 孩子和婚姻是幸福的基础。
- 男人被认为是一家之主,有权管理和保护家庭。
- 母亲比父亲更应该得到孩子的善待。

- 尊重长辈和兄弟姐妹。因此，大家庭中的每个人都应该受到重视。
- 孩子不仅要照顾家里的长辈，还要尊重大家庭中的每一个成员。守寡是一种特别重要的状态。
- 妇女对家庭负有更大的责任，她们的行为很容易损害家庭；因此，她们的行为高尚是非常重要的。
- 家庭比个人更重要，包括家庭中每个成员的事业发展。
- 对传统阿拉伯文化的信仰比其他任何思想都更重要。

家庭，性别和婚姻

西方有很多关于阿拉伯人和阿拉伯国家如何看待女性的争论。有时候现实会迷失在文化传统和价值观的迷宫里。很明显的是，对许多阿拉伯人来说，西方无疑是道德败坏的；毒品、少女怀孕、乱伦、酗酒和家庭破裂都很泛滥。对许多阿拉伯国家的人来说，西方性别之间的关系似乎不仅破坏了家庭，而且也导致了社会道德价值观的降低。关于将上帝与学校或国家分开是否会导致道德腐败的争论持续不休。阿拉伯社会目前正处于转型期，现代化影响、传统价值观和宗教价值观之间正在争夺主导权。阿拉伯国家倡导国家和民族之间的动态互动和相互学习。根据许多科学和哲学历史学家的说法，每当阿拉伯教义被更好诠释和实施的时候，它总是有一种内在的强大力量，不仅能够吸收人类进步的每一种形式，而且还能够引领它（Hitti，1970）。西方文艺复兴深受阿拉伯学者的影响，他们不仅吸收了希腊和波斯文明的积极面，而且形成了自己独特的科学哲学思想。很多人都在谈论西方的犹太-基督教-伊斯兰传统。然而，Menocal 却辩解说："那些西方人—欧洲人很难认识到他们在某种程度上对阿拉伯世界欠有很沉重的历史债务，或者认识到阿拉伯人才是中世纪欧洲的核心"（1987 年，p. xiii）。

目前，大多数阿拉伯社会都存在于发展中国家，那里的文盲仍然存在。有些世俗的阿拉伯国家，如土耳其，声称创造了性别平等的社会。然而，许多人认为，在尊重妇女基本人权方面，土耳其既没有遵从阿拉伯原则，也没有遵从西方民主原则。例如，一个戴头巾的土耳其妇女不能进入大学或担任政府公职。（令人惊讶的是，法国关于是否在学校里禁止女性戴头巾的争论仍在继续。）有些阿拉伯国家已经拥有男女分开但平等的学校;然而,就像在西方一样,性别不平等也是一个突出问题。咨询师需要清楚的一点是,对于许多具有阿拉伯身份的人来说,他们看待宗教教义的态度,会影响他们家庭至上的信念,以及婚姻内外的性别关系是如何进行的方式。

阿拉伯文化非常明确地指出,妇女享有与男性一样的所有权利:"妇女应根据平等原则,享有与她们所承担义务同样的权利"(2,228)。然而,就像西方历史上发生性别不平等那样,女性也受到了不对等的对待。在大多数阿拉伯国家,女性在法律上享有与男性相同的权利,但这也正是争议所在。这并不是说男性和女性一切都是相同的,而是说,因为由于他们的性别不同,因此需要被区别对待。不过,他们在上帝面前仍然是平等的

在阿拉伯社会,并非所有女性都认同自己与男性平等。Javed(1994)指出,在一些阿拉伯社会中,"头巾(从头覆盖到脚的一种服装)这一概念被用来作为强迫女性生活在一种强加身份中的策略之一,这种思想来源于厌女症的假设"(p.58)。然而,使用头巾甚至罩袍(完全覆盖身体,包括脸和手)却让一些阿拉伯女性感到更加自由。这些女性认为,头巾可以让她们所接触的人更关注自己的智慧,而不是她们的身体。

很明显,阿拉伯文化教导男人,尤其是阿拉伯女人应该穿着得体。在阿拉伯文化中我们可以明显看出,阿拉伯国家的宗教帮助妇女摆脱了以前杀害女婴的习俗,在基督教妇女拥有这些权利之前很久,就给予了她们继承权,并带给她们经济和社会支持。另一方面,日益增长的极端主义也强化了社会对于性别观念的文化影响(例如,阿富汗的塔利班)。有趣的是,Javed(1994)也强调说,阿拉伯女性的角色并不总是服从的;例如,近年来在阿拉伯国家(孟加拉国、巴基斯坦和土耳其)已经出现过三位女性国家元首。她主张,恢复性别平等主义的妇女运动可以通过不断提高妇女识字率来达成,在提升识字率后,妇女们开始意识到,"在(阿拉伯国家)公共领域里,妇女的力量和成就将受到重视"(p.67)。

为阿拉伯裔加拿大人进行心理咨询

直到最近,有阿拉伯背景的人才被认为本质上是不同的。在某种程度上,这

种变化是由近年来的一些政治事件引起的,比如海湾战争、纽约的9.11恐怖袭击、巴以冲突和美伊战争等。有阿拉伯背景的人往往被按照文化或原籍国进行分组,或作为国际学生对待。事实上,咨询师们需要深入了解的是,作为加拿大人口增长最快的群体,阿拉伯文化已经对居住在加拿大的个人认同产生了广泛的影响。

心理健康问题

根据Abudabbeh(1992)和我们自己的调查表明,关于阿拉伯裔加拿大人的最常见的问题包括:

- 人们往往把9/11事件或以色列和巴勒斯坦争端的破裂归咎于所有的阿拉伯人;
- 对阿拉伯人的歧视和种族主义;
- 代际价值观(第一代和第二代)之间的差异;
- 严格的宗教规定和世俗价值观之间所存在的教养方式的不同;
- 物质滥用;
- 文化上的性别差异,如过度自信或外出恐惧症(尤其是不习惯独自外出的女性);
- 身份迷茫;
- 移民群体中存在的不同的社会和经济地位;
- 失去原有家庭拓展网络的支持。

沟通方式

具有跨文化治疗技能的咨询师必须对文化差异保持敏感,必须具有强烈的个人认同感。Abudabbeh和Nydell(1996)所开展的心理咨询工作聚焦于这样一些问题,这些问题不仅是咨询师在为阿拉伯裔美国人进行咨询师需要重视,在与阿拉伯背景的所有人进行工作时都同样如此。咨询师需要考虑下面一些议题:

辨别直接沟通和间接沟通:咨询师需要知道,在与家庭有关的某些问题上,人们可能不会直接分享彼此的感受,而是通过一些微妙的线索以一种间接的方式表达。

对非语言线索保持敏感：各种各样的姿势，比如眼神接触，可能表明正在交流的部分比较困难；这样，眼神就可以转移了。

区别阿拉伯文化和语言群体：沙特阿拉伯裔加拿大人通常在一个问题上非常直接甚至是咄咄逼人地说话，而孟加拉裔的加拿大人，通常会在一个问题上说话时更温和和间接一些。

了解基本的阿拉伯价值观及其对咨询的影响：阿拉伯人信奉的宗教不仅是一种宗教，也是一种生活方式。家庭是最重要的，家族中的长辈不仅会因为他们的年龄和经验，更是因为他们是智慧的源泉而受到尊敬。

对当前环境有充分认识：社会和政治事件影响和塑造着加拿大人对阿拉伯人的刻板印象。新闻中发生的事件，尤其是 9·11 恐怖袭击事件之后，使得阿拉伯人更容易受到种族主义和歧视，并导致阿拉伯人产生自我不信任感和自我怀疑感。

认识到个人对阿拉伯人的偏见：不同的思考和信仰方式可能会引起误解。

与不同的阿拉伯背景的人交往可能被一些人认为是挑战，然而阿拉伯或索马里民族的人们，这里仅列举两个加拿大的阿拉伯民族，则是非常开放的并受所有人欢迎的，不管种族或宗教背景怎样。友好的表现是文化和宗教所固有的。例如，异常热情的握手非常重要，因为它不仅是一种问候，而且还是一种让"内疚通过双手得以消除的方式，因为当你用这种方式问候别人时，任何敌对或报复的感觉都会消失"（Post，2002，p. 23）。许多拥有阿拉伯背景的人，如沙特人，在和他人分享与他们家庭有关的疾病、死亡或任何不幸事件的感觉甚至事实的时候，都倾向于使用比较委婉的语言。Abudabbeh 和 Nydell（1997）举了下面这个例子：

他们经常把某个人生病的时候，说成是他累了（"他住院了，是因为他有点累"），不愿直接说他的病情正在恶化或就要死了，不愿预测甚至讨论糟糕的事情。不过，人们可以以一种祈祷或祝福的方式，更加自在地讨论这样的事情，比如"愿他/她很快好起来"或"愿上帝保佑，希望这永远不会发生"（p. 274—275）。

对心理咨询的启示

咨询师们需要知道，尽管相互帮助是阿拉伯文化的核心价值观念，但许多阿拉伯人并不熟悉加拿大的专业心理咨询服务。从阿拉伯人文化的观点来看，上帝是人们寻求帮助的最终来源，尽管这种帮助可能来自环境，包括人类。在阿拉伯文化中，对上帝和自己的依赖是必须的。然而，如果有需要，也会鼓励人们在某种程度上寻求他们的帮助，不过寻求帮助的人要把助人者视为自己摆脱困境的唯一方式，而上帝是最终的满足自己需要的提供者。有些阿拉伯人每天都要向上帝祈祷，至少要说 17 遍"我们崇拜你，我们向你寻求帮助"。

因为阿拉伯社会的多样性超乎想象之大，所以为阿拉伯患者进行咨询的咨询师们所面临的挑战非常复杂。另外，这些差异中的许多因素都可以形成干预。对于咨询师来说，要想在阿拉伯患者的咨询中取得成功，他们首先需要意识到自己对阿拉伯的刻板印象。随着中东局势的普遍动荡，以及全球恐怖主义的发展，对多样性持开放的态度是最重要的。有趣的是，即使是在多元文化的咨询文献中，也几乎没有关于与阿拉伯身份有关的心理咨询问题方面的信息，尽管北美的阿拉伯存在可以追溯到非裔美国人的发展，以及从阿拉伯世界移民到加拿大的兴起。并不让人意外的是，寻常的加拿大人不仅不熟悉阿拉伯文化，而且还可能对阿拉伯世界持消极的看法和态度。对偏见关系的研究发现：

> 尤其是那些既喜欢开放，又喜欢自我超越价值观的人……证明那些持有这些价值观的人愿意接受群体间的契约，这种契约可能会减少偏见关系。相比之下，那些喜欢保守价值观的人，对与这些不同的人进行接触不太感兴趣。（Sampson，1998，p. 102—103）

除了存在于阿拉伯患者中的多样性之外，咨询师还需要重视移民者与出生在加拿大的人之间所存在的不同情况。对于移民者来说，文化适应程度和宗教信仰程度都需要确认，包括患者所属的宗教特定教派。文化适应过程越好，越可以帮助患者更加符合加拿大主流的价值观。文化适应越少，与主流价值观差异就越大;因此,移民时间越短的患者越是能够反映他们国家的传统和价值观。由于宗教在阿拉伯患者心中的中心地位,宗教虔诚程度不仅会影响患者想要关注的内容,还会影响咨询师制定心理治疗方案的方式。显然,接受阿拉伯文化价值观并与患者充分合作,将有助于咨询师更加有效地开展咨询。对于多元文化咨询师来说,这一点再怎么强调都不为过。利用患者的宗教价值观来解决问题,将极大地提高咨询师为问题解决而工作的能力。这意味着咨询师要熟悉阿拉伯人在一些重要问题上的观点和立场。加拿大阿拉伯社区的许多人都生活在一种双重困境中:他们一方面支持阿拉伯事业,虽然这些事业在主流社会中可能并不受欢迎,另一方面他们也热爱加拿大这个国家。在这个世界上,人们常常被迫选择站在某一方,作为一个忠诚的阿拉伯人是非常困难的。

咨询师们可能会探索的一个领域是,宗教和文化如何塑造了阿拉伯人对世界的看法。例如,Dwairy(2006)就认为,"阿拉伯成年人并没有独立的人格,所拥有的其实是一种与集体身份混合在一起的人格"(p. 57)。家庭和宗教的性质要求每个成员服从家庭的集体利益,并与所有成员建立同盟关系。一个思想健全的穆斯林或阿拉伯人并不会把自己从群体或家庭中独立出来。以一个具有土耳其背景的人为例,"土耳其文化位于同一个连续体的与权威—关系(或集体)的这一端,而典型的西方文化则更接近于水平—分离(或自由—个人主义)的另一端"(Dwairy,2006,p. 61)。有了这种文化和家庭观念,咨询师需要在家庭的集体框架内找到一个合适的位置。举个例子,如果一个患者因为家庭的某个成员阻碍了他的感受或想法而充满愤怒,咨询师要做的不是让患者向家人表达这种愤怒,而是应该做与此相反的事情,通过促使患者进入家庭的权力结构来照顾家庭的方式,重塑这一情形。

阿拉伯群体面临的三个最重要的问题,分别是歧视、种族主义和不再接受阿拉伯思想和观点。还有一个长期存在的问题是主流社会对有色少数族裔群体的偏见。中东的动荡加剧了这些问题。此外,在原籍国发生的事情,同样可能会导致患者感到压力。创伤性事件,特别是对难民群体来说,如来自科索沃的难民,会导致他们出现疏离感和孤立感。因此,在咨询过程中,咨询师与阿訇(imam)、阿拉伯组织和阿拉伯个人进行合并或协商,对咨询成效可能是有益的。宗教和社区领袖在阿拉伯社区受到极大的尊重,他们的帮助和支持不仅可以帮助患者解决他们的问题,还可以在患者离开咨询后带来更广泛的支持。阿訇可以在基本的阿拉伯世界观和价值观方面给咨询师一些启示。传统上,清真寺都是对外开放的,并不考虑前来的人宗教背景如何(Lago,2011)。

最后,咨询师要能够将文化问题与精神或阿拉伯问题分开,这一点至关重要。有时,这两者似乎是如此紧密地交织在一起,以至于将两者分开是一种挑战。例如,Altareb(1996)提供了一个阿拉伯女性患者的例子,她"正与想要在外面工作的愿望做斗争……因为这种做法在他们的本土文化中没有得到支持"(p.36)。阿拉伯文化并不支持女性这种做法,但宗教问题有时在本质上是文化问题。挑战在于如何帮助患者在加拿大社会的现实要求与以前生活方式的文化规范之间相协调。性别平等问题常常被误解为是宗教问题,而不是文化问题。解决这一问题的一种可行的方法,是借鉴早期历史上那些阿拉伯女性的事迹。Altareb(1996)建议那些为独自抚养孩子的阿拉伯妇女进行咨询的咨询师们说,"他们为孩子或家庭所做的事情,本身就可以被认为是礼拜行为"(p.36)。咨询师还应在以欧洲为中心的咨询实践方面,不管拓宽自己的视野。例如,有许多冥想策略都是源自阿拉伯传统,比如:

1. Zekr,对神的 99 个名字或特性的冥思;

2. takhliya,一种旨在消除道德弱点的冥想;

3. tahliya,一种旨在强化人的美德,让恶习变得虚弱并最终消失的冥想。

(Sheikh, Kunzendorf & Sheikh, 1989, p.477)

结　　论

所有与阿拉伯裔加拿大人咨询相关的文献都有一些共同的主题。首先,需要区分宗教性和非宗教性的阿拉伯裔加拿大人,还要区分移民的加拿大阿拉伯人和土生土长的加拿大阿拉伯人,以及患者对加拿大的文化适应程度。阿拉伯内部文化差异很大(例如,沙特阿拉伯并不像波斯尼亚),宗教信仰也是如此(比如,逊尼派和什叶派)。不过,阿拉伯信仰具有超越文化和宗教信仰的普遍原则和习俗。

为阿拉伯裔身份患者进行咨询,并不意味着咨询师为其他多元文化群体所使用的咨询方法将不起作用。任何能带来解决方案并强化患者阿拉伯价值观的咨询策略都将有助于解决个人问题。阿拉伯身份的力量在于文化中固有的价值观,规定着人们的日常交往方式,但这种力量并不意味着人们不会有任何问题。来自人们内在的问题,如抑郁或自卑,以及来自外部的问题,如婚姻不和谐、歧视和失业,需要采取有助于解决问题的办法和策略加以解决。在阿拉伯文化框架内工作的咨询师,比在框架外面进行工作更有可能成功。Javed(1994)强调说,为女性患者赋能在于

> 激发她们重新振作自己的期待的文化水平提升模式(literacy mode),必须将故事讲述作为一项主要技术。讲故事可以用几种方式进行,包括流行剧目。不过,这些故事的内容必须取材于阿拉伯文化过去和当代的榜样和女性的生活经历。(p. 68)

加拿大的阿拉伯裔人,无论他们的种族背景如何,首先需要从宗教身份而不是文化方面来理解。也就是说,咨询师需要把宗教理解为一种生活方式,而不仅仅是一种宗教。因此,要向阿拉伯裔加拿大人提供充分有效的心理咨询,就必须了解他们的价值观。

参 考 文 献

Abudabbeh, N. , & Nydell, M. (1999). Transcultural counselling and Arab Americans. In J. McFadden(Ed.), *Transcultural counseling Bilateral and international perspectives*. Alexander, VA: American Counseling Association, pp. 261—284.

Altareb, B. Y. (1996). Islamic spirituality in America: A middle path to unity. *Counselling and Values*, 41, 29—36.

The Authentic Book of Bukhari. Retrieved from http://www. allaboutworld view. org/islamic-theology and-revelation-faq. htm

Barise, A. (1999). *Thinking and Learning in the Quran*. Unpublished manuscript.

Dwairy, M. (2006). *Counseling and psychotherapy with Arabs and Muslims*. New York: Teachers College Press.

Esack, E. (1999). *On being a Muslim: finding a religious path in the world today*. Oxford, UK: One World Publications.

Hitti, K. P. (1970). *History of the Arabs*. New York: St. Martins Press.

Javed, N. (1994). Gender identity and Muslim women: Tool of oppression turned into empowerment. *Convergence*, 27(2/3), 58—68.

Lago, C. (2011). *The handbook of transcultural counselling and psychotherapy*. London, UK: Open University Press.

Menocal, M. R. (1987). *The Arabic role in medieval literary history: A forgotten heritage*. Philadelphia. PA: University of Pennsylvania Press.

Sampson, E. (1998). *Dealing with differences: An introduction to the social psychology of prejudice*. Orlando, FL: Harcourt College Publishers.

Samad, Y. (1996). The politics of Islamic identity among Bangladeshis and Pakistanis in Britain, In T Ranger, Y. Samad & O. Stuart(Eds.), *Culture, identity and politics*. Aldershot, UK: Avebury.

Sheikh, A. , Kunzendorf, R. , & Sheikh, K. (1989). Healing images: From ancient wisdom to modern science, In A. Sheikh & K. Sheikh(Eds.), *Eastern & Western approaches to healing*(pp. 470—515). New York, NY: Wiley-Interscience.

14. 我的多种族身份:审视来访者的双种族/多种族特征

娜塔莎·卡维利

身份是一个简单的词汇,但它却提出了许多复杂的问题,并引起人们反省。我们不仅与自己、男性和其他女性作斗争,而且还与历史、社会、文化遗产和传统结构在内的更广泛的影响力作斗争。(Featherston,1994,p. 7)

随着孩子们能够意识和理解他们的内心世界,他们开始更专注地思考自己。在儿童早期,他们开始构建自我概念,即"个体认为能够定义他们是谁的特征、能力、态度和价值观的总和"(Berk,1997,p. 428)。随着时间的推移,孩子们会将这些内在状态和行为,组织成他们能够意识到并能向他人进行言语表述的个性特征。在我们 18 个月大的时候,就会意识到我们是独立存在的,与其他所有人都不同(Stipek, Gralinski & Kopp, 1990)。随着孩子年龄的增长,他们很快就会形成关于自己作为独立个体的自我意识,并最终形成自我概念。对一些多种族身份的个体来说,在两种或两种以上的种族背景之间发展自己的种族认同,可能会导致文化冲突和确定自己身份的个人斗争。一些多种族身份的个体可能会在两个或更多的世界之间感到迷茫。本章的目的是深入探讨多种族身份个体的家庭生活和社会发展,并希望能够获得一些启发,因为这些方面与他们的自我概念和种族身份密切有关。研究和审视这些方面在跨文化咨询和教学领域的影响十分重要。

个人视角

在这一章中，我选择使用多种族这一包容性的术语来表示具有两种或两种以上种族身份的群体，包括双种族群体。进行这一特定界定的原因，首先是我们需要研究那些父母来自两个或更多不同的社会既定种族群体的个体，在他们身上所发生的动力特征；其次，我自己作为一个具有多种族背景的人〔白种人（爱尔兰人），西印度人（牙买加人）和原住民（Algonquin，阿尔冈昆人）〕，我觉得自己的思考和经历从这个角度能够更准确地表达出来。

个体种族身份的形成

自我概念是一个人关于个体自身个性特征的一整套信念的综合。人们的自我概念是身份感的重要组成部分，即我们对自己是什么样的个体的一系列信念（Breakwell，Hattie & Stevens，1992）。自我概念的发展会带来自尊的形成，自尊即一个人对自己价值的判断（Baumeister，1993；Brown，1995）。个体的自我概念影响身份的形成，身份是一个综合概念，反映的是人的社会身份、角色或所属的群体成员类别，以及个体认同和用以描述自己的特质和行为的概念（Brown，1995；Tajfel & Turner，1986）。

埃里克·埃里克森（Erik Erickson，1956）认为，人格的发展会经历八个阶段。他审查并综合了关于人的发展的生物学、心理学和社会学等方面的研究。他的发展理论认为，在人生的每个阶段，我们都面临着在自己和社会世界之间建立心理平衡的任务（Erickson，1956）。对于一些具有多种族背景的个体来说，这一理论的指导主要涉及到人格发展的第五个阶段，即自我同一性对角色混淆阶段。

人格发展的第五个阶段发生在 13 岁到 19 岁之间。在这个阶段，青少年会用不同的角色进行各种实验，同时尝试整合之前发展阶段的多种身份。当许多青少年开始审视他们在家庭、学校和同伴群体中的角色时，他们就会开始进行自我检查。与此同时，这一阶段的青少年会试图弄清楚自己是谁，以及在更大的社会中他们想成为什么样的人(Erickson,1956)。正是在这一时期内,一些多种族的青少年便开始与他们的种族和民族身份的不确定性作斗争。一些多种族青少年可能正在经历的冲突和困惑,很可能是埃里克森所提出的同一性危机概念的例证,危机中的个体指的是那些努力寻找自我的人(Erickson,1956)。没有充分解决冲突的青少年可能会发展出一种消极的自我认同,在这种认同中,他们对社会认为适当和期待中的角色采取轻蔑和敌对的态度。由于缺乏明确的认同感,一些多种族的人可能会表现出一系列消极的情绪状态,包括羞耻、愤怒、困惑和无助感(Fukuyama,1999)。多种族个体认同的关键部分,取决于他们从社会和家庭中得到的支持,以及他们对其种族和文化理想特征的内化。Braun Williams(1999)和 Hall(2005)认为,多种族个体的种族认同是他们自我认同的一个持续的、无缝的组成部分。种族认同,尤其是对多种族的人们来说,倾向于以个人为中心,而不是以社会建构为中心。对于多种族的人来说,没有普遍的放之四海而皆准的正确认同:只有当事人才能建构他/她的经历。因此,一些多种族个体可能会选择与一个或多个民族群体保持一致,这些民族群体在个人特征如出生地、语言、种族/身体特征或风俗习惯等方面与个体互补。在我看来,种族并不是具体的特征,而仅仅是一个标签,一个用来描述个体如何看待自己与他人关系的术语。不同的文化和种族背景只是我作为一个多种族个体的组成部分。我可以自由地定义我认为合适的自己。正如我前面所说,重要的是能够认识到并鼓励多种族个体珍视选择的自由,去选择他们希望接受的文化和种族背景的那些方面。

　　在我十几岁的时候,很多人来和我聊天,问我:"你从哪里来?""我住在维多利亚,"我说,但我意识到这并不是有些人想听到的。"不,你是什么国籍?"他们会说,"你是什么民族?""你是什么肤色?"或"你是什么种族?"我从来没有被这些问题困扰过,因为我觉得我可以做两件事中的一件:成为这些问题的受害者/被威胁,或者教育这些人如何成为一个多种族的人。我选择了后者。通过向这些人简要描述我的种族背景,我觉得我在为启发其他人的多元文化主义和多样性而努力,从而让他们更加了解我所在的独特群体。我意识到,那些人让我给自己下个定义并没有什么恶意;他们只是好奇,因为我长得不像他们见过的任何人,也许我的父母也不像他们认识的那些父母。

　　我在青春期不得不经历的一件令人沮丧的事情是，当我在申请不同的大学和奖学金时，总是在某些问卷调查中被排除在外。关于种族情况这一栏通常有这样的指导语："请选择下列表格中的一个进行填写"，但我的种族从未出现过在这些问卷上。作为一个多种族的人，我很难从选项中选择任何一个种族群体填写。我不仅是一个黑人，不仅是一个原住民，而且也不仅是一个白人：我同时是三个种族！我被这些表格的关于种族选项的问题所困扰，尤其是来自美国联邦的表格和高等教育表格，因为这些机构似乎在说，"听着，你必须从这些选项中选择你认为合适的一部分，而拒绝其他的部分。你是黑人、印第安人还是白人？你不可能同时拥有这三者"。这些组织似乎没有考虑或理解有一部分人认为利用这些现有的种族类别规定其身份或所属种族是无效的。在 2000 年之前，美国和欧洲都是这样。美国人口普查局（Census Bureau）要求人们在人口普查中只认同一个种族，这让多种族人群感到焦虑，并引发了与我上面提到的类似的情绪。美国多种族群体游说美国人口普查局（Census Bureau）重视并重新认定这一问题，以确保在人口调查时能更准确地反映美国的种族构成状况；这个情况在 2000 年人口普查时发生了变化（Gaskins，1999；Holmes，1997；Townsend，Markus 8 Bergsieker，2009）。在加拿大，在填写加拿大人口普查表格时，加拿大统计局为被调查者提供了选择两个或两个以上族裔血统的机会。

　　人们为了获得清晰的认同感，需要他/她对自己的认同保持时间上的连续性。根据 Erickson（1956）的观点，认同感要求个体在自我构想和他人看待和期望他们所成为的人之间，保持一种连续性。对于多种族个体来说，"应该强调和承认同时性的重要作用，这是在多重种族背景下为其赋能和带来自豪感的手段"（Braun Williams，1999）。对于这些人来说，鼓励和开展同时性的环境应该更多是在家庭中。

家 庭 生 活

　　家庭环境在其子女的成长中发挥重要作用。Jackson（1999）注意到，父母在塑造和影响孩子的种族认同发展中发挥着重要作用。父母应该确保他们能够为孩子提供一个足够好的成长环境，使他们成功进行社会化并获得情感上的支持。

对于家庭来说,一个关键的因素是要能够促进家庭成员之间全面的互动,从而促进孩子的发展(Berk,1997)。在青少年时期,年轻人知道他们是家庭不可或缺的一部分,但他们也有一种处于萌芽状态的独立意识和个人效能感。他们正在感受到和认识到自己的能力,能够采取主动的方式,能够看到各种发展任务得以完成。因此,他们在进入青春期时,会根据自身早期的经历,形成各种与自我认同相关的松散片段(Conger & Galambos,1997)。

作为一个多种族的个体,我平等地接受我的所有文化的所有方面。我接触到了加拿大和牙买加的文化渊源,被这两个英联邦国家之间的差异和相似之处深深吸引。我的父母在我很小的时候就灌输给我这样的观念:不要以种族/民族/文化背景来评判一个人。多年来,他们教育我要从多从其他国家和民族中去学习,而不是恐惧他们。正是通过父母的行为,让我能够珍视自己种族和文化背景的方方面面,我才真正感觉到自己是一个了不起的人。我不断成长的另一个因素是,我的父母为在多元文化背景中为我提供了情感支持和探索内心的自由,从我可以玩黑皮肤的芭比娃娃,到我去拜访安大略省的亲戚们,他们和我分享他们早年在加拿大的故事,再到阅读《收集者日报》(the Daily Gleaner,牙买加国家报纸)。从我十几岁到二十岁出头,我对我的原住民祖先有了更多的了解,因为我已故的祖父(从我父亲这边追溯)是第一民族的成员。在这段时间里,我和父亲探索了我们阿尔冈昆人的文化遗产和历史,特别是通过家庭系谱的绘制,以及与在安大略省的阿尔冈昆人远亲联系的过程。从这段与我父亲共同进行的旅程和学习经历,以及从我母亲(牙买加)那里学到的知识中,我将我的多种族经历融入进了我的价值观和观点中,而这些都与我的精神性、家庭和职业努力有关,帮助我在加拿大不同的省和国家层面的多元文化背景下工作。我非常感激我的家庭为我提供了一个安全的基础,我可以自信地发展我的种族特征,而我的种族特征也因为我许多积极的生活经历得到了增强。

社 会 发 展

同一性发展还依赖于学校和社区,这些机构要能够为青少年提供丰富多样的探索机会(Tajfel & Turner,1986)。在社会内部,多种族个体跨越了种族界限,使得整个社会秩序基础、历史上根深蒂固的种族等级制度都受到了质疑。多种族个体有足够多的机会去揭露,肤色/种族的界限在社会中是多么的虚假(Kawash,1997)。

社会根据人的肤色进行区别化对待和歧视。一个人先天被赋予的肤色可能在不同的社会圈子里被接受或拒绝。Braun Williams(1999)指出,"在一个社会建构的种族类别被错误地当作生物类别加以对待的世界里,很少有人会鼓励像我这样的多种族人群去捍卫自己超出了规定框架的身份"(p. 33)。因此,社会倾向于基于与肤色/种族相关的身体特征进行分组。在西方文化的影响下,皮肤是最显性的区别彼此的标识。这是人们首先看到的,并用来定义人们是怎样的人的因素(Kawash,1997)。与不同肤色、头发质地和眼睛形状相关的特权(或缺乏特权)被编码到社会结构中。对于一些多种族的人来说,社会压力会迫使他们认同父母一方而不是另一方的种族群体,这可能会导致他们产生困惑、内疚和怨恨的心理。

白人所拥有的特权和权力等动态特征,表现了社会内部对于不同文化/种族群体的地位的界定,并对人群进行分类的现实。"特权"能够仅仅"由于人们的种族或性别的原因,赋予人们支配的地位,获得控制的许可"(Mcintosh,1992,p. 77)。权力则代表着一种控制和塑造他人行为的能力。通过对不同文化之间的历史关系和观点进行划分,往往会造成"我们"和"他们"之间在某种程度上的分离,进而导致"其他"群体类别的出现。如多种族的个体已被归类为"其他"类别,并认为他们不同于社会上的主流群体。"其他"这一类别的出现成为了一种社会期望,这种期望可能来自个人经历、媒体和/或用于对社会群体进行分类的社会信息。"其他"类别的存在似乎可以源于任何有助于群体进行社会认同的特质,强调的是他们与主流群体的特权差异,如阶级、性别、肤色、种族、国籍、社会经济地位或政治地位(Lebrun, 2003)。

一些双种族个体可能会有一种混血耻感(biracial guilt)。这种情况发生在双种族个体对自己是否有资格称呼自己为某某裔加拿大人所感受到的内疚感,如非裔加拿大人,因为他们并不是在非洲的文化环境中长大的。其他来自混血耻感的问题包括:"我的肤色是白色的,我真的可以说我是黑色的吗?""如果我基于自己的肤色说自己是白人,我真要拒绝我所爱的黑人父母吗?"对于父母是白人的双种族群体来说,当他们把自己与压迫他们的主流群体联系在一起时,可能会有一种负罪感,因为这些主流群体给他们带来了很多痛苦。

Fukuyama(1999)描述了她作为一个年轻人,是如何感到有必要融入占据主导地位的白人文化的。在她的一生中,为了尽可能融入主流文化,她甚至采用了丈夫的英裔美国人名字。一些多种族的个体可能会感受到来自社会的压力,要求他们融入主流文化,采取所谓的"通过"或"跨越"的方法原则。通过/跨越意味着个人要将主流文化的价值观和信仰进行内化,并拒绝他/她的民族和种族遗产的其他方面(Parrilla de Kokal,1997)。从社会层面上看,个体可能会对关于他/她的种族群体的轻蔑言论采取忽视、嘲笑或一并参与的态度。一个人可能会否认自己的部分种族身份,其中一些原因可能包括种族刻板印象、种族绰号和他在家人和朋友之间所面临的歧视。当一些人能够通过/跨越这些问题时,他们真的相信他们正在让自己更受主流群体的欢迎,以获得与他们所享有的同样的特权,而代价是承认和接受主流种族身份的所有方面(Kawash,1997)。

关于我通过/跨越这些问题有一次有趣的经历。有一天,我去见一位人力资源管理顾问,准备参加一个工作面试。面试进行得很顺利,然后我问这个顾问说,这个组织能为像我这样的少数族裔提供什么样的支持网络。人力资源管理顾问说:"你是一个有色少数族裔?"我回答说:"是的,我是!"这个顾问接着告诉我说,我最好不要说我是多种族的人,因为"你各方面都很好,你的学习成绩和工作经验也不错。你可不想因为提到多种族的事而断送了你的机会吧。"那是我坚决放弃这次面试的一个重要线索,然后我开始到别处去找工作。虽然我的肤色是白色的,但我是一个白人、西印度人和原住民女性,我不会让别人否认我的种族和文化遗产。

同龄人之间的关系在青少年发展中发挥着重要作用。同伴通过示范、强化和直接说服教育等方式来影响自己的社会行为(无论是积极的还是消极的),从而起到了促进社会化的作用(Conger & Galambos,1997)。我认为自己能够在三个种族中生活的很好的另一个原因是,我父母决定让我上一所国际女子学校。通过上国际学校(从幼儿园到 12 年级),我愉快平等地接受了关于我的种族传统的所有方面。在这所学校里,来自不同背景的白人、亚裔、西班牙裔和多种族女性都受到平等对待。正是在这所学校的这些年里,我逐渐巩固了自己的种族认同，让我意识到我不必在黑人、原住民和白人之间做出选择；我可以同时拥有这三者。由于我的这些经历和多元文化主义意识的培养，我发现自己在社区和大学里与来自不同文化/族裔背景的人相处时，已经形成了一种舒适区。周围这些熟悉我的人告诉我，我的热情、不带评判的态度让他们觉得和我在一起很自在，也让他们很容易接近我。再一次地，我把这些能力的培养归功于这样一个事实：我是多种族的人，我能够认同社区中其他有色少数族裔群体的各种需求和关切。

多种族的好处

从心理学的角度看，一些多种族的人感到有能力包容和接纳他们种族和文化背景的所有方面。这种赋能可能来自与朋友或家庭成员的互动，他们能够在多种族个体的种族/文化遗产的许多方面，提供丰富的不同文化知识和经验。Schwartz（1998）提出了作为多元种族的其他一些积极方面，如他们具有更大的群体间的宽容能力，语言能力，能够欣赏少数族裔文化，还能与单一文化群体保持联系（Thoroton，1996）。此外，一些多种族个体具有同时从多个视角看待问题的能力，并且能够识别不同方面的情形（也称为结构转换或界线穿越），从而能够无缝识别和看到冲突的所有方面（Binning 等，2009；Kerwin 等，1993；Root，1996）。

对跨文化咨询和教学的启示：策略和干预

文化在咨询领域的作用越来越得到承认。日益增长的多元文化因素持续性地存在于我们的生活中。在这个世界里，个人的社会关系不断扩大，开始囊括来自不同民族和种族背景的个人，这种人际互动的自然结果就是多种族儿童的出现和增多。根据 2006 年加拿大人口普查的数据，在加拿大总人口中，有一千三百万人认为自己具有多种种族血统（加拿大统计局，2006）。这些数据表明，教育者和咨询师在与多种族学生和患者打交道时，必须拓展自己的知识，增强自己的跨文化能力。跨文化咨询和教学是最基本的技能。在与多元文化背景的人一起工作时，应注意以下几点：

教育工作者

- 更多使用故事、角色扮演、电影、照片和图画书。向学生展示人们如何通过婚姻有效地弥补宗教、民族遗产、民族、种族、政治和语言等方面的差异(Diller，1999)。例如，你可以在 www. comunity. com/adoption books/ 0multiracial al. html 这一网址上找到许多的多种族儿童书籍。

- 在你的课堂上开展一个家庭图谱项目，让学生尽可能多地与他们家庭的双方进行研究。注意每个孩子的差异和来源——国家，语言，文化等等。多使用具有自身特点的照片和工艺品，鼓励家长、祖父母和其他亲属到教室里与孩子交流。

- 鼓励和支持关于个体差异的讨论(Diller，1999；Wardle，1992)。孩子们往往很好奇；他们对很多事物不确定，有时也害怕未知。"你为什么看起来和你的妈妈不一样?""为什么你爸爸皮肤是白色的而你不是?""我可以摸摸你的头发吗?""你适应这些差异吗?"对这些问题进行回应，带着兴趣和孩子谈论他们从父母那里遗传的身体特征。使用多种族和单种族的孩子来说明这一点。这项活动会很自然地发展成一个不同家庭参与的项目。可以制作一个公告牌或拼贴显示家庭的不同类型——寄养家庭、收养家庭、双亲家庭、单亲家庭、跨种族家庭、扩展家庭和少数族裔家庭。邀请尽可能多的这些家庭来参观你的教室。

咨询师

- 重要的是要能够认识到，多种族群体和任何其他有色少数族裔群体一样，对其族裔和种族起源有着同样的关切和问题。

- 当为多种族患者咨询和治疗时，要记得在治疗过程中强化非判断性思维的咨询哲学。不要仅仅因为患者有某种肤色，就认为他/她会更认同反映他/她肤色的种族理想、价值观和道德。

- 要确认多种族个体的体验和文化认同程度，如患者的感受(例如，关于种族主义)(Fukuyama,1999)。

- 熟悉患者的多种族和民族背景，以确定可能根植于其文化背景的价值观和特征,尤其是与普遍人格特质相反的部分。此外,鼓励患者探索他们的多种族文化遗产,作为他们种族认同发展的一部分(Lyles 等,1985;Se-bring,1985)。

• 认识到传统的关于人的发展理论、毕生心理发展理论和人格理论都是基于单一文化经验提出的。如果没有认识到这些传统理论的局限性,可能会导致你将多种族个体的行为和观点的某些方面当成心理问题症状(消极方面),而不是能够带来力量的属性(积极方面)(Gibbs,1989)。

• 在适当的时候,为患者寻找多种族的榜样人物,在社区中(如家庭成员或朋友)或在整个社会中(如名人)中,寻找那些承认和接受自己多元文化遗产的人(如歌手 Mariah Carey,Alicia Keys,Drake;演员 Halle Barry 和 Cameron Diaz;运动员精英 Jarome Iginla、Derek Jeter 和 Caemelo Anthony),作为帮助他们解决问题的方法。多种族的个体可能经常感到来自社会的压力,要求他们选择来自某一特定种族的榜样(Braun Williams,1999)。这样的讨论和分享经验的机会,能够帮助那些自我概念不清晰的人,在同多种族社区的其他成员或名人交流中产生共鸣,从而对自己的种族遗产感到更有信心。

• "要有解释和评估结果的能力,包括主流文化价值观对评估/解释的影响,对双种族人群文化的影响,以及对历史上制度性压迫的影响"(Arredon-do,1999,p.108)。

• 注意咨询期间的语言使用。语言和术语在描述多种族个体方面的作用,是另一个需要注意的重要方面。人们有时会使用的一些词汇,如杂交、混血儿、混血人和穆拉托人(mulatto,白黑混血儿),来描述多种族社区的成员。这些词汇多是贬义性的,会导致人们产生消极的自我形象/自我概念。例如,"穆拉托人"一词专门用来指白种人和黑种人的后代,这种用法与称黑人为黑鬼是一样的,有着相同的负面/政治错误的意义。穆拉托人一词最初是指不能孕育的骡子,是两种不同物种交配后所生的后代;这个术语也可以用来"证明"黑人和白人之间确实是相互独立的不同物种(Kawash,1997)。双种族/双文化和多种族/多文化这样的术语现在被用来指具有多种种族和民族特性的人。在咨询中,词汇的选择/术语的识别是至关重要和必要的,以确保患者能够形成积极的自我形象。

一些可用于多元文化咨询的多种族网站包括:

- 混血人肖像(www. pbs. org/wgbh/pages/frontline/shows/secret/por-traits);
- 跨种族之声(www. webcom. com/intvoice/);
- 混血人(www. mixedfolks. com);
- 多种族的天空(www. multiracialsky. com)。

作为一名与不同种族成员一起工作的咨询师,你可能需要了解以下一些观点:

- 同理心应该是所有心理咨询的基础。患者希望被治疗师理解和认同(Braun Williams,1999)。
- 认识并意识到咨询师是帮助患者进行民族和种族认同的强有力的推动因素(Fukuyama,1999)。
- 要将自己致力于终生去学习跨文化问题,无论是通过非正式的还是正式的培训都应多去了解,比如多元文化胜任能力培训。跨文化培训可以帮助咨询师认识到他们自己对种族问题的心理防御、抵抗、不信任和脆弱的感觉(Robinson,1999)。
- 审视自己的文化遗产,因为它与舒适的和积极的文化差异导向有关。(Braun Williams,1999;Torres,Howard-Hamilton & Cooper,2003)。
- 在与患者一起探索种族问题时,作为咨询师应该让患者感到舒适,在患者分享完之后再进行引导(Braun Williams,1999)。

作为咨询师和教育工作者,我们应该继续反思我们当前所采取的干预措施,是否反应了我们所生活的社区的多样化。我们必须做到不把这些跨文化问题视为患者的障碍,而要视为摆在我们面前的挑战:我们已经准备好迎接的挑战。

结 论

多种族个体的发展反映了所有人的许多层次的共同需要。我希望我的第一手经验和对现有文献分析的结合,能够让人们对那些多种族个体所面临的压力和愿景有所了解。需要说明的是,我的经验绝不能反映所有多种族个体的家庭生活和社会发展状况。通过我们对多种族个体发展方面第一手经验的收集,我们希望能够摆脱与多种族个体相关的社会标签和刻板印象。通过这一章的内容,我希望大家对多种族个体在自我概念和种族认同的发展过程中,是如何受到家庭和社会影响的有所启示。

参 考 文 献

Arredondo, P. (1999). Multicultural counselling competencies as tools to address oppression and racism. *Journal of Counselling Development*, 77(1), 102—108.

Baumeister, R. (1998). Self-esteem: The puzzle of low self-regard. In R. S. Feldman(Ed.), *Social psychology* (2nd ed.). Upper Saddle River, NJ: Prentice-Hall.

Berk, L. E. (1997). *Child development* (4th ed.). Needham Height, MA: Allyn and Bacon.

Binning, K. R., Unzueta, M. M., Huo, YJ, & Molina, L. E. (2009). The interpretation of multiracial tatus and its relation to social engagement and psychological well-being. *Journal of Social Issues*, 65, 35—49.

Braun Williams, C. (1999). Claiming a biracial identity: Resisting social constructions of race and culture. *Journal of Counselling and Development*, 77(1), 32—35.

Breakwell, G. M., Hattie, I, & Stevens, R. (1998). Social psychology of identity and the self-concept. In R. S. Feldman(Ed.), *Social psychology* (2nd ed.). Upper Saddle River, NJ: Prentice-Hall.

Brown, U. M. (1995). Black/white interracial youth adults: Quest for a racial identity. *American Journal of Orthopsychiatry*, 65, 125—130.

Conger, J., & Galambos, N. L. (1997). *Adolescence and youth : Psychological development in a changing world* (5th ed.). New York: Addison Wesley Longman.

Diller, J. V. (1999). *Culural diversity : A primer for the human services*. Boston, MA: Wadsworth.

Erickson, E. (1997). The problem of ego identity. In J. J. Conger, & N. L. Galambos(Ed.), *Adolescence and youth : Psychological development in a changing world* (5th ed.). New York: Addison Wesley Longman.

Featherston, E. (1994). *Skin deep : Women writing on color, culture and identity*. Freedom, CA: Crossing Press.

Fukuyama, M. A. (1999). Personal narrative: Growing up biracial. *Journal of Counselling and Development*, 77(1), 12—14.

Gaskins, P. (1999). What are you? Voices of mixed-race young people. New York: Holt & Co.

Gibbs, I. I(1989), Biracial adolescents. In J. T. Gibb & LN. Huang(Eds.), *Children of color :*

Psychological interventions with minority youth. San Francisco, CA: Jossey-Bass.

Hall, R. E(2005). Eurocentrism in social work education: From race to identity across the lifespan as biracial alternative. *Journal of Social Work*, 5, 101—114.

Holmes, S. A. (1997, October 30). People can claim more than one race on federal forms. *New York Times*, p. Al.

Jackson, K. E:(2009). Beyond race: Examining the facets of multiracial identity through a lifespan developmental lens. *Journal of Ethnic and Cultural Diversity in Social Work*, 18(4), 293—310.

Kawash, S. (1997). *Dislocating the color line: Identity, hybridity and singularity in African-American literature*. Stanford, CA: Stanford University Press.

Kerwin, C. , Ponterotto, J. G, Jackson, B. L. , & Harris, A. (1998). Racial identity in biracial children: A qualitative investigation. In Schwartz, W. (Ed.), *The identity development of multiracial youth*. New ork: ERIC Clearinghouse on Urban Education.

LeBaron, M. (2003). *Bridging cultural conflicts: A new approach for a changing world*. San Francisco, CA: Jossey-Bass.

Lyles, M. R. , Yancey, A. , Grace, C. , & Carter, J. H. (1985). Racial identity and self-esteem: Problems peculiar to bi-racial children. *Journal of the American Academy of Child Psychiatry*, 24, 150—153.

McIntosh, P. (1992). White privilege and male privilege: A personal account of coming to see correspon dence through work in women's studies. In Margaret L. Andersen and Patricia Hill Collins(Eds.). *Race, class and gender, An anthology* (pp. 70—81). Independence, KY: Wadsworth Publishing.

Parrilla de Kokal, M. D. (1999). White chocolate: An inquiry into physical and psychological identity. *Journal of Counselling and Development*, 77(1), 27—30.

Robinson, TL(1999). The intersections of dominant discourses across race, gender and other identities. *Tournal of Counselling and Development*, 77(1), 73—80.

Root, M. P. P. (Ed.)(1996). *The multiracial experience: Racial borders as the new frontier*. Thousand Oaks, CA Sage.

Schwartz, W. (1998). *The identity development of multiracial youth*. New York: ERIC Clearinghouse on Urban Education.

Sebring, D. (1985). Considerations in counseling interracial children. *Journal of Non-White Concerns in Personnel and Guidance*, 13, 3—9.

Statistics Canada(2006). *Ethnic origin, single and multiple ethnic origin responses for the population of Canada*, 2006 census. Ottawa, ON: Government of Canada.

Stipek, D. Gralinski, I. H, & Kopp, C. B. (1997). Self-concept development in the toddler years. In L. E. Berk(Ed.), *Child development* (4th ed.). Needham Height, MA: Allyn and Bacon.

Tajfel, H. , & Turner, J. (1998). The social identity and intergroup relations. In R. S. Feldman

(Ed.),*Social psychology* (2nd ed.). Upper Saddle River, NJ: Prentice-Hall Thornton, M. C. (1998). Hidden agendas, identity theories, and multiracial people. In Schwartz, W. (Ed.), *The identity development of multiracial youth*. New York: ERIC Clearinghouse on Urban Education.

Torres, V. , Howard-Hamilton, M. F. , & Cooper, D. L. (2003). Identity development of diverse populations. *Implications for teaching and administration in higher education* (6th ed.) San Francisco, CA: Jossey Bass.

Townsend, S. S. M. , Markus, H. R. , & Bergsieker, H. B. (2009). My choice, your categories: The denial of multiracial identities. *Journal of Social Issues*, 65(1), 185—204.

Wardle, E. (1992). Supporting biracial children in the school setting. *Education and Treatment of Children*, 15(2), 163—172.

15. 抵达即开始：为国际学生
咨询的考验与挑战

MARÍA DEL CARMEN RODRÍGUEZ

作为一名外国人，不仅意味着自己在地理环境上身居异乡，还意味着自己要失去那些原本很熟悉的将人们与自己最珍贵财富联系在一起的线索：信任感、亲密感、自信感、自我价值感和自我赋能。"外国学生"或"国际学生"这两个词语应当不仅仅局限于是对留学人员的简单描述，因为它们所表达的内涵要远超过在国外生活和学习。《新世界词典》(2012)将外国人(foreign)定义为"属于或效忠于外国的人"(n. p. 233)。然而，这一定义并不包括，个体在与他或她自身成长环境完全不同的新环境中，为了充分发挥能力所必须经历的所有过程。孤独、忧伤、思乡、学业担忧、语言能力、歧视、文化差异、个性特征和经济担忧只是许多国际学生所经历诸多困难中的一小部分(Surdam & Collins, 1984；Heikinheimo & Shute, 1986)。另一方面，愿意学习另一种文化，建立关系和分享共同的兴趣也可以看成是促使个人成长的刺激因素(Heikinheimo & Shute, 1986)。

谁是国际学生？

外国或国际学生构成了一个异质群体，他们有着不同的需求和关注点，面临着与文化适应相关的相对普遍的问题和挑战。虽然国际学生人数的广泛增长对北美高校来说大有裨益，但增长量已经超过了这些高校协助专业人士评估、理解及处理外国或国际学生需要的能力。以学生交流计划、交换政策、合作伙伴和招生工作等形式的各类国际化机构发展迅速,为外国学生海外求学创造了可能性和机会。

从 1992 年至 2008 年,加拿大高校的招生人数翻了一番,从 1992 年的 36822 人增加到 2008 年的 87798 人,其中新不伦瑞克、爱德华王子岛和新斯科舍三省的增长比例最大(加拿大统计局,2012)。安大略省和不列颠哥伦比亚省也有很大的增长,不列颠哥伦比亚省在 1992 年至 2008 年学生人数年均增长 9%(加拿大统计局,2012 年)。有趣的是,在同一时期,大多数国际学生的来源地是相似的,亚洲学生占国际学生的比例最大,而最大的变化在于来自非洲国家的国际学生人数明显减少。在学生年龄方面,以 2008 年为例,国际学生与之前相比更为年轻,他们更有可能攻读的是学士学位课程,而不是博士学位课程;同一时期,女性国际学生的注册人数占比也有所增加,从 1992 年 39% 增加到 2008 年 45%(加拿大统计局,2012 年)。

然而,在对国际学生做出定义之前,我们必须指出的是,在当前这个参照系内,并没有涉及到国际学生这个群体内部的诸多子群或亚类。在国际学生群体内部存在诸多交叉现象。例如,你可能会发现单身学生和已婚学生(有或没有家庭);参加合作项目和没有工作的学生;由原籍国选派的学生和选择出国求学的学生;准备回家乡的学生和计划在新环境建立新家的学生。尽管国际学生个体都在为文化适应做出努力,但他们所面临的考验和困境是相似的。正是由于这些特点、需求和挑战,学术导师(Academic Advisors)和咨询师们需要做好准备,指导和帮助国际学生实现文化上并且通常是情绪上的转变。

对比和差异:前提

最严重的文化冲击不是来自于处理外部压力,而是来自于应对新境遇下身份地位的改变和丧失(Alexander, Klein, Workneh & Miller, 1981)。尽管科技不断进步,国际学生可以在抵达之前通过社交网络或其他途径了解新的环境,但当他们第一次抵达新文的化环境时,仍然需要应对丧失和让自己独立,这些都可以被解读为文化冲击信号。这一概念意味着,访问或生活在一种新文化中往往是一种不愉快的意外或创伤,部分是因为这种体验是意料之外的,部分也因为这可能会导致国际学生对原有文化或/和新的文化产生负面评价(Furnham,1989)。国际学生们只能依靠自己,他们必须权衡各种可能性,从寻找住所到决定如何处理未来面临的所有选择。不过,他们迟早会明白,文化冲击不仅仅是寻找公交路线、解决经济问题或是寻找建筑物或餐馆,还会有更多冲击。

芬兰裔加拿大人类学家 Kalervo Oberg(1957)是第一个使用"文化冲击"(Culture Shock)这个词的人。他认为"文化冲击"下的反应包括四个阶段和六个方面,这通常被认为是人们适应种族或文化差异过程中的常规组成部分,也突显了人们对更可预测和可理解的环境的渴望。在 Oberg(1957)看来,"文化冲击"反应的四个阶段分别是:

1. 最初的兴奋:大多数人在开始承担新责任时对自身抱有很大的期望,对东道国持有积极的心态,觉得任何新鲜事物都是十分有趣和令人兴奋的,但很快,失望就不可避免的产生了。

2. 易怒激惹:渐渐地,人们的焦点从"在有趣地方和有趣的人一起开心"转变为"和这些异国的陌生人一起生活真是困难"。人们似乎开始关注彼此差异(突然之间发现差异无处不在),并开始强调这些差异。

3. 逐步适应:危机已经结束,人们似乎对他人更加开放,愿意与他人分享。一旦国际学生能够理解一些此前被忽视的那些细微的文化线索,这时对文化便开始熟悉起来。个体身处其中变得更加舒适,也不感觉那么孤独。有趣的是,个体的幽默感又回来了,他或她意识到自身的境况并不是没有解决的希望。

4. 完全适应:当国际学生具备了在两种文化中自信发挥自我作用的能力,就意味着已经完全恢复了。他们甚至可能会沉浸其中,并享受许多他们已经(在某种程度上)适应了的风俗习惯、做事和说话方式,以至于他们在收拾行李回家时,可能不会意识到这些习惯、方式和态度在潜移默化中的已经发生改变。

Oberg(1957)也描述伴随着"文化冲击"的六个问题:

• 失落感和被剥夺感(体现在朋友、地位、职业和财产等方面;社会交往减少);

• 紧张感(由于必须尽力做出必要的适应而产生的焦虑感);

- 排斥(因刻板模式而被新文化中的成员排斥,和/或排斥新文化中的成员);
- 迷惑(角色、价值观、感情和自我认同等混合在一起的情绪反应);
- 意识到文化差异后的诧异和痛苦;
- 感觉自己不重要或能力不强(自卑),以及由于语言限制而无法适应新环境的无能为力感。

焦虑、压力和抗拒的程度因个人和文化的差异而有所不同,每个人经历文化冲击的过程也有所不同,不同的因素不仅决定个体在面临文化冲击时可能的反应方式,还决定他/她会经历文化冲击的时间长短。文化冲击可能对某些群体相对强烈,可能对某些群体来说并不强烈(例如文化冲击对年纪大/年轻的学生,男性/女性,受教育程度较高/较低的个体,高校学生/一般年轻人等群体的影响程度都有所不同)。甚至有时文化冲击也并不总是不愉快的经历。非常有意思的观点是,在 Adler(1975)看来,"一个人越是能够体验人类多样性的新维度和差异性,他就越能了解自己"(p.22)。

国际学生面临的考验

Oberg(1957)对人们伴随文化冲击而来的六个方面的反应做了阐述,可以将这六个方面作为出发点,来描述国际学生在新的文化中生活、交往时所面临的考验。

失落感

在第一次出国留学的过程中,国际学生往往会经历一种独特而深刻的失落感。他们失去了原有的社会支持和社会地位,失去了熟悉的环境,失去了确定性,甚至失去了自我价值。因此,他们通常会感到缺乏自信和紧张不安,从而导致休息时间减少;相反,他们会将更多时间花在学业上,甚至可能对如何过好每一天而感到困惑。经济紧张也是这种失落感的一部分,当一个人不得不对花钱斤斤计较的时候,就可能会引发紧张感(例如,日常购物、交通选择、休闲娱乐等方面的消费)。在新的文化背景下,这种反应会升级成行为障碍(Heikkinen, 1981)。在越来越多的跨文化咨询研究中,自尊、自我效能感和社会关注被认为是国际学生所面临的最大问题（Day & Hajj，1986；Heikinheimo & Shute，1986；Meloni，1986；Pedersen，1991）。国际学生最初的反应就是，失去了与家人和同辈人在一起的共同身份（Pedersen，1991；Romero，1981）。根据 Puthey（1981）的观点，国际学生既需要识别并发展在东道国文化中行之有效的个体技能，也需要明确新角色定位、重建人际支持系统，这两种需要会增加国际学生的焦虑感："独处在陌生人中间，没有故旧的联系，海外求学生活可能是一个疏离且消极的体验，这种体验可能会威胁到个体的自我认同和自尊"（Wheeler & Birtle，1993，p. 110）。

社交受损

因为每个人在人际关系中取得成功的能力都不稳定（例如：家庭、爱情、朋友），当我们试图理解为什么有些国际学生比其他人在更有可能无法获得潜在支持的时候，就必须考虑个体之间的差异。理解这些因素在国际学生在与人交往中产生障碍的方式，可以帮助咨询师进行更有效地干预。类似的，适当的社会行为与自尊、人际控制等因素相关。在新的、不熟悉的文化环境中经历更多焦虑的国际学生，可能在社会上取得成功的能力也有限。相反，那些对自己在主导领域的能力有信心的学生，并没有经历过多的普遍性焦虑（Paulhus & Martin，1987）。

外部因素也则增加了国际学生的疏离感。东道国民众普遍会意识到国际学生有语言方面的困难，但对国际学生渴望与他们交流的需求并不敏感。当东道国民众能够认识到，自己与国际学生之间的对话交流，能够帮助他们更好适应的时候，东道国民众与国际学生在建立跨文化友谊中也承担了相应的责任。

压力

国际学生会通过学习新技能，与他人交谈等方式学习语言，发展积极的交往策略在与他人交往，甚至也可能会选择直接进行咨询，而不是间接方法，作为促使自己社会化的方式（Exum & Lau，1988；Leong & Sedlacek，1986）。不过，绝大多数国际学生都是独自应对压力。这种努力充满困难，因为很多时候当事人意识不到这种境遇，在这种情况下，助人者可能无法辨别出痛苦和不安等症状或问题根源，从而使国际学生的处境更加艰难。因此，国际学生可能会下意识远离那些文化、体育团体等潜在的社会支持。他们将自己与能够帮助他们了解新环境的其他人隔离开，将能够与自己讨论类似问题的同乡隔离开。因此，朋辈咨询成为了咨询师和学术导师的重要助人策略。

研究（Leung，2001）表明，国际学生不得不需要应对诸如失去社会联系、适应社会习俗、社会规范（Carr，Koyama & Thiagarajan，2003；Leung，2001）、语言障碍（Carr，et al. ，2003；Toffoli & Allan，1992）等各种各样的压力，还要应对文化冲击和文化适应压力（Constantine，Okazaki & Utsey，2004；Poyrazli，Kavanaugh，Baker & Al-Timimi，2004；Winkelman，1994）。

刻板印象

东道国中某些人可能对国际学生持有特定偏见，可能成为国际学生建立社交网络的强大障碍。由于国际学生意识的提高，他们往往会对他人的语言和非语言信息具有高度敏感性，从而会让他们感到厌烦和不舒服。此外，不同的学生可能会遇到各式各样的刻板印象和/或批评，这取决于他们自身所具有的污名特征。这种用刻板印象来看待来自其他文化国家个体的倾向，可以看成是国际学生的另一个绊脚石，它加剧了文化冲击带来的问题。有趣的是，那些容易焦虑的人可能会发现，按照别人的刻板印象行事并不总是坏事，因为这样的方式能够把世界变得可以预测，从而减少未知带来的威胁。一旦某种刻板印象形成，个体的行为、思维和感觉就会与这一刻板印象的预期相符。刻板印象导致的可预测性，正是外国人所需要的。然而，这种可预见性可能会延迟文化冲击的出现。某些民族/文化群体可能更容易由于感受到的偏见而出现抑郁症状（Rahman & Rollock，2004）。另一方面，根据 Poyrazli 和 Grahame（2007）的研究，对一种新文化的态度是否健康，主要指标包括：人格特征、用东道国语言进行沟通的良好能力、具有与东道国群体建立关系的积极方法，以及克服偏见和/或刻板印象的能力。

自尊和认同

Pedersen（1991）认为，个人的自尊和自我形象往往是由重要他人通过文化模式提供情感和社会支持来塑造的,但进入不同文化的国家则剥夺了个体原有的支持体系:"失去原有社会支持的正常反应是焦虑,这种焦虑可能表现为受到刺激、轻微烦恼、极度痛苦等不同的程度和层次,还伴随着失去自我方向的迷失感"(p.12)。此外,Belenky,McVicker,Rule 和 Mattuck(1986)指出:"如果一个人只能看到他人眼中的自己,那么满足他就会迫切地满足他人的期望,避免他人对他形成不好的印象"(p.48)。情感因素包括学生的个体因素(例如,与家庭相关的担忧、疾病、经济限制等)可能会影响他们的学业,尤其是在前述个体因素很少或没有得到理解和支持的情况下。正如 Young 和 Bagley(1982)所注意到的:"自我认同和认同问题既随着个体年龄的增长变化,也会随着个体生理、社会和角色变化出现许多'认同危机'"(p.58)。

在这些可能阻碍国际学生成长和适应的困难中,他们最害怕在陌生人面前表露自己的担忧和焦虑,从而影响他们对外国的适应。正如 Torrey,Van Rheenan and Katchadourian(1970)和 Pedersen,Draguns,Lonner and Trimble(2012)所描述的那样:"同族关系成为获得成功的一个极为重要的资源,在校园内,国际学生更愿意向来自同一国家的人披露'个人问题',而不是寻求其他咨询资源的帮助"(p.21)。因此,心理咨询师和助人者在处理相关问题时会面临诸多挑战,比如帮助国际学生改善自我形象、自尊心调适、应对因留学而经历的社会支持缺失、学业问题等。此外,他们必须帮助国际学生开拓必要的社交网络,获得个人和学术等方面的支持。Steinglass,DeNour 和 Shye(1985)认为,社交网络的规模是社会适应度的最佳预测指标,建立文化小组可能为国际学生提供建立新关系的场所,从而帮助他们获得归属感,同时该场所也是他们分享共同熟悉的价值观和信仰体系的平台。此外,咨询师还可以帮助教职员工增加与国际学生合作的知识和能力,并强调一些最难克服的障碍,比如语言。

语言限制

除了失去社会支持之外,国际学生在东道国文化中的沟通能力也会受到影响。意料之中的是,英语熟练度被认为是人们社会交往和适应的重要因素(Meloni,1986;Pedersen,1991;Schram & Lauver,1988;Surdham & Collins,1984)。研究表明,语言限制以及其他情感和情境因素对学习成绩有不利影响

(Luzio-Lockett,1995),并影响学生整体的教育体验。尽管研究表明,国际学生需要与东道国民众多进行社会接触,但这种接触似乎受到他们的语言水平的限制,继而又阻碍了他们与同龄人、师长和咨询师之间的沟通交流(Bochner, Hutnik & Furnham, 1985;Furnham & Alibhai, 1985)。许多研究也支持了这一观点,不能流利地说东道国语言是阻碍国际学生融入东道国社会的主要障碍(Furnham & Alibhai, 1985;Heikinheimo & Shute, 1986;Meloni, 1986;Ray & Lee, 1988)。在这些情况下,不难理解一个因素(语言障碍)对另一个因素(缺乏社交网络)的影响,以及由此导致的抑郁和压力的普遍增加。

Dryden and Ellis(1987)声称,语言对一切具有基础性的特征:"因为语言对思想有巨大的影响,而且事实上,人类是运用语言实现思想的建构,而且,我们的情感过程很大程度上是在语言的基础上形成的。"此外,Albert 和 Triandis(1991)认为,语言"与人们对经验的解释方式,以及我们用来概念化世界的认知、情感类别密切相连"(p. 412)。即便是像在课堂上做笔记和提问这样的任务,对于国际学生来说存在差异。国际学生语言表达能力不足可能导致教师认为他们是被动和害羞的。此外,Lin 和 Yi(1997)指出,对于以英语为第二语言的国际学生来说,受制于词汇量的有限,他们可能在考试或论文撰写中难以表达他们的实际认知。Yeh 和 Inose(2003)认为,英语流利程度,包括社会关注的其他指标(如社会支持满意度和社会联系度),都是文化适应压力的重要预测因素。他们还发现,社会联系和社会关系是学生自我认同、价值观和交往方式的重要方面。因此请牢记,密切的联系和社会支持网络对于处理压力和心理健康问题至关重要。为国际学生提供咨询的咨询师们需要记住,咨询师自身对与学生合作的渴望,对提升交谈质量所做的努力,对他们是否信任和具有共情能力,对咨询关系的建立至关重要。

国际学生的性别差异

Manese,Sedlacek 和 Leong(1988)进行了一项研究,调查来自多个国家的男性、女性本科国际学生在需求和认知方面的差异。研究结果显示,不同性别的国际学生之间存在差异,与男性国际学生相比,女性国际学生预计自己的生活会更艰难,更容易气馁,也更容易质疑自身的自我效能感。Mallinckrodt 和 Leong(1992)对研究生中国际学生的压力症状水平和社会支持来源进行了研究,他们发现,研究生中女性国际学生表现出更多的压力症状,经历了更大的压力,对家庭和学术机构给予的社会支持不太满意。由于女性比男性更易获得鼓励,以满足她们更高的敏感性需求(Gilligan, 1982),因此通常认为女性拥有更优越的支持资源。尽管研究结果显示现实和预期并不相同,但通常而言,那些具有良好表达能力的个体(例如:热情的,富有同情心的,有教养的)似乎拥有更多的社会支持,更有可能在需要的时候使用这些资源(Burda, Vaux & Schill,1984)。这些观点为咨询师和导师提供了一些思路,提醒他们国际学生面临的压力和与压力相关问题带来的影响。另一个启示就是,那些不太被别人发现需要帮助,或者认为自己不太需要帮助的男性国际学生们,其实最有可能需要帮助,却最不可能知道如何才能获得帮助,也最不可能愿意通过必要步骤来获取帮助。

尽管存在这些差异,相关文献表明,国际学生的原有文化背景与留学东道国文化背景的差异越大,国际学生越容易产生适应情绪问题(Domingues, 1970)。Alexander, Klein, Workneh and Miller(1981)研究了来自发展中国家的国际学生对美国校园生活的适应情况。结果表明,来自发展中国家的国际学生在整个求学过程中都存在着压力和脆弱情绪。这类国际学生身上出现问题的一个重要因素是缺乏家庭系统的支持,这种情况在来自这些国家的国际学生中经常出现(Arredondo-Dowd, 1981)。对于这类学生来说,出国留学最初的快乐情绪很快就会变成悲伤、甚至是失望(Arredondo-Dowd, 1981)。在另一项研究中,Ying 与 Liese(1990)用纵向研究方法考察了来自中国台湾的国际学生的适应过程,适应过程可以概念化为适应的主观感受(结果导向,对个人生活的认知评价)以及情绪健康(过程导向,适应过程中的痛苦水平)两个方面。研究人员想知道,在留学经历中获益并成长的国际学生,与那些负担过重且无法应对留学困难的国际学生相比,在哪些方面有区别。他们的研究结果表明,国际学生在抵达后能否很好适应适应,和到达后的情绪状况显著相关。因此,他们认为,预测国际学生对一种新文化的适应是可能的,因为这在很大程度上是对自我预言的实现。

助人者的角色

尽管有着相似的种族/文化背景、语言熟练程度和其他共同经历,国际学生仍然需要其他选择来获得帮助,这取决于他们的学术兴趣、对稳定的情感需求、人际关系的发展和其他生活领域。在东道国环境中,学术导师和咨询师是帮助国际学生顺利过渡、步入正轨、走向成功的两个关键角色。助人者需要记知道,国际学生不仅会经历适应大学的问题,而且他们还面临适应新文化的挑战(Grayson,2008)。对于研究生中的国际学生来说,还将面临社会价值观挑战和职场文化挑战(Nesheim, Guentzel, gansmer-Topf, Ross & Turrentine, 2006);学生们应对这些挑战的方式可能会影响他们的整体生活体验。

学术导师

作为在他或她的培养项目中为学生提供全程指导的人,学术导师应该有责任掌握一定量的信息(例如:校园内外的资源),这样可以为他或她指导的学生们提供帮助。学术导师还负责帮助国际学生在留学过渡期提升他们的技能和胜任力。国际学生对学术导师的不同看法可能是关系紧张的根源,也可能是安心和信任的来源。这些感知上的差异可能来自于不同文化对性别角色的看法。例如,受国际学生原籍国文化影响,男性国际学生可能会因为拥有学术导师是女性而感到受侮辱或丢脸。在其他情况下,一些女性国际留学生可能会觉得很难直视男性学术导师的眼睛(Idowu, 1985),而直视异性眼睛的情况在北美很正常,也是意料之中的。由于不同文化对权威人物的看法不同,一些国际学生可能比大多数北美学生更希望与他们的学术导师或教授建立正式的师生关系。他们可能更依赖、要求也更高,或者两者兼而有之,他们认为学术导师或教授应该向他们展示、告诉他们,甚至为他们做一些事情,而在北美文化中,这些往往是学生应该承担的个人责任。在某些情况下,学术导师承担指导学生的职责。需要对留学生在过渡时期的经历有共情式的理解,这种理解包括学生和导师双方面快速的自我重新评估。

为国际学生提供咨询的两个最基本的目标,一是帮助他们适应各自学术项目的要求,二是帮助他们取得学术上的成功。学术导师是学校机构与国际学生实现这些重要目标的纽带。考虑到国际学生们典型的对待学术成就的严肃态度(Heikinheimo & Shute,1986),学术导师可能是他们生活中的核心人物。无论这是否是对学术导师角色的准确描述,如果学术导师希望成功地与国际学生这个特殊群体交往,学术导师必须掌握和处理某些问题(例如,行政程序、可获得的资源等)。不过,学术导师的职责并不仅仅限于帮助国际学生完成学业。对于学术导师和咨询师来说,国际学生的文化多样性可能是最大的挑战。这种挑战来自这样一种认识,即多样性必须被理解和解决,而且对于国际学生的咨询建议不能千篇一律,必须高度个性化(Weill,1982)。尽管相似背景的国际学生有着相近的文化脉络或经历,但是每个学生都有着不同的动机和需求。如果学术导师考虑到了国际学生的文化/种族背景和独特需求,那么这个建议过程就会很有意义且有效。学术导师应当做好准备,以便随时提供有力指导,帮助国际学生处理并平衡他们的情绪状态,帮助他们预测可能遇到的挑战和困难(注意不要让学生有先入为主的倾向),告诉他们这本就是留学适应过渡期中必须经历的。

Wan(2001)指出,学习风格在某种程度上反映了个体在童年时期的社会化过程。因此,不同家庭文化背景的国际学生可能会有对教习风格和学习方式的不同偏好,也会有对师生交往观念看法的不同,有时候这可能会传递这样的错误信息,即教授没有准备好或不够积极,或者学生不够尊重教授(Poyrazli & Grahame,2007)。

心理咨询师

尽管最近国际学生流动出现新的趋势,但北美院校要满足国际学生的需求还有很长的路要走。根据 Sue(1981)的观点,国际学生的文化适应遵循一个发展过程,这个过程类似于少数民族群体适应主流文化的过程。也就是说,国际学生最初持有与东道国文化保持一致的需求感,接着由于出现对新环境中遇到和经历的价值观、系统的抵制,进而产生了冲突和不和谐因素。如果他们要在东道国文化中实现成功,个体进行自省以增强觉悟意识很有必要。了解这一过程的各个阶段,并确定国际学生在这一过程中的发展进度,将有助于咨询师根据国际学生的发展需求选择适当的干预策略。此外,如果咨询师要在多文化社会中发挥作用,就必须超越自身的个人背景因素(Heikkinen,1981;Pedersen,1991)。

　　国际学生确实有与北美学生不同的担忧和问题。因此,北美高校有责任为国际学生提供特定服务,或者提供符合他们习惯的服务(Locke & Velasco, 1987)。毕竟,在文化适应时期,咨询师需要在帮助国际学生方面发挥重要作用。然而,咨询师应当不断提升助人技巧,以更好地发挥咨询的作用。因此,专业咨询师应当有意识地提高自身的文化敏感性,学习咨询技能和知识,以便在国际背景下帮助那些国际学生。为国际学生提供咨询的咨询师,不仅有可能帮助国际学生把海外学习转变为充实的体验,而且有可能在为他们提供咨询过程中重新发现自己。

基　本　特　征

建立融洽关系

　　当咨询师有海外生活经历的时候,更容易在为国际学生提供咨询的过程中产生共情。从某些方面来说,这样的咨询师更容易理解国际学生,也会对国际学生更加耐心。咨询师可以在咨询最初阶段询问国际学生的感受和他们所害怕的事情。咨询师向接受咨询的国际学生授课式地讲述自己的个人经历不太有用,因为每个人的经历从来都不相同(尽管提出这些可能会有所帮助)。咨询师要知道,文化适应是一个过程,需要一些时间,也需要与东道国文化的互动才能得以实现。因此,让寻求咨询的国际学生感到舒适和安全是开展咨询工作的前提。只有这样,咨询师才能进一步探究他们的恐惧、怀疑、改变和提升。

保持文化敏感

　　保持文化敏感是咨询师帮助国际学生的基础。它要求咨询师忽略以种族为中心的方式来感知患者行为和观点的差异。由于世界观取向的不同,国际学生可能在时间概念、自我理解,对相处时物理空间、距离和接触的舒适度(Hall, 1981),和/或他们的价值取向(Sue & Sue, 1995)等方面表现出文化差异。无论国际学生表现出怎样的差异,咨询师都必须表现出真正关心学生的态度(Bargar & Mayo-Chamberlain, 1983),并表现出对学生个体的关注。文化敏感性是一种需要时间和毅力培养的品质,因为它涉及到对不同世界观在心智(或心灵)层面保持开放态度,作为助人者需要寻求对自己世界观从更深层次进行理解。我们必须记住,国际学生在大学校园的存在,代表着学校有责任帮助他们在学业上取得成功。因此,咨询师必须既要帮助国际学生在新文化环境中适应生活,也要帮助他们在学业上取得成功。

信任感

咨询师需要理解思乡、学业目标、获得居所、语言不熟练以及经济状况不好都是国际学生普遍面临的问题(Stafford,Marion & Salter,1980;Hyun,Quinn,Madon & Lustig,2007);因此,通过为学生对接、联系不同的校园服务部门可能是解决他们部分问题的适当方式。不过最好还是谨慎一些,因为尽管在美国文化中,转介是一种标准做法,但仅仅转介国际学生到特定部门获取专业服务,可能无法完全满足国际学生的需求,也不是很恰当。培养相互的信任和可靠感可能会更有帮助,因为许多国际学生出于文化原因,可能不够自信,不愿自己寻求帮助,咨询师帮助他们打个电话或者带他们去服务部门做个引荐可能会更好。根据 Dillard and Chisolm(1983)的观点,一些国际学生在寻求专业帮助之前可能会比北美学生等待的时间更长,因为他们坚信可以从传统的家庭体系中获得帮助。因此,咨询师应与国际学生保持密切联系,跟踪事态进展。这样咨询师更有可能获得国际学生的信任和尊重,如果国际学生有咨询需求,这些咨询师的帮助会更有效。

接受不确定性

从文化维度来说,为国际学生提供咨询可能产生不确定感,这种感觉在为东道国学生提供咨询服务过程中可能并不存在。由于文化差异的原因,咨询师所熟悉的交流规则,以及咨询师在咨询中期望的交流方式,可能会区别于与国际学生交流的规则。在这些差异造成误解的情况下,咨询师必须要有耐心,并愿意尽一切努力去澄清这些误解。避免陷入这种困境的第一步,可能是咨询师需要认识到,英语水平有限或缺乏北美社交技巧并不能反映国际学生的智力水平。放慢说话速度,仔细地发音,并愿意在必要的时候重复自己的话,这将会对增进相互间的理解和避免冲突大有裨益。当国际学生表达不够清楚时,咨询师表现出的不安或失望只会在交流中造成障碍,甚至可能破坏咨询师和来访者之间的关系。然而,尽管已经最大限度地努力增进相互之间的了解,但是在特定关系的某些方面让可能仍然存在不确定感。咨询师必须准备好接受这点，努力改善新建立的咨询关系，不确定感才会逐渐降低。咨询师要积极创设让国际学生感到舒适和安全的活动，进而探索他们的恐惧、怀疑、变化和提升，这是至关重要的。

交流

对于非英语国家的学生来说，英语口语和理解能力出现问题并不罕见。尽管他们在英语托福考试中获得了相应或更高的分数，这样的成绩足以让他们理解课堂内容并完成作业，但许多学生仍然认为英语存在问题（Heikinheimo & Shute, 1986）。咨询师可以建议国际学生参加英语辅助课程，以帮助他们提升英语熟练度。此外，咨询师还可以检查国际学生的口语发音，帮助他们在一些人际交往过程中提升理解技能。咨询师与其他国际学生的咨询中，甚至可以建立一个跨文化团体。这个团体可以是一个用来探索情感和情绪的安全场所，离开这样的场所，国际学生隐藏的情感和情绪将无法表现，这样的场所可以为国际学生之间谈论自身适应问题提供机会。成立团体的目的，是通过创造有效的条件，在满足国际学生学习需求的同时，支持国际学生个人成长和自我探索，鼓励他们自我认同，增强自尊自信。团体还可以基于共同需求建立新的联系，为其他成员提供支持，创建学习相关团体，可以帮助个体从团体中获益，形成有利于个人和专业发展的环境。团体不仅可以成为国际学生提升跨文化意识的资源，还可以在多元文化背景下，帮助东道国人们提升自身与国际学生交往时的敏感度。其他活动（要求更高）可能包括为班级或其他群体（例如养老院、学校、旅行社等组织）担任客座演讲者的机会。尽管其中一些活动可能需要更高水平的语言能力，但此类活动不仅为国际学生提供了宣传民族文化和国家的机会，还为他们提供了练习英语的机会，使得它们成为大学生群体中常见的活动。

对咨询的启示

国际学生丰富了高校的教育和文化环境，他们帮助东道国学生领略世界各地丰富多彩的人类传统，并帮助学生培养出成熟的、国际化的自我认同（Weill, 1982）。跨文化咨询领域已经建立了相当大的研究框架，为那些关心、支持国际学生的人们提供了启迪（d'Ardenne & Mahtani，1989；Eleftheriadou，1994；La-go，1996；Pedersen，1994；Sue & Sue，2007）。不过，在许多大学里，学生和学术导师之间可能没有建立足够的联系。在举行会议时，会议的内容往往流于形式或只谈事情（Luzio-Lockett，1995）。这种情况表明，需要在跨文化心理咨询背景下，通过更加开放的交流和沟通，谈及更多方面的内容。国际学生的经历不能简单地归结为纯粹的学习之旅，更应该给他们机会，让他们进行个人、情感和"重新定义"的自我等方面的表达和整合。由学术导师或咨询师领导的支持性团体可以有效地满足国际学生自我整合的需求，帮助他们建立归属感，促进他们之间形成信任和理解的氛围，进而促进个人和专业的发展。

相关团体研究（Aveline & Dryden，1988；Henderson & Forster，1991；Whitaker，1987）表明，有共同经历的人在一起分享彼此的共性，对减少人们的孤独感至关重要，也为团体成员寻求共同问题的解决方案提供了参照。在Wolfe，Murgatroyd 和 Rhys（1987）看来，

> 学习既是一种情感体验，也是一种认知体验。如果按照这个逻辑推演，需要将学习者作为一个整体，而不仅仅是一个分化的认知部分，那么过于看重其重要性。人们对自己的感觉如何，和分化的智力部分一样，会对他们能否取得进步产生影响（p. 2）。

我们认为学术领域收获的学习经验可以促进自我实现和成长，但成长过程不能仅仅通过学术环境来加以实现，必须同时要求有清晰的自我觉知，个体才能到达自我实现。成长的过程包括沟通、互动、分享经验，还要有能力展现认知部分外的情感方面。不幸的是，在为国际学生提供咨询或指导时，注意力似乎几乎完全集中在他们的学术经历上（例如，符合学术要求并获得成功），很少或没有留下空间来探索个人成长及伴随的变化。

结　　论

在过去的几十年中，加拿大大学已经成为外国学生，包括美国和欧洲学生的

首选。在加拿大大学注册的国际学生中，近 70% 来自发展中国家（加拿大统计局，2006）。研究表明，与美国、欧洲或加勒比地区国家的学生相比，他们不得不对北美的学术和文化生活进行更多的适应。Hall（1981）和 Mickle（in Heikinheimo & Shute，1984）指出，如果外国学生喜欢与东道国群体进行令人满意的接触，那么他们在学术和非学术方面的经历就更有可能是积极的；如果情绪和社会氛围是愉快的，环境是适宜的，就更有可能收获成就。Domingues（1970）描述了高校对全职外国学生导师的需求；她指出，外国学生的文化背景与北美的文化背景越不同，他们就越有可能产生情绪上的适应问题。以团体的形式与国际学生一起共事，可能会消除国际学生由于远离熟悉和已知的环境而产生的孤立和绝望感。Pedersen（1991）在对国际学生进行的一个特殊个案咨询后警告说，咨询师和教育工作者如果没有意识到国际学生所面临的独特境遇，有可能会孤立、刻板地对待他们。

　　虽然大学经常为国际学生和当地学生提供心理咨询服务，但既有的咨询服务可能不足以帮助来自多达 200 个国家的国际学生们。可以理解的是，跨文化咨询师并没有完全准备好以一种个人的、中立的态度来对待国际学生。因此，应该大力鼓励国际学生对他们在东道国的生活方式持有接受、直观和开放的观念。一名国际学生指出：

　　　　在国外生活的结果，是我改变了很多，也经历了成长。面对文化冲击、语言误解、经济限制（源自饮食限制、学术目的和旅游所需的资源）和学术劣势（因为课程和要求的差异），我产生了一种渴望，想表达我所感受到的一切，自身周围发生的一切，还有与我相关的事物以及我内心的感受。我发现，把这些事情记录下来并与其他国际学生分享，可以缓和类似事情的发生。我通过写作的方式和我的导师谈论我的感受和情绪。这不是一个简单的过程，但我想，如果我要让这段经历成为我生命中最好的经历之一，我就必须做真正、真实的自己。明白这到底意味着什么并不容易，有时也不那么令人愉快。描述自身并与他人分享我的感受，揭示自身局限性并不是一件容易的事情。日常生活中有许多感受，谈论这些感受有时意味着要改变自己的价值观、信仰和信念。然而，具体、真实表达自身的感受和情感，十分有助于我适应一种新的文化。我必须学会,如何在一个有着不同世界观、意识形态、宗教和习俗的多元文化社会中生活。但这些并不是全部,我还必须了解大学的学术要求,我坚定地渴望获得成功。作为一名国际学生十分不容易,然而,这段经历让我的自我意识得以显现,也让我有机会得以自我反省。我有机会同时审视、分析、挑战和发展自身的技能、知识、能力,变得成熟,获得共识······尽管在我母亲看来,这些都是显而易见的。

参 考 文 献

Adler, P. S. (1975). The transitional experience: an alternative view of culture shock. *Journal of Humanistic Psychology*, 15(4), 13—23.

Alert, R. D. , & Triandis, H. C. (1991). Intercultural education for multicultural societies: Critical issues. In L. A. Samovar & R. E. Porter(Eds.), *Intercultural communication: A reader*(6th ed.). Belmont, CA: Wadsworth.

Alexander, A. , Klein, M. , Workneh, F. , & Miller, M. (1981). Psychotherapy and the foreign student. In P. Pedersen, J. Draguns & J. Trimble(Eds.), *Counseling across cultures* (2nd ed. , pp. 227—243). Honolulu, HI: University of Hawaii Press.

Arredodo-Dowd, P. (1981). Personal loss and grief as a result of immigration. *Personnel and Guidance Journal*, 2, 376—378.

Aveline, M. , & Dryden, W. (Eds.). (1988). *Group therapy in Britain*. Milton Keynes: Open University Press.

Bargar, R. , & Mayo-Chamberlain, J. (1983). Advisor and advisee issues in doctoral education. *Journal of Higher Education*, 54(4), 407—432.

Belenky, M. , McVicker, B. , Goldberger, N. , & Mattuck, J. (1986). *Women's ways of knowing*. USA: Basic Books.

Bochner, S. , Hutnik, N. , & Furnham, A. (1985). The friendship patterns of overseas and host students in an Oxford student residence. *Journal of Social Psychology*, 125.

Burda. P. , Vaux, A. , & Schill, T. (1984). Social support resources: Variation across sex and sex role. *Personality and Social Psychology Bulletin*, 10, 119—126.

Carr, J. L. , Koyama, M. , & Thiagarajan, M. (2003). A women's support group for Asian international students. *Journal of American College Health*, 52(3), 131—134.

Constantine, M. G. , Okazaki, S. , & Utsey, S. O. (2004). Self-concealment, social self-efficacy, acculturative stress, and depression in African, Asian, and Latin American international college students: *American Journal of Orthopsychiatry*, 74, 230—241.

D'Ardenne, P. , & Mahtani, A. (1989). *Transcultural counseling in action*. London: Sage.

Day, R. , & Hajj, F. (1986). Delivering counseling service to international students: The experience of the American University of Beirut. *Journal of college Students Personnel*, 7, 353—357.

Dillard, J. , & Chisolm, G. (1983). Counseling the International student in a multicultural context. *Journal of College Student Personnel*, 3, 101—105.

Domingues, P. M. (1970). Student personnel services for international students. *International Journal for the Advancement of Counseling*, 9, 11—22.

Dryden, W. , & Ellis, A. (1987). Rational-emotive therapy. In W. Dryden & W. L. Golden (Eds.), *Cognitive behavioural approaches to psychotherapy*. New York: Hemisphere Publishing.

Eleftheriadou, Z. (1994). *Transcultural counseling*. London: Central.

Exum, H. , & Lau, E. (1998). Counseling style preference of Chinese college students. *Journal of Multicultural Counseling and Development*, 16, 84—92.

Furnham, A. (1989). Communicating across cultures: A social skills perspective. *Counseling Psychology Quarterly*, 2, 205—222.

Furnham, A. , & Alibhai. N. (1985). The friendship networks of foreign students: A replication and extension of the functional model. *International Journal of Psychology*, 20, 709—722.

Gilligan, C. (1982). *In a different voice*. Cambridge, MA: Harvard University Press.

Grayson, J. P. (2008). The experiences and outcomes of domestic and international students at four Canadian universities. *Higher Education Research and Development*, 27, 215—230.

Hall, E. (1981), *Beyond culture*. New York: Anchor Press, Doubleday.

Heikinheimo, P. , & Shute, J. (1986). The adaptation of foreign students: Student views and institutional implications. *Journal of College Student Personnel*, 27(5), 399—406.

Heikkinen, C. (1981). Loss resolution for growth. *Personnel and Guidance Journal*, 59, 327—331.

Henderson, P. , & Forster, G. (1991). *Groupwork*. Cambridge: National Extension College.

Hyun, J. , Quinn, B. , Madon, T. , & Lustig, S. (2007). Mental health need, awareness, and use of counseling services among international graduate students. *Journal of American College Health*, 56, 109—118.

Idowu, A. (1985). Counseling Nigerian students in United States colleges and universities. *Journal of Counseling and Development*, 63(8), 506—509.

Klein, M. (1977). Preliminary overview: Adaptation to new cultural environments. *The Counseling Psychologist*, 1(January 1991), 10—58.

Klineberg, D. , & Hull, W. F. (1979). *At a foreign university: An international study of adaptation and copying*. New York: Praeger.

Lago, C. (1996). *Race, culture and counseling*. Buckingham: Open University Press.

Leong, F. , & Sedlacek. W. (1986). A comparison of international and U. S. students' preferences for help sources. *Journal of College Student Personnel*, 27, 426—430.

Leung, C. (2001). The psychological adaptation of overseas and migrant students in Australia. *International Journal of Psychology*, 36, 251—259.

Lin, G., & Yi, J. K. (1997). Asian international students' adjustment: Issues and program suggestions. *College Student Journal*, 31, 473—479.

Locke, D. C., & Velasco, J. (1987). Hospitality begins with the invitation: Counseling foreign students. *Journal of Multicultural Counseling and Development*, 7, 115—119.

Luzio-Lockett, A. (1998). The squeezing effect: The cross-cultural experience of international students. *British Journal of Guidance and Counselling*, 26(2), 209—223.

Mallinckrodt, B., & Leong, F. T. L. (1992). International graduate students, stress and social support. *Journal of College Student Development*, 33, 71—78.

Manese, J. E., Sedlacek, W. E., & Leong, F. T. L. (1988). Needs and perceptions of female and male international undergraduate students. *Journal of Multicultural Counseling and Development*, 24—29.

Meloni, C. (1986). *Adjustment problems of foreign students in U. S. colleges and universities*. Washington, DC: ERIC Clearinghouse on Language and Linguistics.

Nesheim, B. E., Guentzel, M. J., Gansemer-Topf, A. M., Ross, L. E., & Turrentine, C. G. (2006). If you want to know, ask: Assessing the needs and experiences of graduate students. *New Directions for Student Services*, 115, 5—17.

Oberg, K. (1957). Culture shock and the problem of adjustment to new cultural environments. In P. Pedersen, J. Draguns, W. Lonner & J. Trimble(Eds.), *Counseling across cultures*. Thousand Oaks, Calif: Sage Publications.

Paulhus, D., & Martin, C. (1987). The structure of personality capabilities. *Journal of Personality and Social Psychology*, 52, 354—365.

Pedersen, P. (1991). Counseling international students. *The Counseling Psychologist*, 19, 10—58.

Pedersen, P., Draguns, J., Lonner, W., & Trimble, J. (2012). *Counseling across cultures* (6th ed.). Thousand Oaks, CA: Sage Publications.

Powell, L. (1986). Participant satisfaction in second-language conversation. *Communication Research Report*, 3, 135—139.

Poyrazli, S., & Grahame, K. M. (2007). Barriers to adjustment: Needs of international students within a semi-urban campus community. *Journal of Instructional Psychology*, 34, 28—45.

Poyrazli, S., Kavanaugh, P. R., Baker, A., & Al-Timimi, N. (2004). Social support and demographic correlates of acculturative stress in international students. *Journal of College Counseling*, 7, 73—82.

Putney, R. (1981). Impact of marital loss on support systems. *Personnel and Guidance Journal*, 59, 351—354.

Rahman, O. , & Rollock, D. (2004). Acculturation, competence, and mental health among South Asian students in the United States. *Journal of Multicultural Counseling and Development* , 32, 130—142.

Ray, M. , & Lee, M. (1988). Effects of stigmas on intergroup relationships. *Journal of Social Psychology* , 129, 855—857.

Romero, M. (1981). Multicultural reality: The pain of growth. *Personnel and Guidance Journal* , 59, 384—386.

Schram, J. , & Lauver, P. (1988). Alienation in international students. *Journal of College Student Development* , 29, 146—150.

Stafford. T. , Jr. , Marion, P. , & Salter, M. (1980). Adjustment of international students. *NASPA Journal.* 18(1), 40—45.

Statistics Canada (2012). *A changing portrait of international students in Canadian universities.* Retrieved from http://www. statcan. ca

Steinglass, P. , DeNour, A. , & Shye, S. (1985). Factors influencing psychosocial adjustment to forces in geographical relocation: The Israeli withdrawal from the Sinai. *American Journal of Orthopsychiatry* , 55, 513—529.

Sue, D. W. (1981). *Counseling the culturally different.* New York: Wiley.

Sue, D. W. , & Sue, D. (2007). *Counseling the culturally different : Theory and practice* (5th ed.). New York, NY: Wiley.

Surdam, J.C. , & Collins, J. R. (1984). Adaptation of international students: A cause for concern. *Journal of College Student Personnel* , 25, 240—244.

Taft, R. (1977). Coping with unfamiliar cultures. In N. Warren (Ed.), *Studies in cross-cultural psychology* (pp. 120—135). London: Academic Press.

Torrey, E. F. , Van Rheenan, F. , & Katchadourian, H. (1970). Problems of foreign students: An overview. *Journal of the American College Health Association* , 19, 83—86.

Wan, G. F. (2001). The learning experience of Chinese students in American universities: A cross-cultural perspective. *College Student Journal* , 35, 28—44.

Webster's New World Dictionary of the English Language. (2012). New York, NY: Collins World. Retrieved from http://www. merriam-webster. com/dictionary/foreigner

Weill, L. (1982). Advising international students at small colleges. *NACADA Journal* , 2(1), 52—56.

Wheeler, S. , & Birtle, J. (1993). *A Handbook for personal tutors.* Buckingham: Society for Research into Higher Education. Buckingham: Open University Press.

Whitaker, D. (1987). *Using groups to help people.* London: Tavistock/Routledge.

Winkelman, M. (1994). Cultural shock and adaptation. *Journal of Counseling and Development* , 73, 121—126.

Wolfe, R. , Murgatroyd, S. , & Rhys, S. (1987). *Guidance and counselling in adult and continuing education.* Milton Keynes: Open University Press.

Yeh, C. J. , & Inose, M. (2003). International students' reported English fluency, social support satisfaction, and social connectedness as predictors of acculturative stress. *Counseling Psychology Quarterly*, 16, 15—28.

Ying, Y. W. , & Liese, L. H. (1990). Initial adaptation of Chinese sojourners in Canada. In P. Pedersen, J. Draguns, W. Lonner & J. Trimble (Eds.), *Counseling across cultures*. Thousand Oaks, CA. : Sage Publications.

Young, L. , & Bagley, C. (1982). Self-esteem, self-concept, and the development of black identity: A theoretical overview. In G. K. Verma & C. Bagley(Eds.), *Self-concept , achievement and multi-cultural education*. London: Macmillan.

16. 如何为 LGBTQI 群体提供专业咨询

M.奥诺雷.弗朗斯

　　美洲印第安人的观念通常更喜欢圆形思维而不是线性思维。如果一个人把自己放在男性/女性、同性恋/异性恋的线上,并把这条线弯曲成一个圆,那么这个圆上会有无数个点。正因为如此,从理论上来看,对于一个个体来说,他/她的性别和性取向存在着无限可能点,并会随着时间和地点的推移而发生改变和不同。(Tafoya,1997,p.7)

　　这段精辟的引语不仅说明了其他文化是如何看待性取向的,也反应了西方的线性思维是如何引起人们对性的如此多的关注的。Garrett 和 Barret(2003)提供了一个有趣的分析,笛卡尔哲学倾向于将人分为善与恶两类,还会塑造人们对性别和行为进行静态解释的线性思维方式。的确,几个世纪以来,人们对同性恋的态度各不相同,但直到遵循犹太教-基督教-伊斯兰教信仰体系的宗教发展起来,对不遵循严格性别取向的人的公然迫害才有所增加。在原住民社区,当欧洲人移民到西半球时,他们发现原住民的性别信仰是非常不同的。原住民民族倾向于"重视关系、环境和互动"(Garrett & Barret, 2003, p. 133),并不重视欧洲人带来的个人主义。原住民中的"双灵化"(two spirited)一词,将人的社会和精神身份结合在一起,而男同性恋、女同性恋或变性人等词则不存在,因为这些词汇更多地是基于性取向而发明的。一个双灵化的人同时具有男性精神和女性精神,因而具有特殊的双重存在方式;或者换句话说,双灵化的人拥有转化的能力,表明生命的二元性在原住民的思维方式中是以圆形方式存在,并没有将他们排斥在外面,就像在信奉犹太教-基督教-伊斯兰教思维方式的国家,那里的人们往往将这种双灵化的人被视为具有特殊能力的人。从本质上说,双灵化的人在原住民中"被接纳并赋予了神圣人物的角色,他们通过和谐和平衡来代表转化和改变"(Garret & Barret,2003,p.133)。因此,人们的世界观高度影响他们看待性取向的方式。如果一个人想要理解并成功地与男同性恋、女同性恋、双性恋和变性人合作,那么理解这一过程,包括历史上和社会中那些偏见所带给这些群体是非对错的压力,是至关重要的。

在为LGBTQI(女同性恋、男同性恋、双性恋、变性、性别不明者、双性人)群体成员提供心理咨询时,我们必须记住,这是在为人类本身提供咨询。当然,这一点必须要与在我们自身文化中,作为性少数群体意味着什么的相关知识和理解相平衡。在北美社会,一个有趣的发展现象是"酷儿"(queer)一词的复兴,这个词在过去曾被用作贬义词;如今,越来越多的LGBTQI群体成员非常自豪地使用这个词。自上世纪80年代以来,同性恋活动人士就把"酷儿"作为一个包含所有LGBTQI人群的综合性名词来使用。不过,并非所有人都对这种用法感到舒服,同性恋仍然被恐同者视为一种侮辱。就像许多其他重新定义的词汇一样,"酷儿"并没有被LGBTQI群体之外的人所接受。

本章将主要探讨可能影响LGBTQI或酷儿群体生活的社会结构;这个群体的身份发展模型;咨询师的内化信念及其影响;在咨询环境中谈论性倾向/性别/性的方法;酷儿群体的一些普遍价值观;以及我们作为一个职业未来需要发展的地方。

定　　义

定义常常会随着时代的变迁而变化,就像社会上对于什么是正常的,什么是不正常的界定一样,也会发生变化。我们可以想象一下,在古希腊,双性恋是一种常态;也许几个世纪后,可能会有更多的关于性别和性取向的类别和定义。LGBTQI中的大多数术语都是众所周知的,也许除了双性人这一概念,双性人是一个医学术语,适用于那些生理性别既不是女性也不是男性的人。我们想使用 LGBTQI 群体中常见的一个术语:酷儿。这一术语不仅包括那些喜欢与自己性别相同的性伴侣的人,而且包括那些认为自己的性别与自己的生理性别不同,或者在选择性伴侣时根本不考虑性别或性取向的人;这些通常不是支持一夫一妻制的人;或是"超世俗的人";他们往往是那些不把性活动或性伴侣定义为传统意义上的性交、性高潮或性行为的人。这个术语的初衷是尽可能地包容,把焦点不仅放在患者性别和性伴侣上,还要注意到我们每个人和性别认同方式,其实是一个多面体。我们想要挑战我们的人类同胞们的是,要能够从更开阔的视角思考自己在性方面的存在状态,而不仅仅是接受社会强加的定义。那么,现在是时候让咨询师们跟随酷儿群体们一起,对我们的性方面的信仰和身份"出柜"了。

我们还想区分一下同性恋恐惧症(恐同症)和异性恋主义。恐同症可以定义为

> 对同性恋者的非理性恐惧,或对自我与他人的任何与性别角色刻板印象不符的行为、信念或态度。这是对同性恋和同性恋者的恐惧,对所有与同性恋有关的事情的恐惧。一些经历过同性恋恐惧症的人往往只是避开同性恋人群、地点、事件和话题。恐同症的极端行为是针对同性恋的暴力行为。(www. equity. qut. edu. au,2007)

恐同症的定义通常集中在个人的内心感受或恐惧、厌恶或仇恨上。酷儿群体的成员可能也会有很多反对同性恋的人,而反对者可能会让他们对自己的生活感到悲伤、失望或恐惧。

恐同症的定义通常包括一个人内心的恐惧或仇恨,而异性恋主义者可以被定义为

> 那些认为异性恋是唯一一种"正常"和"正确"的生活方式,并且事实上优于其他关系的人。异性恋主义是对 LGBTQI 群体的一种制度性压迫。甚至有时,即使个人不是偏执者或恐同者,但机构和文化规范仍可能具有歧视性甚至是压迫性,因为它们偏袒异性恋者,而损害非异性恋者的利益。这

些制度和规范都是基于异性恋而设计,那些不反对或抵制它们的人也可以说是异性恋主义者。并不是所有的异性恋者都是恐同者,但所有的恐同者都是性别歧视者。(www.equity.qut.edu.au,2007)。

这一解释表明,尽管恐同症存在于个人的内心之中,但异性恋主义是一种系统性的观念和假设,认为异性恋是默认的"正常"性取向,规章制度、信仰体系和社会可能遵循的都是这一体系。当我们讨论如何为酷儿群体的成员进行咨询时,这些定义和区别的重要性将是显而易见的。

身份发展理论

学界存在着许多身份发展理论,其中 Cass 的身份发展模型理论(1979)可能是最著名的,它并不是依托于特定年龄群体的身份发展而提出。然而,正如 Degges White,Rice and Myers(2000)和 Diamond(2005)所指出的,Cass 主要以男同性恋作为研究对象;因此,这一模式可能不适用于女同性恋者:"将 Cass 提出的几个发展阶段包括在内,是有一定道理的……差异仍然存在,不过,体验各个阶段的发展顺序有其发展的必然性,女同性恋者必须通过每个阶段的顺序,才能最终达到整合"(Degges White,Rice & Myers,p. 6)。平心而论,该模型能够为我们提供一个视角,去理解在异性恋主义者的社会中,同性恋者是如何最终与他们的性别身份进行整合的。但是患者可能永远无法探索他/她的性别和性取向,直到他/她老去为止。Cass 的模型共有六个阶段。

1. 身份觉察:这通常开始于孩子或青少年时期,人们开始意识到他/她拥有不同于他人的感觉和想法,这些也可能和社会所教给他/她的不同。
2. 身份比较:个体开始独自探索自己的感受,并与社会、父母和同龄人的观念进行比较。
3. 身份容忍:在这一阶段,个体往往会抗拒自己的感受,并试图否认它们(例如,没有人想与众不同,也没有人想在异性恋的环境中成为同性恋)。
4. 身份认同:个体意识到自己的性别/取向并没有异常,开始探索和拥抱他/她的性别/取向,寻找一个他/她的性取向能够被接受的地方,他/她可以感觉到归属感。

5. 身份自豪:个体对同性恋群体的承诺或对群体认同感是非常强烈的。这种承诺往往导致个体出现激进主义,并与已有体系的虚情假意进行对抗(Cass,1979)。根据 Degges White, Rice and Myers(2000)所述,"个人的同性恋身份是其最主要的身份,并会取代他们生活的所有其他方面。向其他人透露自己的性取向可能会增加;他们对他人的反应如何理解,对其是否继续发展其性取向有很大的影响。当他们表现出少数的性取向想法或活动,导致出现了来自异性恋者意想不到的积极回应时,他们便能够认识到他们的想法和行动的不一致,然后会自然地发展到最后阶段"(p. 1)。在这个阶段,很多人开始去挑战法律和其他带有歧视性的社会思想。

6. 身份综合:在最后阶段人们会接受酷儿身份,但不是把自己当成是一个酷儿,而是作为具有酷儿身份的人。换句话说,性取向成为个人的一部分,而不是决定性的因素;因此,个人成为 LGBTQI 群体的一个连接。(Cass,引自 Beaty, 1999;Heffner,2003)。

Gumaer(1987)将马斯洛的需求层次理论模型与 Minton 和 McDonald 在1983 年提出的同性恋发展三阶段模型结合起来。Gumaer 假设这三个阶段会发生在马斯洛需求层次的每个阶段,从而使得同性恋的发展过程,要比异性恋的发展困难得多:

1. 自我中心阶段:这一阶段涉及童年和青春期早期开始意识到自己是同性恋的早期经历。Gumaer 说:"这种早期意识包括与同龄人分离的感觉、与众不同的感觉、性能力不足、以及由于同性接触带来的性兴奋或性唤醒"(p. 144)。

2. 社会中心阶段:这一阶段包括更强烈的对于同性恋欲望和越来越多的身份混淆。Gumaer 说:"持续增加的对同性爱的欲望和身份混淆感的意识"(p. 144—45)。

3. 普遍性阶段:这个阶段的人们开始对社会规范进行批判,接受自己的同性恋身份。因此,在 Gumaer 看来,"这个这段的行为会涉及到向重要他人,比如家人和朋友,公开自己的同性恋身份,并且面对出柜的后果。在出柜之后,同性恋和其他人一样会生活,包括成功的结合在一起"(p.

145）。

Degger White，Rice and Myers（2000）在他们对 Cass 模型的批判中提醒说，在结构这些模型时，我们关注的重点是将酷儿患者定位为有问题的人。换句话说——对我们来说这一点很重要——问题的出现是因为酷儿身份的发展没有得到有效培育。如果社会育儿实践活动是态度开放的，学校也接受他们，同性恋恐惧症是不存在的，那么出柜的过程也就不再是问题。这就是为什么双灵化人和圆形概念的性取向是如此吸引人的原因。虽然人们可能会经历身份发展的不同阶段，但这些模型中一脉相承的思想是，个体如何接受自己的存在和自己是怎样一个人这些概念。如果社会对同性恋持友好的态度，酷儿群体就不会对他们的性取向有任何问题，他们也只会经历异性恋个体可能经历的发展挑战和困难。

酷儿群体在成长过程中的挑战

在法律框架中，接受酷儿群体并将之作为一种反歧视的做法，已经为酷儿群体带来了某种程度的安宁，但毫无疑问，仍然存在着诸多挑战。根据 Roberts（2004）的研究显示，酷儿青年面临着被孤立、家庭困难、暴力、性虐待和 HIV 感染等问题。对于那些生活在没有性取向自由的环境或家庭中的人来说，最常见的压力是被孤立。生活在一个以线性思维解释性别的家庭或社会中，会导致人们产生混淆；人们很可能会接受和内化社会对酷儿的消极态度。在 Roberts 看来，

> 在接受通常被认为不正常、不道德或病态的性别身份时，许多青少年将负面的刻板印象内化，从而认为自己是心理上和/或社会上的越轨者。许多同性恋青年对此的反应是隐藏他们的同性恋身份，这会导致出现更大的孤独感，因为害怕被发现也成为生活中不可分割的一部分。（p. 230）

那些对自己的性取向保密的人，他们的生活就是不断在撒谎。他们要么压抑自己的情绪，要么觉得自己不够满足，因为这是一种没有人可以交谈、没有情感支持的状态。根据 Harbeck（1992）的调查显示，10％至 18％的学生认为自己是酷儿；这些数字无疑是令人吃惊的。在旷课、辍学、抑郁和自杀方面，人们付出

的代价已经尤其高昂。

Stone(2003)曾在研究中记录了下面内容:

- 学生们每天听到 25 次反同性恋言论。
- 22%的同性恋受访者表示,他们在过去一个月里曾因为感到不安全而逃学。
- 据估计,同性恋学生的辍学率是全国平均水平的三倍。
- 同性恋学生的自杀企图比全国平均水平高出 20%至 30%。(p. 145—146)

家庭在塑造人的身份和自尊方面的重要性永远不能低估;事实上,众所周知的是,家庭生活对孩子的发展有着最重要的影响。当家庭中有恐同的价值观时,那么就会出现疏远、拒绝甚至驱逐同性恋者。儿童不仅在家庭中发展了早期的信任、接受和认同感;他们还必须依靠家人——尤其是他们的父母——给予情感、社会和经济上的支持。然而,孩子们担心他们会因为自己是酷儿而让他们的家庭感到羞耻,这不仅会给酷儿带来罪恶感,而且还会导致他们对未能达到父母期望出现的认知失调。有趣的是,大多数酷儿儿童的性取向与他们的父母并不相同,因此他们很容易在性取向方面遇到家庭阻力。Roberts(2004)报告说,这些恐惧是真实存在的:

- 在接受采访的男女同性恋青年中,有一半的人表示,他们的父母会因为他们是同性恋而拒绝他们。
- 四分之一的男女同性恋青少年,曾因为与家人在性取向问题上发生冲突而被迫离家出走。
- 大多数同性恋青少年的父母没有应对和处理性取向的经验
- 酷儿青年的父母经常因为他们孩子的性取向而感到耻辱,尤其是当他们的性取向与自己的性取向不同时。

酷儿咨询的历史

1973 年,同性恋才被从美国心理协会的《精神障碍诊断和统计手册》(DSM)中删除;直到 1986 年,最后一个出于政治动机设定的"自我矛盾型同性恋"(ego-dystonic homosexuality)类别才被移除(Herek，2008)。同性恋在 35 年前还被认为是一种精神疾病,但当我们接触到来自酷儿群体的患者时,我们不能忽视这一事实,他们中的一些在极端情况下还会被送往精神病院,忍受着各种煎熬和痛苦。当然,仅仅将同性恋是精神疾病从《精神障碍诊断和统计手册》中删除,并不能完全消除咨询实践中的咨询师、咨询师专业培训项目以及咨询专业的学生对同性恋的一些固有看法,从而导致酷儿群体成员的心灵和思想上感到被孤立。

我们可以试想一下,即使在这一类别被移除多年之后,我们仍然可以在诸如 Journal of Counseling and Development 等刊物中找到一些文章,直到上世纪 80 年代,仍然会谈到同性恋咨询的"问题":

> 我在我的个人心理咨询实践中,曾处理过各种患者的问题,没有比理解和处理男同性恋患者问题更令人沮丧的了⋯⋯他们复杂的人格和应对策略是异性恋者很难理解的,并导致咨询中出现很多问题。(Gumaer,1987)

Gumaer 没有把被心理咨询师内化的恐同心理视为咨询出现问题的原因,而是把自己心理咨询能力不够的责任直接推给了自己的同性恋患者。他还对同性恋者复杂的人格和应对技巧进行了全面的概括:他认为这些都是同性恋患者特有的,是与正常的人相反的。

另一个例子可以 Personnel and Guidance Journal 的一篇文章中找到,它宣称同性恋们"出柜,'女扮男装',或以某种方式'大声喊叫',只是一些同性恋者面对真实或虚构的社会压力时,表达自身感受的一些行为方式"(Haynes,1977,p. 124)。在这里我们可以看到可能的在患者性取向或身份探索,有一种傲慢或乐趣化取向的病理分析。基本的基调仍然是认为,同性恋者最好还是符合社会规范,需要做很多其他事情来确保心理治疗。

尽管这只是少数几篇在同性恋不再被视为精神疾病之后出现的文章,但它也能够很好地说明异性恋在过去一直活跃在咨询领域。我们之所以说过去,是因为在这几年里发生了很大的变化。例如,女同性恋、男同性恋、双性恋和变性问题协会(ALGBTI)是美国心理咨询协会的 19 个委员会之一。该协会认为,其使命是教育"咨询师认识到患者身份发展的独特需求;并且[提供]一个无威胁的咨询环境,致力于减少针对患者的刻板印象和同性恋偏见"(美国心理咨询协会,2012)。作为一个组织,ALGBTI承认在咨询行业中存在同性恋恐惧症。它提供给咨询师们相关的知识,比如关于身份发展,贴标签对人们的影响,社会政治结构如何使酷儿人群成为压迫的对象,如何创造一个内化的压迫者,如何给他们带来不经意的压迫等。如果我们能确保咨询师意识到自己的偏见,那么,由该行业在更早时期所带来的对同性恋的迫害,在很大程度上是可以逆转的。不过,对咨询师和其他从业人员进行有关同性恋恐惧症和同性恋群体相关问题的教育仍然是一项持续性的任务。

针对酷儿问题的咨询师培训

许多研究发现,在心理咨询专业的研究生项目中,普遍存在的培训都是针对异性恋,缺少对酷儿问题的培训(Liddle,1995;Phillips & Fisher,1998;Pilkington & Cantor,引自 Lidderdale,2002)。这些问题会导致咨询师与酷儿群体的患者打交道时出现有违伦理的咨询行为。Lidderdale 提出了三个建议来改善这一点:在每门培训课程中包含酷儿(同性恋)相关问题;要求所有学生都要参加一段时间的集中实习;成立一个专门针对酷儿问题的班级。这些建议对于教育系统来说可能很难接受,因为异性恋是一种根深蒂固的文化态度。

Erwin(2006)发现,大多数心理咨询专业的研究生都认为酷儿问题与他们的学习和未来的职业生涯无关。这一发现充分说明了心理咨询师在他们的专业工作中所采取的价值观和观念。那些声称了解一个具有重要文化意义的群体(如酷儿群体)是无关紧要的想法,都是假设这些学生们将来要与之合作的群体是不包括任何同性恋者或跨性别者的。这意味着酷儿群体的问题,就算在大学环境里,也会接受到这样一些信念的反应,即最好的情况是大家都不接触和了解,最坏的情况则是会使酷儿群体失去自我价值。例如,在加拿大维多利亚大学(University of Victoria),出现了一个名为"积极空间网络"(Positive Space Network,2012)的草根运动,它的目标是"创建一个支持并连接人们的网络,致力于社会包容,促进良好实践,帮助研究人员共享合作,为个人提供支持和资源"。这表明,在大学校园里仍有许多事情要做,以确保 LGBTQI 群体成员被接受。因此,一点也不奇怪的是,在酷儿群体中,大多数寻求专业咨询的成员都会仔细筛选潜在的咨询师,而且往往更倾向于选择同时也是酷儿群体成员的咨询师(Erwin,2006)。

Erwin指出,处理关于酷儿问题的咨询教育的最好方法之一,是围绕有争议的问题进行通识性教育,学会如何与之合作(例如,转换角度,避免简单的争论,对二分法的使用进行质疑,评估来源的可信度),并提供开放的空间让他们了解自己的感受和问题。这些教育实践活动不仅有助于探索异性恋,而且也有助于了解我们文化中许多"另类"群体的问题:不同种族、能力和年龄群体等等。

为酷儿群体患者咨询时需讨论的领域

在这一节的开头需要先说明的很重要的一点是,根据当前手头上的主题,咨询师可能永远不会知道患者的性取向。大多数关于这一主题的文献似乎都假定,来自酷儿群体的前来寻求心理咨询的患者,其诉求是来讨论有关他/她性取向的问题的。当然,酷儿群体患者可能也会因为父母去世、职业选择困难或害怕飞行而感到悲伤。以下建议主要适用于在咨询环境中当患者的性和性取向成为咨询主题时的情形。

识别和标注:这里的最佳做法是遵循患者的引导。无论患者用什么词汇来描述自己,咨询师都应该使用这个术语来描述患者。这里所做的只是使用与患者的语气和词汇相匹配的概念,这是任何助人专业课程开始时都会介绍的一个常见技能。如果患者主要关心的是身份,那么探索他/她的性取向和与群体的联系可能是重要的因素。为了胜任咨询,咨询师必须了解所有可用资源,包括患者引以为豪的群体和特定群体问题(例如,老年的女同性恋资源)。通过这种方式,围绕患者的需求讨论他们的性别认同便非常有效。重要的一点是,不要想当然地认为,如果患者没有公开表明自己是同性恋,那就意味着他是异性恋。咨询师可以用"伴侣"这个词来谈论患者的配偶,也是展示自己接纳患者的重要方式。

交叉点:没有人是存在于真空中的,包括酷儿群体的成员。在我们的文化中,患者的性取向可能不是"其他"唯一主要规定的特征。种族、性别、阶级、能力和身材的组合可能比他/她的性取向更能定义一个患者。如果我们不考虑所有生命的复杂性,那是十分冒昧的。一个简单的问题,比如"你如何看待你的性取向,怎样让它与你的余生或个性相适应?",是开始这一话题的一种直接做法。酷儿的家庭概念可能看起来非常不同,可能更侧重于通常所说的"组建家庭",而不是侧重于血缘关系。如果患者的原生家庭已经将患者从他们的生活中剔除,或者明确表示患者是他们无法接受的,那么这一点尤其重要。由于社会价值的贬低,一些酷儿群体的成员不想把任何负面的注意力放在社区内部的问题上,他们更愿意把问题留在社区内部。这一点尤其适用于那些具有药物问题或伴侣虐待的成员(Merril & Wolfe, 2000)。

由于北美同性恋权利发展的历史,以及对基本人权的不断斗争,对许多酷儿社区成员来说,在某种程度上采取积极主义的行动和做法是重要的。由于许多斗争仍在进行(例如收养权或伴侣养老金权,这取决于他们在北美的哪一个地方进行),患者可能会前来寻求咨询的帮助,以积极应对制度性的异性恋歧视。

在酷儿群体中最突出的问题是他们对医疗和助人专业人士的怀疑,因为他们觉得自己没有被专业人士尊重,或者患者感觉自己可能会受到负面评价。因为那些发展这些职业的人,在设置职业准入时是从我们文化中习以为常的异性恋主义考量的,酷儿群体的许多成员感觉很难被这些人或价值观理解和评估。正如我们前面所述的那样,很多患者会彻底屏蔽咨询师,而更有可能寻求酷儿群体中的咨询师进行咨询。这个问题不是患者带来的:这是我们作为专业人员与患者一起工作和为患者服务的问题,以便更好地理解人类经验的全部内容。

未来的发展

由于研究生咨询项目是咨询师专业教育的基础,因此必须将对酷儿问题的教育,以及质疑在我们的文化中那些未被承认的价值观所必需的批判性思维技能训练,融入到这些研究生项目中去。在咨询设置中,要做到尊重酷儿群体成员与在主流社会中尊重"其他人"没有什么不同,改变自己对一个群体的观念,也就是开始改变另一个群体的观念。

所有这些都不会在一夜之间发生,也不可能在真空中发生。因为咨询是在文化中发生的,所以咨询的过程充满了许多文化价值观。因此,作为咨询师,我们的工作是了解我们自己对酷儿群体的设想,并质疑我们自己在支持异性恋和性别歧视标准方面所持的立场。用罗杰斯的话说,咨询师的作用是要能够无条件地积极对待我们的患者。如果咨询师在传播恐同症或异性恋主义的信念,那么为同性恋群体进行的咨询不仅是无效的,而且也是不道德的。

结　　论

每天我们醒来准备工作,

我们在同样的道路上开车,在同样的高速公路上开车,

我们就在你们的车旁边停车。我们使用同样的浴室,

我们听着同样的音乐,

我们呼吸着同样的空气,

我们生活在同一个社会。

既然我们如此多相同的事情,你们为什么还要嫌弃我们呢?

好吧,我们爱的方式不同!

不过这有什么关系呢?

除了你们傲慢带来的痛苦,我们没有什么好害怕的!

——Brett,一名高中生(Roberts,2004,p. 229)

很明显,要让所有社会上所有人都了解自己还有很长的路要走,不管他们是异性恋、同性恋、双性恋、变性人还是双性人。性取向的概念需要更像 Tafoya(1997)倡导的那样,我们对于性别的理解,不应是线性思维的,不是这样便是那样,而应该是圆形思维的,这样才能容纳性别认同的许多变化。在过去,对文化敏感的心理咨询往往基于民族或种族,而不是基于人们内部存在的差异。的确,一个人可能是有色人种,但也可能是女同性恋、男同性恋或双性恋,而自我的这一元素可能比种族或民族关系对一个人的身份认同更有意义。根据 Fassinger(2003)所述,"现在越来越明显的是,许多多元文化学者和实践者已经准备好将性别身份和性取向纳入他们关于文化对人类行为影响的概念化中,许多 LGB 学者和实践者已经开始认识和探索种族/民族对 LGB 有色人种生活的影响"(p.

82)。因此,为了能够更好服务于酷儿群体患者,咨询师需要了解他们的背景、关注点、身份发展模式以及具体咨询策略。除了这些知识之外,咨询师还需要了解自己的偏见,以及它们对咨询师与患者互动方式和对待患者方式的影响。研究表明,与不同种族和民族的患者相比,咨询师更有可能对同性恋患者进行病态化处理(Israel & Selvidege,2003)。非常必要的是,咨询师要具备在他们的文化背景中评估患者的技能,对许多酷儿患者来说,反映的更多是他们在恐同社会中的那些经历,而不是与个人问题相关的内部因素。就像咨询师需要与种族主义作斗争一样,他们也需要与恐同症作斗争,并帮助患者应对恐同带来的影响。在我们看来,Garrett 和 Barret(2003)对双灵化人的咨询过程,对来自其他文化和种族背景的酷儿患者进行咨询是有借鉴意义的。他们建议更多关注他们的家庭问题、药物滥用和患者的自我评价。要记住,性别的圆圈是不同的。此外,他们建议使用以下问题来确定患者的经历:

- 你从哪里来?
- 你现在住在哪里?
- 从字面上和寓意上理解,是什么经历把你从过去的地方带到现在的地方?
- 这些经历对你来说意味着什么? 它们是如何在你的生活中具体发挥作用的?
- 你出柜了吗? 如果出柜了,你的经历是怎样的? 它如何塑造了你现在的样子? 如果你还没有出柜,那么你现在的体验是怎样的呢?
- 在这一点上,家庭和社区是如何影响你的生活的? 它们是如何影响你成为现在这个样子? (p.138)

参 考 文 献

American Counseling Association. (2012). ACA Divisions. Retrieved from http://www.counseling.org/AboutUs/DivisionsBranchesAndRegions/TP/Divisions/CT2.aspx

Beaty, L. A. (1999). Identity development of homosexual youth and parental and familial influences or the coming out process. *Adolescence*(Fall). Retrieved December 1, 2008, from http://findarticles com/p/articles/mi_m2248/is 135 34/ai 60302525

Degges-White, D. , Rice, B. , and Myers, J. E. (2000) Revisiting Cass theory of sexual identity formation: A study of lesbian development. *Journal of Mental Health Counseling*, 22(4), pp. 318—33.

Diamond, L. (2005). What we got wrong about sexual identity development: Unexpected findings from a longitudinal study of young women. In A. M. Omoto & H. Kurtzman(Eds.), *Sexual orientation and mental health: Examining identity and development in lesbian, gay, and bisexual people*, pp. 73—94 Washington, DC: APA.

Erwin, T. A. (2006). Infusing lesbian-gay research into the counseling research classroom. *Journal of Homosexuality*, 51(3), 125—164.

Gumaer, J. (1987). Understanding and counseling gay men: A developmental perspective. *Journal of Counseling and Development*, 66, 144—146.

Fassinger, R. (2003). Introduction to the special issue. *Journal of Multicultural Counseling*, 31, 82—83.

Haynes, A. W. (1977). The challenge of counseling the homosexual client. *Personnel and Guidance Journal*, 56(4), 243—246.

Heffner, C. (2003). Counselling the gay and lesbian client: Treatment issues and conversion therapy, AllPsych. Retrieved from http://allpsych.com/journal/counselinggay.html

Herek, G. M. (2008). *Homosexuality and mental health*. Retrieved December 1, 2008, from http://psychology.ucdavis.edu/rainbow/html/facts mental health.html

Israel, TI. & Selbidege, M. (2003). Contributions of multicultural counseling to counselor competence with lesbian, gay and bisexual clients. *Journal of Multicultural Counseling*, 31, 84—98.

Lidderdale, M. A. (2002). Practitioner training for counseling lesbian, gay, and bisexual clients. *Journal of Lesbian Studies*, 6(3/4), 111—120.

Merrill, G. , & Wolfe, V. (2000). Battered gay men: An exploration of abuse, help seeking, and why they stay. *Journal of Homosexuality*, 39, 1—30.

Queensland University of Technology (2007). *LGBTIQ definitions*. Retrieved December 1, 2008, from http://www.equity.qut.edu.au/issues/sexuality/definitions.jsp

Positive Space Network. (2012). Retrieved from http://web.uvic.ca/psn

Roberts, H. (2004). The invisible minority: The role of the school counsellor. In M. H. France, M. C. Rodriguez & G. G. Hett(Eds), *Diversity, Culture and Counselling: A Canadian Perspective* (pp. 229—238) Calgary, AB: Detselig Enterprises.

Stone, C. (2003). Counselors as advocates for gay, lesbian, and bisexual youth: A call for equity and action. *Journal of Multicultural Counseling and Development*, 31(2), 143—155.

17. 为欧裔加拿大人咨询:多元文化观点

M.奥诺雷.弗朗斯 & 史蒂夫·本西姆

在一个充满多样性的多元文化社会中,重要的是让人们意识到,社会不只是划分为占据多数的主流群体和占据少数的有色族裔群体。事实上,即使在研究文献中被称为主流的"白人"群体,也是由不同的文化习俗、价值观、语言和宗教信仰构成的。他们中的许多人来到北美时,往往是因为逃避因语言、信仰、宗教或民族信仰不同而受到的迫害。在过去的150年里,他们来到加拿大的目的,就像今天许多移民一样,是为了寻求一个公正和安全的地方来养家糊口。第一批欧洲移民主要由英国人和法国人组成。后来,爱尔兰人、南欧人和东欧人也来到加拿大东海岸。今天,加拿大最主要的移民群体来自中国,其他大部分来自特立尼达、埃塞俄比亚和萨尔瓦多等国家和地区。在这些新移民中,许多人都被贴上了音位变体(allophones)的标签,以区别于法语和英语发音。我们需要意识到,对于一个真正多元文化的社会来说,每个群体的人都是不同的,并应该对此有充分的意识,并在我们的咨询和教学实践中尊重每个群体。

那么,多元化或多元文化到底意味着什么呢?它意味着我们要充分了解和尊重每一个群体,不管他们的肤色、种族背景、语言或宗教如何。这一章我们将涵盖那些移民到加拿大的欧洲人,包括来自欧洲的英语区、法语区和其他民族。为了凸显这些群体之间的一些差异,我们主要审视了这些群体在精神信仰上的一些具体差异,包括新教徒、天主教徒和犹太人。此外,本章内容还包括一些意大利裔加拿大人和犹太裔加拿大人的几个例子,以及他们之间的一些不同之处。

文化适应和同化

根据 Dyer(1994)所述,国家认同的概念不仅最近才出现,而且在性质上也会发生变化。民族国家在历史上是最近才出现的一种现象,但却可以追溯到人们开始群居时期。在此之前,人们认同的是他们的家庭或宗族。民族国家不是永久存在的,而是根据历史事件发展而兴衰变化的。在这方面,加拿大并不是唯一的例子,它不仅有非常短的历史,而且自加拿大联邦成立以来,其人口构成也发生了巨大的变化。移民到加拿大的人已经适应了这片新土地,随着时间的推移,他们创造了一种国家认同,并且随着加拿大人的多样性而变化。如果我们认真研究文化适应(acculturation)和同化(assimilation)两个概念,那么就能更好地理解推动加拿大社会变化的力量。

文化适应

文化适应是以牺牲传统文化为代价,进而接受主流社会价值观的内在过程。这种变化往往是缓慢的,因为它往往发生在人们最初的文化价值观发生变化时。Berry 和 Sam(1997)认为,文化适应有四种策略:同化、坚守传统、整合和边缘化。这些塑造人们当前状态的动力,不应该以消极或积极的态度来看待,而更应该看作是人们选择的过程(例如,爱尔兰人选择这样),只是这种选择或是被迫做出(例如,第一民族),或是依据环境变化做出(例如,来自不同国家的难民)。

同化

一般来说,大多数人,特别是来自欧洲的人,已经能够很容易地融入加拿大的主流生活。同化是一个人被吸收进主流文化的过程,无论这一过程是被动的、有意的还是被政府政策所吸收的,他们都会摒弃文化差异,融入当地社会。例如,在加拿大的很多德国人放弃了他们祖先的语言和风俗习惯,这一过程或者是他们自己选择的,或者是随着时间的推移,慢慢地在语言和文化上都和讲英语的人一样。在美国,这一过程有时被乐观地看成是一个"大熔炉",每个人都混合在一起，然后相互影响，成为一些全新的或不同的人。

加拿大政府则走了另一个极端，它反复强调并做出承诺，鼓励不同种族群体保持他们的身份特征，因此，这种截然不同的差异——一种文化马赛克现象——在人与人之间便出现了。事实上，这一观点有时被理想化了，因为它既不为一般民众所认同，也不为各种社会机构所认同。不管马赛克和大熔炉哪个更好，事实是，当许多人去工作时，就必须放弃那些让他们与众不同的东西。

坚守传统

坚守传统不同于同化，它通常发生在人们选择保留自己的语言和文化时，他们会拒绝或避免与主流文化进行互动。坚守传统的人在维护自身文化传统的同时，往往缺少对主流文化的认识和欣赏。像杜霍波尔派（Doukhobors）这样的群体，他们保留了俄罗斯的语言和习俗，或者像门诺派（Mennonites）的人，他们保留了德国的语言和习俗，他们都坚守了这些传统的文化特征，并与主流的加拿大文化保持了距离。有趣的是，当坚守传统的人与主流社会频繁接触时，那些传统观念很难维持。例如，到 20 世纪末的时候，除门诺派还在坚守传统，杜霍波尔派已基本被主流同化。当人们被迫坚守传统时，这其实是种族隔离（segregation）。当掌权者把分离强加于无权者（如实施种族隔离制度）时，便会出现种族隔离现象。

整合

另一方面，整合的策略指的是一个人在了解和欣赏主流文化的同时，还能保持自己的语言、文化和交际的过程。这是一种双文化主义的立场，理想的整合是对文化马赛克哲学的完美体现。Berry 和 Kim（1988）强调，那些对自己的文化身份具有强烈认同感的人，不仅能够在多数社会中成功地发挥自身的作用，而且患心理健康问题的可能性最小。

边缘化

边缘化是指人们原有或传统的文化得不到维持，同时又拒绝主流文化的过程。有时，人们接受或拒绝的过程往往是由他们被歧视的历史经验所决定或影响的。被边缘化的人失去了他们的语言和传统,也没有接受主流文化的价值观来取代它们。在排斥自己和他人的过程中,被边缘化的人往往会产生文化适应压力,有时还会出现酗酒和药物滥用。根据 Robinson 和 Howard-Hamilton (1999)的研究发现,边缘化和药物滥用之间的关系,可以在一些西班牙裔和原住民群体中看到,他们都遭受了文化上的破坏和摧毁。戴维斯湾(Davis Inlet)因纽特人一案,便是原住民被主流社会边缘化所影响的一个很好的例子。

我们必须记住的是,要想成功地与不同的民族打交道,就必须要采取与文化适应差异共存的助人策略。文化——信念、行为和传统——在人们的生活中发挥着根本性的作用。只有当咨询师开始觉察、接受并重视他人的差异时,有效的咨询才能发生。这也是接受社会多样性的意义所在。重要的是要记住,虽然多样性能够包括将不同群体进行区分的一些特质,但民族性仍"是一种与他人共享的文化遗产意识"(Bucher,1999,p. 13)。

盎格鲁加拿大人

盎格鲁加拿大人的范畴不仅包括那些父母来自英语国家的人,还包括德国人和其他北欧人。同时也包括那些被英语国家所同化的人。法国军队在魁北克的亚伯拉罕平原被英国击败后,加拿大成为大不列颠帝国的一部分。在这一时期出生的每一个"白人",都被认为是大英帝国的公民。加拿大人的概念是在加拿大联邦成立之后才开始出现的,甚至盎格鲁-撒克逊(Anglo-Saxon)传统在加拿大人的身份特征中也是根深蒂固的。其他早期群体,如斯堪的纳维亚人(Scandinavians)和日耳曼人(Germanic),也很快就接受了英国人的民族意识。在二十世纪以前,从欧洲移民到加拿大的人,有 80％以上来自不列颠群岛或日耳曼民族的国家。来自其他欧洲族裔的那些后来移民,不管来自于哪里,都已被同化到盎格鲁文化中,他们的族裔身份也可被视为盎格鲁加拿大人。

移民与种族认同

以新教徒为主的讲英语的民族认为自己是加拿大的创立者。事实上,在皮尔森(Pearson)执政之前,加拿大政府大多数做法和文化实践都起源于英国。来自欧洲其他地区,尤其是南欧的人,往往会被认为没有达到英国的标准。(有趣的是,英国人的祖先本身也是来自于多民族。盎格鲁-撒克逊这个经常用来描述具有英国血统的人的术语,实际上指的是日耳曼和斯堪的纳维亚人的祖先)。在1947年,加拿大移民法被修订,同时通过了加拿大公民法,所有的加拿大公民被认为是英国的臣民。换句话说,所有的新移民应该被同化为英国臣民,Fleras 和 Elliott(1992)称之为"合格盎格鲁人"。事实上,加拿大政府的性质、法律、社会传统和文化的其他方面主要来自于英国。甚至加拿大国旗上也有英国国旗的图案。在这一点上,加拿大倾向于接收来自西欧的移民,而歧视来自欧洲或世界其他地区的人。早期的移民法不仅本质上是种族主义者,而且在内容上是同化主义者,目的上是隔离主义者(Walker,1985)。

来自东欧的移民被认为是可以接受的,但地中海地区的欧洲人和犹太移民需要特别许可,中国、日本和印度移民基本上被这些排他性法律拒之门外。国内经济发展对劳动力的需求有时会允许这些群体进入加拿大工作,但当劳动力需求减少时,移民就被切断了。这些移民被要求遵守加拿大(英国)的文化和价值观。加拿大政府最终意识到,"纯白人"政策在道德和政治上都站不住脚。二战后,加拿大政府在遴选过程中取消对特定少数族裔的偏爱,并引进一套全方位的准入标准。申请人是否被通过取决于他们自力更生的能力。(Fleras & Elliott,1992,p. 42—43)

1967年,移民法发生了变化。准入的标准改为积分制度,不再从种族和民族背景对移民进行区分。移民法定义了四种不同类型:家庭、独立、企业家和难民。这些类别的移民又可以分为三类:赞助类、独立类或提名类。在这一制度下,执行该计划的移民官员被赋予了自由裁量权。技能、语言能力、年龄和教育程度决定了移民是否能够成功。在所有类别中,移民政策的核心目的是促使家庭团聚。通过独立类进行移民的人数相当少(例如,在1988年以前只有4%,后来才增加到28%)。随着时代的发展,法律也在不断地发生变化,结果就是加拿大人民的面貌发生了变化。1867年,在加拿大联邦被承认的时候,只有8%的人口是英国和法国以外的人(Fleras & Elliot,1992)。到2001年,加拿大几乎一半的人口都不是英国人和法国人。

尽管发生了变化,但英国传统仍占据了主导地位。我们可以想想看,加拿大的国家元首是英国女王。与美国相比，加拿大非常英国化。例如，Benedict Arnold 在加拿大是一个英雄（在 New Brunswick 省的 Saint John，有一个纪念他的雕像），而在美国，他却是一个叛徒。除了少数几个例外，加拿大总理都是遵循英国传统和新教的。有趣的是，与美国人不同，加拿大人从语言或传承等方面定义了自己，他们认为自己那些在北美生活了两代或两代以上的欧洲人的后代，认为自己是盎格鲁人或佛朗哥人，而不是作为一个种族存在。（不过也有一些例外，比如哈特派。）

群体关系的历史阶段

为了正确看待心理咨询的多元文化性质，人们必须了解少数族裔和新加拿大人之间的关系。历史上，曾存在着三种关系：征服（不同的民族群体之间的竞争）；盎格鲁化和英语化（同化）；最后是文化马赛克（多样性）。Axelson（1999）认为，"当主导群体要求少数族裔群体服从他们的规定，或者当两个群体的误解持续存在时，冲突尤其可能发生"（p.76）。可以考虑以下历史阶段，以及它们如何影响主流和少数群体之间的信任和合作问题的：

1. 最初会面：这种情况发生在人们进行某种相互之间的交换，或双方相互依赖的情况下（例如，在毛皮贸易中）以平等的身份见面。
2. 征服（Subjugation）：一个群体通过窃取土地、控制他们的文化、通过取缔或破坏他们的语言来限制他们的文化规范（例如，保留地，只准设立英语机构，反对某些宗教团体的法律条款）。
3. 大熔炉：这一想法是基于盎格鲁-撒克逊人将成为占据主导地位的文化群体，而其他所有群体将把其尊为"宗主"文化。这个概念显然将有色少数族裔排除在外。
4. 加拿大身份：这个阶段是基于新的民族身份将会出现的想法（来自于大熔炉阶段），接受所有的文化群体，包括所谓的创始种族（法国人和英国人）在内，但仍然排斥有色少数族裔群体。
5. 多元文化主义：这一阶段基于这样一种理念，即所有人—无论肤色、信仰或民族身份如何—在这个国家都是彼此平等的伙伴关系。多元文化主

义不仅强调双语的使用,而且在学校课程和国家政策中也使用传统语言
(原住民语言、汉语、乌克兰语、日语、旁遮普语等)。为了纠正早期的歧
视性做法,社会机构提供平等的就业机会和先进的教育机会,以促进所
有群体取得社会成就。

文化多元化与融合的过程

　　虽然文化多元化或文化多样性的社会这一思想正式出现在 1972 年,由总理
Pierre Elliott Trudeau 在下议院提出的一项法案中出现,但不同文化背景的人
们长期以来一直生活在加拿大(例如,法国人,英国人,非洲和亚洲的移民,原住
民),并在几个世纪中维持着文化多样性的状态。然而,历史上也存在一些问题
和公然的敌对行动。今天,法律为各个群体带来了更大的保护,在纠正过去的不
公正方面取得了很大进展。Gordon 的理论为我们提供了一种看待文化多样性
和种族的视角(McLemore,1980)。该理论有四个组成部分:

1. 次级结构同化:这部分主要包括主导群体在教育、商业和其他生活领域
   与少数族裔分享;它常常是由于环境变化而强加给他们或发展起来的。
   这种人际氛围的特点是冷酷和非人化的(例如,取消种族隔离的设施或
   平等的就业机会)。

2. 初级结构同化:这一组成部分涉及不同的文化和种族群体,包括主流群
   体和少数族裔群体,在各种社会和生活情形中,彼此关系是密切、人性化
   和温暖的。

3. 文化同化:当少数族裔群体通过接受主流文化规范(如价值偏好、语言、
   宗教、家庭习惯和对文化遗产的兴趣)而失去原有的文化认同时,文化同
   化就发生了。有趣的是,McLemore(1980)发现,在移民群体中,他们对
   主流群体的敌意较小,同化的时间也较短。然而,到了第三代移民时,文
   化也会出现一些复兴。在被征服的人群中,存在着更多的压迫和更长的
   同化期。他们还会有一种强烈的分裂倾向或分离主义活动。

4. 婚姻同化:这一组成部分发生在同化过程的最后一步,当主流群体和少
   数族裔成员相互通婚的时候。这种现象在 Gordon 的理论中没有讨论到

的是那些选择一种文化而不是另一种文化的人以及那些选择两种文化的人。研究表明,往往需要三代人才能融入到主流人口中。

新 教 传 统

根据研究(Axelson,1999;Sue & Sue,2007),一个人对生活的看法部分来源于他的宗教信仰,而宗教信仰反过来又影响着他的社会现实。当教堂可以进行活动的时候,加拿大的新教成员主要是盎格鲁人,但卫理公会教派和其他加尔文教派也有很大的影响。当没有教堂的时候,人们主要通过阅读圣经或举行祈祷会来进行自主的宗教活动。在18世纪中叶以前,魁北克以外地区98%的人都是新教徒(原住民除外)。他们的信仰体系和习俗都被编织进了社会和文化的肌理之中。人们对天主教徒有很深的不信任感。文化和宗教的影响在新教徒的工作伦理观念中非常明显:"根据伦理要求,社会上的工作和生产活动是一个人精神存在和终极自我价值的表现"(Axelson,1999,p. 79)。如果一个人的生命是先天注定的,那么他就有完成某些事情的使命或神圣的责任。如果一个人成功了,那是因为上帝的旨意;如果没有,那么是因为你有一些"罪过"可能导致了你的失败。努力工作和富有成效成为工作伦理中决定一个人善恶的重要方面。事实上,善良或邪恶的概念是盎格鲁-撒克逊人的重要价值观。这有时也会被转化成以非黑即白的方式看待问题。

如果我们审视一下主流群体的世界观(大体上指的是那些拥有欧洲民族传统的人),就会发现,他们认为世界是一个每个人必须努力工作才能生存的地方。即使在富足的时代,工作也被看作是一个人对家庭、社会和上帝的义务。自从早期的美洲探险以来,移民们为了生存不得不牺牲和劳动很长时间。因此,个人层面和经济层面上的高效多产与进步是每个人的责任。一个有趣的问题是,这些有关生产力和控制的价值观会如何影响心理咨询?显然,个人要想获得成功,必须承受着巨大的压力。我们可以参考以下这些来自欧洲和北美的一些有影响力人士的名言:

- "只有工作才能让生命多姿多彩。"—Henri Frederic Amiel
- "对青年人,我的忠告只有三个字——工作,工作,工作。"—Otto

Von Bismarck

- "没有什么比努力工作更重要。"—Thomas Alva Edison
- "在我看来，如果一个人追求成功时出现问题，却仍然能够努力工作寻求回报，那么他无疑是幸福的"。—Ralph Waldo Emerson
- "每个孩子都应该被教导，工作是一种荣耀，智力劳动是祈祷的最高形式。"—Robert Green Ingersoll

加拿大人与法裔加拿大人

曾有一段时间，在美洲最大的欧洲族群是法国人，他们于 1604 年到达这片新大陆，并首次在后来被称为圣克罗伊岛（St. Croix Island）的领土上定居。恶劣的环境促使殖民者迁移到新斯科舍（Nova Scotia）的皇家港地区（Port-Royal），后来最终迁移到魁北克市（Quebec City），这是加拿大历史最悠久的欧洲定居点。新法国的殖民地一直繁荣昌盛，直到后来英法之间的七年战争，英国军队打败了法国军队，结束了法国在北美的统治。1763 年签订的《巴黎条约》是对战败人民残酷虐待的典型例子，但在加拿大南部的英国殖民地发生了一件不同寻常的事情。美国殖民地人民的反抗迫使英国政府迁就加拿大讲法语的人民。为了换取说法语的人们的支持共同反抗美国，英国人通过了《魁北克法案》，保证了加拿大人的宗教自由，并维护了法语人群的权益。实际上，它给予这些人在法国政权下所享有的同样领土，并控制着他们的日常生活。魁北克人民生活在一个多多少少具有法国色彩的世界里，与英属加拿大分开发展，具有独立和独特的特征。他们的文化和传统变得具有独特性，他们的语言存在是至高无上的。随着英属加拿大人口的增长，权力的平衡发生了变化，说法语的魁北克人更渴望得到保护。随着时间的推移，他们的独特性逐渐演变为对英属邻居的不满，爆发了众多为确保他们作为一个民族的生存而发起的文化和政治运动。直到 1975 年魁北克人党（Quebecois）当选，魁北克成为独立国家的梦想才成为可能。考虑一下魁北克人党创始人 Rene Levesque 的话：

做我们自己本质上是对已经存在了三个半世纪人格的保持和发展。这种人格的核心是我们都讲法语。其他一切都取决于这一基本要素。我们是……顽强的民族的继承人，正是这种顽强使得我们称之为魁北克的法裔美洲人的那一部分得以幸存。这里涉及的不仅仅是简单的知识上的确定性，这是一个物理事实。不能按照我们自己的语言和自己的方式生活，就像生活中自己缺少一只胳膊或一条腿，或者也许缺少了心脏。（Handler,1984,p.60）

随后在加拿大就语言和分离主义进行的政治辩论，已使人们强烈的愤怒和不信任情绪浮出水面。从英语群体的角度来看，政府给魁北克省带来了太多的好处，而在魁北克人看来，说法语的人是不被接受的。英裔加拿大人对法裔加拿大人的传统看法是，他们是"顺从的天主教徒，有着大家庭，从不离婚"（Donnel-ly, 2000, p. 1）。然而，和大多数生活在加拿大的人一样，法裔加拿大人多年来已经适应了这些非常不同的特点。与加拿大其他地方一样，魁北克也有大规模的移民，但那些在魁北克定居的人往往变成了讲法语的人，从而接受了当地的文化。Donnelly 描述了魁北克人特有的一些观点，她注意到，像所有定居在北美的欧洲移民一样，魁北克人的观点往往以欧洲为中心；然而，因为他们生活在大的说英语的环境里，魁北克人的自然倾向是保护他们的文化和语言。历史上，人们对以英语为母语的社会存在不信任感，在过去，这个社会曾试图减少魁北克人在文化和语言上的选择；强大的分离主义运动仍然要求魁北克成为一个独立于加拿大的国家。从文化的角度来看，咨询师需要认识到产生这种世界观的历史差异，除非咨询师或患者都是完全双语的，否则语言熟练程度可能会影响彼此的理解程度。此外还有，虽然今天的天主教传统比过去更弱，但仍然是法语区加拿大文化的主导力量。如果咨询师能够接受法裔加拿大人的独特性，并确保他们从患者的角度出发，那么法裔加拿大人的咨询与该群体之外的白人种群的咨询之间就没有什么区别。

加拿大其他族裔

直到二十世纪，加拿大人口主要是由第一民族和英法移民构成。加拿大联邦（上加拿大和下加拿大）的性质创造了适合文化适应的地理区域，这些地理区域后来出现了更多的来自欧洲的移民。随着来自东欧和南欧的新移民定居在由传统创始国家主导的各个地区,他们往往被英国或法国社会同化。然而,许多人仍然保留了他们与众不同的文化传统。下面是加拿大一些具有独特性的白种人族裔的例子。

天主教的经验

天主教徒的世界观与新教徒的世界观不同。根据 Axelson(1993)的研究发现,"对于许多新的白种人民族来说,天主教教义仍然对他们的适应过程产生影响,与天主教义之间在精神和意识形态上存在一种或另一种形式的纽带,是许多欧洲南部和东部迁移到[北美]的移民的一个重要的特征"(p. 85)。是因为天主教是情心的宗教(religion of heart),而主流新教是智心的宗教(religion of mind)吗? 如果的确是这样,这可能意味着人们的某些偏好或行为方式会因宗教影响的不同而不同。对于新移民和居住在加拿大法语区的人来说,天主教会在他们的生活中扮演着重要的角色。政治和教会在一个问题上的立场常常决定人们如何投票。教会以下列方式对新移民的生活产生广泛的影响:尽职尽责地履行职责;对更高权力的敬畏;深度反思;对内心神圣的关注;与超自然力量(也就是宇宙的终极结构,它是权力与人类命运的中心)有着密切而持久的关系。由于十九世纪和二十世纪移民的结果,加拿大的天主教会迅速发展,并于 1908 年脱离了任务状态。然而,新来的移民改变了它的个性特征。19 世纪初,爱尔兰移民使法裔加拿大人在魁北克以外的天主教徒中只占少数,并导致了双方在语言和主教任命方面的冲突。这种紧张关系在 20 世纪随着南欧和东欧移民的到来而一直持续。在 20 世纪 90 年代早期,罗马天主教会是加拿大最大的宗教团体,大约有 45％的加拿大人都属于天主教会成员。天主教会仍然得到了政府的一些认可,尤其是在魁北克和接受税收援助的天主教学校所在的省份。

欧洲民族文化的传承

许多文献显示,一些白人族群仍然会通过语言、宗教或其他文化活动继续认同其原有文化。在加拿大,这些族群可以是不同的民族,如希腊、俄罗斯、乌克兰和波兰,仅举几个例子。下面是两个截然不同例子的概况。

意大利裔加拿大人

许多来到北美的意大利人往往来自意大利南部,那里的人很穷,经常遭受各种压迫。结果,意大利移民更倾向于认同家族和村庄,而不是意大利民族。由于许多人没有受过教育,移民会遭受到剥削,大多数人会在他们定居社区(许多大型中心都有小意大利)的家庭或"村庄氛围"中寻求庇护。他们的邻里关系紧密,有着牢固的家庭纽带,与天主教会有着深厚的渊源。这些都可能有助于意大利移民保持他们的独立性和独特性,并减少他们被主流文化同化的倾向。这种家庭结构经常被扩展成社会等级结构。处于最高位置的是工头(Padrone)或老板。这与有组织犯罪中对意大利人的各种描述不同,而是一种从意大利南部传过来的社会制度,在这种制度中,上层人物在底层人物需要时要去帮助别人。在加拿大社会中实现这种成功往往意味着文化上的冲突,其中个人必须把自己的福祉置于群体之上。Axelson(1993)认为,"主流文化看重个体和财富成就,往往以脱离家庭、朋友、父母和祖父母的文化为代价"(p. 89)。

犹太裔加拿大人

北美犹太移民的一个显著特征是,他们受过高等教育,有着良好的文化素质,有过作为社会中少数族裔生活的经历。在欧洲,犹太人被迫居住在犹太人聚居区,他们常常被限定从事那些服务于更大社会的职业(商人,银行家,艺术家)。虽然在限制较少的国家,他们可以担任医生、教师和其他专业人员。作为长期遭受迫害的民族,犹太移民发展了一整套应对机制,协助他们在各个社会中生存,他们特别依赖他们的信仰和社群:"犹太人对家庭生活,是高度重视的,对亲属也是非常忠诚的,他们有着强烈的民族优越感,在面对许多环境障碍时给他们带来力量"(Axelson,1993,p. 91)。从历史上看,这种自我修复能力始于大约2000年前,公元70年,以色列第二圣殿被毁,希伯来人被逐出圣地。许多在庙里举行的仪式后来都是在家里举行的。餐桌取代了用来吃圣餐的圣坛。犹太教堂,作为社区的祈祷中心,并不是完全为了取代古老的寺庙,而最神圣的仪式,特别是围绕安息日进行的各种仪式,总是在家里进行的。

在圣殿毁灭后，大拉比阿基瓦(Akiva)便开始在流亡学院里(academy-in-ex-ile)对书面和口头上传统的古老犹太教义进行讲解。大拉比阿基瓦坚定地认为，一个人可以通过祈祷和学习《摩西五经》(Torah)来履行犹太寺庙规定的古老义务。有趣的是，他反对那些批评他的人，认为《雅歌》(the Song of Songs)不能从《圣经》的正典中删去，他认为《雅歌》就等同于"至圣所"(holy of holies)。这里，他指的是宗教上的夫妻结合，对于已婚夫妻来说，在安息日的晚上，当他们的爱情达到圆满时，会得到"加倍的祝福"(L. Jung，转引自 Litvin，1987)。这一点说明，犹太人宗教仪式的目的是致力于维持夫妻关系的圣洁的，并相信这是造物主对婚姻和女人第一条戒律的实现："要生养众多，遍满大地"(创世纪第 1 章第 28 节)。更进一步地说，性冲动，作为性行为的一部分，被认为是对人类的一种祝福，而不是一种罪恶。神秘的犹太教义会促进人们的性行为，当彼此都适当地奉献，进入到精神层面时，他们的结合其实是作为神圣的男性和女性在原则层面的连接。

犹太人期望他们的婚姻是为了繁衍后代，并在世俗和和精神层面更好地生活。然而，当代犹太女权主义者，如罗莎·卡普兰(Rosa Kaplan)，在研究了单身、离婚或丧身的犹太女性地位后发现，这些女性后来很难再融入以家庭为导向的宗教团体。卡普兰警告说，传统宗教社区要接受那些不属于主流家庭生活方式的人，他说："除非个体学会作为人类一份子在家庭内和家庭外与他人相互联系，而不是作为居住者的角色，否则当前还维系在一起的家庭很可能会一起衰败"(Heschel，1983)。

2006 年，加拿大有 315120 人自称是犹太人，主要居住在大城市中心区。40％的人信仰正统的犹太教，40％的人是保守的犹太教，20％的人认为自己是改革派的犹太教，这也是三个类型中最自由的(加拿大统计局，2012)。在法国天主教的统治下，犹太人根本不允许进入加拿大，但在 1768 年犹太人跟随英国士兵开始进入蒙特利尔。少数商人在淘金热期间在不列颠哥伦比亚省定居，而一些东欧的犹太农民在 19 世纪晚期开始在大草原定居。1832 年，政府开始给予犹太人全面的公民权利，但是许多机构，包括大学，都有配额制度来禁止大多数的少数族裔人们进入。现在人们开始承认，加拿大在大屠杀期间拒绝犹太人进入加拿大的行为是可耻的，但加拿大现在也拥有最多的散居海外的大屠杀幸存者

（Abella，1990）。

今天，在加拿大的犹太人是被同化个体和传统个体的一种结合，他们都被融合到加拿大马赛克中。尽管强烈的民族优越感能够给他们带来一些优势，但这也让他们成为光头党和新纳粹组织的仇恨目标，尽管这些年来他们的支持率有所上升。由于中东目前的局势非常动荡，许多犹太人担心他们在国外的亲人会成为恐怖分子的目标，或者担心在加拿大这里会爆发针对他们的宗教和政治仇恨。

对咨询的启示

多元文化的心理咨询不仅仅是为少数族裔群体提供咨询，尽管心理咨询最初并不包括理论和实践上的文化差异。接受社会群体存在多样性的新现实改变了心理咨询的性质。传统理论必须加以改进，以反映社会的多文化性质，包括那些有关英语国家和白人族群的理论。Axelson（1993）将多元文化定义为咨询师和患者之间的界面，它将咨询师和患者的个人心理动力，与咨询师和患者文化中可能出现的、不断变化的和/或静态的规定性一起考虑（p. 13）。在与文化不同的患者打交道时，我们必须考虑 Pedersen（1994）提出的下列规则：

1. 考虑到相互冲突的文化观点是正确的做法；
2. 考虑到一个人可以有多个观点，甚至根据情况变化这些观点可能会相互冲突；
3. 试着从另一种文化的角度去"看"当前这种情况；
4. 在与另一个民族群体打交道时，要学会倾听他们的文化观点；
5. 通过学习行为、期望和价值观，能够培养自己转换到另一种文化视角的能力；
6. 学会用具体的而不是笼统的词语准确地识别文化适宜的感觉（比如，情绪表达的线索、信号和模式）；
7. 探索在特定文化群体中可能存在的多层次支持；
8. 培养识别在文化中学习评判标准的能力，用于评估所有可选的解决方案；

9. 培养从文化学习的角度为不同文化的患者提供分析和评估的能力。

结　　论

根据 Alladin(1996)的观点,加拿大人必须认识到,"对学校和社会中的种族主义进行认真的研究将不可避免地引起争议,因为种族主义行为在我们的历史中是如此之多,以致于大家都已开始接受"(p. 160)。然而,在加拿大这样一个多元文化社会中,所有的文化群体都加入了文化融合之中,并作为国家发展和成长的伙伴。新的文化群体正在逐渐取代原先移民到加拿大的法国人和英国人。在加拿大的主要城市,华人和印裔加拿大人正在成为占主导地位的族群,而在加拿大北部和大草原上,第一民族正在成为主导的族群。加拿大的移民越来越多地来自亚洲而不是欧洲。然而,为了帮助咨询师理解英国和其他白人族群所做的重要贡献,我们从关于这些族群的文献中总结了一些结论。虽然我们很容易将大多数白人看作是一个单一的群体,但我们希望这一章能让大家明白他们中间的许多不同之处。我们还认为,重新审视"主流文化认同"模式是一个很好的开始,这样我们可以更好地了解文化规范,以及主导文化是如何塑造许多政治和社会机构的。我们通过描述盎格鲁-撒克逊人和白人族群所总结出的观点,只是管中窥豹。对国家认同付出努力是每个加拿大人的责任,并且这也是一个不断被重新定义的过程。然而,考虑到这一切,保持适当的乐观也许是明智的。我们可以想想加拿大小说家、诗人和评论家 Margaret Atwood(1990)所说的这句话:"加拿大文化民族主义的开端不是'我真的那么受压迫了吗?'而是'我真的那么无聊吗'?"

参 考 文 献

Abella，I. (1990). *A coat of many colours：Two centuries of Jewish life in Canada*. Toronto：Lester and Orpen Dennys.

Alladin, M. I. (1996). *Racism in Canadian schools*. Toronto：Harcourt Brace & Company. American Jewish Yearbook(2000). Vol 100. New York：The American Jewish Committee.

Atwood，M. (1990). Dancing on the edge of the precipice. In E. G. Ingersoll(Ed.), *Margaret*

Atwoods Conversations. Toronto, ON: Firefly Books, 1990.

Axelson, I. (1999). *Counseling and development in a multicultural society* (3rd ed.). Thousand Oaks, CA: Brooks/Cole.

Bucher, R. D. (1999). *Diversity consciousness: Opening our minds to people, cultures and opportunities*. Upper Saddle River, NJ: Prentice-Hall.

Berry, J. w. , & Kim, U. (1988). Acculturation and mental health. In PR. Dasen, J. w. , Berry & N. Sartorius(Eds.), *Health and cross-cultural psychology: Toward applications* (pp. 207—236). Newbury Park, CA: Sage.

Berry, J. W. & Sam, D. L. (1997). Acculturation and adaptation. In J. Berry, M. Segall & C. Kagitcibasi(Eds.), *Cross-cultural psychology* (Vol. 3, pp. 291—326). Boston: Allyn & Bacon.

Dyer, G. (1994). *The human race: Tribal identity*. Ottawa: National Film Board.

Donnelly, G. (1996). *Counselling French-Canadians*. Unpublished MA thesis, University of Victoria.

Fleras, A. , & Elliot, IL. (1992). *Multiculturalism in Canada: The challenge of diversity*. Scarborough, ON Nelson.

Handler, R. (1984). On sociocultural discontinuity: Nationalism and cultural objection in Quebec. *Current Anthropology*, 25(1), 55—71.

Heschel, S. (Ed.). (1983). *On being a Jewish feminist: A reader*. New York, NY: Schocken Books.

Jung, L. (1987). Married love in Jewish law. In B. Litvin(Ed.), *The sanctity of the synagogue: The case for mechitzah: separation between men and women in the synagogue*. New York. Ktav Publishing House.

McLemore, S. D. (1980). *Racial and ethnic relations in America*. Boston, MA: Allyn & Bacon Pedersen, P. (1994). *A handbook for developing multicultural awareness* (2nd ed.). Alexandria, VA: ACA.

Sue, D. & S Sue, D. (2007). *Counseling the culturally diverse* (5th ed.). New York, NY: John Wiley and Sons.

Statistics Canada(2012). *Ethnic origins of Canadians*. Government of Canada: Ottawa, ON.

Walker, I. (1985). *Racial discrimination in Canada: The Black experience*, Booklet ♯4. Ottawa: The Canadian Historical Association.

第三部分　应用和实践方法

　　本书第三部分章节的重点是多元文化心理咨询方法的实际应用。我们运用这些方法的经验告诉我们，这些截然不同的方法皆有其深刻的文化背景，并在某种意义上提醒我们，作为咨询师，我们应该知晓世界上其他地方所发展起来的不同治疗和咨询方法。我们认为，在大多数心理咨询理论课程中，对文化友好的咨询理论和方法没有给予足够的重视，我们希望，本章中提及的这些具有代表性的方法能够引起人们足够的思考，即不同文化下的心理咨询和治疗方法对咨询实践者们能够有很大的帮助。探索来自其他文化知识体系中的咨询方法，可以帮助咨询师扩展他们的全部助人反应技能，以便解决那些对患者来说具有特别意义的问题。在我们这样一个多元化国家，拥有多元文化技能和多种治疗方法、手段及知识的咨询师可以给患者赋能并有效解决问题。

　　我们认为，将本书第三部分所推荐的方法结合起来可以提高咨询师对个人价值观、偏见和"关系中的人"这一参照框架的觉察水平。这种觉察还有助于验证各种多元文化的世界观，从而帮助咨询师发展更多样化和更有效的咨询策略、评估、治疗和研究。在我们努力追求科学的过程中，教育者们可能会忽略的另一个因素是对教育对象精神层面缺乏关注。我们相信，当我们重视那些强调精神性的方法时，我们会从这个作为人类存在的重要维度的精神性中获得很多益处。对于许多渴望这种咨询实践的人来说，强调精神性的咨询技术以及使用文化适宜的治疗方法可能具有重要意义。第三部分讨论了两种多元文化咨询下的精神疗愈方法，它们都提供了可适用于其他咨询形式的治疗思想。例如，苏菲派认为，当人们能够体验到上帝的全部精神范畴时，他们就会对"更伟大自我"有更深的了解。这个高度个性化的治疗过程包括冥想、舞蹈、梦和寓言等多种形式。内观（Naikan）和瑜伽（Yoga）是两种源自亚洲的助人和疗愈方法，其哲学思想植根于佛教和印度教的精神实践中，能够给咨询师提供一种更全面的与人打交道的方式。另一个重要的治疗策略则是自然疗法，它可以用来改善个人和他人的身心健康水平。我们的观点是，现代世界中人们与自然的分离加剧了人们的心理压力，导致人们产生心理、情感和精神上的孤立感。

我们对传统的心理咨询方法持批判态度。虽然这些方法可能对不同的人群能够发挥一些帮助，但我们的感觉是，一些传统的治疗方法对于不同的患者来说则更具有价值。在传统的心理咨询方法中，能够适应不同群体的是认知行为疗法咨询。采取认知行为疗法的心理咨询并不是很强调个体的价值观，也是对文化最更友好的模式之一。另一个重要的但却经常被忽视的治疗理论是超个人理论。这种方法包括觉察、同理心、情感转化、道德训练、动机、冥想和智慧等，这些都是助人关系的基本组成部分。最后，作为我们对咨询敏感性构成部分的同理心、宽容和接受等治疗信念的延伸，我们在跨文化咨询的背景下，将恢复性司法（restorative justice）作为另一种可选方法纳入心理咨询中。

在我们看来，探索其他可选的治疗方法能够给不同的咨询角色带来另外一些治疗因素。我们相信这部分章节中提及的这些方法，只是全部冰山的一角，我们由衷地期待咨询师们，能够对来自不同文化和不同世界观背景下的任何心理咨询方法持开放态度。

18. 红色之路:灵性,药轮和神圣之环

M. 奥诺雷.弗朗斯,罗德·麦考密克 &

玛丽亚·德尔·卡门·罗德里格斯

当我站在最高的山峰上的时候,我的周围和山顶之下的一切,是完整的没有破碎的世界箍。当我站在山顶的时候,我所看到的比我所能描述的更多,我所理解的又比我所看到的更多;因为我是用最虔诚的态度去看在我精神中的所有事物的形态,并且所有这些形态的形态像是一个整体存在那样相依相存。我看到我的人民的神圣之箍,是组成这个"圆形自然"的诸多箍之一,它如同日光和星光那样宽广明亮,在箍的中央是一棵开满花的树,庇护着所有的儿童。我所看到的,是神圣的存在。

——Black Elk 讲话录(1932)

大约一个世纪前,当黑麋鹿说出这句话时,他所要表达的是北美第一民族人民最基本的信念:所有生物都是相互依存的—都是我们的兄弟姐妹。这个思想的哲学本质可以用一个词来表达:尊重。尊重土地,尊重动物,尊重植物,尊重他人,最后尊重我们自己。这是我们生活的基本要素。Duran(2006)认为,"尊重"这一观念之于第一民族来说,就像与"博爱"之于基督教和"开悟"之于佛教。尊重的观念意味着人类不应该将自己与这个世界中的其他生物相分离,而是应该将自己看成是诸多生物中的一个存在。因此,环境就像我们的兄弟姐妹那样,不是用来剥夺或伤害的,而是应该将之看成是我们每个人不可或缺的一部分。而

如果不这样的话,那么自然是与我们分离的。而作为分离的实体,自然就变得像机器那样,成为我们征服或剥削的对象。

当人们与脚下生存的大地丧失了和谐的关系时,疾病就会产生。这种和谐的观念可以从治疗疾病的寒-热医理中窥见一斑。在人体中,如果人们摄入过量的过热或过冷的食物,就会导致疾病。寒-热疗法同样适用于食品、疾病和身心治疗。寒和热这一术语并不一定指的是食物的温度或治疗方法。寒性还是热性是根据食物或药物的来源、颜色、营养价值和身体反应以及治疗作用而定(例如,香蕉和甘蔗被认为是寒性的,而大蒜和玉米则被认为是热性的)。寒性类别的疾病,如关节炎,感冒和胃病,必须用热性的食物和药物来治疗。与之对应的是热性类别的疾病如便秘、腹泻和肠痉挛,这些都是必需用寒性食物和药物来处理。第一民族人民相信人类有两条路径可供选择,科技之路(蓝色)和灵性之路(红色)。

在这一章中,我们探讨可适用于第一民族的与灵性有关的咨询方法,以及文化适宜的助人和疗愈方法。重要的是我们要记住,原住民的风俗和语言与欧洲民族一样多样化。不过,在第一民族中普遍存在着适用于所有人的信仰和行动因素。要想在第一民族人群中成功进行咨询,咨询师们必须努力了解他们的文化,并对他们目前所秉持的模式进行调整或替换,以更适合于第一民族群体。Roysircar(2012)建议咨询师"应该限制对思想和情感进行抽象的标签化处理,因为[第一民族]的患者不应该被社会化地以标签化或类别化进行思考,而应该去叙述、开放性体验,并寻求和谐"(p.67)。我们认为,咨询师不论其种族背景如何,都可以与合适的长者和传统治疗师进行合作,并可以尽量考虑使用下列一些策略。

行为背后的基本价值观

在第一民族中,人们对世界的看法决定了他们如何看待自己以及与主流文化的互动方式。Hart(2002)列出了第一民族人群中常见的价值观:"远见/完整、以精神为中心、尊重/和谐、善良、诚实/正直、分享、力量、勇敢/勇气、智慧,尊敬/谦卑"(p.45)。价值观不仅驱动着人们的行为,也蕴含着我们如何体验世界的重要信息。理解价值观最重要的元素之一,是对世界观、内在联系、平衡和灵性的探索。对这些信念的理解可以帮助咨询师更有效地与原住民群体合作。

世界观

咨询师们如果要有效地与第一民族人民进行合作，必须要了解那些与己不同的世界观，并能够将这种理解纳入自己助人和学习的框架中。尽管西方教育体系天真地希望价值观是中立的，但其固有的假设却根植于其关于人性的哲学观和人们在世界上的地位。作为第一民族的成员和咨询师，Robbins（2012）认为，"因为我所接受的教育，有时让我觉得自己与作为一个部落的人是分离的"（p. 102）。对许多咨询师来说，挑战在于学会两种不同的咨询路径，或者将两种方法折中，以便可以与第一民族价值观共存。

世界观是一种文化取向，是一种看待和理解世界的方式，它与人类、自然、宇宙以及其他与存在概念有关的哲学问题有关。Atleo（2004）将努卡努斯地区（Nuu-chah nulth，温哥华岛西海岸）的世界观基础描述为 tsawalk 理论，意思是"合一"，即理解世界如何存在，以及物质世界和精神世界之间内在关系的一种方式。从这个角度看，通过理解乌鸦之子（Son of Raven）和穆卡斯之子（Son of Mucas）的起源故事，便可以理解世界是如何相互平衡，以及人们是如何理解他们在宇宙中的位置的。这与西方世界对万物运作的方式和存在于万物之中关系的理解大相径庭。相似的是，不同的世界观都是帮助人类定位他们在宇宙中的位置和次序；世界观影响着人们对文化的认识和理解，因为它影响着人们的信仰、价值观、态度、对时间的理解以及文化的其他方面。我们的世界观影响着我们的信仰系统、价值导向、决策过程、假设和解决问题的模式。Lafrom boise，Trimble and Mohatt（1990）曾说，

> 理解和尊重印第安人的世界观和价值体系，根据患者的部落特征、文化适应水平和其他个人特点灵活调整，不仅对于助人过程中咨询师-患者之间的信任关系的创建是至关重要的，而且对于定义咨询师的咨询风格和发展适合每个患者的咨询方法同样重要。（p. 629）

这个论断中提出的一个重要问题是，咨询师必须认识到第一民族人民之间

的多样性。世界观和个人价值观体系根据一个人所在部落、文化适应水平和其他个人特征而有所不同。那么,咨询师如何评估患者的世界观呢? Ibrahim(1984)基于 Kluckhohn 和 Strodtbeck(1961)提出的价值观取向建构理论,开发了一个跨文化世界观评估量表。Kluckhohn 所提出的价值观框架,既考虑了哲学层面的建构,也考虑了心理维度,包括个人和群体的信念、价值观、假设、态度和行为。她推定这些方面会影响人们的行为、动机、决定和生活方式。Kluckhohn 提出了五种普遍的或存在层面的范畴,它们都属于人们对存在所具有的普遍的、结构化的概念和理解:

- 人性:善、恶或两者兼而有之;
- 社会关系:等级分明,集体主义和/或个人主义;
- 自然:征服和控制自然,与自然和谐相处,或接受自然支配和控制人;
- 时间定位:过去、现在或将来;
- 行为取向:维持现状、变化和/或进行中。

对这些框架维度的审查将进一步加深我们对任何文化或个人世界观的了解。第一个民族人们定义这些范畴的一个例子就是他们对自然的取向。传统上,原住民都试图与自然和谐相处,而非原住民则试图控制自然以满足人们的需要。不同文化群体的时间取向也不尽相同。根据 Sue(2008)的观点,传统的本土文化的时间取向一直是面向现在,融入过去,而西方文化倾向于关注未来。对于那些不认同这种观点的人来说,这常常令人非常困惑。

平衡

原住民群体的医药轮(medicine wheel)是根据第一民族世界观所发展的现成模型。医药轮展现了人的情感、心智、精神和身体各要素之间的平等,更将其看成是一个更大整体的一部分。医药轮强化了内在联系(interconnectedness)的概念,告诉我们部分不能成为存在的中心,人们必须学会与所有其他部分和谐相处并工作。医药轮代表了万物之间的平衡。第一民族的世界观,就像医药轮所展示的那样,平衡才是健康生活的基本原则,因为这是最重要的价值观。"医药轮"还代表了从出生到死亡的万物轮回,动物、自然、人类和精神在此共存。

传统医学融合了身体、情感、心理和精神性等诸多要素。因此,很难将任何一个方面孤立起来,因为这些部分存在着和谐的平衡。当原住民以一种不平衡的方式生活时,他们就会生病(Medicine Eagle,1989)。平衡对于第一民族人来说是至关重要的,因为世界本身就可以被看作是先验力量、人类和自然环境之间的平衡(Hammerschlag,1988)。

内在联系

第一民族人民的集体主义取向一直为当地精神健康研究人员所强调(Trimble & Hayes,1984；Lafromboise 等,1990)。不幸的是,西方咨询师在帮助第一民族患者时仍然强调个人责任的作用。传统原住民社会中的心理治疗,不仅要再次肯定文化价值观的作用,而且还要是社群背景下考虑个体(Duran,2006;Lafromboise 等,1990)。Katz 和 Rolde(1981)发现,传统治疗的目标并不是像在非第一民族的情况下那样,过于强化个人的自我,而是鼓励人们超越自我,将自己视为需要融入社群的一份子并作为社群的体现。传统的仪式,如"视觉探索"和"汗蒸小棚",能够加强原住民对传统文化价值观的坚持,并帮助提醒他们保持家庭和社群网络牢固的重要性(Lafromboise 等,1990)。

传统的助人方式有别于西方的方式,通常不仅仅包括咨询师和患者。患者的亲戚和社群成员也经常被要求参与治疗过程。Duran(2006)发现,原住民在遇到个人问题时通常会求助于他们的亲戚和社群成员。这会使人对西方的方法是否有用产生严重怀疑,例如向原住民患者提供以患者为中心的心理咨询。许多西方助人方法都是基于一对一的交互作用,将患者孤立于社群和家庭之外,因此将之作为与第一民族患者进行工作的有效方法必然受到质疑。

精神性

传统的美洲印第安人所理解的心理健康,比西方心理学所认为的心理健康更具有精神性和神圣性(Duran,2006)。许多传统的治疗仪式都强调治疗的精神层面。原住民在任何地方都能感受到大神(Great Spirit)或创造者的存在,在他们有需要的时候可以进行求助。诸多不同的仪式强调的都是个体需要与人的精神性重建联系。在视觉探索仪式中,第一民族的人们与他们的精神身份进行相连。以圆圈为象征的医药轮,代表着将人类和自然世界联系在一起的精神纽带(France & Rodriguez, 2011)。这种精神性, 或神圣性, 被看作是当地人心理疗愈的本质所在。它代表着精神层面的完整性, 需要把它带入我们的身体, 我们的家庭, 我们的社群和我们的世界(Medicine Eagle, 1989)。

第一民族的哲学有合一的特征, 这种特点也反映在萨利希民族关于创造世界的信仰中。Ashwell(1989)强调说, 萨利希族认为人的灵魂是"坚不可摧的火花, 即使离开我们到了日落之处, 也将永远得以存在, 留下的肉体及其影子(这些影子是由三个部分构成的存在), 因其生前特点的不同, 仍旧以或善或恶的意图存在于大地之上的各种场景之中。"(p. 60)。这种生命的连续性通常用圆来表示, 圆通常出现在第一民族仪式所使用的许多符号中(如鼓、鬼魂舞等)。根据Smoley(1992)所述, 这种精神力量通常被概念化为"si wiss, 意为神圣的呼吸或神圣的生命"(p. 85)。当人们能够尊重一切事物的时候, 就有了对一切事物的爱, 因为在树木、动物和所有生物中, 我们看到的和感知到的不仅仅是我们自己的人性, 还有更多。万事万物都有着同样神圣的呼吸。当人们心中有了尊重, 这也是治疗精神的本质, 然后我们便会欣赏和珍惜"在我们心中的对上帝的爱"(Smoley, 1992, p. 85)。原住民的精神性展示了人类与环境的和谐共处之道。

进行助人和心理治疗的方法

梦的工作

根据 Duran 和 Duran(1995)所述, "早在 1668 年就有关于梦在美洲原住民文化中的重要性的文献记载"(p. 46)。世界各地的人们长期以来都在使用梦境探索, 因为它是一种直接观察潜意识的方法。我们可以回顾下黑麋鹿(Black Elk)所做的梦(1932), 黑麋鹿是第一民族传统中最重要的哲学家之一。他 19 世纪出生在拉科塔(苏族), 但他非常长寿, 他嘱托 John Neilhardt 来记录他生平的思想, 以及他努力振兴本土文化和带领人民历经数十年与美军战斗的持久信念。探讨黑麋鹿早期的梦或视像, 能够给我们提供一个很好的关于先验经历的例子。

在小巨角(Little Big Horn)战役(1867)之前, 年轻的黑麋鹿梦中看到了这样一幅景象：两个人拿着着火的长矛跑过来, 他们绑架了黑麋鹿并且将他带到了云彩之中的一大片平原上。在那里有一群不同颜色的马迎接着他, 向他致敬, 分别是黑色、白色、红色和黄色。这些颜色在第一民族精神中是四个方向的象征：白色的马是北方(圣洁、忍耐力和勇气)，黄色的马是南方(生长和康复)，红色的马是东方(圣笛的力量与和平的力量，凭借知识和智慧来唤醒他人)，黑色的马是西方(从云中降水)。在那里有一处被彩虹环绕着的住所，正是他的六个祖父的栖息之地，黑麋鹿便进入到这个住所中。他的六个祖父分别代表着四个方位神和天父、地母的力量。第一个祖父是西方神，给了黑麋鹿圣水以维持生命，然后递给他一个圣碗，并告诉他可以用这个圣碗来摧毁一切；第二个祖父是北方神，给了他贤明、圣洁的力量，白色的翅膀，以及北方之雪的圣洁力量；第三个祖父是东方神，给了他运用智慧和知识唤醒他人的力量；第四个祖父是南方神，给了他治愈他人的力量；第五个祖父是上天的灵性化成的雄鹰，告诉他所有生物都是他的亲戚；第六个祖父，实际上是大地母亲的灵性，给了他与大地(自然)进行联系从而躲避灾难的能力。获得这些力量之后，黑麋鹿看到了一个由许多圆圈所构成的世界之箍，这些圆圈代表着不同的人们，但是他们又是一个整体，并且彼此都是相同的。当黑麋鹿醒来时，他便开始实现自己的这个梦，并在他的整个生命中，用自己的力量来帮助他人。最后，在进入 20 世纪，当黑麋鹿已然成为一个垂垂老人时，他认为实现自己梦的做法失败了。他的错，错在于太多的预言通过他的努力，变成了事实。但是由此所带来的真正礼物，却是他的所言所行，不仅重新振兴了拉科塔民族的精神传统，还提升了所有原住民的精神信仰。这是艾德·麦加(Ed McGaa)在《鹰人》(Eagle Man，1990)中浓墨重彩进行描述一个梦，现在这个梦已经满树开花，有着：

　　　　明亮的彩虹，开花的树木…在那些获得启蒙的人们环绕之下满树开花，并且他们已经开始滋润整片土地。被彩虹环绕的六个祖父的住所，是这个虔诚老人预言[梦]的强烈的象征，会有一天，这个正在成长的树木将满树开花。花期已经开始，并将继续下去—只要那些蓝人(教条、堕落和使用这片土地的人)不去做什么傻事(p. 17)

　　在第一民族中的 Ani-yun-wiya(切罗基族)人看来，分享梦想是他们生活中至关重要的一部分，因为梦能够将他们所经历的现实世界与他们之外的世界联系在一起,它也是意识自我与无意识自我相遇的地方。因此,在梦境发生后谈论它们是很重要的,因为当人醒来时,梦就会很容易消失。梦会"谈论"那些影响做梦者的奇怪的但实际上发生过的事情。有些梦不仅仅是为了自己,甚至还可能预示着未来。这些梦往往是关于不同寻常的事情;它们超越了生活原本的样子,能够给人们提供一种觉察,帮助人们意识到一些原本未知的事情。Ani-yun-wiya 人的语言是最早被书写成文字的原住民语言之一,他们的历史表明,梦是通往其他精神维度的途径。然而,古代的 Ani-yun-wiya 符号、预兆和梦境并没有多少令人愉快的记忆。事实上,他们似乎对死亡、疾病和灾祸都很关注。在对这些征兆和梦的研究中,有四个重要的特征需要考虑:

- 有些梦是关于很少发生的事情;这些梦几乎不会引起观察者的关注。
- 通过梦和征兆,人们找到了接受、应对和处理意外死亡的方法,并不会因为天上的人(造物者)对他们不公平而心生怨念。
- 征兆和梦能够使人们接受死亡是生命的自然结果。有所准备总比突然发生要好。
- 可以防止人们自顾自地解决问题,他们可以通过寻求牧师的帮助来解决自己的问题。他们相信这种行为能够使天上的人感到高兴。

对 Ani-yun-wiya 人来说,梦和征兆被认为是事情发生的原因之一。在梦中看见死亡的征兆就会引起死亡、疾病或其他灾祸;即使大多数梦都无法回忆起来,Ani-yun-wiya 人也会用七颗石仪式来帮助他们完成这个重要的动作,因为这是他们生活中至关重要的一项行动。以下是一些预示着 Ani-yun-wiya 人会生病或死亡的例子:

- 看到手里拿着鹰羽毛的人,或者梦想着拥有这样一根羽毛,都是死亡的征兆。
- 看到一个人穿着非常干净的衣服意味着这个人活不了多久。
- 梦见一个活着的人或动物在梦中死去,就预示着他们要生病了,梦见看见女人的人很快就会发烧。

其他的梦则与财富、好运和荣誉有关。如果猎人梦里出现面包,桃子或任何一种水果,则预示着他们将会捕捉到一只鹿;如果有人梦到在空中飞翔,这就意味着这个人会长寿。此外,还有一些与陌生人和访客有关的梦和征兆。例如,如果一只叫提克里里(tsi ki lili)的小鸟沿着一个正在旅行的人的方向飞行,那么预示这个人很快就会遇到一个陌生人;如果有一只鸟飞进房子里,那么很快就会有一个访客要来。还有一些与敌人和战争有关的征兆。如果有人听到一只 tsa wi sku 鸟的叫声既高亢又急促,那就意味着敌人已经出现在城里;如果一只猫头鹰在城里的桃树或其他树上休息并歌唱,敌人不久就会靠近。

有一种挥之不去的信念,那就是 Ani-yun-wiya 的梦谈及了人的积极特征,以及人们如何必须做到以他们的精神性和伟大神灵为中心。梦的工作过程是为了理解梦的意义,我们推荐如下梦的工作方式(France,2002):

1. 再聆听梦的时候怀着阐明意义的目的去探索情感、思想、行动和经验;

2. 探索梦的结构、要素、符号、问题和梦的象征意义;

3. 对梦里出现的符号进行对话,审视梦和个体外在生活之间的连接,如果有可能,可以用艺术的形式对梦进行表征;

4. 通过分析符号在人的现实生活中的文化意义和个人意义来放大这些符号的价值;

5. 在日常生活中将梦传达的问题和信息进行解决或实现。

在超个人的意义上,Ani-yun-wiya 人接受和拥抱梦,并将梦的信息和符号融入他们的日常生活的传统方式,能够很好说明无意识世界如何成为日常生活的一部分。从本质上看,个人能够通过探索梦中的象征、故事和其他情感方面,发现梦传递的信息或意义。然而,Duran 和 Duran(1995)仍建议人们要谨慎,因为

　　梦想成真的概念是一个跨部落的现象。报告这些梦是有规则和禁忌的,这使得对梦的讨论成为西方治疗师的一个担忧,因为他们并不擅长去做这些。治疗师必须首先了解他/她工作对象的部落背景,然后熟悉报告梦和讨论梦的不同规则。(p.50)

故事的工作

故事有一种能力,可以通过创造和生活本身一样生动的形象来促进改变和治疗。这些画面真实地反映了个人在日常生活中所遭受的平凡和非预期的经历,因为只有在故事中,个人才能发现永恒的真理,澄清、修正、意义和最终的目

标。在讲述具有丰富的原型意象的故事、传统的民间传奇、神话传说的过程中，我们可以向听众揭示深刻的精神层面的真理，折射出人的灵魂的旅程。因此，故事可以成为我们个人精神性的一部分。在倾听故事的过程中，人们会发现永恒的真理，似乎可以帮助人们逃离匆忙的生活。故事承载着生活、历史、传统和文化。因此，讲述或倾听 15 分钟的故事足以揭示和阐明 15 年的生活历程。

因为故事具有普适性，所以人们的共同经历都可以在故事中找到相似之处，从而故事能够服务于不同的目的。

在故事讲述中分享和创造一个共同的经历，可以帮助人们发展解释各类事件的能力，尤其当这些事件超出人们的直接经验时。通过分析象征，创造类比和对不同问题的解决等方法，可以将故事作为理解个人生活的途径。

故事能够通过共同的经历，促进个人的社会、情感和认知的发展（为他人的幸福而高兴，为他人的不幸而悲伤）。

故事有助于帮助患者恢复心理健康，通过建构他们自己的白日梦和幻想，从而帮助他们应对自己的意识自我和无意识自我。

故事有助于发展人们的道德价值体系，帮助人们欣赏和巩固自己的文化遗产。

助人策略：Skaloola（一个例子）

在第一民族中，传说、神话和故事不仅仅只是故事或童话。Shirley Sterling（1997）分享的《Skaloola 的故事》（The story of Skaloola），展示了长辈或父母如何在传统环境中使用故事来教育孩子。故事能够保持一代又一代之间的连续性，确保了价值观和标准不仅在垂直方向，而且在水平方向上得到发展和传承。换句话说，虽然长辈和父母讲述故事可能有一定的目的性（例如，教给孩子关于个人安全的知识），但孩子们与他人分享故事，也能够强化他们之间的关系，分享信息和生活经验。通过这种方式，故事强化了与故事讲述者和倾听者相关的价值观，从而创造了一种理解、关怀和接受的感觉。

Skaloola 是一只偷小孩的猫头鹰。他躲在暗处观察男孩和女孩们，看他/她们是否远离露营地的地方闲逛,或是天黑后在外面呆得太晚。如果他们这么做了,Skaloola 就会抓住他们,把他们放在背上的一个大篮子里,然后返回到山里去。尽管猎人们一直在后面追他,但由于种种原因,他的足迹总是消失不见,也没有 Skaloola 和孩子们的踪迹。他们再也没有露面。

根据 Sterling(1997)的研究,这个故事往往被父母们用来作为孩子社交控制和个人安全的工具。它教给孩子们一些社会危险,如绑架、性虐待或遭遇敌人。此外,这个故事也教会了孩子们道德价值观,并提醒他们撒谎和不服从长辈的后果。它也提供了关于存在现象的解释,以及基于亲缘关系的对所有生物的尊重,因为它能够让人们参与到关于禁忌,伤害和生活的对话中。从孩子的角度来看,猫头鹰 Skaloola 的神话,也能为他们提供探讨安全与危险问题,寻求应对方法,如何做到小心谨慎的机会,能够激发他们帮助和教导无助的人,安慰和保护他人。既然尊重自己和他人是健康生活的基础,那么因为所爱的人打破这种平衡所产生的恐惧反应,可以看作是对违反道德准则的警告。从这个意义上讲,神话成为一种预防手段,帮助家庭保持精神、心理、身体和情感的平衡。

Skaloola 的神话也提供了一个强有力的类比,类比为政府设法"偷走"第一民族的孩子,把他们带到寄宿制学校,迫使他们接受不同的信仰、价值观和语言;让他们生活在不同的文化中,成为身体、精神和情感虐待的受害者。这种平行关系使人们更清楚地了解到政府对第一民族人民所犯下罪行的严重性。除了口头讲述故事,人们还可以通过写日记、艺术作品创作和创作戏剧来分析和回应故事。写作或绘画可以唤起个人的自我形象、情感和诠释,帮助人们创造一种有形的语言意义。绘画探索是揭示人的关注、困难、欢乐和喜悦的有力工具。咨询师可以协助患者寻找在其他形式的探索和互动中可能没意识到的符号和征兆。日记也提供了类似的功能:患者通过用文字将意象书写到纸上,能够以不同的方式探索个人的感觉和情感,发现这些符号并对这些经历赋予意义。

汗 蒸 小 屋

Duran 和 Duran(1996)认为,将传统方法与心理治疗相结合的咨询项目,如汗蒸小屋等，在心理治疗过程中的成效非常成功。他们表示，咨询师应该与传统取向的治疗师共同合作。

汗蒸小屋的排汗仪式是一种基本的净化方法。人们临时搭建一些建筑用来实施仪式。先是在四周都是柳树的地方建一个小屋，在小屋的中心挖一个坑。柳树上用帆布或塑料覆盖着，再用火加热放在坑中央的石块。对于参加排汗仪式的人们来说，最重要的是要尊重神灵。在仪式开始之前，人们要向守护神祈祷。事实上，自然的方方面面都在仪式中得到尊重，并象征性地得到体现（例如，岩石被称为地球母亲的身骨）。从某种意义上说，汗蒸小屋是大地母亲子宫的象征，而火是太阳父亲的象征。岩石代表着想象中的行动。当参与者进入汗蒸小屋时，他们有机会体验自己的出生或重生感。因此这是新生活开始的一个机会。每一个动作都是恭恭敬敬地进行的，因为整个仪式是非常神圣的。它本质上是对地球母亲和世间万物的尊重。

在仪式开始前，带领者会告诉每个人接下来会发生什么。一旦参与者进入汗蒸小屋中，所有的运动都是按照顺时针和圆形进行的。参加活动的人先来到小屋的左边，然后步行或者爬行到他们想坐的地方。一旦他们选择了一个地点，那么这就是他们接下来要坐的地方。在仪式圈开始前，所有参与者都会得到一份事先准备好的祈祷书，这是一种尊重的形式，也是让参与者保持恰当心态的方法。当参与者越来越接近这些元素时，他们就进入了一个精神空间，在这个空间中，可以接收到启示或神谕。仪式时间长短取决于仪式带领者，他会和参与者一起入场。烧火的人按照带领者的要求把石头搬进来，而看门的人则把水送进来。一旦门关上了，带领者便开始烧干鼠尾草，香草或雪松。这些药草清洁了小屋，也象征着清洁了整个世界。人们认为鼠尾草的烟雾能够影响光谱中的所有颜色，从而影响宇宙中的一切。从身体上来说，流汗可以净化身体中的有毒物质，象征着净化心灵（例如，当身体干净了，头脑也就清晰了）。在仪式圈的不同时间里，带领者会在石头上洒些水，而每个人都在冥想，保持着尊重的心态。领导者解释仪式中走圆圈的用意是什么，比如感恩地球或宇宙。领导者开始为所选择的一切祈祷，在场的每个人都有机会效仿这个做法。仪式完成后，他或她会说，"所有一切都是我的亲戚"，以承认所有的创造和连接。每次祷告后，带领者都会洒更多的水。当仪式圈结束后，参与者以同样的顺序按照顺时针离开，最终完成这个圆圈。当参与者离开这个象征子宫的房子时,也象征着他们的重生。

新的开始创造了一种新的心态和态度的改变。那些在仪式上已经清理了心理空间的人,现在可以看到自己生命力的力量,所有的伤害、愤怒和负面情绪都得到了释放。他们离开汗蒸小屋后,参与者们可以在冰冷的溪流或池塘里游泳,以增加这种体验。从热到冷,再从冷到热是需要力量的,但人们认为这种强烈对比是有疗效的。整个过程重复四次。然后参与者再一次对四个方位、元素和种族进行象征性认同,以此作为增强自然界自然循环的一种方法:"蒸汽升起,代表着生命的气息。它清除了我们的消极思想和恐惧。我们全身都在哭泣(流汗);这是一种非常强烈的体验。据说汗蒸小屋可以增强人的魂魄,驱除一切邪恶"(Smoley,1992,p. 87)。

在拉科塔文化中,在任何重大活动之前都要举行一场汗蒸仪式。仪式在一个圆顶结构的建筑中举行,看起来就像一个圆锥形的帐篷。人们把巨大的杆子掰弯,然后放在人群中,以匹配神圣的方向,如北,南,东,西,西北,等等。太阳从东方升起,因此门总是朝着东方。人们可以用毯子、垫子甚至塑料将这个框架覆盖着,只要太阳能被遮挡住就行。在这个建筑内部,人们会挖一个三英尺深的坑来支撑和固定石头。在汗蒸小屋外,人们烧火来加热岩石(火山岩最好)。火的一边是一堆冷杉,供参加者在清洁和祝福时放置个人物品。在汗蒸小屋内,雪松或冷杉树枝被放置在坑的周围,供人们坐在上面。另外还要用四块布来表示四个方向,四个种族(红、白、黑、黄)和四种元素(空气、火、土、水)。这些布通常是红色、白色、蓝色或黄色的。最常见的是,汗蒸小屋往往会建在湖边、池塘或小溪附近,让参与者在进行仪式圈时沉浸在水中。参加者要事先感恩这些树干、岩石、树枝、水和鼠尾草,因为这些元素在仪式中奉献了自己。仪式可以只为女性,也可以只为男性,家庭成员或男女混合。如果这个仪式只是为女性举办,那么便由一位女性主持;如果只对男人举行,便由一位男性带领。参加者所穿的服装视场合或参加者的意愿而定。如果他们选择不穿衣服,那也没关系。参与者唯一得到的指示是,他们要消除自身那些消极的想法,对他们在仪式中收到的任何信息敞开心扉。除了主持仪式的人之外,还要选一个人担任防火员,另选一个人担任看门员。看门员必须确保外面的光线不能进入室内,并且必须听取参与者的意见。重要的是,在这个仪式中,当一个人想离开时,他或她都要说"所有一切都是我的亲戚。"一旦参与者净化了他们的思想、身体和心灵,他们就会被引导着进行感恩祈祷,感谢造物主、祖辈、母亲和祖先们,感谢他们带给自己的一切。第一民族的人们相信,那些离我们而去的人会从精神世界中注视着世间一切。

视 觉 探 索

视觉探索是一种将自己孤立在荒野中,向精神世界开放自我的方法。在西海岸萨利希人们那里,这被称为精神探索(Jilek,1982)。人们可以独自走进森林,呆在那里不跟任何人说话,甚至不吃不喝。探索者希望打开自我的视野。视觉探索体现了原住民精神性中最具特色的东西:将个人置身于自然和超自然的各种力量之中;对每个人来说,最关键的可能是寻找内心的真相(Smoley,1992)。视觉探索就像是一场内在的旅程,在那里我们会遭遇自己的灵魂。

在所有的舞蹈、治疗或萨满仪式中,重生和复原的主题总是不变的,因为人们相信,为了实现个人的改变,必须有某种形式的死亡。死亡作为一个隐喻,总是伴随着重生。不管这种方法是汗蒸小屋抑或是视觉探索,这个过程都是如此。当病人寻求治疗者的帮助时,治疗者总是试图进入患者的内在,并破解他们的存在状态。治疗的目标是在某种意义上摧毁病人有缺陷的和患病的旧自我,重新唤醒自我中的"婴儿"和"无助"的部分。这些传统的仪式能够让人们产生一种婴儿般的依赖,它有助于帮助人们重生、重组,并开始一个新的自我。实际上,按照Jilek(1982)所述,将会出现"一个全新的自我,(当)你重生的时候⋯⋯当你经历整个过程后,就不会再有邪恶的想法了;你所想的都是我要重新开始自己的生活"(p.66)。这个过程中所发生的,是一种人格的重建,这种重建有助于从完全不同的角度进行自我探索。

在新生中,人们有一个不同的,更加强大的自我意识。过去那个可能已经成瘾、患病或困惑的自我,现在在守护神或动物神灵的帮助下变得更强大。过去的已经过去,只有新的才是重要的。其效果是能够培育个人和社会行为的规则,间接强化强制性的群体规范,加强文化自豪感(祖先权威),强化文化中超自然力量的惩罚。然而,尽管如此,在帮助第一民族人们成为新人的过程中,平等意识仍然是一个重要因素。

传统治疗师

　　主持仪式的通常是药师。一个药师可以担任三种角色类型：主持仪式的牧师；讲故事的人，把过去的传说和智慧传递下去；还有使用药草或心灵医学治病的医生。然而，只有治疗者才能担任萨满，他可以进入到另一种意识状态对病人进行疗愈或预言某种形式的解决之法。药师可以是男人或女人，顾名思义，他们都是有权力的人，但他们仍然不同于萨满。所有萨满都是药师，但不是所有药师都是萨满。有趣的是，"萨满"这个词来自西伯利亚的通古斯语，这个词对北美原住民来说也是新词（Smoley，1992）。在萨利希社会中，萨满分为两个不同的等级。大萨满是那些拥有先知能力的人，他们能够治愈病人，控制病人的魂魄和他人的幽灵；小萨满是那些有治疗轻微疾病能力的人，他们也能够应对其他负面影响（Ashwell，1989）。通常情况下，小萨满也特指做助产婆的女人。

　　成为萨满需要专门的训练，最重要的是对原住民文化、价值观、传统的行为方式和应对疾病的方法进行深入了解。这些做法最常用于减轻疾病的痛苦，并帮助那些有情绪疾病、身体疾病或两者兼而有之的人恢复和谐。萨满不仅仅依靠过去流传下来的方法，与此同时，他们也借鉴传统或现代医学，引入关于疾病和治疗实践的新思想。萨满对植物根茎、药草以及它们的药用特性都有深入的了解，这些知识是通过向老师学习或天生就拥有的（Harner，1980）。一些萨利希人相信，萨满的这些技能并不是后天学到的，而是在出生时就已经存在了。对另一些人来说，要培养这些技能，需要师从萨满，做多年的学徒才行。

　　萨满在他们的技能中使用了各种各样的仪式和方法。他们要过一种模范化的生活，也会经常被人们要求展示他们的能力。根据 Ashwell（1989）所述，一位萨满"拥有一个动物帮手，在他（或她）天还是一个新手的时候，能够通过梦来给他（或她）启发，这个动物成为他的至亲，可以在他（或她）任何需要援助时候，给他他（或她）启示"（p. 70）。疾病，无论是身体上的还是精神上的，都可以看成是由外部力量(如风、动物和鬼魂)或内部力量(如打破禁忌)，对身心和谐的干扰所造成。萨满可以用药草直接进行疗愈，也会通过占卜或特定的疗愈仪式，如汗蒸仪式，喝药草汁等等。Ashwell(1989)对萨满与病人一起工作的描述，能够揭示萨满是如何进入病人世界的：

> 病人躺在长房里的草席上昏迷不醒。萨满必须首先做出诊断。他要先跳一段大神舞，请神灵帮助他看看是什么折磨着这个病人。村里的每个人都聚集在一起，用杆子敲打屋顶，帮助他获得力量。那个(萨满)脸上戴着面具，头上戴着用雪松树皮做的头饰，摇着他的手鼓，围着病人蹦蹦跳跳。他的助手们跟着他反复颂唱某些经文，直到最后萨满神志恍惚，表明他的神灵与他同在。当他从这种状态出来的时候，通常会精疲力竭，但他这时也完全知道引起病人病痛的原因了。(p. 71)

提醒：当外界对第一民族助人法感兴趣时

Mosley(1992)认为，"白人们应该寻求印第安人帮助，以重新恢复他们的精神性，这是天经地义的做法。主流的犹太教和基督教并没有能够点燃在那些传统中，还有东方传统中成长起来的许多心诚的追求者们的灵性火花，他们根植于外国的土地，有时西方人很难进行同化"(p. 84)。然而，由于剥削的历史，原住民对白人的热心持怀疑态度。

特别是，当地人对那些人类学家和其他来自主流文化声称自己已经了解他们的人，有着强烈的消极印象。甚至有些当地的传授灵性修行的精神领袖，也被他们自己的族人批评，指责他将本民族的财产出卖给白人(Smoley,1992)。他们的理由是，作为外来者，白人永远无法真正学习到这些教义，因为这些教义根植于他们的文化之中。把教义从它的源头拿走，就是给它带来损害。不过，其他一些本土的灵性导师则认为，那些亲近大地的人可以遵循他们的一些教导(例如，视觉探索和汗蒸小屋)。然而，有些仪式和活动，如鬼舞(Ghost Dance)或太阳舞(Sun Dance)，则不应该对外界开放。这并不是说要完全杜绝这些方法在治疗第一民族人们时使用，而是说，这种干预应该由那些具有资格这样做的人来做,并且是以一种尊重的态度来做。

结　论

许多美国原住民患者已经非常适应西方式的心理治疗,这些治疗的重点很少能够将他们重新连接到传统的信仰体系,并从传统的角度理解他们的生活世界(Duran & Duran, 1996, p. 89)。Duran 和 Duran(1996)说,虽然与文化重新连接至关重要,但"在大多数情况下,患者必须要能够在白色调环境中调整和工作,同时仍然保持自己的认同感"(p. 89)。因此,对于那些希望与原住民合作,或与他们的长者和传统治疗师合作的人来说,必须对第一民族人民的历史和政治斗争保持敏感度。然而,与此同时,咨询师需要赋予患者应对现实世界的能力。有许多治疗实践都可以纳入咨询范畴,但重要的是咨询师必须以尊重和敏感的方式使用它们。我们可以考虑一下,当一个人对这片土地变得尊重和敏感,那么他就可以与居住在这片土地上的神灵以及土地上的一切事物交流。区分第一民族助人方法之间的不同在于仪式,他们的仪式中充满了文化象征,本身就有一种疗愈的效果。这些符号象征不仅在仪式中具有重要意义,而且具有一定疗效。仪式中的每一个动作都是对人类与精神世界关系的提示。例如,在黑麋鹿(Black Elk, 1961)的讲话中,他把他神圣的烟斗上的四根丝带描述为"四个方位的神灵(例如,黑色的那个来自西方,那里有雷电存在,给我们带来雨水;白色的那个来自北方,那里有凛冽的风雪;红色的是从东方来,光从那里发出,晨星住在那里,可以给人智慧;黄色代表南方,那里有夏天和成长的力量)。但这四个方位神归根结底也可以看成是一个神灵"(p. 39)。因此,当用烟斗吸烟时,烟草就不再像在白人文明中那样,只是把吸烟作为一种娱乐或解决烟瘾之用,而是作为向四个方位神提供祭品。

丹·乔治酋长曾说:"所有的人和生物都渴望拥有目标和价值感……为了满足我们所有人和生物的共同愿望,我们必须尊重彼此"(1982, p. 11)。在许多原住民中,都有一种对日常生活失去控制的感觉。主流社会采取了许多社会方案来帮助他们,却不曾想加强了他们的无力感。甚至许多在助人行业中标准化的咨询方法,也被认为不适合第一民族的患者(LaFromboise, Trimble & Mohatt, 1990)。

这就是为什么使用恰当的方法对有效的咨询很重要的原因。在Jilek(1982)看来，第一民族助人和学习的典型特征，例如在萨利希精神舞中，是为参与者提供"有意义的集体活动，自我强化的团体支持，以及社会认可的情感反应的机会"(p.159)。不过，这些仪式的力量在于它们能够给参与者带来一种恢复或重生的感觉。这不仅仅是治愈一个特定问题，更是一个全新的人的开始。因此，文化是成功进行心理治疗的一个重要因素，尤其是对那些来自原住民文化的患者。

有趣的是，黑麋鹿的视像（1932年）是传统文化在北美原住民生活中重新出现的一个极好的象征。他所说的神圣之环，就是民族之环在经历七代人之后得以恢复的样子，这是我们现在所生活的时代。最后，斯夸米什(Squamish)族的原住民领袖西雅图酋长(Chief Seattle)的话，可以概括原住民助人方式的基本内容：

> 这个国家的每一个地方对我的人民来说都是神圣的。每一个山坡和山谷，每一片平原和树林，都被我的族人不曾磨灭的回忆或悲伤往事化为神圣。即使是那些无声地在太阳照晒下发烫的岩石，与庄重宏伟的平静海岸一起，因其与我的人民那些关于过去事情的回忆有关而让人激动不已。那些高贵的武士、伟大的母亲、快乐开心的少女，甚至是幼小的孩童，那些因为一个简单的理由而幸福地生活在这里的人们，那些过去名声显赫而现在已经被遗忘的人们，仍然深爱着这片凄冷荒凉的土地，深爱着日暮时让人惆怅的那些山林的斜影。我们的先人永远不会忘记这个曾经赐予他们存在的美丽世界。（Ashwell，1989，p.6）

参 考 文 献

Ashwell, R. (1989). *Coast Salish：Their art，culture，and legends*. Surrey, BC：Hancock House.

Atleo, U. E. R. (2004). *Tawalk：A Nuu-chah-nulth world view*. Vancouver, BC：University of British Columbia Press.

Black Elk. *Black Elk speaks* (1932). As told through John Neilhardt. Lincoln, NE：University of Nebraska Press.

Campbell, M. (1979). *Half-breed*. Toronto, ON：Seal Books.

Dugan, K. M. (1985). *The vision quest of the Plains Indians：Its spiritual significance*.

Lewiston，NY：Edwin Mellin Press.

Duran，E. (2006). *Healing the soul wound，counseling with American Indians and other native peoples*. New York，NY：Teachers College Press.

Duran，E.，& Duran，B. (1995). *Native American postcolonial psychology*. Albany，NY：SUNY Press.

France，M. H. (2002). *Nexus：Transpersonal approach to groups*. Calgary，AB.：Detselig Enterprises Ltd.

George，D. (1982). *My spirit soars*. Surrey，B. C.：Hancock House.

Hammerschlag，C. A. (1988). *The dancing healers：A doctor's journey of healing with Native Americans*. San Francisco，CA：Harper & Row.

Hart，M. A. (2002). *Seeking Mino-Pimatisiwin：An Aboriginal approach to helping*. Halifax，NS：Ferwood Publishing.

Harner，M. (1989). *The way of the shaman*. New York，NY：Harper and Row.

Ibrahim，FA. (1984). Cross cultural counseling and psychotherapy：Existential psychological perspective. *International Journal for the Advancement of Counseling*，7，59—169.

Jilek，W. (1982). *Indian healing：Shamanic ceremonialism in the Pacific Northwest*. Surrey，B. C.：Hancock House.

Katz，R.，& Rolde，E. (1981). Community alternatives to psychotherapy. *Psychotherapy，Theory，Research and Practice*，18，365—374.

Kluckhohn，FR.，& Stodtbeck，FL. (1961). *Variations in value orientation*. Evanston，IL：Row Peterson.

Lafromboise，T.，Trimble，J.，& Mohatt，G. (1990). Counseling intervention and American Indian tradition：An integrative approach. *The Counseling Psychologist*，18，628—654.

Locust，C. (1988). Wounding the spirit：Discrimination and traditional American Indian belief systems. *Harvard Educational Review*，58，315—330.

Medicine Eagle，B. (1989). The circle of healing. In R. Carlson & J. Brugh(Eds.)，*Healers on healing*(pp. 58—62). New York，NY：Jeremy P. Tarcher/Putname.

Newman，P. (1989). Bold and cautious. *Maclean's*，July，24—25.

Robbins，R. (2012). A Native American voice in multicultural psychology：Finding healing in an interpersonal tapestry. *Journal of Multicultural Counseling and Development*，40(2)，93—103.

Roysircar，E. (2012). American Indians and culturally sensitive therapy. *Journal of Multicultural Counseling and Development*，40(2)，66—69.

Smoley，R. (1992). First Nations spirituality. *Yoga Journal*，January，84—89，104—108.

Sterling，S. (1997). Skaloola the owl：Healing power in Salishan mythology. *Guidance Counselling*，12(2)，9—12.

Sue，D. W.，& Sue，D. (2008). *Counselling the culturally different：Theory and practice* (5th ed.). New York，NY：John Wiley & Sons.

Trimble, J. E. , & Hayes, S. (1984). Mental health intervention in the psychosocial contexts of American Indian communities. In W. O'Conner & B. Lubin(Eds.) ,*Ecological approaches to clinical and community psychology* (pp. 293—321). New York, NY: Wiley-Inter-science.

Wachtel, P. L. (1977). *Psychoanalysis and behaviour therapy: Toward an integration.* New York, NY: Basic Books.

19. 瑜伽疗法

——古老智慧为身体、心灵和精神所带来的启迪

SARAH KINSLEY

> 人们通过练习瑜伽,消除身体、心灵和精神中的杂质,知识与智慧之光开始显现。

——Lyengar

多数人都听说过瑜伽,但并不了解它的悠久历史、深厚的心理哲学基础及其许多专门的分支。本章将在心理咨询领域内对瑜伽疗法(梵语:Yoga cikitsa)进行探讨。治疗性瑜伽是一种整体治疗形式,在个人和团体心理咨询领域都有所应用。越来越多的人开始了解瑜伽修行者传承近千年的事实:瑜伽是一种整体性的存在方式,当人们练习时,人们可以在自己的内部创造平衡,并让自己与宇宙合一。当西方人到访印度时,他们通常会惊讶地看到人们通过清扫庙宇的地面,为无家可归的人提供一碗汤,或者用芳香的玫瑰花瓣来为他们的导师(梵语:重量型的人物,指老师等)沐浴等方式来练习瑜伽。这样的瑜伽在传统上被称为"业力瑜伽"(Karma Yoga)(梵语:动作或服务瑜伽)和巴克提瑜伽(梵语:奉献瑜伽)(Feuerstein,1997)。对许多瑜伽士(梵语:瑜伽从业者)来说,瑜伽是一种生活方式,而不是每周三次在橡胶垫上出汗的运动。在西方主流文化中,瑜伽通常被视为一种将自己扭曲成椒盐卷饼来获得完美身体健康的运动,但是实际上,瑜伽是有着能够超越时间和空间的深度和多样性。Powers(2009)是一名瑜伽士,

也是洞察瑜伽机构(Insight Yoga)的联合创始人，她观察到，客户通常会将瑜伽作为一种疗愈身心的方式。她指出：

> 通过身体的入口，人们最终会意识到他们有一个需要关注的心灵；通过心灵的入口，他们最终会意识到他们有一个身体，这个身体要么是一个障碍，要么是一个支持者。两个方向都指向它的另一面。（引自 Miller，2009，p. 53）。

越来越多的患者和临床医生认识到这种身体、心灵和精神相之间的相互联系。在西方，许多人开始从个人经历中领悟到，瑜伽不仅仅是一种能激发他们认识到自己"待办事项"清单的运动，更是一门艺术、一门科学和一种身心疗法，它以其令人敬畏的多样性而受到认可和尊重。

瑜伽的目的

瑜伽试图创造一种状态，在这种状态中，我们总是存在——真实存在——存在于每一动作中，存在于每一个时刻中。——Desikachar(1995，p. 3)

瑜伽是一种古老的传统智慧，被认为既是一门艺术也是一门科学。瑜伽这个词的认识论根源在于梵语单词 Yuj，翻译为"枷锁和驾驭"；这个词的其他含义还包括"合一"、"叠加"和"连接"(Feuerstein，1997)。在东方，常见的做法是农民会利用牛车来优化牛的力量。同样的概念也适用于练习瑜伽时所发生的事情：让一个人的身体、思想和精神得到最佳使用。瑜伽修行者运用各种技巧，如冥想、身体姿势(梵语：asanas)和呼吸练习(梵语：pranayama)，能够将自己从自我中心性和痛苦中解放出来。用瑜伽的术语来说，这个被称为自我实现的过程(梵语：atma-jnana)是所有瑜伽修行者的终极目标，在这个过程中，人们通过超越二元性并与宇宙重新合一而获得解放和启迪(梵语：moksha 或 purusha-jnana)，从而实现真正的自我(Feuerstein，1997；Fields，2001；Marotta & Valente，2005)。Feuerstein，(2000)，加州瑜伽研究与教育中心主席，作如下阐述：

> 瑜伽的目的是通过超越自我机制，即"我创造者"(ahankara)或"我是"，

来完成潜意识的完全转变。这一目标与思想启蒙或解放不谋而合,但与现代心理学和心理疗法关于世界的观念格格不入。然而,人文主义者阿巴拉哈姆.马斯洛,尤其是超个人心理学更认同瑜伽的自我实现理念,也更欣赏瑜伽中的狂喜状态(三摩地),正如瑜伽修行者所言,这是一种超觉醒的而非无意识的状态。

瑜伽的历史

数千年来,瑜伽修行者一直在探索个体的身体、心理、精神与宇宙的合一。他们勤奋地进行各种尝试来探究人类经验的本质。据说这些尝试始于 5000 多年前的印度河流域,即现在的巴基斯坦。考古学家发现了公元前 3000 年至 2000 年间的肥皂石头的雕刻品,这些石头被设计成进行冥想练习的瑜伽体式的人体形状,比如莲花体式(梵语:padmasana)。我在印度遇到的许多修行者(梵语:sadhus/sadhakas/sadhikas),都认为这些体式是被先知(梵语:rishis/rishi-kas)当作来自神的信息而传递给他们的。印度学家认为,这些做法后来传播被到现在的印度,并在吠陀祭祀中口口相传,他们后来将这些做法正式转化为仪式和典礼(Cope,2006;Hartranft,2008)。

除了吠陀祭祀的瑜伽传统外,另一种被称为沙门(Sramanas,梵语指苦修的人)的修行世系在印度北部的森林和洞穴中蓬勃发展。这些探索者反对吠陀祭司在瑜伽相关的神圣仪式和典礼中的权威(Hartranft,2008)。这些沙门努力将自己从种姓制度以及吠陀祭祀的条条框框的桎梏中解放出来,寻找生命的直接意义以及拥有人类体验的意义(Cope,2006;Hartranft,2008)。随着时间的推移,吠陀祭祀和沙门们都开始影响印度的神圣经文。冥想、专注和呼吸技巧都能在《吠陀经》中找到,特别是在 3000 年前所著的《奥义书》中,这也是吠陀教义的最后一部著作(Cope,2006;Feuerstein,1997)。

斯里兰卡帕坦伽利的瑜伽经

大约 2000 年前,据说一位名叫帕坦伽利圣人,汇编了当时瑜伽修行的所有方法《瑜伽经》(梵语:瑜伽教程)。这部经书包含了几个世纪以来关于瑜伽练习的口口相传的做法。《瑜伽经》是一本实用的人类最佳生活手册,旨在通过揭开幻象的面纱,帮助人们从世俗的束缚中解脱出来。根据瑜伽经,幻觉是一种被人们感知到的思维二元性,这种二元思维使"我"与其他事物相分离。这本经书中的 196 条经典格言,于是成为了皇家瑜伽(梵语:raja,王侯的意思)或经典瑜伽的基础(Cope,2006;Feuerstein,1997;Saraswati,1976)。瑜伽的定义见于该书第二经文(1.2):"Yoga chitta vrtti nirodhah"(Saraswati,1976,p.33),意思是,瑜伽是一种可以帮助人们停止思想波动的训练。波动来来去去,包括我们的思想,感知、想象,知识,记忆和感觉。第三经文(1.3)指出,修行者将在他或她的本性中被确认:"Tada drastush svarupe vasthanam"(Saraswati,1976,p.42)。换句话说,通过观察意识的本质,瑜伽修行者体验到心理波动不是我们经常相信的最终真相(Hartranft,2008;Saraswati,1976)。第十二经文(1.12)——"Abhya-savairagy-abhyam tannirodhah"——意思是说,人们可以从依附中解脱出来,并通过持续的瑜伽练习来获得解脱(Saraswati,1976,p.58)。

几个世纪以来,在世界各地,许多不同的瑜伽传统已经发展起来,但无论哪位上师受人敬拜,或何种体式受人练习,许多学派都会最终回归到《瑜伽经》中来。因此《瑜伽经》中所述的经典瑜伽将成为本章的理论基础(Cope,2006;Farhi,2000;Stone,2008)。

瑜伽八支行法

帕坦伽利的《瑜伽经》包含瑜伽的八支行法(梵语:ashtanga yoga),当专注地练习时,人们会与真实自我结合。当一个人同时练习八个瑜伽分支时,那么瑜伽练习就成为了一种完整的生活方式。八个瑜伽分支如下:

制戒(Yamas):智慧的特性,改进外在行为所需遵守的行为规范和自制。包括:非暴力(ahimsa)、诚实(satya)、不偷盗(asteya)、节欲(brahmacharya)和不贪婪(aparigraha);

内制(Niyamas):灵魂生活的准则,改善内心环境,每天实际应做到的行为规范:纯洁(shaucha),自足(santosha),激情(tapas),内省(svadhayaya)以及向神臣服（ishvarapranidhana）；

体式（Asana）：坐法的练习，让人感觉舒适并能长久保持的身体姿势；

调息（Pranayama）：通过呼吸练习来控制、移动并扩展宇宙能量（梵语：prana，宇宙生命的能量）；

制感（Pratyahara）：修行者通过控制感官，使自己从对外关注转移到向内在专注的状态；

执持（Dharana）：专注或集中注意力于一点；

禅定（Dhyana）：在所有情况下保持觉知；

三摩地（Samadhi）：入定，一种更高意识的状态，其中个体的自我存在于其自身纯粹的本性中。（Cope，2006；Farhi，2000；Saraswati，1976）

哈达瑜伽

今天，许多瑜伽练习都是基于哈达瑜伽（梵语：强力瑜伽）发展而来（Feuerstein，1997）。在瑜伽的历史上，哈达瑜伽是一种相对较新的瑜伽形式。直到公元九、十世纪，才有文本开始出现对瑜伽身体姿势的描述（梵语：asanas）。在《瑜伽经》中，196 部经中只有 3 部提到了瑜伽姿势这个术语，但在传统上，这三部经所提及的瑜伽姿势指的都是静止的冥想姿势。不过在今天的西方，哈达瑜伽的课程主要集中在体式上。这些课程经常缺乏对专注力与呼吸的强调。瑜伽是一种综合性的练习，而不是以体式为基础的健身课程，这一点至关重要。体式是瑜伽大树上的一根枝干，应该与其他七根枝干结合起来练习。高级瑜伽修行者 Phillip Mofitt 提醒学生，体式练习中的一个重点（梵语：dharana）应该是观察自己意识的波动，比如我们的思想和感觉（个人谈话，2009 年 3 月 14 日）。

瑜伽领域最著名的手册之一《哈达瑜伽之光》（Hatha Yoga Pradipika，14 世纪中旬由 Svatmarama Yogin 所著），寻求物理学科与皇家/经典瑜伽（raja/classic yoga）的整合（Feuerstein，1997；Muktibodhananda，1985）。经典哈达瑜伽包括体式、调息、手印（梵语：神圣的印记或手势）、清洁法（梵语：六种净化法）和冥想。哈达瑜伽是一种拥有很强净化能力的形式，当与皇家瑜伽一同练习时，可以带来解脱和证悟（H. Lichty & j Lichty，个人交流，2009 年 10 月 4 日）。

瑜伽是一种宗教吗?

在印度教中,瑜伽是印度教的六种正统哲学之一。瑜伽经常与印度教联系在一起,而事实上,来自世界各地的许多团体一直在练习类似的技术,也可以称为瑜伽。因此,我认为仅仅把瑜伽当作印度教的一种哲学是有局限性的。我并不是说瑜伽在印度教中没有强大的根基,而是说瑜伽有着多种多样、古老而深远的根源。这是一个重要的区别,因为有些来访者并不认同某种特定的宗教或灵性,例如正统的印度教,因此他们不希望在个人或团体心理咨询中参与带有宗教或灵性意味的活动。当我们与来访者一起工作时,下面这样解释比较有帮助:瑜伽练习已经被不同的群体传承了几个世纪,并且继续在全球广泛传播。例如,中国的瑜伽修行者注重中医和道家哲学,而西藏的佛教瑜伽修行者则专注于神的形象化,将其作为一种与人的本性相联系的方式。在许多案例中,我都观察到来访者将他们自己的精神传统和宗教信仰融合进瑜伽疗法中。根据我的经验,这些做法是相当成功的,因为 Toew(2009)指出:"瑜伽的终极目标是回归到超越自我,这是与宇宙合一的状态,而不是任何特定的神、上帝或女神"(p. 3)。

瑜伽疗法(Yoga Cikitsa)的定义

不要对智者亦步亦趋。追求他们所追求的。

——Basho

从历史上看,瑜伽练习基本上都是由瑜伽导师在个人修行基础上传授给弟子的。瑜伽一直是一种内在的治疗方法。在高级瑜伽师以及 Aurolab 瑜伽项目的创始人 Sama Fabian 看来,瑜伽从来没有专门被用于纠正某些病理或治疗疾病,但往往被视为一个整体性的实践活动,旨在整合瑜伽修行者自身的内在健康以及真正的本性(个人交流,2009 年 11 月 26 日;Harper,2001)。最近在西方,针对身心治疗的瑜伽开始兴起。Desikachar(1995)是世界上最早的瑜伽治疗专家之一,也是克利须那摩诃摩耶(Krishnamacharaya)疗愈及瑜伽基金会的联合创始人,他评论道:"许多瑜伽专业人士、瑜伽相关书籍和杂志,正推动着瑜伽成为未来的潮流。但是,瑜伽疗法并不是瑜伽的一种新风格,也不是瑜伽的分支:它就是瑜伽。瑜伽是,也一直是一门整体性的治疗学科"(n. d. ,para. 3),并且有多种用途。Brownstein,一位从印度政府获得瑜伽教育文凭的美国医师写道,"在瑜伽理想的应用中,瑜伽疗法本质上是预防性的,就像瑜伽本身一样,但在许多情况下,也可能是恢复性的,有些情况下是缓和性的,有些也具有治疗性。(n. d. ,para. 10).

阿育吠陀:印度的生命科学

传统的瑜伽疗法通常把巴坦加里瑜伽经的教义和阿育吠陀(梵语:Sanskrit,生命科学/知识)的元素以及印度的治疗体系(Frawley,1999;Kraftsow,未载明)融合在一起。在美国吠陀研究所创始人 Frawley(1999)看来,阿育吠陀是健康、意识和自我实现的科学。它是最古老的整体性治疗系统之一,通常被认为是瑜伽的姐妹,有文献记载其起源可追溯到 5000 年前。阿育吠陀的基本原则是通过使存在于宇宙和每个人体内的五种元素(地、火、水、风和空)达到平衡或相互平衡状态,来建立和维持人们对健康和幸福的理解。阿育吠陀哲学相信人类是同一个宇宙的一部分,由相同的元素组成,但都具有一定的特性来定义个体。该哲学是以人的个体性为中心,通过人们的三种体液(梵语:dhatus,体质或体液)来认识人体的(Frawley,1999;Feuerstein,1997,J. Piercy,个人谈话,2008 年8 月 17 日)。这三种体液分别是 Vata(风/空)、Pitha(火/水)以及 Kapha(地/水)。大部分人是三大要素的结合,由其中一种或两种主导。通过了解人的体液或性格,在出生时和当下,人们可以通过选择某些练习和某种生活方式来帮助自己实现生命多方面的平衡(Frawley,1999;A. Olivera,个人谈话,2006 年 9 月 25日;Piercy & A. Walker,个人谈话,2008 年 8 月 17 日)。

传统上,来访者的治疗处方会基于阿育吠陀原则,但更基于个人的体液(Feuerstein,1997)。这些治疗实践包括调息(pranayamas)、瑜伽体位(asanas),咒语(mantras),净化(cleanses),个体化冥想(individualized meditations)、业力瑜伽(karma yoga)、巴克提瑜伽(Bhakti yoga),以及饮食和生活方式的建议。

瑜伽疗法：一种全面的治疗方法

瑜伽疗法的各种实践旨在帮助来访者找到并保持身心平衡。平衡的概念与西方医学模型的内稳态概念有异曲同工之妙（Evans，Sternlieb，Tsao & Zeltzer，2009）。两种方式的目的都是寻求消除人类的痛苦（Levine，2002；Hamilton，Kitzman & Guyotte，2006）。这两个系统的目标看起来是相似的，但瑜伽修行者总是在更广泛意义上实现平衡或内稳态。Feuerstein（1997）阐明：

> 瑜伽心理学是一种治疗方式，或者是最广泛意义上的一种疗愈方法。然而，鉴于现代心理疗法发展于那些药物无法医治的临床治疗案例，瑜伽从一开始就是一种精神改变系统，旨在让个人恢复到最初的完整性状态，而不仅仅是身体和心理层面的健康（p. 233）。

瑜伽疗法认为人类存在着多维性，并认为人存在着解剖学、生理学、情感和精神等多个层面（Farhi，2006；Kepner，2003）。古瑜伽士将这些维度称为层（梵文：Koshas，鞘或层）：每个人都有五层、五鞘或五体，并将之作为探索人类的路线图。这五层分别是身体层（梵文：annamayo kosha）、生命能层（梵文：pranama-ya kosha）、内心层（梵文：manomaya kosha）、智力层（梵文：vijanamaya kosha）和喜乐层（梵文：anandamaya kosha）（Feuerstein，1997；Rae，未载明）。Rae 是一名瑜伽士，也是萨穆德拉的创始人（萨穆德拉全球生活瑜伽学校），他认为：“从层的角度来看，瑜伽能够帮助我们把身体、呼吸、思想、智慧和精神（喜乐）带入和谐状态。这些层就像织锦一样，是相互交织在一起的（para. 1）。”

研究人员越来越多地利用西方医学中发现的生物心理社会（BPS）健康模型来了解瑜伽多方面的和相互关联的益处。加州大学最近的一项研究收集了瑜伽练习对身体、心理和精神影响的经验证据。通过从 BPS 的角度进行研究，研究人员认可瑜伽疗法的疗愈能力，它能够使人们在各个层都受益（Evans et al.，2009）。许多对瑜伽疗法疗效的研究往往只关注健康的某个方面——例如，瑜伽治疗能够缓解压力或瑜伽可以治疗背痛，但上述这些研究在人们进行瑜伽练习和获得 BPS 益处之间建立了桥梁，从而使人们可以了解身体/心理/精神与疼痛、压力和疾病之间的关系(Evans et al.，2009，para. 1)。

古瑜伽士观察并体验到了身体/心理/精神之间的连接。我们希望西方医学和心理学研究在现代也能够建立相同的连接，就如同 Evans 等人所记录的研究那样(2009)："积极的心理功能可能会帮助人们改善生理功能，尤其是在病人在体验着慢性疼痛和疾病时"(p. 8)。使用多面性治疗方法的意义正好能够呼应旧中的谚语："人不能单靠面包活着"。人是复杂的生物，渴望有意义的生活，不仅仅是满足于我们对面包和水的基本需求。历史上，所有的文化都曾经有过很多有意义的健康的生活技巧、信仰体系和生活准则。瑜伽就是其中一个非常有价值的例子，它经受住了时间和空间的考验，并继续向全球传播。

瑜伽：一种基于正念的心理疗法

只有心灵才是人类束缚和解放的原因。依附于事物，就会导致被束缚。清空了事物，才能够得到解放。

——Amrita-Bindu-Upanishad

在我描述瑜伽治疗过程中所涉及的练习之前，有必要探讨一下正念这个术语。正念被描述为"通过直接和即时经验所达到的对事物不加判断的觉察状态"(Sanderson，2003，p. 34)。瑜伽作为一个整体是一种基于正念的练习(Segal，Williams & Teasdale，2002)。瑜伽道路上的所有分支都是为了重新觉察到事物的本质。通过瑜伽练习，一个人可以学会在不评判体验的情况下集中注意力。Evans 等人(2009)的研究阐述道："这种对当下身体、心理和呼吸的关注可以解放人们的注意力，从而帮助人们探索将压力、残疾和疼痛最小化的方法"(p. 9)

正念并不是什么新鲜事，它已经被使用了几千年。以正念为基础的练习在许多精神性流派和宗教中都能找到，主要表现为主动集中注意力的冥想和沉思等形式。我相信，我们每个人天生就有正念的能力，正念是我们存在的自然状态；因此，所有的生命都可以练习这种虽然被深藏但是却与生俱来的能力。

观察的力量

当我们审视正念这个概念时,我们可以去探索瑜伽和佛教的根源。梵语单词 cit 意为意识或良知,"指的是超越自我(梵语:purusha),它不断地感知心灵的内容,而不参与心理过程"(Feuerstein,1997,p.73)。练习正念的关键是要觉知而不执著和作出评判。通过"般若正念",来访者可以开始观察心灵的内容,就像他们观察布满星星的夜空一样。星星类似于一个人经历的所有思想、情感和感觉。夜空中空旷、开阔、清澈的空间可以隐喻超验的自我,是一个安定、健康、与万物相连的地方。通过看星星以外的东西,来访者开始明白他们不仅仅有思想、情感、记忆、感觉和知觉。他们开始意识到,夜空和星星不仅由相同的元素组成,而且是不可分割的存在。换句话说,形式(恒星和所有现象)和虚空(空间)既是一体的又是同一的(L. Heaton & P. Higgins,个人交流,2009 年 2 月 5 日)。2004 年,十四世达赖喇嘛在"卡拉卡其拉世界和平"大会上发表演讲,阐述了通过"以正念为基础"的实践来培养人的客观性,并提醒听众要尽可能地客观(即不仅仅是识别心灵之星或者波动)是在这一生中觉醒和获得证悟最重要的因素(个人交流,2004 年 5 月 12 日)。

自我觉察和正念

正念是来访者用来发展自我觉察能力的工具。有了自我觉察,能从自我创造的、往往是由自己的想法助长的对现实的妄想中解脱出来,不再觉得自己像个囚犯。正念告诉我们,我们不必相信我们所想的一切。当患者能够意识到自己可以不受思想、情感和感觉的支配时,他们可能会经历一次强大的蜕变。意识领域的这些波动通常包括对物体、人或人们所依附的情境的渴望和攫取(梵文:raga),以及抵制他们所厌恶的东西(梵文:dvesha)(Feuerstein,1997)。这种依恋和厌恶的循环是瑜伽和佛教哲学中痛苦的根源之一。正念是打破这种循环的第一步。

一个人自我觉察水平的提高与压力下自我调节能力的增强呈正相关(Hamilton et al.,2006)。这种转向内在的做法能够帮助我们觉醒。来访者经常在自动驾驶仪上操作,并没有意识到他们的很多做法。更重要的是,他们有选择自己行为和反应的天生能力(Kabat-Zinn，1990)。Mate 曾提醒一位观众说，"没有觉察，就没有选择，"这里指的是那些与成瘾作斗争的人(个人交流，2008 年 7 月 30 日)。把我们可以自我觉察后，我们能够做出选择而不是一直采用自动驾驶仪进行操作，做出多年来不断重复但并不健康的选择。我们拥有改变和治愈的力量。Kabat-Zinn(1994)认为："冥想有助于我们从这个自动化和无意识的睡眠中醒来，从而使我们的生活获得我们有意识和无意识可能性的全部范围"(p. 3)。练习正念可以让人们活在此时此地的当下(Dass，1971)。

自我接纳和正念

以正念为基础的治疗本质上是自我接受的练习。基于正念的练习最常见的误解之一是，练习者的最终目标是摆脱自己的思想；在现实中，正念练习的目标是觉察到它们。正念并不意味着忽视或赶走人们的所有思想、情感和感觉(波动)；相反，它邀请人们进行观察，这些观察最终将表明，这些波动会像所有事物一样随着时间流逝。练习正念的目的不是从 A 点到 B 点，而是要能够对 A 点保持不批判的觉察：正念创建了一个空间，在这个空间里就是自由，人们可以自由选择如何应对下一个渴求，或是在杂货店排起的长龙，或是一个糟糕的离婚协议。正是从这个清晰觉察的地方，人们可以开始与来来去去的思想有一种不同的关系。自我接纳的态度不仅适用于思想，也适用于生活中那些各种事件所带来的积极或消极的情感。通过心理教育，来访者可以了解到思想和情感都是生活正常和自然的一部分。Thich Nhat Hahn(1975)是一名佛教教师，同时也是"梅花村"的创始人，他认为觉察可以让人与思想同在，而不是被思想和想法淹没。

向来访者介绍非暴力(ahimsa)和自我相关的概念是有帮助的。西方主流社会往往高度重视自我逼迫，所以重要的是患者和治疗师都要听从自己的直觉，接纳真实的自己。如果一个人学会在瑜伽垫上练习同情和非暴力，他就能学会在生活的其他领域使用。非暴力从接受自己开始，然后可以向外辐射到你所有的关系中。Miller 是一位瑜伽士、心理学家、瑜伽疗法国际协会(IAYT)联合创始人，他指出，"我们修习瑜伽不是为了改变自己，而是为了遇见本来的自己"(转引自 Raskin，日期不详，p. 2)。最终，一些练习者会超越自我狭隘的个性，发现自我真实的本性，做到与世界相统一，并最终实现解脱。但首要条件是必须要接受当下。应该指出的是，在一些罕见的案例中，一些练习者在很年轻的时候就在他们第一次接触瑜伽时达到了解脱。在其他案例中也有通过濒死体验获得解脱的；但对我们大多数人来说，还是需要在瑜伽垫上花上一些时间的。

关系和基于正念的练习

正是通过在瑜伽垫上和瑜伽垫下遇见自己，我们在内心建立了一种平和的状态。这种内在的平静有能力向外辐射到我们所有的关系中。Sakyong Mipham Rinpoche(2004)教导我们："冥想练习是我们心智健全、幸福的基础，是我们与朋友和家人建立健全、富有成效关系的基础。他们自己也会从我们的个人练习中受益"(p. 11)。我们所有关系的重要性和彼此的内在联系，也在"我的所有关系"这句话中得到了呼应，这句话在北美被许多土著居民用来表达我们与彼此，以及我们与地球之间的关系。这句话意味着人的行为和反应可能会影响我们所有已经知觉和未曾知觉到的关系(H. France，个人交流，2009 年 9 月 6 日)。

瑜伽治疗原则和指南

> 在我们能够在各国之间找到和平之前，我们必须在我们自己的小国内部找到和平。
>
> ——Lyengar

瑜伽疗法的理论背景

每个瑜伽治疗师将根据来访者的需求，以及他们所练习的瑜伽疗法风格来组织不同的治疗方案。以下信息是基于我在印度和加拿大接受的瑜伽治疗训练，以我的私人瑜伽治疗实践(帕德玛瑜伽治疗)为模型。帕德玛瑜伽疗法还包括在迈克尔·李创立的凤凰崛起瑜伽疗法(PRYT)中发现的元素。PRYT 结合了瑜伽的相关原则，如体式和调息，在治疗师卡尔·罗杰斯工作的基础上进行非直接对话。罗杰斯(1948)的以人为本的心理治疗方法强调治疗师对来访者无条件积极关注的重要性。李解释说，"治疗师的作用是作为来访者的回音板，重复学生所说的大部分话，目的是帮助他们停留在自己的思绪里"（转引自 Raskin，p. 4）。PRYT 会话允许来访者认识到来自身体的智慧，到达情绪产生的源头，这可能会导致来访者在很多层面上出现疼痛和痛苦（Raskin, n. d.）。通过使用罗杰斯心理治疗方法，来访者能够变得更加敏感和自我觉察。李评论道："加速我们人类进化的主要方法之一就是提升自己的觉察水平，成为见证者，观察自己而不是被卷入观察中"（转引自 Raskin，p. 4）。治疗师先是听取见证者观察自己意识领域如思想和感觉的波动。然后，将来访者分享的信息像镜像一样反馈给他们，让他们进行深刻的反思。这项工作只能在一个充满爱的环境中由来访者和治疗师共同创造（Weintraub，2004）。

瑜伽疗法的组成部分

瑜伽治疗可以一对一进行，也可以在团体中进行。瑜伽治疗师和来访者根据来访者所关注的身体/心理/精神状况来设计治疗方案和实践。Kepner（2004），国际瑜伽治疗师协会的执行董事，描述了一个完整的瑜伽治疗疗程的要素："瑜伽治疗可能包括但不限于体式（姿势），调息（呼吸和能量工作）、冥想、声音和诵经、个人仪式和祈祷；瑜伽教学也可能包括但不仅限于学习指导、讨论和生活方式咨询"（p. 98）。瑜伽治疗也可以包括家庭作业，邀请来访者在不同疗程间练习某个要素。

瑜伽治疗的环境

瑜伽治疗应该在一个干净、平静和安静的空间进行，有足够的空间让来访者和治疗师躺在瑜伽垫上。一些治疗师会选择播放放松的音乐并点燃蜡烛，而其他人则更喜欢类似于西方医疗诊所的环境。但无论如何，房间都应该是舒适的，并保持在一个让人感到舒适的温度。瑜伽疗法也可以在户外进行，让患者接触到地球强大而舒缓的能量。如果需要，瑜伽疗法也可以在椅子、游泳池或医院病床上进行。瑜伽疗法所需要的只是生命的气息和开放的思想。治疗师应鼓励来访者们穿舒适的衣服，在上课前至少两小时内不要吃太丰盛的食物，因为有些体式需要扭转和倒置身体。

准备过程

与其他形式的心理治疗一样，瑜伽治疗师也是首先从评估开始，为来访者确定最好的治疗方案。许多治疗师与来访者一起完成评估。一起合作可以增加透明度，并通过共同创造治疗目标来增强来访者的能力。在接受瑜伽治疗前，治疗师应该告知来访者瑜伽疗法的目的及其可能带来的好处和风险。以我的经验，在一位训练有素的治疗师帮助下，大多数人都能够在某种程度上参与瑜伽疗法。但至关重要的是，要注意什么时候来访者并不适合该疗法，特别是在一个团体中。有时尽管治疗师的意图是好的，但这门课有时仍然可能对某些人会具有强烈的威胁性，尤其对于那些经历了严重创伤的人（T. Black，个人谈话，2009 年 5 月 21 日；Weintraub，2004）。在最初治疗阶段，治疗师评估来访者过往的生理、心理和精神方面的担忧是至关重要的。准备阶段可以是一个持续性的对话，这也是患者向治疗师提问和提出担忧的最佳时机。与其他形式的治疗一样，患者有必要签署知情同意书，并了解治疗师的个人保险政策，特别是在责任问题上，因为瑜伽治疗课程通常会包括很多身体运动。

向内心老师致敬

这种治疗方式的一个关键前提是对内心老师的重视，瑜伽老师 Farhi（2006）将其称为来访者的"内部参考点"（p. 39）。瑜伽修行者长期以来一直认为，智慧来自内心，知识来自外部。从准备阶段开始，来访者被告知瑜伽治疗其实就是一种共同探究。瑜伽治疗鼓励来访者在他们的疗愈过程中发挥积极的作用，并鼓励来访者的瑜伽教学由合格的且富有同理心的瑜伽治疗师带领。

个人瑜伽疗法

瑜伽疗法在历史上是以个人为基础传授的，允许导师在瑜伽课上根据来访者的需求设置课程。与来访者一对一的工作，不仅可以通过口头传播教义，还可以进行能量上的传递，在我的经验中，这是更强大的知识传播工具。这种形式的师生关系在瑜伽中很常见,它能在治疗师和来访者之间培养一种深层的关系,使双方都能进入深度放松的状态。这种状态与人们进入右脑有关。来访者的右脑和治疗师的右脑可以在疗愈发生的时刻出现调谐。这个过程的成功要求治疗师和来访者都是根植于当下(C. Traer-Martinez,个人交流,12 月 16 日,2009)。此外,咨询心理学领域的研究发现,强大的治疗关系与成功的治疗效果之间呈现正相关关系(T. Black,个人交流,2010 年 10 月 10 日;Roger,1946)。

　　每一个瑜伽治疗方案都将是独一无二的,都是基于个人需要而定。例如,两位来访者自我报告的症状可能在传统上都与抑郁有关,但其中一位有可能受益于剧烈的体力活动,如运用十轮拜日式(梵文:surya namaskar,苏利耶合十礼)来提升代谢和心率,进而促使能量流动;而另一位则可能保持一个五分钟的体式,直接将生命能量(prana)导入心脏中心(梵语:anahata cakra,心轮/中心论)(Evans et al. ,2009;Feuerstein,1997)。

面向个人的帕德玛瑜伽治疗课程

　　下面是一个面向个人的瑜伽治疗大纲。重要的是要注意,每个来访者的治疗过程将根据来访者在治疗阶段的独特需求而有所不同。

　　登记:帕德玛瑜伽治疗的疗程起始于来访者登记,治疗师获得来访者当前的身体、心理和精神健康的最新状态。登记可以通过传统的谈话疗法、艺术疗法和戏剧疗法或日记练习来实现。为来访者的治疗过程设定计划或目标是有帮助的,因为积极的计划能够显示出来访者对疗愈的积极心态(Saraswati, 1976)。治疗师可以让来访者简单地想想他们来做瑜伽治疗的原因。来访者可以将原因简化成一个词,当来访者发现自己在治疗关系进行的过程中,或者在他们其他的生活情境中需要自我安慰时,不断对自己重复这个词。

　　调息法:在瑜伽治疗中,呼吸作为身心灵的连结并贯穿整个治疗过程。调息法是瑜伽八支中的第四支,包含了数千种呼吸技巧。调息在帮助来访者到达身心灵层面十分有用,尤其是治疗开始时期,治疗师应鼓励来访者在练习过程中与呼吸同在,并注意呼吸的变化,因为呼吸的变化可能是痛苦的一个信号,在这种情况下,他们可以通过自身直觉或者治疗师引导,去改变呼吸或更改进一步地将呼吸引入身体的各个区域。练习净化呼吸法(梵语:nadi shodhana,通道的净化)

或交替鼻式呼吸,可以使来访者能够交替通过一个鼻孔呼吸,在一个鼻孔呼吸时阻塞另一个。这样做可以使左通道(梵语:ida nadi)和右通道(梵语:pingala nadi)之间保持平衡,进而通过中心精神能量通道(梵语:sushumna nadi)使得能量在身体中循环。在瑜伽中,中心精神能量通道中驻有七个主要能量中心(梵语:cakras——车轮或涡流)。有些人认为这些主要能量中心大致对应西方解剖学中人体的内分泌系统(Feuerstein,1997)。

基础练习:下一步,来访者可能开始进行一些温和的基础练习来放松,这些能够帮助来访者练习对内外部环境的正念,进而进入正式的治疗过程。包括瑜伽疗法在内的正念疗法中,常用的基础练习是身体扫描。来访者将觉察引入他们的呼吸,然后一步一步地集中注意力,按照治疗师的指导观察每个身体部位的感觉。我们发现这种做法对身体、思想和精神有镇静作用。身体扫描帮助患者进入一个副交感神经系统的反应中,在那里他们能够得到休息和消化,而不是停留在压力斗争、逃跑或冻结的模式中(Kabat-Zinn,1990)。在某些情况下,一旦观察到这种感觉,来访者就可以开始处理这个区域,或者通过简单地放松这个区域,消除长期存在的紧张感。例如,来访者可能没有意识到他们在咬紧牙关,直到他们花一点时间专注于自己的面部。这些通过体式、调息和专注所带来的放松,可能需要患者与治疗师利用更多额外的时间来完成。这种放松可以在现在的治疗过程和未来的治疗过程中达成。至关重要的是,瑜伽治疗师必须是经过专业训练的,这样他们才有能力帮助来访者,也知道什么时候是不适合进行(例如,来访者可能会在复述创伤性事件时再次受到创伤)(T. Black,个人谈话,2009 年 5 月 12 日;Lee,1997)。

体式:一旦患者放松下来,治疗师可能会根据来访者的体质和当前具体问题,建议来访者练习一系列辅助治疗体式,从极其温和的体式到恢复性体式,再向剧烈体式过渡。当练习体式时,最重要的是来访者应该感到舒适。如果来访者直觉上感到有任何不正确的地方,治疗师应随时允许来访者修改或调整。治疗师的职责是与来访者确认是否有疼痛发生。瑜伽治疗师经常鼓励来访者找到自己的在精神上和身体上的"极限"地带,并在练习中挑战这些极限,但并不感到紧张。每个体式都需要配合专注呼吸并觉察呼吸进行练习。治疗师应鼓励来访者能够在所有水平上不加评判地贯注和倾听一切的存在。治疗师可以再遵循罗杰以人为本疗法原则的前提下向来访者提出一些澄清问题。这些问题可以是关于身体感觉、想法和感情在内的各种内在体验。在某些情况下,这项工作可以促进来访者深层次的情绪释放和身体放松。

咒语:和体式一起,一个瑜伽疗程还会包括个性化的冥想,这是一种专注于思维的工具(梵文:mantras 咒语)。咒语是一个可以由声响、音节、单词或句子组成的神圣声音,具有唤起人们改变的力量(Frawley,1999)。我们都知道人们的思绪容易散乱,所以采用咒语可以帮助来访者进入当下的状态,这并不是把他们的想法带走,而是引导他们将注意力集中于手头的任务上。最常用的咒语是神圣的单音节词唵(om),象征着绝对的。Yogacharya Vishwas Vasant Mandik是印度纳西克瑜伽大师(Yoga Vidya Guruluk in Nasik)的创始人,他认为唵是宇宙形成时发出的声音(个人交流,2004 年 3 月 15 日)。在印度教和佛教中,唵经常在练习的开始和结束时吟诵,以帮助人们在减缓呼吸过程的同时镇定神经系统,唵还可以震动和按摩身体,并使参与练习的团体成员联结在一起。有些患者在每次吸气和呼气时都会选择一个咒语来不断重复,比如吸气时不断重复"平静",呼气时不断重复"放松"(J. Lichty,个人交流,2009 年 12 月 18 日)。有些人选择也会重复他们喜欢的一句话(比如"我心平气和"),而另一些人则更喜欢念诵他们的精神世界或宗教中的神圣咒语。这些咒语通常代表着创造世间众生的令人尊敬的众多神祇中的一位。无论使用哪一种咒语,重要的是来访者要能够随心所欲地使用这些咒语,帮助自己在瑜伽练习过程中和过程外,作为一种能够让自己定心的手段来使用。在长时间使用咒语的过程中,我发现使用同样的咒语是有帮助的。

引导冥想和视觉化:瑜伽治疗也可能会使用引导冥想和视觉化的方法来帮助来访者放松,并与他们的内在环境相协调。治疗师与来访者建立一个安全场所的意象是很有帮助的。这是一个来访者在压力大的时候需要自我安慰的地方。这个安全地方可以是真实的,也可以是想象的,来访者每次回到同一个安全地方对他们的疗愈是有帮助的(T. Black,个人谈话,2009 年 5 月 25 日)。伴随着安全场所的意象化,许多来访者开始受益于专注自我疗愈的视觉化,不断利用他们的内在能量带来身体、情感和精神层面的疗愈。例如,来访者可以想象一个温暖的白色光源,将它放置在需要治疗的身体部位。这种意象化的形式可以为来访者赋能,因为它可以提醒来访者自己才是最强大和最有效的治疗师(Wein-traub 2004)。

瑜伽休息术(Yoga nidra):瑜伽休息术是一种古老的冥想形式,在这种形式中,首先引导来访者进行 61 个部位的精神身体扫描,然后引导他们设定一个意图(梵语:sankalpa,决心、决心或良好的意图)(Saraswati,2001)。使用意图可以鼓励患者积极思考,从而帮助他们摆脱消极的心理模式。治疗师应鼓励来访者将激情、意义和信念注入意图中。在心里用现在时态陈述这个意图三次。练习瑜伽休息术往往可以在一个人的内心深处产生共鸣,帮助人们在进入更深层次的意识时,允许积极的改变发生。一旦设置好了意图,治疗师就可以引导来访者通过视觉化的方法,使他们能在自我内部穿越到一个特定的地方或时间,或探索某些极端的状态,如重或轻的感觉(Saraswati, 2001)。瑜伽休息术的终点是回到最初设定的意图上。

最后放松:瑜伽治疗是以最后的放松姿势结束的,这个姿势被称为仰尸式(梵语:shavasana,尸体姿势)。在仰尸式中,来访者静静地躺着,并允许整个治疗阶段的收获融入到他们自身存在的五个层次中。一般建议仰尸式进行五分钟到三十分钟。一些治疗师可能会使用温和的阿育吠陀或其他形式的按摩来使来访者放松或帮助他们减轻特定的病痛。一旦来访者完成了仰尸式,他们会回到他们最初的意图。最后放松练习通常是以吟唱"唵"和短时间的正念作为结束,此时来访者可以观察他们在身体、思想和精神上的感受。

汇报和瑜伽心理教育:汇报可能包括多种形式,比如演讲、艺术和戏剧,也可能包括记录心理治疗。这也是治疗师可以为来访者提供瑜伽心理教育的时间,帮助来访者意识到瑜伽练习如何影响人的存在。当来访者开始理解这一古老智慧传统背后的艺术和科学时,这个过程就可能为他们赋能。接受过阿育吠陀培训的治疗师也可能向来访者推荐一些饮食、生活方式和草药补充剂。此外,一些治疗师建议来访者将他们的观察记录下来,特别是记录关注来访者对治疗的反应,以及在下次治疗中她或他想向治疗师提出的任何相关的观察结果(Raskin,p. 2)。

与日常生活的融合:许多治疗师鼓励来访者将基于正念的实践融入他们往后的生活中。对一些人来说,这种实践可能意味是在高速公路上练习深呼吸;对其他人来说,则可能涉及创建一个他们可以每天自己练习的例行日程。人们常说瑜伽不是一个人去做的事情,而是一个人不断践行的事情。在瑜伽垫上的练习实际上是为离开垫上的生活做准备。

团体瑜伽疗法

当我们热情看待每个人的高贵时,一切都会变得高贵。

——Sri Ananda Acharya

如今在西方,团体瑜伽疗法在许多社区越来越受欢迎,包括学校、医院、康复中心、物质戒断中心和减肥中心。瑜伽疗法也适用于各种各样的群体,比如基于正念的焦虑和抑郁群体,以及那些经历过创伤的群体。首先,也是最重要是,应该提醒来访者倾听身体、心灵和精神的重要性,不要把自己逼得太过极端。这种逼迫自己的情况更有可能发生在群体中,他们可能会比较自己,觉得有必要跟上其他人的步伐。团体瑜伽疗法练习有个人瑜伽练习中的许多相似的部分。然而,团体瑜伽疗法也有其独特的组成部分。

团体环境

当在团体环境中练习瑜伽疗法时,重要的是要回顾保密的必要性和局限性来创设安全的空间,允许来访者完全参与到一个没有评判的环境中。瑜伽治疗师最重要的角色之一,是创造和保持一种宽松的团体氛围(Weintraub,2004),在那里,所有的成员都会感受到被尊重。为了促进团体的连接,最好在瑜伽垫上或椅子上围成一圈练习。通过创造一个类似子宫的环境,治疗师们可以认识到情感部分和身体部分一样重要,而且在瑜伽治疗的过程中两者不能分离。Weintraub(1995)将此称为"涵容环境"(holding enviroment),并指出当来访者心情处于波动时,这个环境空间非常重要。一群人一起练习瑜伽的这个环境,有可能是来访者唯一安全的地方:在一个温暖、充满爱的空间里,一个人可以在其他人的陪伴下做真实的自己,这可能比世界上所有的自助书籍都有用。

团体瑜伽：一种基于同质群体的治疗方法

在团体瑜伽治疗中发现的一个非常特殊的因素是，团体瑜伽非常重视团体的培养和维护。当练习瑜伽的八个分支时，从体式到冥想，一个人能够与其他生命在深层和意义层次上相连接。许多来访者表示他们感到被孤立和疏远；因此，创建一个健康的团体是团体瑜伽练习的重要组成部分。社会层面的身心健康的力量不应被低估，因为从本质上讲，我们都是社会动物。

与传统的谈话疗法相比，团体练习瑜伽可以让来访者在不同的层次上进行交流。治疗师会邀请来访者与他人分享空间，但如果来访者不愿意，也不必感到压力，也不必谈论一些困难的话题，比如他们所感受到的抑郁或他们最新的检查报告。在卡尔加里的汤姆·贝克癌症中心，接受化疗的患者有机会参加阿尔伯塔大学的一项研究，该研究为患者提供温和的瑜伽课程，并在课程中增添了关于癌症的相关内容。这个瑜伽练习包括一些缓解患者恶心的体式（化疗的常见副作用）。一位参与者评论说，她期待这个团体瑜伽治疗，因为团体是一个放松并与他人建立联系的地方（Mick，2009）。在瑜伽术语中，瑜伽治疗所创造出的群体成员之间的情感被称为僧伽（巴利语/梵语：sat-sangha，寻求真理者的团体/真实的陪伴），在瑜伽传统中，僧伽往往发生在上师或圣人陪伴下，通过口头或更常见的身体能传播教诲和祝福。今天，"僧众"（sat-sangha），或者简单地称为"僧伽"（sangha），已经成为一群志趣相投的人或一群寻求真理的人的聚会，当僧众们在一起时可以做到完全放松和保持真实（Weintraub，2004）。

帕德玛团体瑜伽治疗治疗案例

登记、基础练习、调息和体式：在团体瑜伽练习开始之前，治疗师为来访者提供一个空间，让他们私下表达对团体练习的所有顾虑，这有助于提高他们参与团体练习的能力，同时也是至关重要的。团体练习通常从集中注意力回顾过去开始，例如，请来访者分享他们在过去一周中感到感激的一件事。在团体成员完成一些基础练习后，常常使用调息法与当下时刻相协调，治疗师会带领团体成员做一些温和的体式，鼓励大家觉察每一个动作。重要的是，治疗师要不断地扫描整个房间，寻找成员们任何的痛苦迹象，并在需要时提供帮助。如果条件允许，还会请另一位治疗师在场，这将会很有帮助，另一位治疗师最好也是熟悉瑜伽疗法原理的治疗师。

引导冥想： 正如我上面提到的，在针对个人来访者的瑜伽治疗中，治疗师可能会使用引导冥想和视觉化来帮助来访者培养专注力和放松身心。慈心冥想（Metta meditation，巴利语：慈爱）常常被用于团体环境中，因为它包括祝福他人安好的意图。这种冥想起源于佛教，但经常出现在瑜伽治疗中。慈心冥想的目标是培养来访者对自己、朋友、家人、师长、陌生人，甚至那些与自己有冲突的人的慈悲心。最后，向所有有情众生，从雪松树到座头鲸，以及所有精神领域的一切生灵，传递无量慈悲。通过练习慈心冥想，人们可以向自己和世界其他角落传递慈爱之心。我发现，对于那些感到愤怒或自我感觉自卑的来访者来说，慈心冥想非常有用（C. Sled，个人谈话，2007 年 10 月 11 日；Salzberg，2002）。

最后放松，汇报和瑜伽心理教育： 无论是在椅子上还是在瑜伽垫上，一旦团体练习了最后的仰尸式放松体式，就是汇报的时间了，因为瑜伽练习可能会引起来访者情绪、感觉和记忆方面的波动。汇报可以以一个封闭圆圈的形式，让每个团体成员轮流分享自己在练习中或练习后的感受。如果团体成员不愿意分享，也应该允许他们不作分享。让人们分享他们喜欢的部分和下次想要改变的部分可能是较为合适的。在今天，那些 20 世纪 70 年代流行的概念，如在团体治疗中必须释放或"释放一切"的观念，通常被认为是无效的，并可能损害一些来访者的身心（T. Black，个人谈话，2009 年 5 月）。治疗师应该为每位来访者提供特定时间，让他们可以在单独的会谈中汇报，或者确保来访者在团体中有可用资源的情况下汇报。小组汇报为瑜伽心理教育提供了机会，来访者也可以利用这段时间向治疗师询问问题，并提出他们可能有的担忧。

在高校中运用团体瑜伽治疗

团体瑜伽治疗课程在许多大学和学院的心理咨询中心变得越来越普遍。一个成功的例子是瑜伽压力管理项目（YSMP），这是密歇根大学心理咨询中心提供的一个面向本科生的以放松技能为基础的团体服务项目。该项目以正念练习为基础，教授学生自我觉察和自我接纳的方法，从而"为学生提供危机预防、心理治疗和发展援助"（Milligan，2006，p. 181）。团体瑜伽课程包括体式、调息、正念冥想、瑜伽哲学和心理学。

团体瑜伽疗法也可以作为自我保健课程的一部分,提供给护理和咨询等各种助人行业的毕业生,因为倦怠和情绪耗竭在这些职业中很常见。蒙大拿州立大学(Montana State University)心理辅导项目的硕士生可以选修一门为期 15 周、以正念为基础的减压课程,名为"身心灵药物与自我保健的艺术"(Mind/Body/Spirit Medicine and the Art of Self-Care)。该课程有两个目的,一个是让学生熟悉心理咨询领域的正念及其相关内容,另一个是为学生提供自我保健的实用方法。课程包括课堂练习(瑜伽、冥想和气功)以及放松技巧。Schure、Christopher 和 Christopher(2008)基于该项目的研究发现,参加该课程的学生经历了积极的身体、情感、态度或心理上的转变,在个人层面和专业层面上,学生的精神觉察力和人际之间关系的改变都有所增加。

瑜伽练习与其他心理治疗方法结合

> 在这条道路上没有任何努力是白费的,没有任何收获是会失去的,即使是一点点的练习也会让你免受巨大的悲伤。
>
> ——Bhagavad Gita

在瑜伽治疗中发现的技术可以融入个人治疗和团体治疗中,以适应来访者或团体的需要。那些对此感兴趣但不限于是认证瑜伽教师、心理治疗师或执业者、临床心理医生的人,如果能够将一些瑜伽治疗技术融入到心理咨询过程中,那么他们可能会感到有用。成千上万的冥想和基础练习的例子可以在网上、DVD、书籍和当地社区中找到。有许多有用的练习可以帮助来访者管理压力或缓解痛苦;这些实例包括但不限于呼吸练习、简单的放松体式和引导冥想。这些技术可以在瑜伽练习开始阶段使用,以帮助来访者入门并进入治疗领域。当与一个团体一起工作时,治疗师则可以运用基础练习和呼吸技术,通过专注于一项促进参与者放松和舒适的共同活动,来创造团体凝聚力。瑜伽技巧也可以在治疗结束时使用,以帮助来访者在更深层、更全面的层面上对治疗进行整合。

在心理治疗过程中使用正念

治疗师也可以在整个练习过程中使用正念的原则；这在当来访者经历剧烈的情绪波动，如强烈的情感冲击时非常非常有用。除了和来访者谈论他们的经历外，还可以请来访者感受过去的经历，通过正念可以让来访者定位在他们能感受到情感、思想或记忆存在的地方，然后用一种特定的颜色或纹理来标记这种体验。Boudette(2006)指出："对于一些进食障碍患者来说，光靠谈话进行治疗是不够的。瑜伽为谈话疗法提供了一种非语言的、体验式的辅助手段，它为患者建立身体和内在体验间的联系提供了机会"(p. 170)。从终极意义上看，所有的心理治疗都应该是正念式的，因为促使人们觉察到自己的内在和外在环境，对许多人来说是迈向治疗目标的第一步。

给对瑜伽疗法感兴趣的治疗师的建议

心理治疗师在向来访者推荐正念练习前，应该首先自己进行实验。这意味着，治疗师也要报名参加当地社区中心的瑜伽课程，尝试瑜伽休息术 CD 教程或参加个人瑜伽治疗练习。感兴趣的瑜伽治疗师可能想把正念练习拓展应用到各类心理治疗中，比如冥想疗法，接受和承诺疗法，辩证行为疗法，基于正念的压力缓解工作坊、基于正念的认知疗法、身体体验、正念瑜伽训练与顿悟瑜伽学院，以及 Ken Wilber 的整体治疗。我也强烈推荐治疗师通过书籍、课程或者静修等方式探索瑜伽的传统教学和练习方式。

瑜伽疗法的益处

无论我们做什么，背后都有一个意图——我们想要觉醒，我们想要催发我们的悲悯之心，我们想要培养放下的能力。我们生命中的每件事情，都能让我们觉醒或沉睡，从根本上看，觉醒与否取决于我们自己。

——Chodron

到目前为止，许多与瑜伽疗法相关的益处都已经写入本章了。因此，本节将描述瑜伽疗法的一些意义最深远的益处。

瑜伽疗法的生物-心理-社会(BPS)益处

在 Evans 等人(2009)的研究中，研究人员创建了一个概念模型来演示瑜伽疗法如何给人们带来

> 身体结构/生理益处(肌肉骨骼功能、心肺功能、自动神经系统(ANS)反应，内分泌控制系统)、精神益处(富有同情心的理解和正念)和社会心理益处(自我效能感、应对能力、社会支持和积极情绪)的，这些益处是相互关联的，所有这些都能增强人们的各项功能(精力和睡眠、生活质量、力量和健康、减少疼痛、压力和残疾)。(p. 3)

随着瑜伽疗法越来越受欢迎，我们很可能会看到瑜伽能够同时影响身体多个系统的相关研究。Evans 等人的研究提供了一个完美的例证：

> 大脑化学物质的变化，比如 GABA(伽马氨基丁酸)水平和压力激素，如皮质醇，可能与抑郁或焦虑症状的减轻和生理功能的增强有关。与此类似，不断提升的正念式觉察，能够提高人们应对身体问题的能力，还能够提给人们提供一种获得幸福感的心理-精神机制(Evans 等人，2009，p. 11)

瑜伽疗法和精神性

除了帮助人们意识到身心是相互联系的，许多人也开始认识到瑜伽疗法对人的精神层面的促进作用(Welwood，2002)。精神性的定义可以界定为"一个由信仰或价值观(宗教的或非宗教的)、生命意义、目的，自己与他人的联系，或是先验现象组成的系统"(Sessanna et al，转引自 Evans et al，2009，p. 12)。在心理咨询和整合医学领域，研究人员、临床医生和来访者开始认识到精神性是健康不可或缺的一个方面。越来越多的生活质量评估、研究、治疗方法和技术都表明，精神性是人的健康和大众福祉的重要标志。如前所述，来访者可以选择将瑜伽练

习与其宗教/精神信仰联系起来,也可以选择非宗教性的精神信仰进行练习。一位合格的瑜伽治疗师会确保所有的来访者都感到舒适,而不是将个人的信仰强加给来访者。

调息法的益处

瑜伽的许多相关益处都与调息法(第四分支)练习有关。调息法也被融入到瑜伽的其他七个分支中(Feuerstein,1997)。从本质上说,生命之气(prana)就是我们的生命力——生与死之间的决定性因素。没有对呼吸过程的觉察,人们就不能真正地练习瑜伽。呼吸是一种强大的工具,是身体/思想/精神之间的神圣桥梁,是让来访者学会觉察和接纳的方法。一些调息技术还被用来激发来访者,而另外一些调息法则可以让来访者平静,因此呼吸能够激活副交感神经系统(Brown & Gerbarg,2009)。

所有调息练习的目的,都是为了促进调息者内部的平衡与联结。呼吸是一个神圣的入口,通过它可以调节压力—应激系统的不平衡(Brown & Gerbarg,2009)。为了注意到呼吸。人们必须活在当下。众所周知的呼吸练习包括"深呼吸到腹部,对抗气道阻力,身体姿势呼吸,在呼吸循环的不同部分屏住呼吸,通过两个鼻孔或一个鼻孔交替进行呼吸练习"(Brown & Gerbarg,2009,p.56)。Stukin(2003)说,"这种'活在当下'能够产生镇静作用,因为每次呼吸都是一种体验,只有意识而没有评判。因此,那些具有多年吸毒排毒、复发经历的来访者已经建立的习惯性反应和防御机制,在这时就不起作用了"(p.2)。通过各种技术学习呼吸,来访者可以释放出瑜伽力(梵语:siddhis)(Feuerstein,1997)。

瑜伽疗法与情绪

许多西方人将瑜伽看成是人们可以自动获得幸福和喜悦的形象,但这并非总是如此,对许多人来说,至少一开始不是这样。术语如是(梵语:sat cit ananda,终极现实是永恒不变的觉察和幸福)描述了人们可以通过瑜伽练习实现的状态。Weintraub(1995)阐述,起初这种状态可能感觉像是一种转化了的存在状态,但事实上,这是所有人类与生俱来的权利。她提醒瑜伽练习者,他们每个人在来到瑜伽垫上时,都已经积累了多年(有些人认为是一辈子)的经验,瑜伽可以帮助他们释放这些经验。来访者往往没有觉察到他们已经带有强烈的情绪,直到他们在瑜伽练习中释放出来。通过这些释放,转化可能会发生,并最终促使来访者与他们自然的、幸福的、非二元的状态重聚。

　　许多瑜伽治疗师、咨询师、心理学家和医学从业者都说,一个人所经历的一切都会以印迹(梵语:samskaras)的形式储存在能量层(koshas)中。以身体为中心的心理疗法,包括瑜伽疗法,通过结合身体运动和以身体为中心的冥想,帮助来访者认识到身心反应和症状的存在。Miller 认为:"瑜伽是一种优美的身体运动形式,它能清除身体组织中残留的毒素……深度释放,无论是身体上、能量上,还是情感上的,当学生准备好的时候,这种效果就会到来"(转引自 Weintraub,1995,p. 20)。Miller 提醒心理治疗师,治疗师试图引起患者情绪释放是不道德的,因为这可能涉及言语、眼泪、汗水、热量或其他身体反应。他还鼓励治疗师和来访者们注意,改变和成长终将是自然展开的。换句话说,治疗师和来访者都应该记住,要相信自然过程(Levine,1997;Raskin,n. d)。

当下的力量

　　最后也是最重要的一点,瑜伽疗法鼓励来访者放慢脚步,活在当下——这在当今世界非常罕见。它让个人和团体有机会进入一个更平和的自然节奏,在那里他们可以觉察到他们宝贵的生命和周围神圣的环境,我们称之为家。不幸的是,很多人在我们快节奏的"互联网世界"里感到孤立无援。瑜伽给了我们一个机会去活成人类应有的样子,而不是只有忙碌的行为。在瑜伽垫上练习瑜伽所带来的平和感可以迁移到瑜伽垫以外的生活中。来访者们都可以学习瑜伽,将之作为一种健康的、相互连接的生活方式。

结　　论

> 只要空间继续,世界还在,就愿我的存在终结世界上的一切苦难。
>
> ——Shantideva

　　我们可以向近两百个世代以来的那些寻求天人合一和没有痛苦的探求者们

找到了学习(Feuerstein，2002)。通过瑜伽疗法，人可以学会改造自己，达到瑜伽的真正目的：合一(Chopra，1997；Feuerstein，1997)。当人们知道自己拥有自我疗愈的力量时，就是一个自我赋能并转化生命的时刻(Stukin，2003)。瑜伽疗法从给来访者贴病人人标签的取向，转向一种更富有同情心的方法，它相信我们都是天生完整的(Duran，2006；Welwood，2002)。瑜伽士和米开朗基罗有很多共同之处，米开朗基罗相信他的任务是解放那些已经存在于石头中的形态，他只要优雅地雕刻即可。瑜伽练习也是一样：我们只是发掘那些被隐藏在各种幻象面纱之下的人的整体性(Cope，2006)。作为人类，我们唯一的目的就是揭示我们的本性，并在此过程中帮助他人和地球。

　　愿众生都能认识真我，从痛苦和痛苦根源中解脱出来
　　愿众生都能从内在和外在危险中解脱出来
　　愿众生安息
　　合十礼

参 考 文 献

Basho，M. (n. d.). No title. Retrieved from http://quotationsbook. com/quote/41518

Boudette，R. (2006). Question and answer：Yoga in the treatment of disordered eating and body image disturbance：How can the practice of Yoga be helpful in recovery from an eating disorder? *Eating Disorders*，14，167—170.

Brown，R. ，& Gerbarg，P. (2009)，Yoga breathing, meditation, and longevity. *Annals of the New York Academy of Sciences*，1172，54—62.

Brownstein，A. (n. d.). *Contemporary definitions of yoga therapy*. Retrieved from http:// www. aytorg site Vx2/publications/articles/defs. htm

Chodron，P. (1994). *Start where you are：A guide to compassionate living*. Boston，MA：Shambhala.

Chopra，D. (1997). *Overcoming addictions：The spiritual solution*. New York，NY：Three Rivers.

Cope，S. (2006). *The wisdom of yoga*. New York，NY：Bantam.

Dass，R. (1971). *Remember，be here now*. New York，NY：Crown.

Desikachar，TK. V. ，& Desikachar，K. (n. d.). *Contemporary definitions of Yoga therapy*. Retrieved from http://www. iayt. orgsite vx2/publications/articles/des. htm.

Desikachar, TK. V. (1995). *The heart of yoga: Developing a personal practice*. Rochester, VT: Inner Traditions International.

Duran, E. (2006). *Healing the soul wound: Counseling with American Indians and other native peoples*. New York, NY: Teachers College.

Evans, S. , Sternlieb, B. Tsao, I. & Zeltzer, L. (2009). Using the biopsychosocial model to understand the health benefits of Yoga. *Journal of Complementary and Integrative Medicine*, 6(1), 1—24.

Farhi, D. (2006). *Teaching yoga: Exploring the teacher-student relationship*. Berkeley, CA: Rodmell Press.

Fields, G. P. (2001). *Religious therapeutics: Body and health in yoga, ayurveda and tantra*. New York, NY: State University of New York Press.

Feuerstein, G. (1997). *Shambhala encyclopedia of yoga*. Boston, MA: Shambhala.

Feuerstein, G. (Ed.). (2002). *Yoga gems*. New York, NY: Bantam Books.

Frawley, D. (1999). *Yoga and Ayurveda: Self-healing and self-realization*. Twin Lakes, WI: Lotus Press.

Hamilton, N. , Kitzman, H. , & Guyotte, s. (2006). Enhancing health and emotion: Mindfulness as a missing link between cognitive therapy and positive psychology. *Journal of Cognitive Psychotherapy: An International Quarterly*, 20, 123—134.

Hahn, T. N. (1975). *The miracle of mindfulness*. M. Ho, Trans, Boston, MA: Beacon Press.

Hartranft, C. (2008, July). Hatha raja: Yoga's path to liberation. *Shambhala Sun*, 47—51, 100—102.

Kabat-Zinn, J. (1990). *Full catastrophe living: Using the wisdom of your body and mind to face stress, pain and illness*. New York, NY: Delacorte.

Kabat-Zinn, J. (1994). *Wherever you go there you are*. New York, NY: Hyperion.

Kepner, J, Knox, H. Lamb, T. , & Zador, V. (2004). *Standards for yoga therapists?* Retrieved from http://www. iavt. org/site Vx2/publications/articles/standards. htm

Kepner, J. (2004). *Standards for yoga therapists: Progress to date*. Retrieved from http:// ww. iayt. org/ site Vx2/publications/articles/Yogaprogress. htm

Kepner, J. (2003). Alternative billing codes and yoga: Practical issues and strategic consideration for determining "What is yoga therapy?" and "Who is a yoga therapist?" *International Journal of Yoga Therapy*, 13, 93—99.

Kornfield, J. (n. d.). *Doing the Buddha's practice*. Retrieved from http//www. shambhalasun. com/index. php

Kraftsow, G. (n. d.)*Contemporary definitions of yoga therapy*. Retrieved from http://www. iavt. org/site Vx2/publications/articles/defs. htm

Levine, P. (1997). *Wakening the tiger: Healing trauma*. Berkeley, CA: North Atlantic Books Lee, M. (n. d.). *Contemporary definitions of yoga therapy*. Retrieved from http://

www. iayt. org/site_Vx2/ publications/articles/defs. htm

Lee，M. (1997). *Phoenix Rising yoga therapy：A bridge from body to soul*. Deerfield Beach, FL：Health Communications.

Marotta，A. & X Valente，V. (2005). The impact of yoga on the professional and personal life of the psycho therapist. *Contemporary Family Therapy*, 27(1), 65—79.

Mick，H. (2009). *A calm for cancer. Globe and Mail*. Retrieved from http://www. theglobe-andmail. com life/health/a-calm-for-cancer/article1273796/

Miller，R. (n. d.). *Contemporary definitions of yoga*. Retrieved from http://www. iayt. org/ site Vxz/publi

Miller，A. (2009). Yoga with insight：A profile with Sarah Powers. *Shambhala Sun*, 49—53, 95. cations/articles/defs. htm.

Milligan，C. K. (2006). Yoga for stress management program as a complementary alternative counseling resource in a university counseling center. *Journal of College Counseling*, 9, 181—187.

Mitchell，S. (2000). *Bhagavad Gita：A new translation*. New York, NY：Random House.

Muktibodhananda，S. (1985). *Hatha Yoga Pradipika*. Bihar, India：Bihar School of Yoga.

Nespor，K. (2001). *Yoga and coping with harmful addictions (Parts 1 & 2)*. Retrieved from http://www. Yogamag. net/archives/2001/esep01/adds1. html

Raskin，D. (n. d.). Emotions in motion. *Yoga Journal*. Retrieved from http://www. Yogajour-nal. com/practice/1215

Rea，S. (n. d.). *You are here*. Yoga Journal. Retrieved from http://www. Yogajournal. com/ wisdom/460

Rogers，C. (1946). Significant aspects of client-centered therapy. *American Psychologist*, 1, 415—422.

Sakyong Mipham Rinpoche. (2004, January). Personal practice. *Shambhala Sun*. 30—31.

Salzberg，S. (2002). *Loving-kindness：The revolutionary art of happiness*. Boston, MA：Shambhala Saraswati, S. (1976). *Yoga nidra*. Bihar, India：Yoga Publications Trust.

Saraswati，S. (1976). *Four chapters on freedom：Commentary on the Yoga Sutras of Patanjali*. Bihar, India：Yoga Publications Trust.

Schure，M. , Christopher, 1. , & Christopher, S. (2008). Mind-body medicine and the art of self-care：Teaching mindfulness to counseling students through yoga, meditation, and Qigong. *Journal of Counseling & Development*, 86, 47—56.

Sanderson，C. J. (2003). *Dialectic behavior therapy：Frequently asked questions*. Retrieved from www. behavioraltech. org. downloads/dbtFaq_Cons. pdf

Segal，Z. V, Williams, J. M. G. , & Teasdale, J. D. (2002). *Mindfulness-based cognitive thera-py for depression*. New York, NY：The Guilford Press.

Sell，C. (2003). *Yoga from the inside out*. Prescott, AZ：Hohm Press.

Stone，M. (2008). *The inner tradition of yoga：A guide to yoga philosophy for the contempo-*

rary practitioner. Boston, MA: Shambhala.

Stukin, S. (2003). *The anti-drug for anxiety*. Yoga Journal, 3, 1—5. Retrieved from http://www. Yogajournal. com

Toew, D. (2009). Transpersonal psychology and the chakras. Unpublished paper, University of Victoria.

Weintraub, A. (2004). *Yoga for depression: A compassionate guide for reliving suffering through yoga*. New York, NY: Broadway Books.

Welwod, J. (2002, *Toward a psychology of awakening: Buddhism, psychotherapy, and the path of personal and spiritual transformation*. Boston, NY: Shambhala.

20. 超个人心理咨询

—— 一个多元文化的方法

GARY NIXON & M. HONORE FRANCE

> 这时,一阵狂喜袭来,如此强烈,整个宇宙都静止不动,仿佛震惊于这一难以描述的神奇景象。在无限的宇宙中仅此一个! 所有的爱中,完美的一个!
>
> (Bucke,1923)

穆斯林中所谓的最高认同,对世界上所有的主要宗教来说都是一种重要体验,比如印度教、佛教、道教、基督教、伊斯兰教和犹太教(Wilber,1977)。马斯洛(1968,1971),作为超个人心理学的奠基人,呼吁人们承认更高或超验的可能性会出现在人类本性的更深处。他认为,一个人在满足其生理、安全、归属感和自尊需求后,下一步必然会进入自我实现的过程。然而,马斯洛(1968)更进一步阐述说,人们在自我实现的过程中,会逐渐发展和确立对自我进行超越的需求。他把自我超越的冲动称为人性固有的"元动机"。在他看来,这一需要推动并发展了心理学的第四股力量,他称之为"超个人心理学";这是"超个人的、超人类的、以宇宙为中心的,而不仅是以人类的需要和兴趣为中心的,超越了人性、身份、自我实现等等"(pp. 3—4)。Cortwright(1997)将超个人心理学概述为融合了世界范围内精神传统智慧与现代心理学研究方法的一门学科,"通过推动传统个人心理学转向更宏大的精神背景,个体自我能够将自身的存在真空扩展到一个更广泛的维度上，也就是世界上精神教义的至高点"(p. 10)。超个人心理学观点认为，我们的本质是精神的，意识是多维的，人类有对精神发展追求的合理冲动，表现为通过人们会通过深化个人、社会和超验的意识来寻求整体性。

超个人心理学和咨询常常被称为心理学中的"第四股势力"，因为它们在研究取向、范围和方法上都与传统心理学方法有很大不同(Sheikh & Sheikh，1989)。超个人的字面定义很简单：超越个人。从某种意义上说，它超越了其他心理学派关于人格观念的传统建构。Walsh 和 Vaughan(1993)强调说，超个人是不断超越生理、心理、社会和精神自我限制的发展过程，最终达到自我实现无限潜能的程度。另一个重要的考虑因素，反映在了 Duran 和 Duran(1995)所阐述的整体想法中，他认为，"后殖民时代范式将从不同的宇宙论中接受知识，因为这在其自身权利中是正当的，他们不必坚持遵从某个单一文化的合法性"(p. 6)。超个人经历可以定义为这样的一些经历，即自我认同感超越个体或个人层面，拓展到包含更广泛的如人类、生活、心理或宇宙等方面。因此，超个人咨询方法明显地从具有文化局限性、以欧洲为中心的价值观向，向更加多元的文化哲学转变。从本质上看，超个人理论从主体-客体的分离走向主体-客体的融合。超个人理论更为包容，提倡更多的选择，从而彻底摆脱了欧洲思维中根深蒂固的勒内·笛卡尔(Rene Descartes)式逻辑，转向了一种更为全面的思维方式，从而拥抱世界范围内各种世界观。那些认为所有事物都是相互关联的观点，在这样一个充满类似论调的世界里，如"北京的蝴蝶扇动着翅膀，会引发世界另一边的风暴，这已成为现实"，并没有多大意义，(Coxe，2003，p. 36)。我们的制度和文化中存在着诸多矛盾，这些矛盾影响着人们及人们是怎样的人；这些矛盾本质上是世界上正在发生的事情的产物。因此，人类无法逃避世界上的矛盾，就像一个人无法逃避发生在遥远大陆上的文化动荡一样。

人类因此与生命的二元性为伴，二元性虽产生能量却制造问题。在"生命游戏"中也许有解决方案，但当世界原有的固定秩序在不断变化时，人们如何去玩这个游戏呢？作为咨询师，我们生活在矛盾之中，摸索着去寻找答案和解决办法，这也意味着我们要挑战并超越以往的做法。在一个变得越来越小的世界里，文化在界定我们是谁，以及我们如何帮助他人应对每个人所面临的新挑战方面，发挥着重要作用。只使用以欧洲为中心的世界观方法，不能解释所发生的所有事情，也不够充分包容，以容纳人类所有境况。咨询师也不能像以往的咨询理论所说的那样，将精神、心理、情感和物质世界分离开来。超个人理论将所有这些元素与"文化友好"策略相结合，可以适用于不同的人。Vaughan(1991)强调说，我们

　　已经绘制了超越过去被认为是人类可能性极限的超个人发展图式，并发现了跨越传统的具有普遍性的心理和精神发展序列的初步证据。(p.94)

在当前西方心理学中，已经在超个人心理学和咨询方面进行了富有成效的工作，将许多传统文化智慧与现代心理学的最新进展结合起来。我们现在已经可以看到肯·威尔伯(Ken Wilber)的意识光谱发展和整合方法理论，Michael Wshburn最新的关于荣格分析心理学的创新成果，A. H. 阿尔玛斯(A. H. Almaas)的关于自恋方法的转换，罗伯特·阿西焦利(Rober Assigioli)的心理合成说，斯坦尼斯拉夫·格洛夫(Stanislav Grof)的全向治疗理论及方法，以及存在主义、精神分析和以身体为中心的超个人方法(Almaas, 1996, 2008; Assagioli, 1973; Cortwright, 1997; Grof、1985、1988; Hixon, 1978; Small, 1982; Walsh & Vaughan, 1980, 1993; Walsh & Vaughan, 1988, 1994; Whitfield, 1984; Wilber, 1977, 1986, 1990, 1995, 1997, 2000, 2006)。

Cortwright(1997)观察到，随着时间的推移，超个人心理学已经转变了它的研究重点，不仅包括人类的巅峰体验，也包括个人领域和普通意识。以这种方式，超个人发展模式可以提供一种可能，帮助人们认识到人类复苏中的全部问题。马斯洛的需求层次认为，人们首先通过生理需求、安全需求、归属和爱的需求，以及自尊的需求等低层次需求的满足，进而发展到自我实现和自我超越阶段(Maslow, 1968)。Whitfield(1984)指出，意识等级与永恒哲学相呼应，就如赫胥黎(Huxley, 1945)所说的那样，是为了描述世界精神传统之间共同涉及的核心领域。同样地，Small(1982)基于东方的成长系统，描述了具有七个层次的脉轮或能量中心，这些都需要在转化的过程中进行处理。

最近，Almaas(1996)提出了一种基于"自恋转化"的成长模式。这种模式对长期成长有着令人兴奋的影响，因为自我关注和心理膨胀等典型问题可以在咨

询过程中解决。自恋转化的关键步骤包括：（1）发现典型自恋姿态的空壳和虚假；（2）意识到自恋创伤；（3）解决自我对自我的巨大背叛；（4）克服自恋引发的愤怒；（5）将自己沉浸在自身存在和发现中，这是一个充满爱的存在和根本认同得以实现的地方，而不是把自己置于长期回避的空虚里。Almaas 的成长模式，聚焦于人们从对虚假自我的依赖，转变为对本性的松弛愉悦，能够启发许多关于整体性追求和超越自我等发展性的问题，这些问题被许多精神传统所关注。现在，我们将转向威尔伯的意识光谱发展模型，来进行更详细的关于自我专注和自我转变，以及综合和整体取向运动的研究介绍。

威尔伯的意识光谱方法

Wilber(1977,1986,1990,1995,1997,2000,2006)提出了一种结合传统心理学和现代心理学的意识光谱发展模型。Wilber 模型的令人惊叹之处在于，它描述了每个发展层次的成长问题和困难，以及可以运用的干预措施。威尔伯(1977,1986,1990,2000)的意识光谱模型以一种发展性、结构化、整体观、系统取向的形式，描绘了精神发展的十个主要阶段。Wilber(1986，2000)整合了传统心理学关于认知、自我、道德和客体关系等方面的六个初级线性发展阶段，这些理论以 Piaget(1977)、Loevinger(1976)和 Kohlberg(1981)等心理学家为代表；最后四个超个人阶段来自东方和西方关于冥想发展的来源，如大乘佛教、印度教、吠檀多、苏菲教、卡巴拉、基督教神秘主义、瑜伽和禅宗。随着时间的推移，威尔伯(2000,2006)在面对严厉的批评和更全面的发展需求的回应中，承认了传统发展路线的局限性，吸收了更为整合的关于精神发展的观点，如吉利根(Gilligan)关于女性道德发展的研究结论(Gilligan,1982)，以及精神发展更像是河流和波浪式的螺旋发展，而不是原先的水平和直线性发展模式，这些理论见诸于 Kegan(1982)和 CookGreuter(1990)提出的学说，以及 Beck 和 Cowan(1996)提出的螺旋动力学理论(spiral dynamics)。螺旋动力学极大地影响了威尔伯的后期作品(1995,2000,2006)，在这些作品中，他通过运用单复数观与内外部观相结合的四象限整体法，非常得心应手地捕捉社会文化的方方面面。虽然 Wilber(2000)已经将精神发展道路划分为 20 多条不同的发展路线，但我们将重点关注他的主要代表作中关于自我发展的跨文化描述（Wilber，1977，1986，1990，1995，2000）。

前自我阶段

根据 Wilber(1986，2000)的研究，前三个发展阶段（都属于前自我阶段）是感官生理构造阶段（sensoriphysical）、幻想—情感阶段（phantasmic-emotional）和心理表征阶段（rep-mind）。第一阶段–感官生理–由物质，感觉和知觉构成。在这个层面上出现的病理，需要在身体层面上进行干预治疗。在各种成瘾问题中，毒品成瘾者的生理机能可以通过让他进行戒毒来稳定下来。这个层面上的治疗还包括药物治疗、锻炼计划、瑜伽、饮食或任何其他身体疗法。

在第二阶段，即幻想-情感阶段，个体开始通过发展分离的具有个性化自我的方式，发展自我的情感边界（Wilber，1986，2000）。当自我将世界视为自身的延伸（自恋）或不断被世界入侵（边缘）时，自我-外界的取向便可能导致问题产生。精神动力治疗干预的重点采取结构构建技术，比如内在客体关系分析和精神分析治疗。

第三个发展阶段，即心理表征阶段，代表了内在表征自我的发展（Wilber，1986，2000）。在弗洛伊德心理学中，这表现为本我、自我和超我的发展，以及由此导致的抑制、焦虑、困扰、内疚和抑郁等内在心理冲突。这一阶段治疗干预的重点，是通过对被压抑的、分离的或被疏远的各个方面进行重新整合，在心理上解决这些内在冲突（Wilber，1986，2000）。

自我阶段

前自我阶段之后是规则/角色（rule/role）、形式反身（formal-reflective）和统观逻辑（vision-logic）的发展阶段，这些阶段代表了成熟的自我发展。规则/角色阶段—威尔伯的第四个发展阶段和第一个个体自我阶段—其显著特点是个体的规则和角色的社会性发展。因为这个层次的问题主要是害怕丢脸和失去角色，所以治疗干预往往集中在改变功能失调的规则、角色和脚本上（Wilber，1986，2000）。这个阶段的心理治疗方法，主要是家庭治疗，认知治疗和叙事治疗，目的在于发现个体错误的脚本。

下一个个体发展阶段,也是第五阶段,即形式反思,代表的是成熟自我的发展(Wilber,1986,2000)。在这个阶段,需要探索和解构个体的身份问题。个人需要超越狭隘的身份,开始拥抱世界或发展以世界为中心的视角。虚假身份——比如成为"成功人士"或"自立自强人士"——以及消极身份——比如成为"失败者"、"受害者"或"绝望的人"——需要被放弃。在这个阶段,个体需要放弃自己的个人故事去拥抱更为本质的东西(katie,2002)。

典型自我发展的最后阶段——最后的自我阶段和第六个总体阶段——是统观逻辑或存在主义阶段。在这个阶段,人们会整合自己的身体-心理面对存在的现实。这个层面代表存在自我的发展。为了应对个体对自身存在方面遭遇的问题,存在主义疗法鼓励人们客观真实看待自己,接受自己的有限性、基本的自我责任、内在意义和自我坚定性(Wilber,1986,2000;Yalom,1980)。

超个人的自我超越阶段

Wilber(1986,2000)超越了存在领域,描述了从西方和东方灵性发展源头整合而来的超个人灵性发展的四个阶段。超越存在水平的身心整合的第一个阶段,也就是第七发展阶段—通灵(Psychic)。这个阶段的象征是瑜伽修行者的水平(Wilber,1986,2000)。在这一阶段,以往狭隘的自我和个人主义的认知和感知能力,可以扩展到更加多元和普遍的视野。在心理-精神发展的初期阶段,有许多潜在的陷阱,比如心理膨胀和"灵魂的黑夜"。人们描述会经历早期复原阶段的"粉红云"综合症带来的高潮体验,然后又陷入抑郁状态(Grof,1993)。

下一个超个人阶段,即整体上的第八个阶段,是微细光明阶段(subtle),也被称为圣人阶段(Wilber,1986,2000)。在这里,可以体验到微细的声音、能够听到的神谕和超然顿悟和智慧。在某些传统中,如诺斯替教和印度教,这是对个人化的神的直接现象学理解的阶段(Wilber,1986,2000)。这个领域也被称为伪涅槃,指的是光明、狂喜和超然顿悟的领域(Goleman,1988)。在这个层面上,人们可以拥有奇妙的转换性的"白光"体验,但却难以将这些体验融入日常生活。

下一个阶段是因果关系。这是圣贤的层次,是对非显现的源头或所有次级结构的先验基础的实现(Wilber,1986,2000)。在许多传统中,它被称为深渊

（诺斯替教），空（大乘佛教）或无形（吠檀多）（Wilber，1986）。人们可以尽早地体验到这种宇宙意识水平，并努力将这种"无形"的意识融入日常生活。

最后一个阶段是非二元阶段。在各种传统中，它指的是放弃对单独自我的依恋，并将所有存在层次的本性进行整合，因为意识以绝对精神的形式重新觉醒到它之前和永恒存在的地方（Wilber，1986，2000）。这里，已经显现的有形与未曾显现的无形结合在一起，并被不同宗教传统称之为自然（sahaj）和至乐三摩地（bhava samadhi）、图力亚（turiya），绝对和无条件意识等。因此，阿罗频多（Aurobindo）的"场"，禅宗的"同心"（one mind），和婆罗门大我（Brahman-Atman）等等，这里所列举的不同传统中的几个概念，描述的都是非二元意识（Wilber，1986）。

超个人思想中的成长和转化要素

如果想要发展和稳定到更高的意识层次和阶段，患者需要运用各种实践和途径。Walsh 和 Vaughan（1993）强调说，超个人方法带来的是"对传统智慧的重新认可"（p. 1）；他们的意思是说，超个人基本概念和实践只有在西方是新的。例如，意识转换状态早已成为许多来自亚洲和西半球古老而传统方法的一部分。超个人方法包含并融合了来自各种传统的民间药物和实践活动。意识状态的转变可以通过关注知觉敏感性来实现，从而产生更清晰的觉察。因此，知觉过程随意识状态的变化而以可预测的方式变化。从功能水平上看，这一结果能达到在传统心理治疗中无法达到的特定意识状态。根据 Lueger 和 Sheikh（1989）所述，来自于"印度教、佛教和苏菲教等古老传统下（通过超越而拓展的）更高层次的觉察和意识水平，是为了扩大与真正的自我或宇宙自我建立连接，以及与自然之间建立起真正的统一感"（p. 226）。人们通常的意识状态并不是最佳的；因此，因此通过提升个人超越这些平常意识水平的能力，可以增加个人对于存在于自我和环境中的不同力量的理解。从某种意义上说，当个人能够抛弃那些疏远的或虚伪的自我（幻境）时，可以达到一种理解、领悟甚或可能是"开悟"（觉悟）的境界。人们甚至可以把神经官能症称为感知上的虚幻扭曲，当一个人变得更加平衡时，这种扭曲就不需要了，也就可以被抛弃了。促使患者从幻境中（maya）

中觉醒,体验心灵的解放,是超个人心理咨询方法的目标。因此,通过心理治疗,人们可以变得更有觉悟。从这个意义上说,超个人方法"并不能看成是对主流文化的成功调整,而应该看成是那些在不同传统下被称为解放、启蒙、个性化、确然或真知的日常体验"(Fadiman, In Leuger & Sheikh, 1989,p. 227)。

达到更高层次意识的机制,是对自我和周围环境要有更多的觉察和了解。此外,冥想有助于人们认识到思想和幻想的流动(这被称为去催眠状态,de-hypnosis)。我们可以洞察到个人的行为是如何被社会力量塑造的,这样人们就可以"放弃"所有一直在约束自己、让自己按照某种特定方式行动和信仰的任何幻想。因此,这一矛盾的非目标的目标,是促使意识自我得到释放,进而获得一种新的知识,这种新知识可能被称为"觉悟",或遵循"非二元重意识法则"。

在全面了解诸多治疗传统后,Walsh 和 Vaughan(1993)提出的一些要素被称为"超越艺术的核心"(p. 2)。下面所列举的是一些被不断扩展和修正的关于如何获得身心幸福的要素:觉察、同情心、情绪转换、道德训练、冥想和再聚焦、动机和智慧。

富有同情心

想要拥有开放的心态,让同情之水、理解之水和宽恕之水向前流淌,是一个人成熟的标志发……然后我们……将会向着更为自由的方向前行,并让同情、理解和宽恕之水惠及他人,治疗他人的痛苦,帮助他人找到康复的方法。(Vanier,1998,p. 102)

从超个人的角度来看,对他人能够怀有一颗同情心是我们所渴望得到的最高尚的品质之一。富有同情心意味着希望别人不要遭受痛苦和悲伤的折磨,无论这种折磨是在社会上,智力上,心理上还是精神上。同情心发自于个人内心深处,并且要能够拥抱自然中的万事万物,这是一种超然的感觉,将我们与周围一切的存在连成一个整体。当我们只是移情时,我们是与对方分离的;当我们体会到那种超越自我的同情感时,我们就和宇宙紧密结合在一起。当我们意识到我们不是一个单独的自我,而是将我们凝聚在一起的某种集体身份的一部分时,这种情况就会发生。Brazier(1995)曾说:

　　富有同情心是指能够理解他人的主观世界,而不从他人那里索取任何回报,索取意味着占有一个富有同情心的人,是通过他人的眼睛去看,用他人的心去感受,并且没有任何私心杂念。(p.195)

　　在一个充满压迫感的世界里,人们因缺乏认同而变得不堪重负;因此,他们失去了生命中最珍贵的礼物之一:爱。压迫剥夺了我们成为富有同情心的人的机会,没有同情心就没有爱。当一个人富有同情心的时候,他就会获得意义感,能够踌躇满志地生活,并且理解其他人和其他生物的快乐悲伤。这是一种能够把自己放在所有生物的背景下审视自己的能力,并理解个人实际上是与所有生物相关联。当个人富有同情心时,他的每一次经历都充满意义,它提醒我们,即使是糟糕的经历也能帮助我们在通往更高觉悟的道路上走得更远。也就是说,我们每个人都是大家庭的一部分,它会爱着家庭中的每个成员,不管这个成员多么渺小。正是我们用谦逊的心态去生活,才能够在世界上生存下来,因为是另一个人给了我们生命;这也意味着一个人如果想要变得谦逊,需要接受来自人性的警醒。即使失望也是成长的机会。Brazier(1995)认为,同情心

　　可以从一系列的观察、移情和关怀技巧开始——体贴、给予时间和关注、倾听、帮助和对人慷慨——这样我们所有人都能在专业工作和个人生活方面得到有效的提高。当同情心开始滋长的时候,它会不可避免地成为我们的一项艰巨任务,需要我们去消除生命之中的各种阻碍,探索无边无际的万物之道,在天地之道中,我们失去了对分离的依恋。世界需要我们的善意。(p. 200)

情感转化

我们可以思考下 Dass(1970)关于真理本质的观点:

　　真理无处不在。无论你在哪里,真理就在那里,即使你看不见它。你可以借助任何手段来看清真相是什么,这样你就能将自己从妨碍你看清事实

的某些束缚中解脱出来。科学家总是固守科学家的身份，任何人也不会放弃自己的身份。当你发现如何为自己做这些事情时，你便会在这一刻发现真理。(p.2)

发现真理的目的，是通过聚焦于感官、情感、思想和知觉来提高人们的觉察水平。人不是他们的不同部分，而是所有部分的总和，通过对整体进行更多地觉察，人们可以变得更为负责和整合。人们不能脱离所在的环境去审视自我。最好方式是能够通过观察整体进行自我发现——即认识到个体、群体、群体生活的环境以及群体与宇宙的关系。这是情感转化的本质，或者是"滋养人们不同的方面，帮助个体从人格的限制中脱离出来，并认同他或她的整体自我"(Leuger & Sheikh，1989，p. 228)。

如果人们想要过一种有效的生活，他们必须减少自己"破坏性的情绪，如恐惧和愤怒"(Walsh & Vaughan，1993，p. 4)。然而，重点不只是消极情绪的减少，而是积极情绪的增强和乐观情绪的发展。因此，仅仅拥有诸如接受、同情、宽容、慷慨(仅列举一些)等品质还不够。人们必须学会转化自己的存在，让自己的心情如水般平静，并培养自己冷静的行为。换句话说，人们必须乐于去体验事物本身，而不只是体验自己所期望的事物状态。Rumi(1995)的一首诗清晰地描述了这种态度：

> 继续前行，即使前方并没有明确到达的地方
> 请不要设法站在远处旁观
> 这不是人类应该做的。到它们中间去，
> 但是不要让恐惧指引自己前进的方向(p. 278)

除了平和如水的心态之外，人们还应该学会不要凡事都将自己放在首位，人们必须将自己从庸俗的物质主义中"解脱"出来，只有这样人们才能变得更为仁慈。依恋包括那些使人精神消沉并引起轻微情绪反应的条件。人们往往在没有意识的状态下，将自己依附到某些"事物"上，却没意识到"抓住不放"其实正是自己身心痛苦的原因所在。

提升觉察

作为一个过程,觉察听起来和内省较为相似,但它们是不同的。不同之处在于,内省是向内审视自我获得感悟的方式。内省是一个人试图弄明白或理解某些事情的过程。在此过程中,人们要对行为进行回顾和分析。最后,人们可能就会变得像 Polster(1966)所指出的那样,

> 会被失败或成功的期望弄得心烦意乱。我们都是如此的富有成见,会用某种行为去取代另一个行为。我们总是富有成见……倾向于接受其他行为,所以我们是如此的富有成见,倾向于相关性而不是无关性……考虑到这些偏见的存在,我们可能不会去关注那些不符合这些偏见的人。(p. 9)

这并不意味着人们能够摆脱周围发生的事情,从而变得自省。虽然偶尔的分离是舒适的,甚至具有保护性,但最终它是非常具有破坏性的。

觉察是注意和观察一个人行为、感受、思想和身体感觉是怎样的过程。这些想法和感觉就像路过的风景,不断展现和消逝,人们在体验觉察的时候,这个画面不断展开,就像一幅全景画。如果想知道觉察对人们的意义,可以思考下列的观点:

> 在弗洛伊德(Freud)狭义的观点中,这意味着要能够意识到那些被抑制的冲动和欲望。在弗洛姆的观点中,寻常人只是半醒着;他或她可以意识到各种表象,但是有潜力意识到表象背后的现实。因此,使潜意识意识化,意味着要觉醒,要理解和知道现实。(Sheikh & Sheikh, 1989, p. 115)

在个人所有的日常生命运动中,有可能观察到各种无声状态,这使得人们能够听到未曾说过的话,并感觉到周围无形的能量流动。这些都是一种形态或过程。同样地,当人们倾听别人对他们诉说一样,人们会注意到别人表达的方式,并体验到所有的刺激、感觉、思想和身体反应。当这种情况发生时,就会有完全的接触,可以促使你对各种各样的可能性保持开放的心态。这种接触便是觉察

的过程。

这个过程可以从两个方面帮助我们理解和看待正在发生的事情:发现意义和界线觉察。发现意义的作用在于它能够保证人们与自己时刻保持一致。在任何时候,一个人都能够知道自己的感受和想法。在人们行动之前,并不一定要刻意去思考事情是否有意义。人是人自己本身,可以按照自己的意志行事。界线觉察主要包括人们与环境之间的交互方式。界线变得越是清晰时,人们越会自发地对环境做出反应。这样,人们将会在自己周围的环境中看得更多、体验得更多、并且觉察得更多。如果人们试图分裂自身的情感和思想,他们会发现这是困难的,要么就是不可能的。超个人方法的重点,是帮助人们重新唤醒在清晰觉察和日常生活中存在的频繁干扰之间的自然节奏。当人们开始思考和分析时,就不可能觉察到当下发生的事情。以同样程度的觉察,同时对两件事情进行关注是非常困难的,人们总会遗漏一些东西。如果人们能觉察到正在发生的事情并让它流动,那么就能体验到这些事情,不是部分体验,而是从整体上进行体验。

Arasteh 和 Sheikn(1989)曾强调说,健康的人:

> 体验和行为是相互重叠的,并且内在感受和外在表达是一致的;但是在诸多案例中,行为是体验的合理化表现或抑制的结果,它只是一个伪装。体验的本具有有机性和启发性的特点,而行为则是以条件反射为特点。是体验,而不是行为,才促使了改变的产生,并且只有体验才能增强个人的敏感性。(p. 150)

这也就是说,如果人们想要更具有觉察,就要学会信任自己的自然过程。如果他们忽视这些过程,或虐待自己的身体,就要知道他们正在将它摧毁;但他们若与身体共同作用,不与身体作对,身体就必会回馈和帮助他们。随着人们觉察的不断增长,他们会更多地感受到自己作为完整生命存在的智慧。例如,人们慢跑的时候会知道,一旦能够克服自己强加给自己的限制,那么他们的步伐将会呈现出一种自然节奏,跑的时候看起来就像是在滑行,非常流畅。这时他们的大脑并没有告诉身体应该怎么做,而一旦由意识掌管自己的身体,那么将会感到非常疲倦,人们会不由自主地想终点在哪里,他们的步伐将会变得蹒跚,最终将会想着该休息休息了；但是如果人们在跑步的时候，不去想任何的事情，那么他们可以觉察到自己周围的所有事物。他们就会在这样一种奇妙的觉察状态中，变得乐于接受各种新的领悟、体验和理解。在苏菲教的传统中，觉察是自我最终的重生，开启着人们通向全新的光明生活之路：

> 觉察可能突然发生在一个人身上，也可能是逐步发展的。但是仅仅觉察还是不足够的。探求者必须尽可能消除过去不恰当的行为：他或她必须历经忏悔，决定洗心革面，并最终净化自己的敌意和残忍。（Arasteh & Sheikh，1989，p. 157）

没有意识到"抓住不放"（如认同外在事物）是痛苦产生的原因。一旦这种理解被人们接受，那么存在于每个人体内的潜力就可以被释放。本质上，每个人都是一个微型宇宙。不断践行慷慨和宽恕的原则，能够帮助每个人超越他/她的物质存在。与此同时，人们也必须接受自己的责任，并承认人们之间的相互联系。实现这个目标的一个可行的方法，是建立一种对自我内在世界和自我外在世界的广泛觉察。

道德训练

对道德训练的关注源自于一种观察，即不道德的行为既源于但同时也强化了破坏性的心理因素（如贪婪、恐惧、愤怒）。道德行为的增加可以逐步削弱这些不道德的行为，并产生善良、同情和平和等心理。当超个人意义上的成熟发生时，据说道德行为可以从个人对所有人及生命的认同中自然地流出。团体中，最简单的方法就是提倡领导者和成员的这种道德行为，指出它既是团体的基本规则，也是促进所有人发展的方法，并不要讨论它应该在何时发生或不发生。团体中的道德行为有助于创造信任氛围，从而增强成员们的冒险精神和真诚参与。所有这些都能够促进超个人团体自身的发展，并在成员们的心中形成价值观和标准，并可以提高成员在团体之外的道德行为。

对于团体成员来说，最初的道德培训主要是将注意力转向自我内部的训练。在苏菲教派的传统中，这被认为是忏悔过程的一部分，也是通往整合目标的第一步。个人要能够意识到自己在生活中缺乏成就感,观察自己的冲动、愿望和行为,并清除自己身上的不公正和仇恨。为了探究这一过程,咨询师可以创设一些情境,让患者看到自己,并设法让其震撼于对自己所认识的真实状况;然后,咨询师可以提供多样化的联系,推动他们沿着特定线路发展。例如,咨询师在最后一刻更改了会见时间。或许患者会到咨询师这里抱怨突如其来的变化,认为这种临时改变是对他们的不尊重。咨询师可以随后解释说,这种改变是有意为之,并向患者描述寻求尊重和寻求知识之间的区别。咨询师可以告诉他们,在寻求尊重时,个人通常会以一种操控的方式行事,通常会把自己表现得十分虔诚或博学,或拥有一种权利感。这是一种非常不同于有效寻求知识的姿态,追求知识的姿态往往要求人们要谦虚、开放和不去操纵他人。在个人所处的社群环境中,真实世界的变化也会在团体成员中产生这样的反应。个人的冲动反应(冷漠、愤怒)和从容不迫的超个人反应(如,注意、合作、私下慷慨的行为)之间存在着本质区别。关键是,当人们寻求他人的尊重时,是能够观察到的。如果他们处于自我意识强化阶段,这对于他们来说很重要,但如果他们处于自我超越的阶段,那么这就会成为障碍。

冥想和再聚焦

Walsh 和 Vaughan(1993)用"注意力训练"这一术语来描述超个人方法的一个重要元素。注意力训练指的是将人们的意识不断培育或集中在意识上,防止四处发散的过程。在西方社会中,冥想经常被人们误解或夸大,要么是将冥想作为一种具有神奇特性的东西,要么是作为从世俗生活中退隐的方法。但实际上,的确有不同种类的冥想具有神秘体验的特性或更高的觉察能力。诸多冥想形式从某种程度上来看皆衍生于文化。不过,尽管存在文化差异,但不同文化间的冥想仍然存在着哲学上的相似性,它能够超越文化,并让人们有相似的体验。例如,冥想有不同的形式。在苏菲派中,苦行僧人在圆圈里跳舞,是一种冥想形式;在瑜伽中,反复念诵颂歌是另一种冥想形式;在佛教中,对人的呼吸保持全神贯注状态,或全心参悟佛印(koan,谜)传递的信息也是冥想。冥想的结果都是将人引向空的状态或自我空灵,以及获得完全意义上超越自我的感悟。冥想的最终极限是达到极乐世界或与宇宙万物合而为一。在苏菲教派和基督教中,是达

成与上帝之间某种神秘的统一。这个思想是难以用言语表达,也许最好的描述
正如 T. S. 艾略特(T. S. Elliot,1944)所说的那样:

> 语言
> 在重负之下,
> 损伤,迸裂,有时甚至破碎,
> 而在压力之下,
> 会跌落,溜走,消失,
> 或者因为措辞不当而腐朽,
> 不会在原处停留。(p. 12)

冥想是一个自然的过程,其目的是促进觉察能力的发展。当人们进行冥想
时,他/她的意识会发生转化。发展和提升人们专注力的目的,也像冥想一样,是
通过认识和完善自己的心智来增进理解力。然而矛盾的是,冥想却是试图将人
从智力的支配中解放出来。Humphreys(1968)指出,人们"不应该在冥想中涉
足太深,在其还没发现……某个能力比思维心智更为优越之前"(p. 154)。思维
很重要,但如果要达到开悟,或是要揭示真理时,就必须将之抛弃。慧能禅师的
佛经认为,开悟者与无知者并没有真正的区别;这两者的不同之处在于开悟者能
够意识到这一点,而另一个却不能。因此,个人如果能够以一种自然、全然和灵
活的方式行事,那么可以成为一个全新的人。在 Ma-tsu(Hoover,1980)看来,

> 追求真理是日常心智的功能。日常心智不受有意行为的影响,也不受
> 对与错,付出与收获、有限与无限等概念的影响……我们所有的日常活
> 动——走路、站着、坐着、躺着——都是对各种情境的反应,都是我们应对各
> 种情况的方式。(p. 77—78)

在冥想中蕴含的信息和人类本身一样古老。东西方的冥想体验过程,都是
将自己的灵魂或自我对上帝或神敞开的过程。取决于人们的文化或观点,人们
可以通过不同的方式与上帝或神灵进行联系。例如,热那亚的凯瑟琳圣女

(Saint Catherine)将冥想描述为"她和上帝突然显现的时刻"(天主教百科全书),而加拉尔-尤丁·鲁米(Jallal-Uddin Rumi)则将其描述为"所爱的人是他的一切,爱的人只不过自己一人;所爱的是世间的一切生灵,爱的人只是一个消亡的东西"(1995,p. 27)。这些观点之间是有内在联系的,即每个人都有其独特的内在知识。只有当一个人能够与所有事物达到合一境界,或当自己完全被神迹照亮自我时,内在的知识才能显露出来。不过,获得知识不是目标,而是对自我的拯救。因此,基督教和伊斯兰教神秘主义者建言,将孤立的自我向上帝进行统一时,会感受到自我的解放。而自由是其中的关键,因为

> 只有毫无欲望的人才能理解它的精神实质;凡是被欲望所奴役的人,只能看到它的边缘轮廓……世间一切生灵都需要自由,它不会拒绝它们……它养活和滋养了所有生灵……所有生灵都要回归于它。(Happold,1963,p. 152)

注意谦卑和爱这两个主题。看起来这些因素是人们必须要接受的,但接受的同时还要有一定程度的自我克制。自我克制把所有的依恋、渴望、快乐和私利都抛在脑后,消除自我中心性。换句话说,自我内在的神性只有通过去除以自我为中心的冲动、愿望、思考和感受来获得。庄子(Ramaswami & Sheikh, 1989)曾说,"不以好恶内伤其身,常因(经常因循)自然"(p. 447)。因此,冥想是聆听内在生命旋律的过程,这一过程充满神秘感和创造力。内在生命蕴藏着关于宇宙的知识,等待着我们以一种全新的方式去揭示。我们的精神世界充满了符号、思想和意象,可以引导我们走向开悟。佛教的神秘体验与基督教、伊斯兰教和印度教的神圣之路有异曲同工之妙。在《薄伽梵歌》(Happold,1963)中,克利须那(Krishna)曾说,

> 把你所有的行为都交给我做主。把我当作你最亲爱的人。要知道我是你唯一的庇护人。将我从内心深处和自己的意识统一起来。与我成为一体,你会在我的庇佑下克服所有的困难……因为大梵天存在于每个生灵的心里。(p. 158)

理解动机

为了创造出一个平衡的、不受干扰的自我,必须鼓励人们变得更为健康。要想做到如此积极向上,要像 Walsh 和 Vaughan(1993)所强调的那样,"逐渐变得超然于各种欲望,不再那么自我中心,不要再那么注重索取,而是要更多地给予"(p. 5)。但如何才能让自我不受以自我为中心的内驱力所控制呢?社会条件会影响人们的行为表现,因此超越这种现象可能违背人的本性。事实上,这种现象在动物世界很普遍。在早期关于蟑螂的实验中,研究人员比较了有其他蟑螂和没有其他蟑螂在场的情况下,沿着跑道逃离光线的逃跑速度(Zajonc, Heingartner & Herman,1969)。研究结果发现,如果其他蟑螂在场,它们就会跑得更快。在老鼠中同样如此,当有其他老鼠在场时,这些老鼠性行为发生的频率更高(Baron, Kerr & Miller,1992)。社会心理学家将这种现象称为社会助长效应(Social facilitation),Forsyth(1999)将其定义为,"人们的工作任务在有其他人在场的情况下,其表现或成绩得以提升的现象"(p. 269)。

社会觉察理论的基础,便是基于个人在社会情境下会提高自身觉察水平的思想。当有其他人关注时,表演者会对自己的行为有更高和更为全面的觉察。这种觉察反过来也会让他们意识到自己真是表现和理想表现之间的差异,这种差异将会促使他们做得更好或更加努力。例如,镜像法经常用于体育训练,通过提高个人觉察水平,进而取得更好的效果。不过,如果人们觉得自己没有办法做得和目标设定的那样好,或觉得自己无法实现理想时,那么社会觉察也会使他们的自我受到损伤。这样无论在生理上还是心理上,他们都会放弃这项任务。因此,自我意识可以提高成绩或表现,但很可能会降低。如何将自我意识转化为对动机的再定向,并超越对他人想法过于关注的需要?在佛教中,这种转化便是将减少欲望作为获得真正幸福的手段。Walsh 和 Vaughan(1993)强调说,"强迫性欲望的减少……据说可以导致相应的内心冲突的减少,现在这一论断得到了高级递质(advanced mediators)研究的支持"(p. 5)。

智慧

如果一个人在心理上有安全感,他/她能够将关注的焦点能够从个人中心转移到宇宙中心上。这是我所坚信的,人们在精神实践中谈论"去除自我"对于人们来说非常有意义。我们相信,如果人们可以在一定水平上达到个人成熟和自我整合,他们能够做出下面的改变,即从"生命是发生在我身上的"转变到"生命是正在发生的"之上,这是一种快乐的转变,是一种从内在到外在,从关注自我到关注宇宙或普遍状况的转变(Boorstein,1994,p. 101)。

Walsh 和 Vaughan(1993)区分了知识和智慧,指出前者是任何人都能获得的,而后者是一种存在状态。因此,智慧是在成长过程中,当个人获得了对自我和环境的洞察力时才会发生。从心理治疗的角度来看,Brazier(1997)注意到,"每次治疗师消失时,束缚患者的部分牢笼会随他/她一起消失"(p. 215)。当一个人变得越发明智,并相应地与自己和周围的世界变得更整合或合一时,他人的影响就会变得越来越小。人们可以意识到各种客体和事物其实毫无意义,当拥有智慧时,内心丰盈远胜于此。也就是说,人们可以超越身心所经历的痛苦,在痛苦中,直觉自我将会变得更专注于宇宙或超越的力量。那些原本看起来坚不可摧的痛苦其实都只是一种幻觉,因此凭借个人智慧,人们可以从外界那些束缚个人创造性、幸福和自发性的力量中解脱出来。Brazier(1997)继续说"一个愚昧的人容易被一切吸引、排斥或迷惑,而开悟的人则从一切中获得启发"(p. 222)。Walsh 和 Vaughan(1993)指出,这种解放性的见解在许多传统中都是众所周知的:"在东方这种感悟被称为智慧(jnana,印度教),般若(prajna,佛教),或理乘(ma'rifah,伊斯兰教),在西方这种感悟被称为真知(gnosis)或圣知(scientia sacra),当获得这种解放时,也是实现个人超然艺术这一目标之时"(p. 7)。

心理治疗方法

对于心理工作者来说,他们面临的挑战是践行"自己所宣扬的",或是要在现实中实现自己与来访者所分享的内容。心理工作者应该首先在自我内部形成对他人所期待的那种同样的期待。根据 Walsh(1989)所述,"要能够做到在任何可能的地方分享和交流它;运用它来帮助自己疗愈我们的内心世界;并让它将我们变成乐于为所有人的觉醒和福祉服务的人"(p. 136)。在一项实证研究中,Hutton(1993)描述了超个人心理治疗师不同于其他治疗师的因素(如行为-认知和精神分析)。Hutton 发现,超个人心理治疗师在咨询中较少使用语言,而更多运用以行动为导向的技术(例如,行为检验,以及对部分患者进行特定技能提升训练)。此外,超个人心理治疗师比其他治疗师更多使用冥想、引导想象(更多的是专注于精神层面)、梦的工作和阅读特定书籍等方法。

超个人心理治疗师广泛使用各种心理技术,包括脱敏技术、梦的工作、心理剧、引导意象、冥想、连接自然的各种尝试和实践等,以培养和发展人们的道德行为。也就是说,他们会使用七种要素——觉察、同情、情感转化、道德训练、动机、冥想和智慧——作为人成为一个完整的人的各个维度。治疗师应帮助来访者形成个人内在和外在的平衡感,个人与环境之间的广泛连接感,以及成为一个"好人"(精神上的新高度)的渴求感。因此,想要实践超个人心理治疗方法,心理工作者必须要具有:

- 接受超个人理论各维度的胸怀,包括要具有超个人信念,要能够意识到超个人领域可能是具有革新性的,超个人心理治疗方法具有极大的治疗潜力;
- 感知各种神秘体验的存在或描述这些体验的能力,不论它是在一个梦、幻觉、同步事件中,或是与精神导师的接触中;
- 对各种灵性道路有所了解;
- 能够激发自己对精神发展的追求;
- 对自我、自我精神目标、自我体验有较高的开放度;
- 深厚的心理学功底。(Scotton,转引自 Hutton,1993,p. 141)。

现在我们来看看一个超个人取向的心理治疗师是如何使用威尔伯(1986,2000)的精神发展地图,并结合之前讨论过的一些成长路径,来帮助患者实现超个人发展的。接下来的咨询案例研究,将向我们展示如何在心理咨询环境中,帮助来访者应对分离性自我问题,并进入到非二元存在状态的。

个案研究:为 Cindy 进行心理咨询

Cindy 曾在我们中的一个心理咨询师那里咨询了六个多月,这段咨询关系已在一年前结束。现在她声称自己又陷入了心理危机,她已经失去了对自己进行感知的能力。她想继续她的超个人心理咨询和治疗工作。Cindy 的成长背景不同寻常,她高中毕业后在大学里的专业是管理研究,但她后来离开了大学,最终成为一名旅行者,并多年从事这一工作。在她二十多岁时,一直住在澳大利亚,后来返回北美结婚并组建了家庭。在做了几年全职妈妈后,她回到大学攻读社会工作学位。小时候,她是在联合教会(United Church)长大的,但像许多初出茅庐的成年人一样,在她刚成人时,她拒绝接受所有的宗教,并将这些宗教道路称为精神慰藉。

在她 30 多岁完成了社会工作学位后,Cindy 围绕着她的生存危机(Yalom,1980)在我这里进行了超个人心理治疗,她意识到自己已经在相当大的程度上变成了一个讨好型的人。这使她感到非常的耗竭和厌恶,并且她也厌倦自己所有虚假的伪装。她很困惑她到底应该花多少时间在朋友身上,应该花多少时间参与孩子们的学校活动。在我们的治疗过程中,她意识到自己有必要放弃另一种成见,这种成见让她不断地寻求他人的认可;她需要保有自己的能量,并设置适当的界限。

她特别关注她与父亲的关系。Cindy 拼命地从父亲那里寻求认可,希望得到父亲对她的职业发展的指导。她开始能够意识到,恳求父亲的认可会让她永远处于一种讨好他人,无法接受自己的境地。她的父亲一直想让她成为一名会计,但这却是她毫无兴趣去追求的。当她看到这种绝望的处境时,她便放下了寻求父亲认同的念头,因为这让她始终处于"等着戈多"的状态。她开始在和父亲的关系中表明自己的立场。

在她和我进行心理治疗工作时,还有一名针灸师一起针对她的紧张的身体状态进行工作,当她能够适应自身的存在之后,她的能量便发生了相当大的转变。这种新的认识推动她开启作为一名咨询师,以及作为社会工作培训师的旅程,她现在可以理解许多心理治疗方法,能够明晰它们关注的方向和差异(Lerner,1986)。在我们一起完成最初咨询任务的时候,在我看来,她身上的限制似乎被解除了,她看起来不再执着于自己的身份,能够做到放手,不再那么顾及他人,这样她便可以在她的生存状态中了。在我看来,她似乎徘徊在威尔伯(Wilber,1986)发展光谱中的六号支点(fulcrum six)上。在未来,她似乎还有更多的工作要做。

当我们继续进行咨询的时候,她说上个月她感觉自己像个死人—不是沮丧,而是没有活力。她觉得自己再也不能一个人呆着,还发现自己的心念在不停地转着。她在一个多月前开始攻读硕士学位,有了新的导师和同学要去应付;她很快发现自己变得焦虑起来,试图在他们面前维持自己是愉快的假象。由于这是一门心理咨询课程,她感到非常绝望,因为她觉得那些基本的咨询技能似乎都已被自己抛弃;她意识到这是很长一段时间以来,她第一次在与咨询师的互动中感到非常难堪。她甚至发现自己在绝望地乞求友谊。因此,在经历了这么多的遭遇之后,她也感到困惑不解,现在她来到了这样一个位置上,她的存在已经变成了纯粹的痛苦和折磨。她似乎已经失去了对自我的认识。

我们坐在各自的椅子上,听她讲述她最近在治疗期间所发生的痛苦经历。她向我描述了她的这种失去自我,不知道自己是谁的迷茫感。我让她沉浸在自己的觉察中,感受一下她的身体所体会到的这种感觉。当她松弛(轻松)下来将觉察转入到腹部时,她描述自己像是被悬置在一片黑色的深渊上,如果她放开自己,她就可能跌落深渊,伤害到自己。这个深渊没有一丝温暖和关爱,也不能保有能量,对她来说几乎就是一堵无法逾越的高墙。

我鼓励她将自己的觉察停留在腹部,继续进行冥想,不要对情形做出任何判断。正如 Sosan 所说的那样,她要摒弃选择或好恶,做到随遇而安(Osho,1994)。诚如 Krishnamurti(1954)所言,我所做的是鼓励她接受现实,而不是疯狂地试图拯救自己,或者以某种方式依靠自己的力量振作起来。我邀请 Cindy 只是为了让她"放弃",停止拯救自己,向存在状态投降。

她需要放弃她全部分离性的自我存在,因为她所做的一切于她来说都是痛苦。当我们坐在椅子上时,她感到自己在黑暗的深渊上面挣扎着,扭曲着,感觉自己随时可能会被黑暗的深渊压碎。我引导她放松进入深渊,因为那深深的空虚也是她自己的能量。这就是 Almaas(1996)所描述的"生命中的爱的黑色鸿沟":

> 当学生最终能够适应这种匮乏的空虚体验,允许它不带有任何的判断、拒绝或反应,那么她看到的是一种无我状态,或者更具体地说,是没有分别心的存在。当我们能够完全体验到这种真我状态时,它便会自然而自发地

转化成一种明亮的广阔，一种深沉的空旷，一种平和的空虚。(p.336)

　　当她坐在那里的时候，从她的能量释放中可以明显地看出她正在放开自己。她将自己的感受描述成，仿佛她已经冲破了黑暗的底部，现在她正在堕入黑暗之中。奇怪的是，这个可怕的、匮乏的深渊正在发生转化。她报告说她感觉自己被高高举起。她把这段经历描述为一种全新的体验，内心世界不断变得宽广。当我们以冥想的入定方式坐在那里时，她报告说，"这就像内心世界为我打开了一扇门。"

　　Cindy 也表示很惊讶，投降可能是瞬间发生的，一切都发生在刹那。我回应她说，这是对紧张的当下真正的投降。我们各自坐在椅子上，我请她看看她能不能从内心的开阔感中接近这个世界，而不必再依附于她那分离的、自我中心的自我。

　　在这次高强度的咨询之后两周时间里，我们进行了后续的咨询工作。她的作业只是在深渊里休息，即使感觉像是匮乏的空虚。她每天要花半个小时进行冥想和休息，不作任何评判。正如 Toll(1997) 所言，她要在当下休息。她说，第一周她感到非常高兴，但慢慢地，她的那些原有的取悦他人、察言观色的习惯慢慢又开始出现。然而，这一次她不是让自己变得像原来那样容易停摆，她发现她能够识别原有模式，并立刻运用"不评判"方法让自我中心性自我在那一刻投降，让自己快速回到流动的存在状态上。

　　从这里，我们决定进一步深入我们的咨询工作，看看她的恐惧和焦虑模式是什么。她的研究生班在一周后要做一场重要的报告，这使她异常焦虑。她已经为此度过了好几个不眠之夜。

　　当患者描述她对展示报告感到焦虑时，我问她是否有什么方法可以保证她的未来皆在掌控之中。Krishnamurti(1954 年)会告诉她说，她的分离性自我正在试图获得安全感，但这些都不起作用，因为这是不可能的。唯一的答案是此刻的无选择觉察，当她能够意识到心智毫无帮助时。

　　对于她的建议就是让她意识到，她现在所能做的就是投降，而在她展现投降的那一刻，她便放弃了她的分离性自我对自己的掌握。她坐在那里，陷入沉思，意识到她自己真的无能为力。当她意识到，在这一刻她真的无能为力时，一种放松的觉察之光从她身上闪过：她能做的就是在接下来的时刻，或者在她进行演讲的那一刻放手，不作任何判断地享受这一刻。我们又花了几分钟时间，让她沉浸在这个新的认识中。这对 Cindy 来说是一个关键的认识，并帮助她释放能量，以满足她硕士课程的需求。她并不总是生活在非二元存在中，但是当她陷入对未来心理安全的幻想中时，她能够控制住自己，并且能够放开她的大脑为保证她的安全所做的强迫性努力。这是我们最后一次在一起治疗，尽管 Cindy 偶尔还会来。她说她在两年内完成了硕士学位，然后成为一名家庭治疗师。她不断地回到这种认识中，意识到在这一刻，她可以从自我对认可和安全的所有要求中解脱出来。

结　　论

所有现代西方科学—天文学、物理学、生物学、医学、信息系统科学、深度心理学、心灵学和意识研究—所取得的革命性发展中，它们最让人兴奋的方面，实际上是这些学科所揭示的宇宙新面目和人的本质，都愈来愈与古人和东方精神哲学所揭示的情况相类似，诸如不同体系的瑜伽、西藏密宗、克什米尔哲学学校、禅宗佛教、道教、卡巴拉教、基督教神秘主义、诺斯替教等。似乎我们现在正在努力的方向，是将古代和现代进行一次意义非凡的综合，以及将东方和西方那些对地球上生命影响深远的非凡成就进行整合，虽然这些整合是一项任重道远的工作（Grof，1983，p. 33）。在我们的生命中，有一些事情是未解之谜，这些未解之谜从心智层面也许永远没有答案或得不到解决。因此，想在这个混沌的世界中寻求生命的意义所在，很容易悲观绝望。加缪（Camus，1947）将这个过程比喻成石头滚下来之后，再推着石头上山。换句话说，生命就是"坚持"的过程，并将此作为超越失败所带给自己的"黑暗"的方式。另外，"坚持"也是一种管理自身能量的方法。尽管如此，当出现自我困惑的时候，那么不出意外地，人们将会很难去发现这些答案。加缪是通过将生命的荒谬浪漫化来处理这个问题的。当然对于加缪来说，其悲剧之处在于"冲突"太多，或者说是生命的荒诞之处太多，以至于他无法应对，最终在一个大雨磅礴的夜晚将自己淹死在塞纳河中。

超个人方法的目标，是帮助其他人把这种僵局看作是一种超越自身的挑战，也是一个转化的机会，可以帮助人们摆脱自私和分离性自我的挤压，将能量转移到自我超越、非二元存在和无私的状态。生活为每个人提供了一个转变的机会，成为具有敏锐觉察、富有同情心、和活在当下的人。瑞士的哲学家和诗人亨利·弗雷德里克·埃米尔(Henri-frédéric Amiel)曾说过,"只有通过教育,我们才能自学;只有通过联系,我们才能观察;只有通过确认,我们才能检验;只有通过写作,我们才能思考;只有通过抽水,我们才能把水倒回井里去。"

自然在超个人心理学中不仅被用作一个隐喻,还被看作是进行超越的方法,我们对此不必感到奇怪。因为自然中的奥秘之一,就是它不够完美,它是不够对称的。大自然永远无法像我们在生活中的不同地方看到的山脉那样被定义。当我们凝视山的形态与壮美之时,我们永远不会确切知道山为什么如此的让人心驰神往。并不让人吃惊的是,大自然会给我们带来类似于我们对所爱之人的感觉,因为他们都不是我们能精确定义的。然而,当我们不去试图限定友谊、爱情和自然的定义时,它们自己就会显现出来;当我们设法在脑海中去定义生命的时候,其结果是我们在用一种完全掌控的态度去理解和感受生命,我们得到的只有困惑。在这过程中所发生的,其实只是用我们脑海中的观念进行操控,而这些理念是认为自己与它们是相区别的。当我们如此行事时,其结果就是我们自己限制了友谊、爱情、自然,最终也会限制我们自身。也许这也揭示了一个道理,就是我们都是设法掌控自己生活的人。但是我们所做的一切,都是要将自己带回到Adyashanti(2008)描述的向自发性投降的状态,"放开分离性自我的错觉,放开我们思考世界的方式,放开我们认为它应该是怎样的思维"(p. 163)。当我们能够做到放开的时候,生命就有了流动的感觉,就像水那样。因此当我闭上眼睛,看到水的映像之时,我会停止思考和分析,只是想水就在那儿,接受那里的一切。正是由于河流的灵性,才让悉达多感受到了智慧和平静;当人们走向某个极性,并不断重复时,需要记住的是,谁也无法保证在生命中或关系中没有伤痛。人们会经历快乐,但是也会经历痛苦。就像水那样,痛苦和快乐总会消失,但它们总会回来。我们需要记住,离开和回来只是同一事物的两个方面。

参 考 文 献

Adyashanti(2008). *The end of your world：Uncensored straight talk on the nature of enlightenment*. Boulder，CO：Sounds True.

Almas, A. (1996). *The point of existence: Transformations of narcissism in self-realization*. Berkeley, CA: Diamond Books.

Almaas, A. (2008). *The unfolding now*. Boston, MA: Shambhala.

Arasteh, A. R. & Sheikh, A. (1989) Sufism: The way to universal self. In A. Sheikh & S. Sheikh(Eds.), *Eastern and Western approaches to healing: Ancient wisdom and modern knowledge* (pp. 146—179). New York, NY: John Wiley.

Assagiolo, R. (1973). *Psychosynthesis*. New York, NY: Hobbs, Dorman.

Baron, R. Kerr, N, &. Mille, N. (1992). *Group process, group decision, group action*. Pacific Grove, CA: I Brooks/Cole.

Beck, D. & Cowan, C. (1996). *Spiral dynamics: Mastering values, leadership, and change*. New York, NY Wiley-Blackwell.

Boorsten, S. (1994). Spiritual issues in psychotherapy. *Journal of Transpersonal Psychology*, 26(2), 95106.

Brazier, R. (1995). *Zen therapy*. Boston, MA: Allyn and Bacon.

Bucke, R. (1923). *Cosmic consciousness*. New York, NY: E. P. Dutton.

Camus, A. (1947). *La Peste*. London, UK: Penguin Books.

Catholic Encyclopedia. (n. d.) St. Catherine of Genoa. Retrieved from http://ww. newadvent. org/ cathen/03446b. htm.

Cook-Greuter, S. (1990). Maps for living: Ego development stages from symbiosis to conscious universal embeddedness. In M. Commons etal. (Eds), *Adult development. Vol. 2: Models and methods in the l study of adolescent and adult thought*. New York: Praeger Publishers, pp. 79—104.

Cortwright, B. (1997). *Psychotherapy and spirit: Theory and practice in transpersonal psychotherapy*. Al-ibany, NY: State University of New York Press.

Coxe, D. (2003, June 9). The new info emic age. *Maclean's*, p. 36.

Das, B. R. (1970). Lecture at the Menninger Clinic. *Journal of Transpersonal Psychology*, 2 (2), 45—98.

Duran, E. & Duran, B. (1995). *Native American postcolonial psychology*. Albany, NY: State University of New York Press.

Elliot, T. S. (1944). *Four quartets*. New York, NY: Farber and Farber. Forsyth, D. (1999) Group dynamics(3rd ed.). Belmont, CA: Brooks/Cole.

Gilligan, C. (182). *In a different voice: Psychological theory and women's development*. Cambridge, MA: Harvard University Press.

Goleman, D. (1988). *The meditative mind: Varieties of meditative experience*. Los Angeles, CA: Jeremy P Tarcher.

Gro S(1983). East and West: Ancient wisdom and modern science. *Journal of Transpersonal Psychology*, 15(1), 134—167.

Grof, S. (1985). *Beyond the brain: Birth, death, and transcendence in psychotherapy*. Albany, NY: State University of New York Press.

Grof, S. (1988). *The adventure of self-discovery*. Albany, NY: State University of New York Press. Hixon, L. (1978). Coming home. New York, NY: Anchor.

Huxley, A. (1945). *The perennial philosophy*. New York, NY: Harper and Row.

Happold, F. C. (1963), *Mysticism*. Baltimore, MD: Penguin Books.

Hoover, T. (1980). *The Zen experience: This historical evolution of Zen through the lives and teachings of its great masters*. NY: New American Library.

Humphreys, C. (1968). *Concentration and meditation*. Baltimore, MD: Penguin Books. Hutton, M. (1993). How transpersonal psychotherapists differ from other practitioners: An empirical study. *Journal of Transpersonal Psychology*, 26(3), 139—174.

Katie, B. (2002). *Loving what is*. New York, NY: Harmony Books.

Kohlberg, L. (1981). *Essays on moral development*. Vol. 1. San Francisco, CA: Harper & Row.

Kegan, R. (1982). *The evolving self: Problems and processing human development*. Cambridge, MA: Harvard University Press.

Krishnamurti, J. (1954). *The first and last freedom*. New York: Harper and Row.

Leuger, L, & Sheikh, A. (1989). The four forces of psychotherapy. In A. Sheikh & S. Sheikh (Eds.), *Eastern and western approaches to healing: Ancient wisdom and modern knowledge*. New York, NY: John Wiley, pp. 197—236.

Loevinger, T. (1976). *Ego development*. San Francisco, CA: Jossey-Bass.

Maslow, A. (1968). *Toward a psychology of being*. New York, NY: Van Nostrund Reinhold.

Maslow, A. (1971). *The further reaches of human nature*. New York, NY: The Viking Press.

Piaget, J. (1977). *The essential Piaget*. New York, NY: Basic Books.

Polster, I. (1966). Imprisoned in the present. The *Gestalt Journal*, 8(1), 5—22.

Osho(1994). *Hsin Ming: The book of nothing*. Pune, India: Osho International.

Ramaswami, S. & Sheikh, A. (1989). Buddhist psychology: Implications for healing. In A. Sheikh & S. Sheikh (Eds), *Eastern and Western approaches to healing: Ancient wisdom and modern knowledge*. New York, NY: John Wiley, pp. 91—123.

Rumi, J. (1995). *The essential Rumi*. C. Barks, (Trans.). San Francisco, CA: Harper.

Sheilkh, A. & Sheikh, K, 1989. *Eastern and Western approaches to healing*. Toronto: John Wiley & Sons.

Small, I. (1982). *Transformers: The therapists of the future*. Marina del Rey, CA: Devorss & Co. Toll, E. (1997). *The power of now: A guide to spiritual enlightenment*. Vancouver, BC: Namaste Publishing.

Vanier, J. (1998). *On being human*. Toronto, ON: House of Anansi Press.

Vaughan, E. (191). Spiritual issues in psychotherapy. *Journal of Transpersonal Psychology*, 23(2), 105120.

Walsh, R. (2011). Asian psychotherapies, In R. Corsini & D. Wedding(Eds.), *Current psy-*

chotherapies(pp. 568—603, 9th ed.). Itasca, NY: F. E. Peacock.

Walsh, R, & Vaughan, E. (Eds.)(1980). *Beyond ego*. Los Angeles, CA: Jeremy Tarcher.

Walsh, R. & Vaughan, E. (1993). On transpersonal definitions. *Journal of Transpersonal Psychology*, 25(2), 199—208.

Washburn, M. (198). *The ego and the dynamic ground*. Albany, NY: State University of New York Press.

Washburn, M. (1994). *Transpersonal psychology in psychoanalytic perspective*. Albany, NY: State University of New York Press.

Whitfield, C. L(1984). Stress management and spirituality during recovery: A transpersonal approach. Part III: Transforming. *Alcoholism Treatment Quarterly*, 1(4), 1—54.

Wilber, K. (1977). *The spectrum of consciousness*. Wheaton, IL: Quest.

Wilber, K. (1986). *The spectrum of development*. In K. Wilber, J. Engler, & D. Brown (Eds.), Transformations of consciousness(pp. 65—159). Boston, MA: Shambhala.

Wilber, K. (1990). *Eye to eye: The quest for the new paradigm* (rev. ed.). Boston, MA: Shambhala.

Wilber, K. (1995). *Sex, ecology, and spirituality: The spirit of evolution*. Boston, MA: Shambhala.

Wilber, K,(1997). *The eye of spirit: An integral version for a world gone slightly mad*. Boston, MA: Shambhala.

Wilber, K. (2000). *Integral psychology*. Boston, MA: Shambhala.

Wilber, K. (2006). *Integral spirituality*. Boston, MA: Shambhala. Yalom, I. (1980). Existential psychotherapy. New York, NY: Basic Books.

Zajonc, R. B. , Heingartner, A. & Herman, E. M. (1969). Social enhancement and impairment of performance in the cockroach. *Journal of Personality and Social Psychology*, 13, 83—92.

21. 一个超个人跨文化心理咨询理念和方法介绍

阿瓦·巴哈拉米 & M. 奥诺雷.弗朗斯

> 主啊,我从没聆听动物的喊叫,或树的沙沙,或水的潺潺,或小鸟的歌唱,或风的瑟瑟,或雷电轰鸣,没有感受它们是我完整性缺失的明证,也是我与其他事物相隔离的证据(Nicholson,1922;p. 12)

关于苏菲这个词究竟是什么意思,有相当多的争论。最广为接受的意思可能来自阿拉伯语的词汇 suf("wool,羊毛");因此,苏菲的意思是一个穿着像苦行僧羊毛衫的人。据历史学家认为,苏菲第一次出现是在公元七世纪末和八世纪初的波斯,是作为一种群众运动,用来反对占据统治地位的乌玛亚(Umayyad)家族的奢侈和堕落的作风。苏菲"谴责哈里发(Caliphs)、大臣和商人的奢侈,并呼吁人们回归阿布贝克(Abu Bekr)和奥马尔一世(Omar I)的简朴"(Durant,1950,p. 258)。他们不仅谴责政府,而且还谴责清真寺僵化的宗教仪式。苏菲认为这些仪式是对"人们达到神秘体验状态的一种阻碍,在这种神秘体验状态下,灵魂得到净化,远离所有世俗的诱惑,人们不仅得以享见天主,而且还能上升到和真主的统一"(Durant,1950,p. 258)。哈桑(Hasan,公元 728 年)是一位来自巴士拉的苏菲早期的思想家,他劝诫阿拉伯世界恢复到先知的严格信条对人的约束,即人们应该为审判日做好准备,并时刻牢记生命的短暂性。这种对上帝之爱的强调,带来了从禁欲主义到神秘主义的转变。另一位早期的来自巴士拉的苏菲教师拉比亚(Rabia,公元 801 年),她是位女性,被认为是苏菲的圣人。她颂扬说,真主爱世人不是因为世人对天堂的憧憬和对进入地狱的恐惧,而是认为其人们自身的善恶。

这也就不足为奇为什么苏菲会被传统主义者所批评了,批评者们害怕苏菲对上帝的个人体验方面知识的专注,可能会导致人们忽视已确立的宗教仪式。最困扰这些批评家的是苏菲的与真主合一的理想,这是对真主分离原则的否定。因此,那些声称与真主有神秘交流体验的苏菲信徒受到迫害。后来的追随者,如伊本·阿拉比(Ibn Arabi,公元 1240 年)和辑里(Jili,公元 1428 年),确实传播的是一种通神一元论。他们将传统的神学立场与温和的苏菲结合起来,这导致了阿拉伯世界对神秘主义的广泛接受。苏菲通过鲁米的神秘主义诗歌和宗教兄弟会的形成得以更加广泛地传播。这些兄弟会成员们深入研究教义,在神秘体验导师或"圣人"的指导下不断成长和发展,导师或圣人会帮助成员们学习与真主进行直接交流。此外,苏菲还通过著名的波斯苏菲教徒 Hujwiri 和 Ghazzali 的工作,得到了强劲发展,他们出版了多本关于苏菲的书(Werbner, 2003, p. 4;Dehlvi, 2009,p. 100)。

苏菲的另一位早期宗教教师是波斯诗人阿塔尔(Farid al-Din Abu Hamid Attar)。阿塔尔出生于 1142 年左右,卒于 1221 年前后。阿塔尔关于苏菲的作品被认为是苏菲主义的权威之作,他的传记由优美对称的押韵散文组成,被认为是波斯和阿拉伯世界最优美的作品之一。他最著名的作品是《飞鸟集》(Conference of the Birds),创作了许多被后来的诗人们广泛使用的隐喻故事。在阿塔尔看来,追求者不必屈从于真主,而是应该与神合一:

> 如果他们一起看这两个人,他们都是西莫(Simurgh,追求者和被追寻者的名字),彼此并没有什么不同。这个人也是那个人,那个人也是这个人;这样的事,世上从未有人听说过。(Arasteh,1980,p. 92)

苏菲内部在生活方式上也有所不同,有的苏菲成员并不住在修道院,而是以乞士的身份四处流浪。他们提倡神秘主义的做法,其中包括吟唱和舞蹈形式下的狂喜和催眠仪式。苏菲最有趣的活动之一是旋转舞(Whirling dance)。这种舞蹈也被称为苦行僧舞,因在中间旋转跳舞的往往是苦行僧而闻名。旋转舞是一种极端的宗教仪式,常伴随着跳舞人的大声嚎叫。苦行僧人通常由一位掌握深奥知识的教士或教长(Sheikh)领导,这些教长的追随者认为教长们拥有 silsila("一条锁链"),这条锁链能够将初学者和他们的宗教老师联系起来,比如通过一系列圣人等方式。

人神合一思想与苏菲主义

苏菲的核心思想之一是其看待人与神的关系。苏菲的追随者们把人类想象成爱人者,而上帝则是被爱者。这与宗教创立时期的思想天差地别,那时的人们被描绘成神的仆人,而神则被描绘成仁慈的、看不见的主。在苏菲看来,爱人者和被爱者之间的关系可以发展到统一的地步,当爱人者与被爱者统一的时候,彼此之间会变得难以区分。换句话说,人与神之间并没有区别。这种将人与上帝合一的表述方式,最初是由波斯神秘主义者巴亚齐德·巴斯塔米(Bayazid Bastami,公元 874 年)提出并传遍苏菲的:"30 年来,上帝一直是我的镜子……现在我认为,上帝也是我自己的镜子,因为上帝用我的舌头说话,而不是'去世了'"(Dehlvi, 2009, p. 86)。

鉴于巴亚齐德·巴斯塔米来自索罗亚斯德(Zoroastrian)家族(Dehlvi, 2009),人们必须在查拉图斯特拉(Zarathustra)的教义中寻找巴亚齐克(Bayazid)兴盛的历史背景。查拉图斯特拉是一位生活在公元前 18 世纪左右的波斯先知(Kiani, 2009, 22)。在索罗亚斯德教中,神(阿胡玛兹达)以及神与凡人的关系的思想,吸引着人们将阿胡玛兹达作为灵魂伴侣,他由此成为人们灵魂伴侣的至高存在之一。神人关系思想,也许在 19 世纪德国哲学家弗里德里希·尼采(Fredrich Nietzsche)的著作《查拉图斯特拉如是说》(Thus speak Zarathustra: A book for all and none)中得到了最好的描述:"我爱着那个因为爱着他的上帝而惩罚上帝的人……我唱着,笑着,咕哝着赞美那个是我上帝的上帝"(pp. 85, 99)。然而,查拉图斯特拉的上帝似乎并不是天上那个看不见的上帝:"曾经对上帝的亵渎(这里指的是看不见的上帝)是最大的亵渎;但上帝死了,那些亵渎上帝的人也死了"(p. 89)。因此,查拉图斯特拉教导人们有一个超越人性的至高存在。这与认为上帝具有许多人的特征的思想相反,比如上帝观察人们的每一个行为,会基于人们的行为善恶进行奖惩,在人们由有需要的时候会帮助他,等等。统一的思想在查拉图斯特拉的教义中也很明显,用尼采的话来说就是:"瞧,我教你们成为超人……人是在动物和超人间不断被拉扯的一根绳子"(p. 88)。查拉图斯特拉教导人们说有一种存在状态,尼采称之为 Ubermensch(超人)。一旦人成为超人,他就能够与至高存在合为一体:"现在我是光,现在我在空中飞翔;现在我看见自我下面的我,现在我的身体中有着一个在跳舞的上帝"(p. 194)。巴斯塔米向苏菲世界介绍了人可以达到神的存在状态的思想,正是这个思想导致了他被流放到远方。

巴斯塔米的故事并非苏菲的个别事件。巴斯塔米死后不久,伊朗南部成为了另一个波斯苏菲兴盛之地:弹棉花者(Cotton Processor)曼苏尔(Mansur),阿拉伯语中的"弹棉花者",翻译过来就是曼苏尔·哈拉智(Mansur Al-Hallaj)。曼苏尔·哈拉智是苏菲最杰出的代表人物之一,他出生于大约公元 858 年。哈拉智很早就与苏菲决裂;当他开始布道时,他公开披露了他在麦加朝圣后的神秘体验。当他在巴格达宣扬"我是真理"的言论时,随即被指控亵渎了神明,统治者以异端邪说和江湖骗子为由将他逮捕,对他严刑拷打,并最终于公元 922 年被当时的统治者阿巴斯斩首。有趣的是,哈拉智也是来自于索罗亚斯德教(Mojaddedi, 2003)。

在巴斯塔米和哈拉智之后,认为人们与至高存在是相爱的关系,人们可以与造物主相统一思想,开始在波斯苏菲和波斯以外的苏菲中变得很流行。然而,要达到与神合一,人们必须首先超越灵性扩展的不同阶段。

人格结构和人的发展阶段

苏菲经常用故事来解释重要的信仰和观念。我们从下面鲁米(Rumi)写的关于一群中国和希腊艺术家的故事中就可见一斑(尽管他们的国籍对故事来说并不重要)。两组艺术家都声称自己是最好的画家,所以国王给了两组艺术家每组一个房间进行创作。中国画家要求国王提供数以百计的颜料,把他们的房间用精细的颜色和复杂的图案进行装饰。然而,希腊画家说他们不需要任何东西,他们把所有的时间都花在了打磨墙壁上。最后,希腊画家的墙壁像一面镜子一样闪闪发光,而中国画家则用精美的图画把他们的墙壁画得非常漂亮。这两个房间都很漂亮,但是当国王看到像一面镜子一样的房间时,他决定这是最漂亮的。这个被抛光的房间反映了苏菲的理念，一个人的心和头脑都应该是清晰的，要能够反应许多现实的开放性和纯洁性。同样地，每个人都必须为包含七个阶段的神圣道路而奋斗。

苏菲式心理治疗体验

苏菲助人过程的核心，强调的是体验而不是说教。人们的完整性需要通过发展一种灵性态度和让自己变得更富有觉察力来寻求实现。苏菲认为，当人们能够体验到上帝的全部的精神状态时，他们会洞察到大我的存在。也就是说，人们必须通过发展卡里·纪伯伦(Kahlil Gibran, 1933)所说的"大我"状态，来追求更大程度的精神层面的完美。纪伯伦说，

> 你不是被封闭在你的身体里，也不是被限制在房屋或田地里……你是在你所居住在的山上和随风舞动的枯叶里……它是一种自由的流动，是一种包围着地球并在另一个世界中移动的精神。(p. 91—92)

作为一种体验过程，苏菲认为体验是达到和实现对自我、他人和世界保持敏感的唯一途径……学习和获得知识并不是通过条件作用，而是通过全然接触和体验某物或某人作为一种至关重要的生命力而发生的。如果人们想要了解自然，那么绝不能只是简单地观察它，而是必须通过让自己成为自然的一部分来体验它。根据 Arasteh 和 Sheikh(1989)所述，

> 体验与行为应该是相互重叠的，内在和外在表现完全相同；但在许多情况下，行为却是体验的合理化或抑制的结果——它是一种掩饰或伪装。体验的本质是有机性和启发性的，而行为具有条件作用结果的特征……事实上，那些准备走上苏菲道路的人，首先必须将自己"去条件化"。(p. 150)

一旦能够去条件化，人类就会发现至高存在的一部分便隐藏在他的身体里，唯一阻碍与被爱者合一的障碍就是身体本身。后者指的是在苏菲文献中常见的

另一个概念：*istishrag*，即"探求东方"（Quest for Orient）。这里的东方并不是地理学概念上的东方，而是隐藏在人体和灵魂深处的东方位置。在苏菲的术语中，人类一出生就进入了被流放的状态（Qorbat），而流放通常指的是向西方流放，与西方相对的则是神秘的东方。因此，苏菲人指的是能够"意识到自己孤独处境的人……"（Shariat，1989，p. 99）。

内在体验不仅是神秘的，而且它也是让人们得以再生或重生的手段。"内在之旅"实际上是一个不断超越"罪恶"自我的过程，而这往往是由于人们生活在物质世界中所引起。肉体欲望，物质成瘾，贪婪，嫉妒，自私和其他世俗的欲望，只要人们愿意，都可以将之从自己身上去除。这个过程是对上帝全能力量的认同过程，表现为个体拥有创造性的自我意识。Arasteh 和 Sheikh（1989）将其描述为类似格式塔理论中的"我-你"思想：

> 你可以是任何欲望的指向对象，而"我"可以是在任何阶段被适当的欲望对象所激发的任何人。在你我合一的过程中，最根本的点是探索者的内在动机。心灵必须从内在得到激励。你，作为欲望的对象，必须要足够有价值。（p. 151）

心灵的纯洁，以及与之相对应的意图的纯洁，是探求者最重要的方面。心灵应该像一面镜子，能够反映出造物主的态度或本质上的"真理"。如果这种情况没有发生，那么我们的心智就会变得浑浊，充满了诸如愤怒、固执、自私、贪婪、嫉妒等消极品质（Arberry，1961）。"真理"总是高度个人化的，因此人们从来不会向别人解释。每个人都必须通过全神贯注地寻找他/她自己的"真理"，在"真理"中，自己所寻求的对象或状态就成为了你自身。这种双重性可以产生一个全新的状态。在这种状态中，"人们能够觉察到自己以前的状态，并能进行象征性、整体性的交流，并通过体验性的媒介进行沟通"（Arasteh & Sheikh，1989，p. 153）。

苏菲式心理治疗过程

遵循苏菲治疗过程的"探求者"必须以完全开放和虔诚的态度对待这个过

程。原因在于苏菲的治疗方式是一个高度个体化的过程。为了超越人的本性，探求者必须要被净化(例如，变得纯真)。苏菲治疗过程可以分为三个阶段：文化自我启蒙阶段、自我品性阶段和自我本质阶段。该过程必须遵循两个不可分离的步骤。第一，社会自我、自我心智和部分灵魂的消解(fana)；第二，必须要有宇宙自我或世界性自我的再整合(baqa)。每个人都有能力成为个人发展的积极或消极力量。每个人要进行超越感情或理智的斗争，调和这些不和谐的存在因素。在 Arasteh 和 Sheikh(1989)看来，

> 这些不和谐经常出现在(1) nafs e amareh(我们与生俱来的促使我们倒退和出现邪恶行为的力量)与理性之间；(2)理性和 nafs e mutmaana(确定性的确认)之间；(3)人格成长最终状态中的直觉与理性之间。(p. 153)

这几个方面的不和谐通常会导致人们以自私的方式行事(例如，欲望剥夺了人们的智慧和尊敬，物质享乐剥夺了人们的成长)。生命的要义是要与万物合一，只有人们放弃"社会自我"，拥抱"宇宙自我"后才能实现。在某种意义上，每个人都有成为神的潜力。也就是说，每个人都有能力发展自己善的一面，如果他们愿意的话。然而，对于一些人来说，让他们理解超越自己并不容易。这种领悟可能需要付出大量的努力，也可能突然出现。答案总是让人难以捉摸，但清晰的觉察只能在内心才能找到，而不是通过别人的教化。因此，很重要的一点是我们要善于反省自己，并努力消除那些通过社会化而被形成的心理障碍。当人们觉察到宇宙自我时，就会认识到自己是怎样的存在。

作为导师的助人者

虽然答案就在心里，但苏菲认为这个过程异常艰难，探求者应该有一个精神导师(pir)。导师与探求者分享他/她的精神发展经历，并且扮演一个试金石的角色，以确保探求者的感受，想法和行动在正确的方向上。导师，作为助人者或治疗师，协助探求者避免落入陷阱中(例如，自欺)。虽然导师有精神发展历程的经验，但他并不是老师。Arasteh 和 Sheikh(1989)强调说，导师

不能通过说教来进行教导,而只能建立一种情境,在这种情境中,具有灵感的新手能够体验到他或她应该体验到的。当然,他或她只能体验到那些与他或她的精神状态接近的情境。(p. 156)

导师应该能够通过心电感应(tele),或感同身受("心与心")与探求者们进行交流。导师给予,探求者接受;相反地,探求者给予,导师接受。变化的过程是循序渐进的,当探求者们超越他们的社会自我时,对导师指导的需求就会减少:"这种指引能够促进重生;导师只是作为这条道路上的一个过渡"(Arasteh & Sheikh, 1989, p. 156)。当探求者变得更强大或更有觉察力时,他/她的视觉(镜像)将变得不再那么模糊。重生的阶段开始于

- 对障碍的觉察;
- 忏悔(tubeh);
- 避免不道德行为(vara);
- 虔诚(zohd);
- 耐心(sabr);
- 信任(tavakul);
- 赎罪(reza)。

在这个治疗过程中,探求者学要会成为他们自己心理的观察者,或者发展出用他们的探求对象来衡量自我精神发展水平的能力。当他们走向开悟时,他们会体验到狂喜的意识状态。他们追求的目标可以得到加强,他们发展出了一种无条件爱所有人的神圣状态。这种感觉是一种与更大自我亲密相连的状态。当他们变得更安全、更自在时,他们会花很多时间进行沉思。到了最终阶段,他们可以实现与宇宙的统一。在这种状态下,他们会渴望更真实的生活,不需要过多物质的东西。

苏菲式心理治疗方法:冥想、舞蹈、诗歌和梦的工作

苏菲诗人鲁米(Rumi)写道:"灯有很多,但光却是一束。"苏菲会运用很多方法帮助人们认识这个一束光的思想。接受这一束光,你就能获得启迪、救赎、统

一和重生。方法可以从催眠治疗体验到冥想等多种多样。Hallaji(1962)曾描述了阿富汗苏菲治疗师用来诱导人们进入催眠状态的一种方法，治疗师首先带领患者诵读经文，然后对他们有节奏地吹气。接下来是更多的冥想和放松训练。这样精神疾病和身体疾病可以得到治疗。事实上，人们相信内在精神具有疗愈自我的力量。践行者可以加快这个过程并集中自己的能量。

冥想

达到自我实现的一种方法是通过冥想。虽然不同的践行者们的冥想练习各不相同，但冥想技巧都是从学习专注开始。在 Shafii(1985)看来，苏菲冥想共有三种类型：静默冥想(zikr)，正念冥想(mindful)和外在冥想(outward meditation)。

静默冥想基本上是被动进行的：一个人将注意力集中在呼吸或别的东西上，如神的名字(例如，不断重复阿拉伯语中所有可以用来称呼神的名字)，静默冥想就会出现。正念冥想是一种从思想、感觉和感受中解脱出来的存在状态。外在冥想则是使用诗歌或音乐，上帝或精神导师的名字进行，其目的是为了达到"空"(禅)或昆达里尼(kundalini，一种瑜伽教理)的状态，苏菲称之为法那(fana)。

我们可以想象一下苏菲的纪念仪式，在仪式上他们使用了这三个冥想过程。通过练习静默冥想，个体可以扩展他们的活力，增加灵性调谐，进而实现灵魂的平和。对苏菲来说，最重要的是定期与一个精神导师(pir)和其他探求者会面。有时，两个探求者会被配成一对，并要求他们定期会面，研究一个共同的主题。这个想法是为了帮助每个人与他人或他们的伴侣和谐相处。在下一阶段，探求者要在导师的指引下学会运用意志引导他们的能量，然后与不同的探求者进行常规练习。

> 苏菲冥想可以看作是一种精神发展方法，它的最终目的是为了帮助探求者们从这个虚幻的世界穿行到神圣的存在状态。当我们想象我们的精神导师时，通过他深思过的神圣知识会反射回我们的头脑。通过频繁的重复，追随者的心智达到了开悟的层次，他们获得了直接与导师交流的能力，获得了导师的精神觉悟。(苏菲冥想中心,2012)。

从本质上看，冥想可以帮助探求者超越自我，超越物质存在，与所有真理达到统一。在冥想中,心智变得虚弱,能够允许探求者观察自己的精神状态、经历和各种缺陷。冥想中所发生的是能量的爆炸,达到顶峰的狂喜,最终达到空的状态,在那里,你成为"虚无"或高于一切的存在,包括成为"上帝"。探求者可能会突然跳起旋转舞(sama)。Sama 在阿拉伯语中的意思是"倾听和聆听"。当一个人在旋转舞中,通过唱歌和聆听音乐而达到狂喜时,这种状态就会发生。

诗歌

许多神秘主义者用文字来解释存在和统一的深层概念。设拉子(Shiraz,伊朗城市)的哈菲兹(Hafez)就是这些神秘主义者之一,他的诗歌创造了伊朗神秘主义的复兴。在伊朗传统中,探求者们会将哈菲兹当成他们的精神导师:当在心中有疑惑时,探求者们向哈菲兹的神谕寻求指引,这时出现的诗歌就是一面镜子,通过这面镜子,寻求者可以看到自己灵魂的反射。

> 昨天晚上,一个神秘的知者,他拥有敏锐的感觉,秘密地来对我说:"一个人被你欺骗了,他不能掌握卖酒人的秘密。"
> 然后,他给了我一个杯子,这时天空上光芒四射,Zuhra(Venus,维纳斯)和 Lute-Striker(弹诗琴者)翩然而至,他们不停地说:"喝!"(Wilber-force Clarke,1997,p. 563)

在西方世界,13 世纪波斯诗人鲁米可能比哈菲兹更出名。鲁米是一位著名的阿拉伯律法学者的儿子,因此在很小的时候就有机会接触到著名的波斯神秘主义者,特别是尼沙布尔(Neyshabur)的阿塔尔。鲁米自己后来也成为了一名研究阿拉伯律法的学者,在他父亲去世后,鲁米继续他的宗教课程,这给他带来了前所未有的名望。然而,促使鲁米成为著名诗人和苏菲的,是来自伊朗西北部城市大不里士(Tabriz)的一位年迈的名叫沙姆斯(Shams)的苦行僧。沙姆斯是一位神圣的灵者,有一天他通过鲁米的门徒来到他面前:

> "如果你允许的话,我有一个问题请教!"沙姆斯说,这时鲁米已经意识到沙姆斯不是一个普通人,他恭敬地低下头,等着他提问,"他们之中谁的地

位更高，是伊斯兰的先知穆罕默德还是 Bayazid Bastami？"这个问题问倒了
鲁米。他的门徒们却不以为然，他们无法理解这个问题的深刻性，开始变得
义愤填膺。鲁米回答说："的确是穆罕默德更高。"他这么说其实是为了平复
人群的激愤。然而，在他的内心深处，他知道沙姆斯所指的是巴斯塔米自己
就是"上帝"的事实；他与被爱者成为一体。

这件事促使鲁米请求沙姆斯做他的精神导师。沙姆斯后来被鲁米的门徒赶
出了这座城市，他们认为他代表的是腐朽的力量。然而，沙姆斯对鲁米的影响却
是永恒的，正是在他与沙姆斯的相遇之后，鲁米才成为了我们今天所熟知的诸多
美妙诗歌的创作者。鲁米最著名的诗句也许是他第一本书的开篇陈词：

> 听着这凄凉的芦笛，
> 呼吸，即使被撕裂
> 在这柔软的床上，也有一种紧张感，
> 充满激情的爱和痛苦。
> 我歌唱的秘密，虽然近在咫尺，
> 却没有人能看见，也没有人能听见，
> 哦，如果朋友知道这个秘密，
> 那他的灵魂和我的灵魂融合在一起。（Nicholson，1950，p. 31）

舞蹈

"人们用萨玛（Sama）来实现这些高峰体验"（Arasteh & Sheikh，1989，p.
158）。事实上，运动——尤其是旋转运动——会导致人们出现更深层次的意识，
积极的能量"像火一样被点燃"，探求者会进入到一个不同的状态。当探求者迈向
重生时，这些体验或激情将仍然占据主导地位。当情感在舞蹈中达到顶峰时，探
求者对所有事物都充满了爱。这是因为探求者意识到，他们已经变得"完整"了。
由于社会强化所导致的精神、身体和心智的分裂消失了，一种新的力量感出现了。
当探求者认识到万事万物作为整体存在时，冲突就无关紧要了。Arasteh 和
Sheikh(1989)将这种洞察描述为，人们开始认识到"进化的基础不是冲突（或竞

争),而是爱的积极力量,[而且]他们发现爱人者和被爱者都是来自爱"(p.190)。

在 Ghazzali(转引自 Shafi,1985)看来,苏菲在他们的历史中一直使用萨玛。每个人心中都有一个神秘部分,探求者必须揭开它:

> 全能的神在人的心里藏了一个秘密。这个秘密就像包藏在铁块中的火。当石头击中铁块时,隐藏在其中的火就会显露出来……萨玛,还有听着美丽和愉快的音乐产生的感动,便是隐藏在内心里的宝石。它创造了一种自发的情境,将人的心灵与宇宙和精神世界联系起来。世界是美丽和谐的世界。任何节奏、美好与和谐都是那个世界的表现……美丽的声音和动听的歌声都是那个世界美妙的反应。萨玛在人们心中创造了全新的觉察,带来了全然的喜悦(shauq)。如果一个人的内心充满了强烈的爱和对被爱者全然的喜悦,萨玛会在人们内心煽起火焰。(1985,p.155)

梦的工作

梦是另一种获得感悟的非常盛行的方法。苏菲一直推崇梦的作用,并将其视为帮助潜意识离开意识世界(社会自我)、进入更纯粹的自我世界(真实自我)的一种方式。由于真实自我与社会的逻辑和文化是一致的,因此智慧可以通过直觉和要义来进行呈现。随着洞察力的增长和知识的不断丰富,探求者会体验到一种全新的意识状态,在这种感觉中,

> 他们的心智得到启蒙,视野也得到提升……现在,普遍信任出现了;想象、困惑、幻想和怀疑全部消失……他们成为所有存在的映像。剩下的将会成为真理;他们凭直觉领会真理……因此,它们都与促使人们变化的事件有直接关系……他们似乎是无意识的,虽然他们体验着一个像梦一样的觉察。(Arasteh & Sheikh,1989,p.159)

结　　论

苏菲传统可以追溯到很早的时候;不过,苏菲最终发展成为一种能够治疗心

灵的精神力量。苏菲成员遍布于世界各地,他们重视人类的精神层面。虽然对于信奉苏菲的人来说,接受唯一的真神很重要,但对其他宗教信仰也是宽容的。传统主义者可能会说,一个人必须接受上帝,而更自由的信徒则会说,一个人必须接受上帝,不管人们怎么称呼上帝,上帝都是非物质的存在:寻求真理更为重要。然而苏菲不具备神秘主义的非有神论形式,也就是佛教。苏菲的关注点始终是人们与造物主(上帝)的结合。因此,苏菲,作为一种神秘体验形式,提倡从那些能够在直接体验中获得知识的体验相关联。苏菲作为一种心理治疗形式,不仅是高度情绪化的,它也是高度哲学化的。诗性语言是中东地区一种常见的表达方式,在描写苏菲的伟大作品中,诗性语言往往是一种载体。毫不奇怪的是,像火、黑暗、内心之旅、灵魂的微光和对未知的了解等意象是对神秘体验的一些常见描述。

当人们脱离自然、进行二元思维和分裂时,人性就已被异化了。方法论虽然是神秘主义的,但使用的方式却是人类常见的(如舞蹈、冥想、音乐和诗歌,仅举几个例子)。不过,冥想是精神导师所使用的主要技巧。人类已经被误导;只有通过重新集中能量,人们才可以更加和谐地与自己、世界和上帝相处。事实上,与上帝所代表的圣洁性融合是苏菲的首要目标。在西方,苏菲之所以吸引了许多治疗师,是因为苏菲看重的不仅仅是情感和智力因素。苏菲重视精神的力量,Deikman(2012)将其比作被仆人接管的房子。在 Deikman 看来,仆人是智力和情感,而主人则是精神。没有精神,人是不完整的。从这个意义上说,没有精神的帮助,助人或疗愈是不可能完成的。苏菲心理治疗方法——无论是冥想、梦的工作还是运动——通常都带有一种神秘的体验,而这种神秘体验则会成为人们达到巅峰体验的精神手段。从某种意义上说,这个时候的人正在把自我扩展到超出人类意识的普通领域之外。在这种状态下,顿悟发生了,苏菲可能称之为"触摸上帝的脸"。对于苏菲来说,这种精神状态是一种神秘的体验,也是人类认知的最高境界。作为一种媒介,神秘主义可以通过冥想、祈祷和禁欲戒律来实现。此外,苏菲还包括狂喜、悬浮、梦、视像和力量的体验,以洞悉人类的心灵、进行疗愈,以及激发其他不寻常的行为。在这些超个人体验中,苏菲报告说,这些体验总是直接的、汹涌澎湃的,也是脱离现实的。然而,这些体验或知识并不一定是合理的,因为它是高度个体化的,事实上,它不需要被体验这些体验以外的人所理解。

　　但是人们什么时候知道他们必须接近内在力量呢？Idries Shah(1981)是西方苏菲最有力的倡导者之一，他用没有四肢的狐狸这样一个隐喻来解释。在故事中，一个人在野外观察到一只没有四肢的狐狸，想知道它是如何生存下来的。通过持续观察狐狸发现，狐狸生存下来靠的是等待狮子享用完猎物剩下的残羹剩饭。这个人将这看成是生活一课，试图像没有四肢的狐狸那样生活。于是他一个人坐在街角，等待生命意义的出现。但他不但没有学到更多，反而变得越来越虚弱。最后有一个声音问这个人说："你为什么要像一只没有四肢的狐狸？你为什么不做一只狮子，让别人从你的恩惠中受益呢？"换句话说，这个故事告诉我们，疗愈必须来自内在的力量，而智慧也不是从别人那里获得的。因此，"上帝提供食物，[人类]来做厨师"(Shah，1981，p.188)。

参 考 文 献

Arasteh，A.，& Sheikh，A.(1989). Sufism: The way to universal self. In A. A. Sheikh & K. S. Sheikh(Eds.)，*Eastern & Western approaches to healing*(pp.146—189). New York: NY: John Wiley & Sons.

Arasteh，A.(1980). *Growth to selfhood*. London，UK: Routledge & Kegan Paul.

Arberry，A. J(1961). *Tales from the Masnavi*，London，UK: London University Press.

Dehlvi，S.(2009). *Sufism: The heart of Islam*. New Delhi，India: Harper Collins Publishers.

Deikman，A.(2012). Sufism and psychiatry. http://www. australiansuficentre. org/article_sufism_psychiatry. htm

Durant，W.(1950). *The age of faith*. New York，NY: Simon & Schuster.

Gibran，K.(1933). *The prophet*. New York，NY: Alfred Knopf Publishers.

Kiani，B.(2009). *About Zarathustra's life*. In Persian. Tehran，Iran: Jami.

Sufi Meditation Center(2012). What is Sufi meditation? http://www. sufimeditationcenter. com/Whatis Sufimeditation. html.

Hallaji，J.(1962). Hypnotherapeutic techniques in Central Asian community，*International Journal of Clinical and Experimental Hypnosis*，10，271—74.

Mojaddedi，J.(2003). Hallaj, Abu'l-Mogit Hosayn. In*Encyclopedia Ironical*. Retrieved from http://www iranica. com/articles/hallaj-1

Nicholson，R. A.(1922). *The mystics of Islam*，Cambridge，UK: Cambridge University Press.

Nicholson，R. A.(1950). *Rumi，poet and mystic*(1207—1273). London: George Allen and Unwin Ltd.

Nietzsche，F.(1883). *Thus spake Zarathustra: A book for all and none*. T. Common，Trans.

The Project Gutenberg EBook ♯1998 release November 7, 2008.

Shah, I. (1981). *Learning how to learn: Psychology and spirituality in the Sufi way*. San Francisco, CA: Harper & Row.

Shafi, M. (1985). *Freedom from the self-Sufism, meditation and psychotherapy*. New York, NY: Humar Science Press.

Shariat, A. (1989). Iranian Sufism and the quest for the hidden dimension: Toward a depth psychology of mystic inspiration. *Diogenes*, 37, 92—123. Doi: 10. 1177/039219218903714606

Werbner, P. (2003). *Pilgrims of love: The anthropology of a global Sufi cult*. Bloomington, IN: Indiana University Press.

Wilberforce-Clarke, H. (1997). *The Divan-i-Hafiz*. Maryland, DC: Ibex Publishers.

22. 同情和无私的培养：内观的方法

M. 奥诺雷. 弗朗斯

长期以来,心理咨询的实践都是由西方的心理咨询范式所主导,但是许多来自亚洲的心理治疗同样提供了具有创造性和细致性的策略,这些策略很容易适应到其他各种治疗理论方法。内观法(Naikan)是助人者可以采用的最简单但也是最优雅的方式之一。内观是日本的一种心理疗法,其哲学根源于佛教的精神活动传统,非常强调对过去关系的反思。与许多其他来自亚洲的心理疗法一样,内观"主要关注存在和超个人层面,很少关注病理层面"(Walsh, 2010, p. 547)。"内观"的实质体现在其日语词根的意义:"内"(Nai),意为"内在的","Kan(观)",意为"观察或内省"。ToDo 研究所(2012)致力于发展各种心理健康的促进方法,它提供了一种更诗意的对内观的解释:一种"用心灵之眼看自己"的方式(www. todoinstitute. org/naikan. html)。ToDo 研究所用这样一个比喻来形容内观:站在山顶,眺望山谷;通过练习内观,一个人可以从中学到,人的视角所关注的焦点,可以通过将焦点从"变焦镜头"转移到"广角镜头"的方式来改变。当一切都在变化时,我们对现实的感知同样也会随之发生转移和变化。

我们需要知道的是,个人的问题和不满往往是现实自我和理想自我之间,或者是现实自我和应然自我之间的分歧造成的。佛教教义认为,生活经验比形而上学的思辨更有价值。对存在进行过多的哲学思考是一种能量的浪费,正如对自身状况的关注一样。即使过分关注一个问题,也会导致依附的产生。同时佛陀还教导我们说,生命不应该被看成是一个神秘莫测的需要我们去弄清楚的事物。不,生命应该是简单而实际的,我们应该接受周围发生的事件和环境,作如是观。为了强调这些观点,我们来看看诗人庄子的智慧：

> 荃者所以在鱼,得鱼而忘荃；蹄者所以在兔,得兔而忘蹄；言者所以在意,得意而忘言。吾安得夫忘言之人而与之言哉！
>
> （译文：竹笋是用来捕鱼的,捕到鱼后就忘掉了鱼笋；兔网是用来捕捉兔子的,捕到兔子后就忘掉了兔网；言语是用来传告思想的,领会了意思就忘掉了言语。我怎么能寻找到忘掉言语的人而跟他谈一谈呢！）

因此,当人们使用自以为是的方法来处理他们的焦虑和恐惧时,自然的东西就失去了。如果人们愿意让自己像水一样,那么他们就可以恢复自然,过一种更有建设性的生活。这里不能有任何假装,因为"水反映了现实带给它的任何东西"(Reynolds,1989,p.181)。当人们否认现实——无论是快乐还是悲伤——他们都在与自己的真实情感作斗争。"应该怎样"的想法阻止并妨碍他们与环境中不断变化的背景进行相应的变化。就像水那样,总是围绕着物体向前流动,而不是与岩石或其他障碍物作斗争。人们可以学会更加灵活,让自己跟得上自己赖以生存的环境的变化。

内观疗法的历史背景

内观最开始是为佛教净土宗(Jodo Shinshu sect of Buddhism)的祭司所进行的一种精神训练。净土宗强调佛陀的博爱和自我牺牲精神,以及强调这些品质是如何被用来帮助他人获得觉悟的。通过接受生命的本来面目,并愉悦地给予他人恩惠,信徒们能够得到从生死轮回中解脱出来的承诺。早期的精神训练包括内省禅修和禁食。在某些情况下,祭司们还会杜绝食物、水和睡眠,并进行其他形式的自我剥夺。现代意义上的内观疗法实践是在 50 年前由 Yoshimoto Ishin 所修订的："如今,我们的目标不必是宗教意义上的对于死亡的对抗；自我理解这一目标也是可以接受的"(Reynolds,1982,p.50)。随着内观修行的普及,它已成为一种更加理性、科学的心理治疗方法,但它也保留了佛教的诸多精神结构。有趣的是,内观疗法对日本监狱的影响最大。事实上,日本60％的监狱都曾经使用过内观疗法。监狱官员报告说,与没有采取内观疗法的囚犯相比,采取内观疗法的囚犯的再犯率显著降低了(Reynolds,1982)。内观疗法的人气正在日益上升,尤其是在那些与少年犯和酗酒者一起工作的人中,部分原因还在于内观疗法可以用于短期徒刑矫治和员工试用期的培训。

内观的理论基础

为了提升幸福感,佛教强调自律或自我控制,尤其强调那些支配或调节身体各方面的力量:

> 禅修是佛教最主要的心理治疗工具,它也可以从几个方面丰富西方传统的心理治疗:1)通过关注和夸大那些自我挫败的行为,形成对自我挫败行为的洞察;2)通过重新进行注意力训练,切断思维对行为的严格控制;3)通过激发下丘脑综合反应来减少交感神经活动。(Ramas wami & Sheikh,1989,p. 109)

通过探索早期的经验和目前的行为,使用内观疗法的患者,可以帮助他们摆脱自私的依恋,以及由于生活在以自我为中心的生活中的内疚感。虽然内省是由治疗师精心指导的,但患者会分享他们对从重要他人那里所得到的诸如照料、善意、物品以及其他重要礼物的相关记忆;自己对这些重要他人给予了什么回报;在与这些人接触过程中出现了什么烦恼、麻烦、欺诈、小气和其他自私的行为。其基本原理是将患者的注意力集中在过去和现在影响他们当前情形的个人行为上。内观疗法的一个重要目标是帮助患者接受并承担"他们自私和非理性行为"的责任(Ramaswami & Sheikh,1989,p. 108)。这种责任不仅延伸到患者生命中的重要他人,也延伸到患者周围环境中的其他对象。患者不仅要考虑他们的身体和人际关系受到了怎样的污染,还要考虑他们的成长环境受到了怎样的污染。

内观疗法的过程

传统的内观疗法包括两部分:沉浸阶段(immersion)和咨询阶段(counseling)。沉浸阶段要么发生在寺庙里,要么发生在患者可以被隔离的地方。患者单独一人待在其中,独自睡觉和吃饭,并被要求接受冥想训练。冥想,作为主要的助人策略,可能从早上 4:30 持续到晚上 7 点。治疗师在一天中每隔一到两个小时就会拜访患者,指导他们进行冥想,并与他们对话,让他们时刻沉浸在其中。此外,治疗师还会通过聚焦那些反复出现的生活主题,指导患者进行内省和对话。例如,患者可能会探索那些阻碍建设性生活的欲望,比如不诚实、消极或抱怨。从某种意义上说,治疗师是患者的"旅伴"(fellow travelers),但却是有生活经验的旅伴。尽管治疗师是患者的向导,但他们必须尊重患者,不断增强患者解决个人问题的能力。为了给患者以力量,治疗会"低下头,打开折叠式屏风,再次鞠躬,询问来访者当前冥想的主题。这种仪式化的形式,象征着治疗师在准备倾听患者忏悔时的谦卑。患者的反应在仪式形式上也是相似的,他(或她)报告他(或她)正在回忆的人和在这个时间段中所发生的事情"(Reynolds,1982,p. 47)。

在患者的冥想中,大约 20% 的时间花在了重要他人身上,去回忆这些人给予了患者什么,并且患者回报给他们什么。患者 60% 的冥想时间花在患者给他人所带来的麻烦或不便上。有趣的是,冥想中常见的主题之一是患者与父母的关系。由于家庭关系受到父母的强烈影响,这个话题在治疗早期经常被讨论。其中一个假设是,人们在成长过程中发展出一种扭曲的自我意识或破坏性的人际模式。虽然过去的创伤或失败无法挽回,但患者的态度可以改变。内观疗法试图在佛陀的布施理想的基础上,重构患者的思维方式,为他们的生活提供一种道德建构。患者分享他们对过去事件的想法,从过去一直持续到现在。在反思的第一周,患者与治疗师分享他们对人际关系主题的记忆,而治疗师则是倾听,不需做任何解释或评论。除了关于冥想的相关指导,治疗过程还包括重述、重塑和反省患者的陈述。一旦治疗师对患者的问题有了一个稳固的理解,他们就会专注于解释和指导患者的行为。在 Reynolds(1982)看来,治疗师"引导患者远离对过去事件和个人痛苦的抽象或模糊描述。目标是(让患者使用)关于具体的关于个人经历的陈述"(p. 48)。

在第二个阶段,咨询包括患者每周或每月去拜访治疗师,在此期间,患者报告他们的活动和冥想的进展。日记经常被用来构建患者-治疗师之间的互动。治疗师还会布置家庭作业给患者,作业可能包括自己实施的"善行"(帮助他人)方面的总结,以及自己所表达的对他人的感激之情(例如,"每天至少说十次谢谢")。Reynolds(1989)认为一个患者必须考虑他/她是如何被服务的,不仅仅是周围的人,还有其他物品的能量。患者可能会被要求从存放个人物品的地方拿走物品,比如抽屉:"当这些物品被一个接一个地放回抽屉时,每件物品都会因其为(患者)提供的某些特定服务而受到感谢……保护我们世界的资源,是对它们为我们提供的服务表示感谢的自然结果"(p. 191)。因为在富有建设性的生活中,获得更高的意识状态和变得更有觉察力是重要的两个目标,患者必须每天在特定的时间和地点练习冥想。作为一种积极的策略,冥想的价值不可估量。关于冥想的研究已经充分证明,冥想有助于提高感知和移情的敏感度(Walsh,2011)。患者通常会被治疗师引导,去冥想某人是如何给予他们的,在脑海中想象他或她,让自然产生的任何感觉和想法自由发展。然而,在与治疗师的对话中,患者可以分享他们如何通过回馈给他们而生活。患者必须要发展出不将他人视为满足个人欲望工具的策略,而是要发展更为开放和给予他人的关系。

内观疗法的有效性

根据 Sengoku, Murata, Kawahara, Imamura and Nakagome(2010)的研究表明,每天进行强化的内观疗法练习,能够减少抑郁症的发生。强化的内观疗法往往是在一个封闭的环境中进行,在这个环境中,患者与外界隔绝,与治疗师一起练习七天的内省技巧;不那么强化的内观疗法形式,可以是与日常活动相结合。在治疗抑郁症的临床试验中,进行强化的内观疗法比日常使用内观疗法更有效。然而,也有研究发现,虽然强化治疗有更直接的效果,但每天使用内观疗法总比什么都不做要好的多。

Kresh(2002)对内观疗法的日常实践如何改变了他的人生观,进行了更为个人化的反思。就像冥想一样,内观疗法需要一个安静的地方来进行内省,并从形式上花费很多时间去思考我们成长的路径。它包括要审视我们的错误，以及别人如何在我们成长的道路上帮助我们，即使是简单的方式和行为，也要予以关注。一旦人们的焦点从"我想要什么"变成"我应该感谢什么？"，那么便可以看到更广阔的生活图景，并开始看到其他人的简单行为已经帮助我们提升到一个更高的存在水平。从某种意义上说，它让我们从生命的所有经历中获得意义，看到我们在世界上的位置，同时我们还会记住，我们之所以成为今天的我们，是因为别人帮助了我们，以及我们在别人的道路上帮助了他们。当我们放下种种依附的时候，我们也需要意识到我们曾经犯过很多错误，而正是在这些错误中，我们可以学到更多的关于如何过更有建设性生活的经验。我们真正的力量，在于认识到我们需要别人，别人也需要我们。在 Kresh(2002)看来，我们需要

> 通过使用注意力来学习注意力。让我们来探究下糖果包装纸里的新鲜感，以及诸如谁教会我们系鞋带的那些过往的仪式。让我们看一看我们自己的生命电影，看看我们是如何生活的，我们的生命是如果通过我们展现的。在这段旅程中，我们摧毁了那些虚假的迷思，与以自我为中心的恶龙作战，落入骄傲的陷阱，陷入自私的流沙中。然而，即便我们是去旅行，我们的勇气和努力也是上天给予我们的礼物，我们对自己无限的信心，亦会被对生命本身更大的信心所取代。(p.24)

在西方语境中使用内观疗法的一个例子

为了说明在西方语境下如何运用内观疗法，我会用一个例子进行展示。这是一个 35 岁的男人试图处理一段关系破裂的例子。当事人 M 来到我这里进行咨询，他渴望减轻压力，克服一种普遍的"忧郁"(blue)情绪。M 说他感到非常愤怒，但即使在他表达了愤怒之后，他仍然感到自己"卡在那里"(stuck)。在解释了基于内观疗法的治疗干预后，治疗师邀请 M 分享他的感受。治疗师和他谈了一个多小时的时间，谈到他的精神状态，以及他自己是如何应对这种状态的。治疗师听了这些之后，只问了一些澄清性的问题。治疗师对 M 的状况的认识，被 M 对自己生活的意象描述所吸引。M 把他的状况描述为"走在人生的道路上，

只顾自己的事情,被与我意见不同的同事攻击。他们凶残地袭击自己,实在让我非常吃惊,我觉得自己被打倒在泥地上了。他们的袭击带给我的悲伤似乎让我麻痹了……我觉得站不起来了,但我看到在泥地里打滚是没有用的。"

在 M 掌握了冥想的技巧并练习了一段时间后,治疗师专注于 M 生命中的重要关系,不管是积极的还是消极的。在他觉得自己生命中的许多重要他人当中,M 选择了"处理"一段涉及同事的关系,M 觉得这段关系对他不公平。治疗师要求 M 专注于他在与那个人的接触中所学到的东西,而不是专注于他与那个人关系中的消极方面。虽然发现很难找到积极的方面,M 还是列举了他在这段关系中学到的一些关于自己的认识,以及这些经历如何改变了他的生活。在花了相当长的时间探索这段经历后(两期各一小时),M 对他所学到的东西感到惊讶。最主要的主题是熟人之间的"小小善意",以及 M 和他的家人之间"亲密"关系。探讨这些主题的方法如下:治疗师指导患者将注意力集中在这些主题;在这个主题上冥想一个小时;在日记中记录对话冥想中的信息;和治疗师分享这些信息。一般来说,治疗师专注于行动和意义。在每一个案例中,咨询师都要求 M 要弄清楚他得到了什么,以及他做了什么来回报他人。虽然治疗强调的是积极的方面,但 M 的感受也得到了尊重。不过,治疗师并没有始终停留在消极的感受上,而是将 M 的注意力重新集中到积极的感受上。在接下来的两次治疗中,M 探索了过去经历中的许多其他的关系,包括他与父母、兄弟姐妹和前妻的关系。在每一个案例中,治疗师都会要求他思考这些人是如何影响并给予他"一些东西"的,然后会对他如何回馈他人进行探索。

在把所有这些主题结合在一起之后,治疗师要求 M 写下他将如何,何时,何地,和谁一起归还他收到的这些东西。除了对话、冥想和记日记,治疗师还要求他思考他在日常生活中是如何对待宠物(猫)、植物和各种物品的。一个非常明显的主题是,他喜欢照顾他的宠物和室内植物。事实上,他在其中发现他更喜欢"培养"而不是控制自己的人际关系。

治疗师在 M 的咨询中采用了基本的内观方法,其理念和基本策略保持不变。不过,在将这个方法适用到 M 的文化环境过程中,治疗师通过传授 M 冥想技巧和鼓励他专注于行动的意义来构建治疗过程。治疗师并没有费尽心思去解释 M 的行为,而是鼓励他去理解和发现自己的意义。最后,治疗师专注于那些能够让

M 走向主动和积极的策略,以便最终与自己和环境和谐相处。特定的生活策略在得到回馈后进行讨论和澄清,让 M 对自己能做什么有了更清晰的认识。两个后续的咨询阶段评估了这些策略对他的效果。并不让人惊奇的是,最后 M 形成了这样一条格言,并承诺每天都要重复它:"得到的最好方式就是给予。"

结 论

内观中的美妙强烈地提醒我们,通过自我反省,我们更能感恩他人,并最终真诚地进行自我反省。我们可以通过对身边的人表现出更多的关注和感激来建立更多的爱的关系,并把生活中的这些人看作是人生给我们的礼物。因此,通过深层次理解和拥抱佛教的"精神"本质,并将其应用于人类生活,我们发现了一种实用而积极的生活方式。正如 M 所发现的那样,生活中有些事情是无法改变或解释的。M 学到的是"放手"他的愤怒和重新恢复他以前所拥有的那种绝望。然而,这不仅仅是一种"放手",更是在这个世界上,能够以一种更具建设性的生活方式去发展。M 最终知道他在生活中已经得到了很多;事实上,他说过很多次他很幸运,但同时他也发现几乎没有任何回报。他发现,在给予的过程中,他有一种巨大的满足感,这也是他宣泄因为婚姻破裂所带来的悲伤的一个出口。在这个过程中,他学会了如何利用冥想和"善行"来更好地控制自己的焦虑和恐惧。最困难的策略是学习如何"放手"他的愤怒和失望,但他意识到生存取决于能否更灵活(就像水一样)。

尽管人们可以从内观疗法与许多西方疗法的不同之处得出很多结论,但它们之间的差异实际上并不像最初看上去那么大。举个例子,行为主义疗法是一种非常西方式的方法。我们可以从中看到它们具有许多相似之处。这两种方法都强调自我控制,并提倡通过调整身体过程以增进患者的幸福感。这两种方法的目的都是为了帮助患者学习新的行为,并重新认识到真实自我和理想自我之间的差距。不过,他们的不同之处在于行为主义强调条件反射作用在消除神经质行为中的价值,而内观疗法则强调洞察力。内观疗法将觉悟和注意力训练看作是发展建设性生活方式的最佳手段。我对 M 和其他患者所采取的内观疗法治疗过程,这些经历增强了我的信念,即内观很容易适应西方的文化模式。我仍然相信冥想是最好的应对策略之一,它能给患者赋能,并让他们变得更加积极。内观疗法具有简洁有效的特点,这里我只能将它描述为是胜于雄辩的,并且是表达性的疗法。它很容易适应西方文化,也能和我通常采用的格式塔治疗方法相容。内观疗法尊重一切生物的尊严。事实上,佛教的理想可能与基督教的理想,或与任何其他追求和谐的精神方法并没有太大区别。我发现,内观的前提通常强调所有事物的相互联系,存在的无常性,对痛苦的接受和实施善行,这让内观具有一种相当强烈的能够吸引人的特质。

现实是不断变化的。我们也在不断变化。我们必须接受佛陀的智慧,这是一种能够让我们发现万物新意义的视角。我们必须学会对生活中遇到的一切人和事都常怀感恩之情。(Nobuo Haneda,2009,p. 3)

参 考 文 献

Chuang-TSsu:(2012). Retrieved from http://www. katinkahesselink. net/tibet/quotes-zen. html

Haneda, N. (2009). Dharma breeze. ToDo Institute. Retrieved from http://www. todoinstitutebooks. com

Krech, G. (2002). *Naikan: Gratitude, grace and the Japanese art of self-reflection*. Berkley, CA: Stone Bridge Press.

Reynolds, D. (1989). *On being natural: Two Japanese approaches to healing*. In A. Sheikh & S. Sheikh(Eds.), *Eastern and Western approaches to healing: Ancient wisdom and modern knowledge*. New York, NY: John Wiley, pp. 180—196.

Reynolds, D. (1982). *Quiet therapies*. Honolulu, HA: University of Hawaii Press.

Ramaswami, S. & Sheikh, A. (1989). Buddhist psychology: Implications for healing. In A. Sheikh & S. Sheikh(Eds.), *Eastern and Western approaches to healing: Ancient wisdom and modern knowledge*. New York, NY: John Wiley, pp. 91—123.

Sengoku, M. , Murat, H, Kawahara, T, Imamura, K, & Nakagome, K. (2010). Does daily Naikan therapy maintain the efficacy of intensive Naikan therapy against depression? *Psychiatry and Clinical Neuro sciences*, 64(1), 44—51.

ToDo Institute(2012), http://www. todoinstitute. org/naikan. html

Walsh, R. (2011). Contemplative therapies. In R. Corsini & D. Wedding(Eds.), *Current psychotherapies*(pp. 568—603, 9th ed.). Belmont, CA: Brooks-Cole Publishers.

23. 与自然重新联系:利用自然进行咨询

M. 奥诺雷. 弗朗斯 & 玛丽亚·德尔·卡门·罗德里格斯

如果你把自己的思想延伸到大自然中,大自然也会将它的思想延伸到你的身上,与你相向而行,在相遇的路上创造共同点,向你的直觉展示它惊人的美。(Tufly, 2010, p. 9)

与大自然进行连接的过程需要全身心投入。在你体验周围的一切时,不能有任何评价思想或先入为主的想法。也就是说,你对自然的所有细节和节奏都持开放态度,而不去评判,只是观察、感觉、去闻和品尝自然所提供的一切。当你睁开眼睛,便看到大自然的所有细节——树木、植物和环境中所有的生物——你开始明白你是自然生态的一部分——只是众多生命中的另一种生命形式,自己的生存依赖于自然界的所有生命。因此,生命的目的是活在当下,不为过去或未来担忧。Tufly引用黑塞的话说,

在成千上万[想要过河的旅客]中,只有四五个没有被这条河挡住去路。他们听见河的声音,并愿意侧耳而听,此时河流对于他们开始成为神圣的存在,就如同对我一样。河流教会我要倾听;你也可以从中学到很多。河流知道一切;每个人都可以从中学到一切。(pp.11—12)

我们作为人类的生存依赖于自然,如果我们要在我们的环境中和谐地生活,我们需要尊重、保护和恢复自然。大自然并非总是温和友善的,我们必须接受这样一个事实:我们无法控制自然,只能与它的节奏共存,滋养它,并在与大自然共生的怀抱中得到滋养。世界各地的原住民一直强调人类与自然联系的神圣性,这不仅是为了精神上的幸福,而且是为了我们的身体、社会和心理层面的幸福。我们在心理咨询方面的经验强化了这些做法,并表明,在现代世界中,人类与自然的分离增加了人们的压力,使人们产生心理、社会和精神上的孤立感。结合相关咨询案例研究,本章阐述了运用自然进行心理咨询的基本原理和具体操作,帮助患者澄清自己的价值观念,提高个人觉察和自尊水平,减少日常生活中的压力,从而挖掘每个人内在的"更高力量"的智慧。

在《瓦尔登湖》(Walden: or Life in Woods)一书中,梭罗(Thoreau)向我们展示,与自然的联系可以治愈心灵,并给人们创造一种意义感;通过走进大自然,一个人可以"从容地生活,只去感受生命的本质事实,看看是否……[一个人]……学不到那些为了生存必须学会的东西,也不会等到……[一个人]快要死亡的时候,却发现……[他]……从没有真正活过"(1970,p.25)。从最久远的时候开始,体验自然,尤其是通过原住民所谓的视觉探索(Vision quest),便有了一个共同的特征。在 Matheson(1996)看来,所发生的情况是"在欧美世界中,那些被毫无疑问界定的种种实体之间的普通边界,突然变得流畅、相互作用和模糊不清"(p.53)。随着人们越发认识到地球的福祉与人类的福祉直接相关,人们对大自然及其疗愈作用的兴趣,也在全世界人民中继续增长。萨利希族的(Salish)长老和教师(John Eliot)强调说,第一民族人们居住的每一个地方都有神灵存在,这些地方都有那些人和他们生活的记忆。有趣的是,Siksikaitsitapi(黑脚,Blackfoot)人也相信这一点:

> 知识可以通过聆听风的低语,岩石的教诲,天气的季节变化而增长。通过增进我们对动物和植物的了解,我们也会增加自己的知识。因为在一切关系中,必须同意相互给予,义务和责任必须要遵守。(Bastien,2004,p.111)

现在,人类与自然之间似乎出现了隔阂,人们不禁猜测,自然是否会最终反抗人类的污染和虐待。难道我们没发现某些人认为是温和的做法其实并不是那么温和吗?难道我们没注意到自然是宇宙中的一种力量,这股力量将在人类继续进行诸如土地开发等努力的影响下,会持续"战斗"下去吗?这方面的例证已有很多,比如全球变暖,或欧洲、亚洲和北美的洪水。试图"征服"土地和自然的文化价值观深刻影响了北美人的观念。Sue 和 Sue(2008)认为,在自然观方面,原住民的价值偏好是,我们应该与自然和谐相处,相对于主流社会来说,他们的价值偏好是控制自然。Berkes(2003)发现,原住民对自然的传统认识,实际上是有利于生态健全的,也有助于环境的可持续性。哈德逊湾(Hudson Bay)地区的克里人(Cree),与他们所居住的环境之间的关系是相互关联的,有利于他们传统的生活方式,而且是非常生态的。也许控制自然的概念是把自然进行物化,而不是把自然看作生命的延伸。更进一步说,持这种态度的人还必须控制那些让他们感到压抑的欲望。因此,控制便成为社会和个人的一个主要问题。一般认为,控制自然的方法并不能让它进行自然循环,而是让它屈从于人类的意志。

与自然联系能够增强幸福感

Berger 和 McLeod(2006)强调说,在自然中进行疗愈并不是一种新现象,而是可以追溯到人类历史的远古时期,当时萨满将自然的治疗力量与传统草药和仪式结合在一起,作为身心治疗的主要形式。人们对于草药具有治疗作用的知识,以及生活在自然中的种种益处,都强有力地提醒生活在土地上的人们,如果能够与大地亲密相处,自然可以提高人们的福祉。随着新兴的心理科学的发展,早期的欧洲心理学家,如弗洛伊德和埃里克森,经常把他们的患者送到自然中,因为他们知道置身于自然不仅可以让患者从繁忙的生活中得到休息,而且自然的清新和美丽对幸福感也有积极的影响。

我们已经在诸多案例中观察到,不管使用自然作为背景隐喻来传递价值观,或是将自然作为体验超越自身某些东西的地方时,往往对患者会产生许多积极的影响。后者尤其强大,因为它可以让患者沉浸在自然中,帮助他们超越自我(例如,远离以自我为中心的态度)。本文所引用的一些研究结果,进一步强化了

Cammack(1996)在一项关于荒野指南(wilderness guides)研究中的发现："结果表明,似乎存在着从自我中心主义到生态中心主义的运动变化过程;这是一个不断扩展的过程,绝大多数人在某个时间段都会经历"(p. 80)。

下面的几个案例可以为我们提供充分的理由,让我们相信自然可以提升人们的身心幸福。Glendinning(1994)指出,与环境的充分接触可以增强民主意识。也许爱和归属感可以作为人类战胜邪恶和卑鄙的手段而得到加强。现在出现了一种被称为"冒险疗法"(adventure therapy)的运动,在这场运动中,户外活动被用来作为一种基础手段,帮助人们在遭遇他人时,使人们从破坏性的、自私的生活方式转变为更合作、更负责任的生活方式。人们可以成功地利用自然,比如通过徒步旅行和探险,促进那些与权威难以相处的人发生深刻变化。然而,冒险疗法并没有包含使自然疗法异常强大的精神元素。Berger(2006)将自然疗法描述为一种更为神圣的方法,是艺术与戏剧疗法、叙事、生态心理学和超个人心理学等元素与冒险疗法的后现代整合。

运用自然进行咨询的两个案例

案例研究 1

TR 是一位年轻的成年女性,她正在探索生活的新方向。她正在审视自己的各种价值观,尝试进行她所谓的"一种新的存在方式"。当有机会利用自然来探究她的价值观时,她欣然同意。她把这个想法描述为一个"从她脑子里跳脱出来"的机会。在咨询总结阶段,TR 分享了她日记中的内容:

> 我的婚姻经历了一段相当艰难的时期,在这段时间中,我有了跑步的冲动。看起来好像所有的谈话治疗对我并没有什么帮助……虽然环境改变,认识新朋友,所有的体育活动看起来都是让人愉快的,但在我的内心深处,什么都没有改变,直到我独自进行了两天的野外生存之旅。就在那两天时间中,我生活中那些外在的无关紧要的让问题模糊不清的部分消失了,让我专注于自己的真实感受,然后脑海中出现很多其他选择和可能解决方案的设想。当"生存",或者荒野中的孤独,成为我的社会和身体关注焦点时,我

的心理/情感方面变得更加清晰。现在，当我感到自己需要重新集中注意力或重新激发自我时，我就会在野外与自然共同相处一段时间。

案例研究 2

RG 是一名职业男性，他在进行心理咨询过程中，报告了很多与工作相关的极端压力。RG 认为，工作场所的变化给他的职业生涯和工作生活带来了很大压力。在讨论他的问题时，RG 报告说，他对治疗师和他之间的言语交流有所不满。由于 RG 对户外运动感兴趣，咨询师鼓励他到户外去，但要坚持写日记，并在徒步旅行中进行一系列设定好的活动。之后，他需要再回到治疗师那里，面对面地接受心理咨询。以下是一些摘自他的日记里的内容，治疗师在面对面咨询中用它来进行聚焦谈话。

> 我想要变得更真实和自然，这意味着远离那些繁文缛节。我又一次贪婪地饮着这条清澈的小溪里的水。溪水是如此的闪耀和清澈，当我喝着溪水的时候，它就像"香槟"一样。我的味蕾早已习惯了氯化水，被如此新鲜自然的水震惊到了……由此产生的要义已经很清楚：我想以一种尊重的方式生活，因为这是自然的方式。

明确的价值观

大自然充满了隐喻，人们可以通过它来表达自己的价值观；例如，四季变化分别代表着人的出生、生命、消亡和再生的循环。TR 和 RG 都开始使用自然的词汇，来描述他们对于如何更有效地生活的看法。本质上，固定的自然法则为他们上了生动的一课，让他们明晰生活中到底什么是重要的。例如，当一个人看着天空中不断变化的云，很容易联想到生活也是如此变化无常。其效果是我们要学习自然的知识，并将其应用到日常生活中。我们的大多数患者或来访者，包括上面所描述的两个案例，他们都很乐意把他们的想法和感受，投射到他们在自然中所观察到的事物上。当 TR 谈到潮涨潮退时，咨询师可以直截了当地要求她描述这对她的生命意味着什么。她所说的每件事的背后，其实都有一种需要表达的价值观，来访者可以把这种价值观很容易地表达出来，咨询师也可以反馈给她,从而使她能够将自然的隐喻转化成重要的价值观念。

提高个人觉察力

这两名来访者的日志都表明,当他们的觉察力被锐化时,他们会感觉与自己的感官、情感、思想和认识更为密切。如果不看背景,人们也无法审视自我;最好的方式是通过观察整体来发现自我,整体的一部分便是与自然的接触。如果人们想要过一种更有效的生活,那么他们必须放开自我,去体验他们周围环境中的事物。担负起责任和认识到力量是通过提高觉察力来实现的。为了达到这个目的,要知道觉察既包括能关注当下存在的事物,也能关注当下不存在的事物:当下存在也是不存在的一部分。人际中出现的沉默与我们的语言和非语言交流同样重要。例如,当人们走到外面进入森林时,他们只能看到眼前的事物;然而眼前的事物之外,还有各种生命,看不见,甚至感觉不到,但它就在那里。自然中不存在空的状态。当我们利用自然来提高觉察时,我们要求患者体验他们生存环境的方方面面,包括温度变化、气味、声音、触觉感知,以及他们周围的运动等等,这里仅列举部分。提高觉察的要求就是要善于观察,即时感知,还有保持开放的心态。当他们能够做到这样时,患者便对他们周围的感觉敞开他们所有的感知。我们的患者所表达的意思是,他们可以提高自己在家庭和工作中觉察到很多其他方面的能力。

与觉察过程相关的两个特征,可以帮助人们更深入地了解自己,提高他们的觉察能力。第一个特征是,觉察的过程可以让人们更好地了解自我,因为在任何给定的时间,他们都可以在任何特定的时刻识别出自己的感觉和想法。意义不是人们在真正行动前必须要处理的东西,因为人们是为自己而行动。第二个特征是人们与环境的互动。界线开始变得清晰,人们对周围环境的反应更加自发。他们对周围环境可以看到更多,体验得更多,对环境中的细微变化也更敏感。例如,当我走向我的办公室时,我没有考虑我的工作计划,而是停留在当下。我把注意力集中在周围的环境上,仔细地看着,没有做任何判断,只是默默地观察着我在自然中看到的一切。我想从整体上来看待事物。如果人们试图分裂感受和思想,他们会发现这非常困难,要么就是不可能。我们对自然的觉察可以帮助我们与存在于周围环境中的节奏更加同步,当我们在环境中四处走动时,也可以帮助我们阻止存在于日常生活中的频繁干扰。从本质上说,我们试图教会我们的患者不要去思考和分析他们在自然中看到的事物,而只是让他们的感官对周围发生的事情保持开放。同时关注和参与两件事情并保持同样的觉察是困难的,因为他们总会错过一些东西。如果人们能够只是对正在发生的事情保持觉察,并让它们自然流动,他们就会体验到这些事情——不是部分,而是整体。

从另一个角度来看,我们考虑下面这个关于非二元意识的观点,即所谓的不二真理(Advaita truth):

> 或者是存在的合一性,当它是相当普通的,而且还是每时每刻都可以得到的时候,通常被认为是一种具有隐蔽性或难以体验到的东西。非二元意识是自然的状态。当然,能够碰巧体验到合一性是非常罕见的。但是,当这种甜蜜而满足的合一就在眼前,就在此时此刻,我们为什么还要等待其他罕见的东西呢? (Waite,2012)。

提高自尊

无论是被动地观察(例如,坐在公园里),还是积极地参与以行动为导向的活动(例如,徒步旅行或园艺),都会带来一种幸福感。我们发现这种现象有两个重要方面,可以描述为生命的自然节奏(例如,就像人的心跳)。此外,我们的患者还报告说,他们已经发现,将自己与比那些比自己更广泛、更伟大的存在连接在一起,能够会人带来一种赋权感。

与大多数人在家庭和工作中充满压力的生活相比,自然的宁静也是幸福感的一部分。对大多数人来说,自然的节奏似乎更慢,因此也让人更放松,可以在人们身上产生镜像效应。当人们身处自然环境中时,他们的身体和心理都会放慢节奏,进而产生积极的幸福感。这时人们会有一种连接到比自己更为广泛和伟大存在的连接感——一个人的存在是更广泛和更伟大自我的一部分——没有期限,承诺和各种要求。

减压

RG 在他的日记中写道:"当我在花园里工作的时候,我便感觉从一天的压力中解脱了出来。"这种对参与到自然活动的反应,是不同人群所报告的典型反应(Debring & Wilis,1987;Cohen,1995;Commack,1996,Berger & Mcleod,2007)。我们会要求患者一个人或者和咨询师一起,出去散步、坐在公园里或去露营,以帮助他们重新集中注意力和精力,远离家庭和工作中的压力。自然的节奏与驱使人们增加压力的驱力和能量是完全相反的。因此,通过重新关注自然节奏,人们可以放缓自己的速度,与周围的事物的以相同的速度运动。

自然与意义:生命旅行

正如一句著名的墨西哥谚语所说,"世上本没有道路;路是人们走出来的"。我们认为这是一个合适的使用自然作为隐喻来寻找生命意义的主题。这种方法的源头和基本原理来自 Carmen Rodriguez 教授第一年在初级学校当老师的做法。项目由老师和五年级学生的母亲志愿者们组织和实施。这项活动由老师带领学生们徒步前往墨西哥蒙特雷市附近的一座名为 Chipinque("小山丘")的小山,学生们可以在那里反思他们在学年中将要经历的变化和过渡。五年级的两个班学生被分成七人一组的小组。步行的沿途有三个车站或邮局,老师要求学生们思考和反思一些问题,然后与其他组员相互交流。作为生命中一个重要发展阶段的个体,学生们被邀请去审视他们现在的生命状态,反思他们已经发展起来的品质,深入思考这些品质,并考虑他们自己的精神成长。

第一站:关注当下

第一站的目标是提高个人觉察力和自尊水平。重要的是,学生们意识到他们很快就会从儿童成长为青少年,因此教导他们尊重新的自我的不同维度是这个项目的目标之一。精神性的定义由个体自己建构,在这项活动中没有特定的宗教偏好或内涵。走了 15 到 20 分钟后,我们围坐成一圈,学生们以此轮流回答一系列着重于意义寻求的问题。Honore 教授更进一步地将这个方法深化,与心理咨询专业的研究生一起,将其作为室外心理咨询的一个框架。我们双方都意识到,这种方法对小学生和寻求咨询的学生同样有效。Berger(2007)也曾对年长的患者使用过同样的方法。我们发现,在协助患者利用自然作为隐喻,以及运用循环问题、重新聚焦、深刻反思等咨询策略，了解他们生命中的这些挑战，强化他们的力量和优势等方面，效果是相同的。

当他们走到第一站时，咨询师或老师会要求参与者们注意自然的声音（和寂静）、景象、气味和质地。他们通过会用下列问题提问：

- 你感觉到了什么？
- 这和你有什么相似之处吗？在哪些方面相似？
- 这对你意味着什么？
- 你该怎样才能表达这样的意义呢？

在这个时候，参与者们都会提出多种多样的对他们的觉察感和对自我感知的表达（例如，图画，单词或短语，动作等等）。每件事都可以在他们的允许下被保存或记录下来。

第二站：澄清价值

在第二站，关注的焦点是我们所有的关系，并对价值进行澄清。作为人类，我们与自然的关系以不同的方式发展和展开。有些人认为自己是自然界的一部分；有些人认为自然与他们自己是分离的，是一个需要被照顾的实体存在。其他人则认为自然是一种征服人类的力量，因此它成为了一种可怕的存在。世界各地的原住民一直认为，大地及其上面的一切生物，都是他们整个生命网络的一部分，在这个网络中，每个人都是相互联系的，都依赖于彼此才能生存和成长。

"拯救地球，拯救彼此"（Ojibway 族的祈祷词）很好地体现了这个疗愈过程。人们需要通过努力和谐地生活，而不是试图对生命的各个方面都保持控制，来培养一种他们并不熟悉的关于他们自己的自我重新整合感。当这种重新整合发生时，麻痹和绝望可以转化为激情，与地球也能再次建立联系。最初的自我（被许多原住民和亚洲人民所推崇）可以被重新发现。因此，通过积极参与到自然中，疗愈便成为可能。与自然的连接可以帮助人们达到一种无差别的觉悟状态，因为没有任何元素比其他元素更有价值。同样，自我也不应该与自然分离，包括身体的、社会的、心理的、精神的自我。与自然重新联系的基本活动是从身体开始的，因为身体是生命自然过程的缩影。正是在这种信念下，这种活动才会发生。

老师和咨询师鼓励参与者们进行"生命和呼吸"这个练习，并将他们的生命与自然界中的隐喻联系起来。这时向学生提出的问题如下：

- 列出三件对你来说重要的事情。（例如，家庭、朋友、教育/学校）
- 你觉得自己和大自然有联系吗？如果有联系，是如何联系的？
- 如果你能成为大自然中的某种生物，你会是什么？为什么？

在这一点上，参与者被要求与自己的搭档交流并相互评价他们的答案。然后，每个人花几分钟复述他/她的搭档所回答的内容。这次讨论的目的是让学生们产生同理心，能够更容易理解别人的观点。

第三站：期待未来

在第三站，老师或咨询师要求参与者思考他们的未来和可能的自我。最后一站需要对这次探险有更深层面的了解。在这里，老师鼓励学生们通过探索他们的可能自我，来想象他们即将到来的未来。一般以为可能自我以两种方式影响个体的自我激励过程：它们提供了明确的个人奋斗的目标，并提供了清晰的自我形象以避免消极结果的出现；它们还激励个体去追求实现可能自我所必需的行动(Markus & Ruvolo, 1989)。为实现这一目标，老师们会向学生提出下列问题：

- 你欣赏自己的哪些个性？为什么？
- 你不喜欢哪些个性？为什么？
- 你会改变自己的个性吗？如何改变？
- 三年后你想成为怎样的一个青少年？
- 你能做些什么来实现它？（列出至少五种具体方法。）

在练习结束时，老师要求参与者对这个活动带给他们的整体感觉、感受、情绪和一般想法进行反思。要求他们将他们在回答中发现的反复出现的主题进行归类，以便与大组内更多成员分享。他们往往都对自己的个人经历是如此的相似感到惊讶；之后，老师要求他们以一种视像化的方式描绘这些经历。他们中有些人用图画来表达这些想法；有些人以小组成员的主要想法为主题写了一首诗，而另一些人则以故事的形式来表现他们的成果。一旦他们被召集组成一个大的小组，每个小组都有几分钟的时间来分享他们的创造性表现，并回答其他小组成员的任何问题。活动的最后时刻为他们提供了一个机会，让他们在这个阶段看到他们生活的共同线索和主题,同时也为他们提供了机会,让他们看到他们正在出现的精神性是他们内在而不是外在的一个元素。

咨询相关的讨论和建议

Berkes(2003)等人的研究表明,如果人们生活在与自然的积极关系中,对人们和某一地区的生态都是有益的。Berger(2009)认为:

> 自然疗法对不同人群的影响表明,人们对自然所进行的创造性操作可以有效帮助人们进行疗愈。在这个无法控制的环境中,人们与自然元素的以种种方式进行联系,似乎可以有助于发展人们的灵活性,扩展他们与自己的想象和身体进行联系的能力。(p. 1)

按照传统生态观念生活的人所表现出的与自然的联系,不仅是适应性的,而且是通过长期的文化实践活动所传递的。在这个社会崇尚科技甚于文化和传统的时代,如果人们要保持平衡感,那么与自然的关系就变得至关重要。从更深层面上看,在上述两个案例中,自然不仅被证明在作为身心幸福的隐喻和进行心理疗愈是极为有用的,而且也是个人进行改变的舞台或环境。Glendinning(1994)认为,运用自然进行疗愈的第一步很像"匿名戒酒会"所做的那样:承认人是无能为力的,他们的生命是无法掌控的。这种承认可以创造一种感觉,即通过不否认"个体的……社会的……曾经的……"(p. 126)创伤,便能够将下一步的措施重新定位到与自然相连。一旦疗愈开始,人们必须放开自我,关注和注意到那些隐藏在他们身边和环境之间的财富。这是一种不同的、更自然的自我思考方式,Cohen(1995)将其称为"老脑"思维(Old brain thinking):"拆除篱笆,拆除那些表征分裂状态的机械方式"(Glendning,1994,p. 132)。因此,人们能够努力以一种整体的方式与自然的野性和潜意识的自我重新融合。

一个人如何重新与自然联系?正如我们在上述两个患者的日志中看到的那样,患者走出去,对自然进行更深入的觉察。这种觉察是通过锐化我们的感官,通过聆听或目睹自然中发生的自然现象而产生的。随着患者觉察力的增强,他们对环境便能获得更大的安全感和信任感,这就意味着他们开始接受了自己在生态进程中的位置。与此同时,患者关于生命的价值观也得到了加强,使得他们能够通过他们在自然中所观察到的事物,来表达关于生命的重要信息。患者RG 关于他徒步旅行的叙述,帮助他找到了生命中的联系和意义。当人们开始讲述他们的故事时,一部分创伤便会出现,而另一部分则会被抑制。咨询或治疗的任务是重新定义自己与环境的关系,以便我们能够与宇宙的整体性保持一致(Drebing & Wilis,1987)。根据 Glendning(1994)的说法,人们"围坐在火堆旁"(p.158),一边讲述自己的故事,一边忍受着痛苦和撕裂(例如,寓意拆除铁链围成的栅栏,将土地恢复到原始的状态)。

McGaa 的思想,"如果你想学会游泳,那么你必须让自己沉浸在水里"(1990,p.133),对我们所有想从事自然活动的人来说都是一个重要的挑战。我们需要通过与自然和谐相处,而不是试图对生命的各个方面保持控制,来接受重新整合自己和那些与我们相处的人所带来的挑战。当这种重新整合发生时,麻痹和绝望可以转化为激情和与地球的再度联系。原初自我(被许多亚洲人和原住民所看重)可以被重新发现。通过积极参与到自然中,疗愈便成为可能。与自然的连接可以帮助人们达到一种无差别的开悟状态,因为没有任何元素比其他元素更有价值。同样的道理,自我,不管是生理的、社会的、心理的还是精神的自我,都不能脱离自然。

参 考 文 献

Bastien, B. (2004). *Black foot ways of knowing*: *The world view of the Siksikaitsitapi*. Calgary, AB: University of Calgary Press.

Berger, R. (2009). Being in nature: An innovative framework for incorporating nature in therapy with older adults. *Journal of Holistic Nursing*, 27(1).

Berger, R., & McLeod(2006). Incorporating nature into therapy: a framework for practice. *Journal of Systemic Therapies*, 25(2), 80—94.

Berkes, E. (2003). *Sacred ecology*: *Reassessing traditional ecological knowledge*. Presentation given at the Department of Environmental Studies, University of Victoria, Victoria, BC.

Cammack, M. (1996). *A rite of passage with outward bound*: *Transpersonal perspective of the solo from 16 wilderness guides*. An unpublished MA thesis, University of Victoria, Victoria, Canada.

Cohen, M. (1995). *Connecting with nature: Creating moments that let earth teach*. Eugene, ON: World Peace University.

Drebing, C. , & Wilis, S. C. (1987). *Wilderness stress camping as an adjunctive therapeutic modality*. An unpublished paper presented at the Western Psychological Association, Long Beach, CA.

Glendinning, C. (1994). *My name is Chellis, and I'm in recovery from Western civilization*. Boston, MA: Shambala Press.

McGaa, E. (1990). *Mother earth spirituality*, New York: Harper Collins.

Matheson, L. (1996). Valuing spirituality among Native American populations. *Counselling and Values*, 41, 51—70.

Sue, D. W. & Sue, D. (2008). *Counselling the culturally different: Theory and practice* (5th ed.). New York, NY: John Wiley and Sons.

Thoreau, H. D. (1970). *Walden*. New York, NY: Harper Collins Publishers.

Tuffly, D. (2010). *Communing with nature*. N. p. : Smashwords Editions.

Waite, D. (2012). What is Advaita or nonduality? Retrieved from http://endless-satsang. com/advaitanonduality-oneness. htm

24. 文化友好吗？

——运用认知行为疗法进行多元文化咨询

杰弗里·G·赫特，玛丽亚·德尔·卡门·罗德里格斯&

M.奥诺雷.弗朗斯

咨询最为核心问题是,什么样的咨询干预方法最有可能对特定的患者产生改变？研究表明,患者的性格特征占研究结果差异的大部分(Cormier & Nurius, 2009)。这意味着,患者带到咨询中的个性特征,例如文化价值观,在咨询工作的效果中起着关键作用。根据 Tanaka-Matsumi, Higginbotham and Chang (2002)的研究结果显示,多元文化咨询"涉及普遍原则和文化独特价值的融合"(p. 338)。在加拿大,绝大多数咨询干预项目和策略反映的都是主流文化,即白人、中产阶级、异性恋、男性和女性群体。对于非主流文化的患者,建议使用这些咨询流程时要小心一些。那么对于文化不同的患者来说,究竟什么样的策略是最合适的呢？从咨询理论的角度来看,认知行为疗法可能是提供文化敏感咨询的方法。Cormier 和 Nurius(2009)提出,应该为文化不同的患者制定识别干预计划的指导方针：

1. 干预计划必须反映患者文化认同的价值观和世界观；
2. 干预计划必须满足患者个体及其社会系统的需求；
3. 干预计划必须包括患者生活中重要的子系统和资源,如家庭结构、支持系统、当地社区、精神活动和民间信仰；
4. 干预计划必须解决诸如健康、康复和解决方法等问题。
5. 必须考虑到患者的文化适应程度和语言使用,因为必须考虑心理治疗的

期限。(p. 314)

促进思维和行为改变的认知行为咨询

基于认知行为疗法的咨询策略和方法,已被成功地用于帮助儿童和成人克服各种各样的问题。这些策略旨在改变人的行为表现和思维方式。他们基于问题进行咨询,也就是帮助患者识别个人问题,并探讨解决这些困难的方法。

认知行为疗法基础是源自这样几个假设。首要的假设是,人的思想、心理形象和信仰,以及他的外部环境,对人的行为有着深远的影响。一个必然的假设是,特别关注患者的认知和环境是实现改变的有效途径。由于人的问题行为都产生自内部过程和外部事件,这两者都必须成为改变关注的焦点。

一般认为,大多数问题行为和适当行为一样,都是通过学习而习得、维持和修正的。也就是说,人的行为是由外部事件(前因和后果)和内部过程如思想、态度和世界观(前因和后果)所发展和维持的。由于前因和后果在功能上与行为相关,一个或两个变量的变化可能会改变与之相关的行为。例如,父母或老师会对孩子说,他/她的行为(后果)会影响孩子将来在类似情况下的行为表现。一个人对一件事或另一个人发表的看法(前因),则会影响那个人在这件事或与第三者见面时的看法和行为。恐慌症发作的前因,可能是一个人的内心对话或自言自语,比如"我无法处理这种情况"或"我看起来一定像个傻瓜!"从这种不舒服的环境中逃离,可能会强化"感谢上帝,我总算出来了"的想法,并会降低身体的兴奋感,体验到放松感。基于认知-行为疗法的评估与咨询,强调个体行为与自我内在和外在的前因与后果之间的功能关系。

文化、功能评估和认知行为咨询

人们很容易混淆认知行为疗法这一术语,因为它似乎量化了行为,因此看起来似乎不友好,在文化上也不敏感。然而,考虑到个体在不同文化中学习的方式是相似的,如果人们基本上是通过观察和经验来学习,那么这些学习方式就不存在价值取向。认知行为咨询并不意味着判断一个人是好的还是坏的,或者评估什么是可接受的或不可接受的。它只关注个体对特定情况的反应或学习，而不是刺激是好的还是坏的。从某种意义上说，是环境决定了这一点，从而使得环境成为基于文化背景而产生的行为的相对事实。一个人所处的文化环境决定了他做的是对还是错。例如，在泰国社会，一个人露着脚底，或把脚搁在桌子上的行为被认为是对他人的一种侮辱，而在英国，这种行为则被认为他只是想舒适地坐着。泰国社会通过惩罚或消退机制而确保没有人会再露出脚底，因为这是不好的行为，而在英国则没有这样的事情发生。Skinner(1953)说，"文化本质上就是社会环境"(p. 40)。换句话说，人们塑造着强化的偶然性，进而塑造他们的行为，因此也会表现出他们的行为，这是每个社会环境或文化演变的决定因素。

在每个社会中，行为规范或规则的演变都会与预期的社会角色和行为相一致。在英美社会，保持目光接触被认为是一种积极的行为。当一个人说话的时候，看着对方的眼睛是很正常的。他们甚至认为看着一个人的眼睛是更诚实的表现。然而，在一些原住民群体中，比如 Navaho 人，直视另一个人的眼睛可能被认为是一种侵犯，因此是消极的。事实上，Navaho 人想得更远，他们将强烈的目光接触视为紧盯着对方或是"邪恶之眼"(Trimble & Thurman, p. 63)。在某些文化中，问很多问题也会被认为是不礼貌的行为，但在许多欧洲国家，这被视为一种对对方感兴趣的标志——是一种积极的态度。我们可以看看下面这项研究，有一项研究调查了美国黑人和白人对某些问题的看法(Matsumoto, 2000)，并认为"有些行为在白人那里是自信的象征，但在黑人看来则具有攻击性。白人认为黑人在表达感情、提问题或在种族问题下表现得较为武断时，往往具有很强的侵略性"(p. 56)。

认知行为咨询师的主要工作方式之一，是帮助患者发现影响行为和行为后果的因素。在多元文化环境中，咨询师帮助患者识别那些导致当前问题行为的情境和个人变量。更具体地说，咨询师们鼓励人们对目标行为之前发生的事件予以关注。也就是说，行为咨询并不关注这些行为的哲学类型；相反，它强调的是经验和功能方面对行为的影响。其核心在于使用学习技巧来改变目标行为。我们可以思考下面的例子。在一些西班牙人当中，看到来自精神世界的神灵并与之交谈，是日常生活的一部分。这有些类似于在宗教情境中所出现的听觉和视觉方面的幻觉。大多数社会都会将这种行为视为精神疾病的征兆。认知行为

咨询师会使用功能分析来帮助患者

确定产生幻觉的具体社会条件,以及这些条件在哪些文化上可能是适当的,(并)为患者从环境上控制幻觉奠定基础,而不是通过使用药物或社会管控来减少幻觉。(Matosumoto,2000,p. 273)

一种遵循认知-行为原则的方法,是在让患者进行实际咨询之前,进行一项被称为功能评估(functional assessment)的过程。这是基于这样一种观念,即除了要与患者建立积极的关系外,咨询师还需要对患者的文化背景以及与行为相关的文化内容有准确的认识。此外,咨询师对文化的理解和敏感性是防止患者提前终止咨询的预防性措施。患者需要认识到他们有能力在解决任何导致他们寻求咨询的问题上取得一些进展。最后,功能评估过程总是试图帮助患者更积极地处理问题。这意味着要不断确保患者的认识与咨询的目标行为和文化相关的理念保持一致。评估过程共分为八个步骤(Tanaka-Masumi, Higgenbotham & Chang, 2002)。

1. 文化认同与文化适应的评估:咨询师应了解患者对其文化规范的遵守程度(例如,高文化适应还是低文化适应)。
2. 对呈现的问题进行评估:为了不误解问题,咨询师需要对患者的文化规范、痛苦程度和惯用模式能够很好的理解。
3. 因果解释模型引导:咨询师在患者的文化背景下收集问题相关信息。
4. 功能评估:咨询师需要在对问题的准确认识和患者的文化规范基础上,识别出问题是什么,选择目标行为,并指导如何实现这个目标。
5. 基于因果解释模型的比较与协商:咨询师需要清楚地解释治疗过程以及治疗的依据,减少患者的挫败感,提高患者满意度。
6. 治疗变量的建立:咨询师在与患者协商的基础上,共同制定可接受的治疗目标,目标行为和咨询技术。
7. 数据收集:咨询师要求患者关注他们的行为以及行为的前因后果。患者通过咨询来监控他们的行为,与咨询师一起,对关于社会比较的行为予以特别关注(例如,少数民族文化中可能存在的约束,因为在一个文化背景下的适当的行为在另一个文化视角下可能有不同的含义）。

8. 讨论伦理限定和其他治疗相关问题：这部分主要是与患者和家属就有关治疗和咨询结果的问题进行深入讨论（例如，保密）。

因此，咨询师帮助患者识别特定的社会条件（前因）对于他/她的重要性，所以他/她可以自由地表达问题行为，而无需面对来自不同文化背景的人的消极评价（后果）。应对文化冲击最有效的方法之一，首先是帮助患者了解正在发生的事情，然后帮助他们学习对新的文化情境进行新的反应，患者甚至可以演练这种新的行为，以了解这些行为是如何具有文化适应性或文化价值的。最后，认知行为疗法强调咨询师与患者的协商，而不是强加于患者。事实上，进行功能分析的目的，是为患者和咨询师就合理的治疗策略进行协商提供基础，以最终改变目标行为。

很少有患者的问题是由一个因素引起的，也很少有一种方法能够解决大多数人的问题。认知行为评估和咨询方法将问题理解为多方面的综合，包括解决问题、模型化、可视化、认知重构、重组、压力缓解、放松、系统脱敏、冥想、自我管理和自我指导等策略。本文将着重讨论其中的几种策略。下面的案例描述了咨询师如何结合这些策略，来帮助一个有发育障碍的人克服对公共场所的恐惧。

认知行为策略

对于来自不同文化的各种患者，可以使用许多有用的咨询策略。然而，咨询师需要对这些策略保持敏感，因为他们需要在使用这些策略时，要考虑到文化适应以及患者如何看待该策略。历史上，咨询一直是一些人用来操纵患者以"白人方式"思考的工具；因此，患者需要感觉到自己对治疗过程的控制（Duran & Duran，1995）。咨询师要认识到，期望的冲突有助于消除彼此的误解。Pfeiffer（转引自 Tanaka-Matsumi，Higgenbotham & Chang，2002）指出了一些需要注意的常见冲突：

- 直接治疗与间接治疗；
- 基于个人的治疗与涉及重要他人和社群的多层次治疗；
- 治疗中的权力基础是等级的还是平等的；

- 对当前问题是进行内在心理分析方法还是功能性方法;
- 关注身体还是心理层面的痛苦表达。(p. 350)

问题解决

问题解决是一种认知行为方法,往往需要采用几个连续的步骤。这些步骤包括识别和定义呈现的问题、探讨多个解决方案、评估和选择合适的解决方案来解决问题,以及评估解决方案的是否成功。问题解决策略在提高社会技能、儿童的攻击性行为、育儿技能、健康、压力缓解,以及儿童和成人在各种其他领域的表现等方面都是成功的。问题解决对学校咨询师帮助青少年儿童发展自我和实现目标也有重要意义。在本章讨论的咨询策略中,问题解决是最为广泛使用的帮助来自不同背景的人的策略。

渐进式肌肉放松法

渐进式肌肉放松法是一种帮助人们应对生活中遇到的压力事件的躯体放松过程。虽然压力是生活中的一个事实,但是近年来,越来越明显的是,慢性的和长期的压力会对身体和情绪的健康问题带来相当大的影响。压力有各种各样的来源,包括人际关系,家庭问题,经济状况,甚至是一年中的某个时候,我们吃的食物,我们在电视上或报纸上看到的新闻,也会带来压力。压力也可能来自孤独、衰老以及威胁我们安全和自尊的事件。它也源于我们对过去和现在的事件以及对未来的思考。

肌肉放松包括学习紧张和放松身体上的不同肌肉群,这个过程让人们感受到自己拥有紧张的身体和放松的身体。正常情况下,咨询师会要求患者绷紧和放松他们的双手和手臂肌肉,然后是面部、颈部和肩膀、躯干,最后是腿部和脚部的不同肌肉群。肌肉放松虽然不是什么新鲜事,但却因能够帮助人们克服头痛、抑郁、恐慌、高血压和许多其他相关问题而广受欢迎。

系统脱敏

系统脱敏是一种广泛应用的旨在减轻焦虑水平的策略。这一过程所基于的前提是,人不能在同一时间内感到恐惧、焦虑和放松。这种咨询策略包括确定患

者焦虑的来源;通过列出从最不容易引起焦虑的情境到最容易引起焦虑的情境,
发展出引起焦虑的情境层次结构;咨询师教授患者渐进式肌肉放松技巧;然后,
从最不容易引起焦虑的情境开始,让患者在完全放松的状态下,对每种情境进行
多次想象。对焦虑层次结构中的每个情境都重复这个过程,直到所有情境不再
引发患者的焦虑。当患者有能力和技巧处理某一情境,但由于压力和焦虑而不
能处理或表现不佳时,这种方法能够成功地帮助人们减少焦虑,并提高患者在各
种引发焦虑的情境中的表现水平。

认知重构

认知重构是一种咨询程序,帮助患者认识到他们的内部对话(有时被称为
"自我对话")是如何能够深刻影响他们的情绪和表现的。咨询的目的是帮助人
们改变他们的自我挫败的思维方式。这是通过让患者首先认识到他们的消极和
自我挫败的想法来实现的。接下来,咨询师教授患者思想阻断过程。最后,咨询
师引导患者认识到并停止他们的消极思维,并以自我肯定的积极思维来替代这
些行为。

当面对问题和生活中的困难时,人们往往会忽略他们关于自己的想法是如
何影响他们的压力、焦虑和表现的。我们在任何情况下所经历的压力和焦虑程
度,都与我们对问题情境和情境中的自己的那些想法和看法有关。当思维或自
我对话主要是消极的时候,压力和焦虑会增加。高强度的压力会导致较差的表
现。帮助患者"清理"他们的思维可以减轻压力和焦虑,进而提高成绩和表现。

研究表明,认知重构在帮助人们解决各种问题方面具有显著效果。例如,认
知重构已经被用于治疗愤怒、广泛性焦虑、抑郁、自尊、担心、运动成绩和学生考
试焦虑。

自我引导

自我引导是一个过程,在这个过程中,咨询师会指导患者应对自己说什么,
以帮助患者完成一项期望的任务。这个过程开始于咨询师模拟患者所需的自我
对话。接下来,在咨询师的指导下,患者进行适当的自我对话。最后,患者在完
成咨询师任务的同时,引导或指导自己完成期待中的任务。这个过程的目的是

帮助患者产生一种需要让自己关注任务的自我对话，并尽量减少分心。这个过程可以帮助患者将注意力集中在任务上，而不是与任务相关的恐惧上。

一 个 案 例

为了说明认知行为咨询方法如何运用，我们将以 60 岁的患有发育障碍的原住民（Mohawk 人）Thomas 为例进行演示。Thomas 在童年时患有癫痫，三岁时大脑就停止了生长。他持续有癫痫发作的情况出现，常常一天会发作八次。当他还是个孩子的时候，他就离开了家庭居住的农村保留地，被安置在一所机构里，在那里他生活了许多年。当他被遣返回到距离他的保留地 100 公里的社区时，他先后住在很多集体住宅和公寓里，直到找到他现在住的地下室时，他才在那里相对独立地生活。住在楼上的那对夫妇帮助 Thomas 进行医疗急救、生活开支预算，购物和个人生活技能等方面的照顾。

Thomas 有很好的语言表达能力，尽管他说话时比较缓慢而含糊。他没有机会去学校上学，上学只上到三年级，但他可以读六年级左右的书。他个性随和，性格开朗，对木雕有着浓厚的兴趣，并准备在木雕方面有所建树。此外，他还参加了自助小组、当地原住民友谊中心和老年人小组。他每天用助行器在街区里走来走去锻炼身体。然而，在接受咨询的几个月前，他突然对朋友和小组活动不感兴趣。他待在自己的公寓里，将自己与他人隔离。在他的允许下，他的看护人帮他转介进行咨询。

评估

他的看护人观察到 Thomas 变得有些孤僻，与他人隔绝。他们便与 Thomas 分享这些担忧，然后知道 Thomas 不敢到公共场所去，是因为他害怕癫痫发作。他说他的癫痫发作"控制了他"，他再也无法控制癫痫发作了。他相信，只要当他进入社区时，他的癫痫发作频率就会增加。正因为如此，他越来越害怕离开他的公寓。Thomas 的照顾者和社会工作者都认为，他的日益增加的焦虑引起了他的癫痫发作。当他们要求 Thomas 回忆他自己的想法和感受时，他说自己"害怕"、"紧张"。他记得当时他的想法是以为自己会发作，担心别人的反应，觉得他们有必要"离开那里"。Thomas 的社工报告说,当 Thomas 最近遇到新的情境时,他会经常停下来,表现得很迷茫,大口喘着粗气,还经常冲出门去。她认为 Thomas 离开这个情境后,会开始感觉好一些,这种减少他的恐惧和焦虑的方法有助于强化他对这些情境的逃离和回避。由于现场没有受过训练的原住民咨询师,托马斯与当地友谊中心推荐的一位白人咨询师进行咨询,因为他具有文化敏感性,并且有与原住民患者合作的经验。

干预

Thomas 作为一个原住民男性,咨询师开始与他一起工作时,越来越能够接触到他的文化。Thomas 高度称赞他在原住民友谊中心遇到的一位长者,咨询师联系了这位长者寻求帮助。在第一次见面时,长者和咨询师一起前来,并和 Thomas 一起清理污点。接下来,他们与 Thomas 谈论了他的雕刻,鼓励他继续雕刻,甚至考虑与他人分享他的知识。咨询师解释说,他将运用四种认知行为咨询策略,帮助 Thomas 克服害怕在公共场所癫痫发作的恐惧。这些策略包括渐进性肌肉放松法、系统脱敏、认知重构和自我引导。咨询师认为,如果 Thomas 使用这些方法来降低他的焦虑,那么他的癫痫发作也会减少。此外,长者建议 Thomas 使用一些清理技术,例如发现污点,然后用老鹰的羽毛清理掉污点。长者把一根老鹰的羽毛送给 Thomas,Thomas 很有仪式感地接受了。

Thomas 的干预计划的第一步,是教他练习肌肉放松的技巧。发展障碍患者的放松训练通常是包括 5 到 10 次,每次时长 20 到 30 分钟。由于 Thomas 的短期记忆有困难,咨询师决定 Thomas 的放松训练应该每周进行三次,持续大约三周。

咨询师鼓励 Thomas 穿宽松舒适的衣服参加训练。训练开始前,长老先用老鹰的羽毛清理 Thomas 和咨询师的污点,然后进行的是传统的 Mohawk 族的祷告。接下来是咨询师帮助 Thomas 区分肌肉紧张和肌肉放松。Thomas 发现感受咨询师的肌肉是紧张还是放松对他是有帮助的,直到 Thomas 能重复这个过程咨询师才停止。一旦 Thomas 能够熟练地放松他的身体,咨询师会鼓励他不断重复"放松"这个词,同时体验拥有身体放松的感觉。这一步与 Thomas 出生的保留地的湖泊图片一起配对使用。咨询师期望通过练习,他可以使用"放松"这个词和湖泊图片作为线索,在焦虑的时候诱导他产生放松的感觉。Thomas 也被鼓励在家练习放松。咨询师给了他一盒录音带,用来指导他在聆听传统的本土音乐(例如,Carlos Nakai)中练习放松。他的护理员帮助他制作了一张图表,记录他的家庭练习情况,并对他的放松程度进行评分。随着 Thomas 在放松身体肌肉方面变得越来越熟练,他用于交替感受紧张和放松肌肉的时间越来越少,注意力也可以转移到有节奏的呼吸上,并把放松这个词作为诱导放松的线索。

这个项目的第二步,是帮助 Thomas 在社区闲逛和锻炼时减少焦虑。为了做到这一点,Thomas 的社工拍下了他去过的那些引起焦虑的地方的照片。这些照片是根据它们产生的焦虑程度进行排序的。接着,咨询师连续地向 Thomas 展示每一张照片,从引发最少焦虑的情境开始,并在想象自己身处那个特定地方时学会放松。在连续几次咨询中,每个图片都会重复出现在这个过程中,直到 Thomas 可以想象自己身处每种情境下,都能够保持放松。

最后,咨询师教导 Thomas 自己对自己说,要成功地克服这些困难的情境,用积极的自我陈述,取代他先前使用的消极的自我陈述,并在任何他感到焦虑的时候,使用放松这个词来达到放松的状态。通过让 Thomas 进行自我教育式的自我对话,咨询师期望 Thomas 将全部注意力集中在他所从事的行为上,而不是放在让他感到害怕的感受上。一般认为,Thomas 所进行的消极的自我对话(比如,"我不应该在这里"、"如果我癫痫发作,人们会怎么想?"和"我想离开这里"),在一定程度上导致他产生了高度焦虑的感受。咨询师希望,指导 Thomas 用积极应对式的陈述来取代他的消极想法,将有助于他保持更放松的状态,并能够应付这些情境。例如,鼓励 Thomas 用老鹰羽毛清理任何粘在他身上的污点,然后重新进行内在对话,比如,

现在我从助行器上下来,来到了老年中心,一切都很好。我要穿过门,走进自助餐厅吃午饭。如果我遇到任何人,不管我是否认识他们,我都会和他们打招呼,微笑甚或是和他们交谈。我感觉很好;我觉得我不会癫痫发作。这些人很好,我的朋友在这里。我在这里感觉很好。如果我感到紧张,我需要重复放松这个词几次,这样就会放松我的身体。

　　为了确保 Thomas 成功地运用了这些技能,咨询师和长者一起,在最初阶段陪同 Thomas 去每个引起焦虑的地方,长者模仿和演示 Thomas 所受的指导,然后鼓励和促进 Thomas 使用这些技巧。此外,长者还从保留地拿了一块石头给 Thomas,让他随身携带以增强体力。这种方法在每个地方进行重复,直到 Thomas 能够独立使用这些技能。他们还带着 Thomas 到一个公园里,引导他享受自然环境,并将这作为一种放松的方式。此外,他们还鼓励 Thomas 越来越多地参加友谊中心的活动,并更多地参与社区的文化活动。

一种表达性的行为策略:IMM

　　动态意象方法(The Imagery in Movement,IMM)是一个包括四个步骤的过程,可以用来作为探索任何话题,或所关心的问题,或简单地进行人的意识结构调查的工具。这通常是一个需要引导的过程,但是人们可以在接受训练的情况下单独使用。因为每个患者都在咨询中呈现一个非常个体化的正待解决的问题或主题,所以在与患者或团体进行工作时,团体主持人或咨询师都可以将 IMM 作为一种工作工具。IMM 的主要目的,是帮助患者探索与感觉和情绪有关的问题,从而激发他/她在生活中的觉察和改变。咨询师必须充当支持者,确保患者对将在四个步骤中探讨的问题感到自信和安全。咨询师还必须记住,有些人在这四个步骤中的任何一个步骤,都可能会感到非常脆弱,因为这时他们正在处理非常隐私和亲密的问题。

　　第一步:表达

　　第一步,可以使用任何一种有助于自己创造的艺术形式;然而,绘画是一种非常成熟的技术,因为绘画所用的材料(纸和蜡笔)简单易得,结果(有形产品)可见,同时也易于表达。有形表达的目的是通过图像的方式,使得隐性的内容显性化,进而体验到非言语方面的问题;"本能的感觉"、"直觉"、"话到舌边"或"我对很多事情的感觉"都可以被带入意识状态下,将深处或底层的心理存在转化为观点。即使参与者认为他/她的脑海中没有图像可以进行绘画,这种感觉很快也会消失,每个人都可以进行创作。必须提醒人们的是,绘画过程不是艺术;他们所做的只是让他们的手随心所欲地去创作。很重要的一点是,主持人或咨询师不会向参与者提出任何关于画什么的建议,也不会对参与者们呈现出的画作表达自己的情感反应。

第二步:映射

映射是对绘画的每个元素和绘画本身的整体结构进行探索,目的是通过他/她的内心景象来引导患者,通过意指患者成长方向的方式来揭示其心理动态特征。主持人要求参与者在图像中寻找特定的形状、图案或颜色。要求他们报告任何可能与他/她对话的身体感觉、感受、图像或想法。主持人或咨询师帮助患者探索与绘画相关的所有感官体验,不仅是视觉图像,还有嗅觉和肌肉运动知觉的图像。有时主持人或咨询师还会要求患者"进入图画里"并报告绘画里的内容(例如,描述发生在任何既定的时间里由图像唤起的任何内容)。下一步是通过询问绘画中某一特定部分的象征意义,鼓励来访者接受绘画中每一个元素的象征意义,并密切关注患者的回答。如果患者说他/她不知道,我们建议主持人/咨询师给出一些简单的引导,促使患者达成适当的反应模式,例如,"这是你的语言部分的头脑,它不知道;问问你的负责形象部分的大脑,它对你意味着什么。"主持人必须对患者所报告的绘画内容进行评论,或解释其关联性,并且必须非常小心谨慎地对待那些用来引发思想、想法或感觉的问题。

第三步:幻想展现

幻想展现的目的是实现自我转化。当触及到记忆和清醒的梦境体验("进入图画里")时,患者便能够理解问题的来源,意识到身体是如何参与特定问题的发展,并在他/她的生命的更大的背景中看到问题的解决方案。首先,要求参与者找出图画中情感最强烈的部分。这时他/她会被要求再次回顾并报告图画中所发生的事情。主持人/咨询师的一个主要作用,是将参与者的注意力集中在最开始那些呈现在他们眼前的感官细节上。基于参与者提供的信息,主持人可以询问下列问题:"地板是什么颜色?""你的身体感觉如何?""你闻到了什么?"或"你听到了什么?"当这些场景对个人来说变得越来越生动时,它便开始展开和唤起参与者的感觉、感受和思想。这时,主持人/咨询师便可以要求参与者根据展现的场景进行角色扮演,来强化这一过程。主持人可以通过扮演任何参与者要求扮演的角色,对参与者起到辅助作用。非常典型的是,当身体参与到探索过程中时,参与者的体验会发生戏剧性的转变:他们会体验到自己处于危险的边缘,害怕未知的事情发生。参与者经常会发现他/她的身体会自发地移动,没有任何有意识的预先考虑。患者此时便成为这一过程,成为幻想中所展现的自己;当他或她体验到心理的宣泄和顿悟时,不管是认知、情感还是身体表现部分,这种体验都会帮助参与者找到自己的解决办法。无论是记忆中的经历还是醒着的梦,都是常见的用来展现这一过程的内容。

参与者可能会发现自己以生动的细节再现了一段记忆,回忆起了早已被遗忘的诸多内容。一旦这些场景以完全的感官细节再现,关于这些(个)事件的全部记忆通常会展开。幻想后续要做的可能是一个醒着的梦,尽管有时它是一个象征性的梦,现实在梦中也可以被重新塑造,以解决在图画特定部分所呈现的问题。当患者在图画中选择特定的颜色或形状时,会出现清醒的梦,这些梦呈现的是图画中该部分所代表的问题,并开始试图解决这个问题。另一方面,象征性的梦可以将问题置于更大的背景下,并从选择、资源和/或行动方面提供解决问题的智慧。随着幻想展现部分的结束,患者便从接触绘画素材转向言语表述,以便理解所使用的这些素材与自己的相关性,找到问题的解决方案,或者为日常生活中的类似情形找到替代方案。

第四步:言语转化

最后一步的目的,是帮助患者理解其通过绘画和自我探索所展现出来的各种经历。因为参与者在幻想展现阶段中经历了非常真实的情感,他/她可能处于一种转换状况(altered condition)中。在这个阶段中,主持人/咨询师的角色是问一些关于这个过程的一般性问题,以便让参与者回到他/她的日常情境中(例如,"那部分对你意味着什么?","这些图画与你的现实有何关联?","你的生活中发生了什么,让你想起了这段回忆和幻想?")。因为一些参与者可能比其他人更容易受到伤害,所以"回归"的过程必须是谨慎的,而且最好用柔和、抚慰的声音来表达。研究报告显示,参与者通常会擦擦脸、拽拽衣服、伸伸身体;所有这些姿态都表明他们已经回到了"此时此地"的世界中。在这最后一部分的过程完成后,可以布置参与者一个书面作业作为家庭作业,作业可以分为三个主要部分。第一部分是对绘图中的图形元素和映射过程中出现的各种体验进行反思;第二部分是对幻想展现阶段的重大事件进行反思;最后一部分则是全程参与的体验对参与者当前生活各个部分影响的总结。

　　书面作业的前两部分,要求参与者将这一经历分为不同的有意义的部分,唯一的区别是,在绘画部分是要求患者对最重要的图形元素进行认同,而在幻想部分,患者则要与重大的事件和/或场景进行认同。接下来,患者要将所有与这些元素相关的感官体验和感觉,记录在引发它们的那些元素、场景或事件下面。然后,患者要问自己他/她这个事件的象征意义是什么,并注意他/她自己的回答,这些回答可以被记录在标有象征意义的那一列中。所有这些部分(绘图和幻想的不同部分、对有意义部分的认同,等等)都是准备阶段,最终都是要完成最重要的部分:追踪类比。这一步可以通过开放式提问来完成。例如,主持人可以询问患者,"为什么你想象的大脑选择这种特殊的感官体验来代表象征意义?"这时患者可以使用作业表单中标记为类比的部分,为该元素中出现的每个感官画面写一个答案。当探究过程结束后,患者再填写表单的摘要部分;首先,他/她要识别出整个过程中出现的主题,然后将它们与他/她目前的生活状况联系起来。通过追踪主题并发现它们与当前情形的关系,患者能够看到内心生活和结构是如何反映在他/她自己的日常世界中的。它可以揭示为什么患者在他/她生命中这个特定的时间画了这幅画。最后,在任务的总结部分中,患者将贯穿整个过程的图画和幻想材料融合在一起。患者对这些洞察和见解进行记录和总结,这种方式还会唤起患者更大范围内和更具整体性的强烈体验。患者不仅能够在不同层次的存在中见证和体验他/她自己,而且还能够通过组织这些经历的象征和图像表达,近距离观察他/她当前的生活和过去的生活。言语转化能够以全新的见解将患者带回日常生活情境中;这是一种全新的和更大扩展了的自我意识。

　　在使用这种方法帮助患者找寻解决方案时,咨询师必须考虑某些因素的影响。其中一个因素是时间;根据问题严重程度和做出选择的迫切程度,完成所有四个步骤的可能性会有所不同。如果问题很严重,或者这个人需要一些时间来与咨询师建立关系,那么并不是必须要进行这个方法的所有步骤。完成这四个步骤的平均时间,往往需要四次的咨询或治疗。不建议对问题严重程度(第一步和第二步）的探究超过两次，因为这可能会削弱患者的情绪/感觉。该方法的后一部分可以在较为平和的状态下进行探讨，只要最初的反应和情绪已经展现出来。

在运用一段时间以后，IMM 有助于帮助人们发展一种"新事物"，虽然每个人的感受可能并不相同。这种新事物似乎具有自我疗愈的作用，它能够呈现出关键的问题，思考和解决这些问题，新事物便会转移到下一个问题上。随着图画的变化，行为也发生了变化，尽管每个人的过程以不同的特征展现，但过程似乎总是朝着增加快乐、自由和能力的方向发展。

结　　论

在任何治疗中，重要的是要记住"最有效的治疗模式，是那些［第一民族和其他少数民族］传统的思想和实践与西方实践相结合使用的模式"（Duran & Duran，1995，p. 87）。事实证明，认知行为治疗策略在帮助我们主流文化中的儿童和成人方面是有效的。越来越多的证据表明，这些策略对来自多样性文化中的人们也很有用。认知行为方法对人及其行为方式的基本假设，保证了它是最具有价值中立性的治疗方法。人们不应该被评判，而是要引导他们认识到前因后果是如何影响他们的行为的。一旦患者意识到这些影响，他们就可以改变自己的生活。

一个咨询项目是否有效，依赖于许多因素的参与。在这一章中，我们讨论了一些认知行为咨询策略，并以帮助一个有发展障碍的人克服对公共场所的恐惧进行举例。在三个月的课程结束时，Thomas 又能参加社区活动了。尽管他的癫痫还是会持续发作，但数量减少了很多。Thomas 已经学会了识别导致焦虑的身体线索，并继续使用这些线索来提醒自己应用他所学到的新技能。Thomas 说，当他在公共场所时，有些场合下他仍然会感到"有点害怕"，但他不再与他人隔绝，也不再回避社交场合。在看护者的鼓励下，Thomas 继续运用这些技能来管理自己的生活；他也开始重新学习自己的民族语言。与文化的重新连接是 Thomas 康复的一个重要因素，尤其是他开始把自己描述为一个"战士"，从而赋予自己超越认知行为方法所能带来的能力。

近年来,认知行为的治疗策略越来越流行。无数的书籍和成百上千篇的文章都证明了这一方法的成功。最近出现了一些文章,还专门讨论了认知行为疗法对儿童和成人发育障碍的治疗优势,并探讨了不同文化下的使用差异。事实证明,该方法适用于诸多心理问题,并适用于不同文化。

参 考 文 献

Cormier, C. , & Nurius, P. S. (2009). *Interviewing and change strategies for helpers: Fundamental skills and cognitive-behavioural interventions* (6th ed.). Belmot, CA: Brooks/Cole Duran, E. , & Duran, B. (1996). *Native American postcolonial psychology*. Albany, NY: SUNY Press.

Matsumoto, D. (2000). *Culture and psychology: People around the world* (2nd ed.). Belmont, CA: Wadsworth.

Skinner, B. E. (1953). *Science and human behaviour*. New York, NY: Macmillan. Tanaka-Matsumi, J. , Higginbotham, H. N. , & Chang, R. (2002). Cognitive-behavioural approaches to counseling across cultures: A functional analytic approach for clinical applications. In P. Pedersen, J Draguns, W. Lonner & J. Trimble, *Counseling across cultures* (5th ed. , pp. 337—354). Thousand Oaks CA: Sage.

Trimble, J. , & Thurman, P. (2002). Ethnocultural considerations and strategies for providing counseling services to Native American Indians. In P. Pedersen, J. Draguns, W. Lonner & J. Trimble, *Counseling across cultures* (5th ed, pp. 52—92). Thousand Oaks, CA: Sage.

25. 预接触教育和故事讲述的作用

温迪·爱德华兹

第一民族的人民普遍强调符合逻辑和现实的教学和学习风格,这种教学基于观察、倾听和学习而进行(Miller, 1997)。第一民族的教育体系虽然各不相同,但普遍反映了一种共同的哲学或精神基础,他们的教学方法也非常相似。因为所有第一民族都将他们的教育教学建立在根深蒂固的世界观中的精神基础之上,因此常常可以在第一民族中发现惊人的共性,包括没有任何类似欧洲学校教育中的惩罚、竞争、制度性方法。第一民族教育中的传统方法包括将家庭和社区作为教师和看护人员。Atleo(2004)强调说,"每个故事都与讲故事的祖先有关,而他们又从最初的故事讲述者那里听过这个故事"(p. 2)。Miller(1997)提醒我们:

> 原住民教育中常见的元素是通过家庭中的正面典型塑造孩子的行为,通过使用各种游戏中的巧妙规定引导孩子实现期待中的行为,通过广泛运用故事讲述的形式,达到教育和说教的目的,当孩子接近成年早期时,利用更加正式和仪式化的典礼,来影响和完成与应有的庄严相对应的仪式功课……所有这些方法都有足够多的共同设想、方法和目标,并且不会对原住民教育体系中各群体的个性特征有很多损害。他们都依靠观察和倾听来学习。(p. 89)

在儿童时期,适当的或期待中的行为受到间接和非强制性手段的鼓励,这与欧洲的养育儿童的方法形成直接对比。纪律通常包括让他们感到尴尬或予以警告,而不是体罚或惩罚性的剥夺。同样地,精神发展更多是使用讲故事的方式间接地教导一个逆反的孩子。有两种重要的价值观——爱和尊重——处于是Nuu chah-nulth 教育方式的核心地位。例如,

> 讲故事的家庭背景可能包括:冬天晚上火热的炉火,亲密的人在身边,温暖的语调,安全的感觉,熟悉的面部表情,能够唤起心理画面的各种姿势,小朋友对家庭的绝对信心,所有这些都会给家庭带来一些爱的意义。(Atleo,2004,p. 15)

案 例 展 示

在一个口口相传的社会里,成为一个尴尬故事的主角是一件令人难忘的事情,而且这个故事可能会在未来几年里被人反复提及。这样的故事听起来可能是这样的:

哥哥和弟弟是加拿大西海岸萨利希族(Salish)的男孩,他们住在温哥华岛东海岸的 Snaw Naw 村。有一天,天气晴朗,哥哥问爷爷是否愿意带他们去熊池(Bear Pool)钓鱼。这个池塘是一个很好的养鱼场,漆黑的水中总是藏着又大又肥的三文鱼。"是的,"爷爷回答道,"是时候给奶奶和您的阿姨们钓些鱼准备过冬了,而且我们也要吃晚饭",爷爷说,"在营地里吃一顿美味的晚餐"。

男孩们非常高兴,很快就准备出发了。"爷爷",弟弟说,"我们的表哥 Max 也能来吗? 他知道如何钓鱼,他可以帮助我们为奶奶和阿姨钓到很多三文鱼。""是的",爷爷说,"Max 也能来。我们人手越多,工作进行得越快"。弟弟便跑去找 Max,而哥哥跑到院子里。他抬头看着天空,喊道:"我们要去熊池了。老鹰,你愿意和我们一起去吗?"然后,他朝熊池的方向望去,喊道:"我们要去熊池了。三文鱼,你们能等我们吗?"

弟弟带着 Max 回来了,Max 拿着一根上好的鱼竿和一张大网。他们于是都出发前往熊池。这天的天气真的非常好。爷爷、哥哥和弟弟一整天都在那个

熊池里钓鱼。他们沿着河向走得更远,遇到了其他一些亲戚,他们也都来捕捉三文鱼,这样可以让他们冬天不再挨饿。不过 Max 把鱼竿和渔网留在岸上,到树丛中玩耍去了。哥哥不时地要去提醒他,"Max,你还有工作要做。你的鱼竿和渔网都独自待在那儿呢,快来帮助我们吧"。Max 回答说:"现在可不行。时间有的是,我想多玩一会儿"。哥哥喊累了,他向爷爷抱怨说:"他这样是不对的——他知道他应该要帮忙的。如果每个人都来帮忙,就会有足够的鱼供大家在冬天里吃了"。"不要太在意",爷爷说,"只做你认为对的事。"快到吃晚饭的时候,爷爷在河边生了一堆火。他为他们的晚宴准备了一条特别肥的三文鱼。男孩们都饿了。他们咕咕哝哝地看着爷爷准备饭菜。很快,空气中便弥漫着烤三文鱼的香味。真是太香了! 爷爷说:"哥哥和弟弟,你们一天的工作做得很好。你们可以有许多鱼带回家给你的奶奶。现在快来享受这美味的晚餐吧。"

"Max,"爷爷说,"你可以到树林里去玩。我知道那是你想去的地方。不要为我们担心。"然后爷爷便背对着 Max。Max 可被吓坏了! 他是真的饿了! 他又不能和爷爷争辩。他慢慢地走回他玩耍的地方坐下。他的肚子开始咕咕直叫,还能闻到烤三文鱼的味道。Max 很伤心。爷爷、哥哥和弟弟吃了一顿丰盛的大餐,他们感到心满意足。这一天的工作真是太美好了。当他们吃完晚餐,他们便开始收拾渔具和收获的三文鱼。Max 仍然独自坐在树林里。这时爷爷对他说:"Max,过来吃饭吧。我们为你留了一些三文鱼。我们不会让你挨饿的。"Max 已经饿得不行了,他于是慢慢地走回篝火旁,静静地吃着美味的三文鱼。

讲故事的好处

孩子们听了上述的故事会立即意识到合作的重要性。为了确保知识不脱离经验,或者智慧不脱离神性,长者们强调倾听、观察和等待,而不是问为什么。根据 Beck 和 Walters(1997)的研究发现,训练开始于孩子们被教导要安静地坐着并享受它;他们需要被教导使用他们的嗅觉,在似乎没有东西可看的时候用心去看,在觉得可能是安静的时候去认真倾听。一个总是必须问"为什么"的孩子,在于他没有以被认可的方式集中注意力。讲故事也是保存最初历史的一种有效手段。在这些故事中,人们会被告知人从哪里来,星星是如何被创造出来的,火是在哪里被发现的,光明是如何从黑暗中分离出来的,死亡又是如何产生的。孩子们蜷缩在毯子下,和祖母一起,通过讲授故事中的动物角色的经历,学习关于生命的很多知识。他们慢慢地掌握了在这个世界上生存的工具和知识。因为没有书,电影,收音机或电视,这些故事便是人们的图书馆,还包括人的声音、手势和表情在里面。人类的记忆是一个巨大的存储器,我们通常只能填满它的容量的一小部分。长者们知道这些道理,还对这些记忆和其他感官进行了测试和训练,从而使得人类的历史和传统得以保存和传承。口头传统是很多部落社群人民用以保持长久稳定的必要手段之一。每个故事都记录了一些有趣或重要的事件,或是一些影响人们生活的事件。有一些重大的灾难,发现,成就和胜利也值得保存下来。但并非我们所有的故事都具有历史意义;只有那些教导人们善良、顺从和节俭的美德,以及正确生活的回报的故事才有意义。Hart(2002)提醒我们,讲故事也可以是一种更有建设性的治疗方法和生活方式:

我们的祖父母们——我们的长辈们——告诉我们,仅仅听他们讲故事是不够的:我们必须尽一切努力让自己明白这些故事和神话中所包含的真理。真理必须成为我们的一部分,听故事的男人和女人,应该停下来倾听内心的内在真理,然后在现实层面实现自己的自我实现。(Asikinack, in Hart, 2002, pp. 56—57)

故事讲述者的特点

一个好的故事讲述者,能够传达那些我们知道永远不会改变的某些主题,这些主题具有普遍性和永恒性。有时故事就像一个密码:一个故事讲的越多,时间越长,一个人听的就越多,揭示的真理就越多。Beck 和 Walters(1997)认为,故事中对知识的编码,就像是近距离地倾听那些发生的事件的叙述;故事中所遇到的生物和人物,除了他们的外表和行为之外,还可能具有某种象征意义。讲故事是一种非常灵活的世代相传的知识教育方式,因为传统的形式——风格、表达方式、语气和词语——不仅可以用在传统的内容和符号上,也可以用在现代的主题和内容上,甚至也可以用在多维意义的探索上。在孩子们生命中的某些特定时刻,知道他/她什么时候能够准备好,应该接触哪些知识,这是讲故事的人的责任。重要的是,要避免过早让孩子知道太多,在孩子们成熟之前,要合理地安排孩子们接受的信息。

教师可以使用故事时间来实现他们的课程目标和任务,尤其是在教授学生们地理,世界文学,词汇等方面时。一个好的故事讲述者,还必须强调讲述的每个故事中所蕴含的内在价值观。如果教师们能够利用学生学习的渴望,如果教师们知道如何在讲述故事时调动学生的期望,那么就可以在培养学生在保持、珍惜和尊重传统重要性的意识方面有更大的收获;毕竟,口述传统是每个文化群体的一部分。传统是一种长久存在的东西,在它的存在过程中被传递给那些在它的影响范围内的人。此外,传统的东西不应被视为过时的或未开化的老旧方式,而应该被视为一种寻求自身确认的手段,从而使得我们的后代在传承传统的过程中找到共同点。更不可或缺的是,故事讲述者如果用全身心来表达一个故事背后的感情和思想,那么会让他们更有优势(例如,手势,音调,面部表情和姿势)。最后必须说的是,不仅教师有能力成为讲故事的人;也必须给那些有家庭故事或事件要分享的孩子们机会,因为不管怎样,我们都有故事需要讲述。

结　　论

今天的人与人之间的关系和行为方式和以往一样重要。因此,在当今技术快速发展的世界中,这些讲故事的方法仍然是可行的。虽然有些故事可能被我们看作是警示性的故事,但正确或错误行为的结果并不总是符合我们的期待。甚至我们对善恶的态度,也可以给故事增加很多奇妙的成分。这些角色必须进行某种形式的成长之旅,被危险、冒险和牺牲所困扰,而英雄们常常会被要求为个人或集体利益做出牺牲。在现实世界中,我们同样也是为了个人或共同利益而开启自己的征程。一些人的旅程是为社会福祉而获取知识,另一些人的旅程则产生自我认识。就像(传统故事中)Haida青年能够为任何意志或身体的壮举做准备一样,我们也在寻找永恒但难以捉摸的真理中不断考验自己。

故事中那些超越时间和文化的旅行、挑战,探索和胜利的隐喻,描绘了人们为了理解和体验宇宙奥秘而不断奋斗的场景。故事讲述——讲故事的能力——

是一种普遍的做法，是世界各地人们把各种各样的技能和知识从一代传递给下一代的手段。

参 考 文 献

Atleo, U. R. (2004). *TSawalk: A Nuu-chah-nulth world view*. Vancouver, BC: University of British Columbia Press.

Beck, PV. , & Walters, A. L(1997). *The sacred: Ways of knowledge, sources of life*. Tsaile, AZ: Navajo Community College.

Hart, M. A. (2002). *Seeking Mino-Pimatisiwin: An Aboriginal approach to helping*. Halifax, NS: Fernwood Publishing.

Keitla, w. (1995). *The sayings of our First People*, Penticton, BC: Theytus Books Ltd.

Miller, J. R. (1997). *Shingwauk' vision: A history of Native residential schools*. Toronto, ON: University of Toronto Press.

26.通往整合:恢复性司法,跨文化咨询和基于学校的项目

香侬 A・摩尔

恢复性司法尚不能明确予以界定;还不如将之看成是当代社会的一股主要哲学运动和社会建设的一个重要组成部分(Clairmont,2000)。从哲学层面上看,恢复性司法程序的重点是对个人行为担任的责任,对所有人的尊重、合作、同情,还有对人际关系和社区的关注。这些形成性原则常常迫使个人对自己的选择和自我反省有一定程度的洞察力,还要有谦逊、开放的心胸和思想。致力于改变社会、经济和政治不公正现象也与恢复司法实践密切相关:

> 每当人们让我解释恢复性司法或它与现行刑事司法制度的不同之处时,我总是在简单化与复杂化之间左右为难。恢复性司法既简单又复杂。它不是一个简单的公式或方法,而是我们看待自己、他人和周围世界的过程。它以精神性存在为基础。简单地说,这就是我们该如何选择生活。恢复性司法是一种积极的、面向未来的方法。它能够为人们提供一个过程,使得人们能够寻求治愈和建设性的解决办法,因为受害者和罪犯需要专注于身心治愈和恢复。当治疗性对话开始时,受害者和罪犯便开始探索同情、宽恕和和解的问题也就不足为奇了。(E. Evans,引自《恢复性司法与争端解决单元》,2000,p.7)

恢复性司法意味着要包括过程和结果两个方面(Umbreit & Coates,1999),并可以为我们提供一个透镜,通过它我们可以理解人与人之间的境遇,我们因此也可以转化冲突、伤害和犯罪带给人的影响(Zahr,1995)。最常见的恢复性司法操作包括赔偿假释、家族会议、圆桌判决和被害人与犯罪人之间的调解。旨在愈合伤害的恢复性司法和促进活动有一些基本的原则。以下是上述的司法和促进活动的一些原则和做法:

1. 造成的伤害和由于犯罪造成的伤害不仅是违反法律的行为,而且从根本上是对生命或人类关系的侵犯:它破坏社会和社区结构。

2. 其目的是修复这些行为所造成的伤害,恢复个人和社区内部之间的关系。

3. 伤害或犯罪的受害者必须有自由选择是否参加恢复过程。

4. 伤害或犯罪的肇事者必须有机会接受并对其罪行及其造成的伤害承担责任,选择参加一个恢复过程

5. 受害者必须是所有恢复性司法过程关注的中心点。(节选自 Umbreit and Coates,1999)

受害者必须始终处于恢复性司法的中心地位。在恢复性司法召集阶段,约定和参与必须是非强制性的,对所有有关各方都要是完全自愿的。恢复性司法过程可以很简单,也可以很复杂,整个过程可能包括信息通报、相关各方之间的对话、受害者和罪犯之间冲突的相互解决、赔偿、减少恐惧、增强安全感、接受责任和/或恢复希望(Van Ness & Heetderks Strong,1997)。

恢复性司法的历史渊源

恢复性司法并不是一个新的运动:它是对人类历史上一直存在的处理冲突和犯罪的那些传统的西方和非西方模式的回归(Llewllyn & Howse,1999)。在西方司法体系中占主导地位的报应制度,实际上只是在短短几个世纪里支配了我们对犯罪和司法的理解。Zehr(1995)将报应制度与恢复性系统对比为如下:

（在报应制度中）犯罪是对国家的一种破坏,被界定为违法和有罪。司法决定了责任归属,掌控着罪犯和国家之间由制度规则所主导的竞赛……

[相反地,对于恢复性司法来说],犯罪是对人与关系的侵犯。由此恢复性司法导致的义务是让事情正确。司法涉及受害者、罪犯和社会各方寻求促进修复、和解和安慰的解决办法。(p. 181)

在当今报应制度之前的司法时期,可以描述为是一个社区司法时代(Zehr,1995),主要特征是往往采取传统惯例的或原住民的司法方法(Van Ness & Heetderks Strong, 1997)。人们往往会将解决争端的社区司法程序和传统的治疗方法之间进行类比。例如,医生和治疗师传统上是负责保持人的身体处于健康的平衡状态,而法律是通过促使关系恢复平衡来维持社会的健康(Llewellyn & Howse, 1999)。整个社区的生存取决于这两个进程的效力。在当代意义上,恢复性司法产生于过去三十年中对其理论做出贡献的几个早期运动。这些运动包括非正式司法运动、赔偿、受害者运动、调解和协商,以及社会司法运动。

非正式司法

法律人类学家将非正式司法运动和正式司法运动进行了区分,因为几乎所有社会都提倡这两种形式的诉讼。20 世纪 70 年代,西方正式法律制度因其正统性而受到批评,这反过来又为非正式法律结构发挥更大作用创造了可能性。非正式法律结构强调增加参与性、增加接触、去专业化、放宽管制,并尽可能减少污蔑和胁迫。特别是北美原住民对司法的观点、非洲习惯法和在太平洋诸岛发现的司法方法,为西方进行非正式的和其他形式的司法程序提供了多样性参照(N. Christie 的个人访谈,2000 年 10 月 27 日;Van Ness & Heetderks Strong, 1997)。

赔偿运动

赔偿运动产生于 20 世纪 60 年代初,当时人们逐渐认识到出于消除犯罪的影响而惩罚受害者是合乎情理的。恢复这一进程的理由包括以下几点:

1. 将被害人作为被犯罪行为侵害一方的重新解读;
2. 寻求对诸如关押或坐牢等更具限制性或侵犯性制裁方法的替代方案;
3. 因为犯罪赔偿受害人具有社会期待中的修复作用;
4. 实施相对容易;

5. 当公众看到违法者积极修复犯罪所造成的伤害时,预期的报复性和报应性惩罚会减少。(Van Ness & Heetderks Strong,1997,p. 18)

受害者的权利是恢复性司法过程中的中心关切事项;这与仅仅以审查罪犯行为为目的的司法形成鲜明对比。

受害者运动

在一些个人和团体的长期共同努力下,对受害者的"重新发现"和受害者权利中心地位最终得以实现。这一运动持续受到下列原则的推动:

1. 增加对受害者在犯罪后的服务;
2. 增加对所造成的损害进行经济补偿的可能性;
3. 扩大受害者在刑事司法过程中进行干预的机会。(Van Ness & Heetderks Strong,1997,p. 20)

充其量来说,当前西方的正式司法制度往往被看成是对受害者的疏远。与此相反,受害者运动要求我们的司法程序需要慎重考虑受害的复杂性和创伤的过程,并最终予以补偿。

调解和协商会议

调解和协商由两项主要活动组成:受害者-罪犯调解和达成下一步行动的决定,这将有助于达成赔偿和弥补犯罪所造成的伤害(Van Ness 和 Heetderks Strong,1997)。Umbreit 发表了大量的关于受害者-罪犯调解的文章,作为改善当前北美司法的一种方式。在过去三十年中,受害者-罪犯调解在北美一直很流行,并已扩展到南非、英国、德国和其他欧洲国家。受害者-罪犯调解已经从边缘发展到在主流西方司法中占据一席之地,确切地说明了国际社会对恢复性司法的兴趣(Umbreit,Coates & Warner Roberts,2000)。

批判性社会理论家 Zehr 和 Claasen 也为建立受害者-罪犯的调解机制做出了贡献,将其作为北美地区冲突解决和司法过程的一个组成部分。Zehr 和 Claasen 关于调解实践的根源来自于他们对门诺派(Mennonite)信仰的身体力行。Zehr 和 Claasen 都强调了由社区驱动和由社区资助的受害者-罪犯调解项目的重要性,并与那些由刑事司法系统资助的项目进行了对比(Claasen,1996;

Van Ness & Heetderks Strong，1997；Zehr，1995）。1989 年，新西兰和澳大利亚
引入了另一种受害者-罪犯调解方法，称为家庭团体协商会议（Morris & Max-
well，1998）。这种会议形式建立在毛利族（Maoli）传统司法实践的基础之上，其
特点也正是恢复性司法的关键原则。家庭团体协商会议与受害者-罪犯调解的
区别，在于冲突解决过程中涉及的各参与方的数量。在家庭团体会议中，组织者
会尽量将社区中所有受犯罪影响的人包括在内，而不是只关注主要的受害者
（Van Ness & Heetderks Strong，1997）。

社会司法

不同宗教团体的成员和女权运动的支持者都有一个共同的目标：对报应性
的司法体系进行批评和施压，要求其做出根本性的改变。在过去的四十年里，贵
格会（Quakers）教徒们呼吁政府要显著降低对监狱的使用，并最终完全废除监
狱系统。这一立场在很大程度上是基于这样的信念：在一个不公正的社会中，刑
事司法不可能真正实现，更不可能体现在司法滥用和侵犯人权的监狱系统中
（R·Morris，个人交流，2000 年 10 月 26 日；Van Ness & Heetderks Strong，
1997）。其他研究人员认为，目前的报应司法模式源自中世纪基督教关于原罪和
惩罚的观点，尽管这种基督教的特定观点具有时间和空间使用的限定性。对基
督教教义的解释同样也宣扬关系、恢复、宽恕、和解和希望的价值。后面这些特
性与构成恢复性司法基础的原则是相同的，并同样被其他宗教团体，包括门诺派
和贵格会所提倡（Hadley，in press；Van Ness & Heetderks Strong，1997）。

同样，女权主义相关理论主张"所有人作为人都有平等的价值，和谐和幸福
比权力和财产更重要，个人的即是政治的"（M. Kay Harris，引自 Van Ness &
Heetderks Strong，1997，pp. 23—24）。这些主张从根本上反对建立在权力、控
制和惩罚原则基础上的形式报应司法制度。女权主义理论家们持续地以这种方
式旗帜鲜明地反对占据主导地位的西方司法系统。

对跨文化心理咨询的启示

所有的人际交流都可能是跨文化的交流，尤其是在助人职业背景下更是如

此。人们相互接触时彼此的界线部分,充满了价值观、信仰、世界观和其他文化及个人事物之间的紧张关系——包括存在和意识的各个方面。我们所有人都面临着挑战,需要通过丰富自我知识,并对他人保持开放的心态来驾驭这种多样性。同样重要的是,我们要意识到自己的文化传统,与此同时对其他文化和个人的观点持开放态度:以个体的事实感为中心,同时接纳和尊重其他认识方式。因此,我认为文化是一种知识共享库,可以通过隐性或显性的方式去感知,同时对存在的多个维度产生影响。

跨文化咨询是复杂的,因为自我和环境都具有多重维度并影响着人际交往。以下原则可以帮助咨询师有效地应对跨文化交流和多样化的复杂性。

1. 自我意识和自我认识是关键。咨询师必须了解自己的价值观、信仰、世界观和偏见。

2. 咨询师必须了解基本的世界观和患者文化中的价值体系,必须放下怀疑的态度,并不加评判地倾听。

3. 咨询师应该认真倾听患者的历史、信仰体系和精神性。

4. 咨询师必须表现出尊重、真诚、有效、一致和谦逊的态度。

5. 咨询师和患者可以关注他们之间的相似处和相异处。

6. 咨询师必须为患者的个性和多样性创造必要的心理空间。

7. 咨询师可以让患者带领或庆祝双方共同体验到的意义感和精神性。

(Mathseson, 1996;Pedersen, Draguns, Lonner & Trimble, 1996)

如果我们以上述几点为模板,就有可能在任何情况下促进跨文化咨询活动中的敏感性和有效性。下一部分将在恢复性司法实践背景下具体运用跨文化咨询原则。

跨文化恢复性司法程序和基于学校的干预策略

参与恢复性司法实践的各方,必须意识到不同的跨文化视角对冲突解决的影响,并具有自觉协商文化多样性的敏感性(Umbriet & Coates, 1999)。这在任何情况下都是非常重要的,并可将之用于提升学校内冲突的促进和调解,在这些学校里,儿童或青少年往往超越了传统的地理文化限定,他们的世界往往与成人教导者和学校管理人员的经验有本质上的不同。下面所列举的跨文化咨询的关键方面,是在学校项目中进行恢复性司法需要考虑的重要因素(adapted from Minister Public Works and Government Services Canada,1998,Pedersen, Draguns, Lonner & Trimble, 2007;Sue & Sue, 2007;(Umbreit & Coates, 1999).

1. 接近

- 受害者、罪犯与其他参与恢复性司法程序各方之间的距离。
- 面对面交流的程度。
- 彼此并排坐着,相互之间不能有桌子或其他家具。
- 坐成一圈,营造在场的人都是平等的氛围。

2. 身体动作

- 人们经常建议,恢复性司法程序的主持者应保持中立立场,以便促进受到伤害影响的各方之间谈判以解决问题。
- 重要的是要能够意识到眼神交流,还有表示赞同或否定的姿态,比如微笑或皱眉。
- 罪犯可能不会通过流泪等情绪表现出懊悔。
- 罪犯或受害者缺乏眼神接触并不一定意味着回避问题、缺乏关注、顺从、内疚或羞愧。

3. 副语言

- 能够对声音线索予以关注,比如犹豫、变调、沉默、语调、节奏和某个人的声音指向。
- 重要的是,主持者要能够允许沉默出现,这样司法过程中情绪内容才有空间表现出来。

4. 语言的密度

- 不同文化背景的人在运用语言表达思想方面有差异性。
- 有些人言简意赅,这些特点不应该被认为是对方不上心或不感兴趣的语气。

- 有些人用很多词汇来表达观点:"故事的诗意表达可能比故事的内容更重要,而且实际上也有可能这些才是故事的重点"(Umbreit & Coates, 1999, p. 46)。
- 人们的沟通方式可能从低调的间接的方式转变为客观的和任务导向的方式。

5. 价值观和意识形态

- 意识到集体主义和个人主义这两种跨文化意识形态的差异,以及不同宗教和信仰视角的差异是非常重要的,因为这些差异可能会影响冲突的解决过程和个人对正义的定义。
- 意识形态上的差异,也可能影响司法过程中人们对主要受害者和次要受害者的识别。

在整个加拿大和不列颠哥伦比亚省,恢复性司法作为学校传统纪律制度的一个重要替代,正日益受到人们的重视。在大维多利亚市,基于社区的恢复性司法开始出现在一些社区部门或单位中,包括学区、加拿大皇家骑警和司法部门等。个别小学、初中和高中也已开始探索利用基于上述核心原则的恢复性司法实践。下面的节选描述了在加拿大大温哥华地区的这样一个项目:

学生在加拿大教育中心,关于问题孩子的择校问题进入到了最后阶段,这时所经历的就是所谓的恢复性司法过程,这一过程被用于刑事案件多年,但现在只是被 BC 省的学校用于测试其对驯服校园欺凌和暴力是否有效。虽然现在预测它能否取得全面的成功还为时过早,但并不妨碍对它给予好评。恢复性司法,也被称为挽救式司法(transformative justice),旨在修复各方关系,而不是让争执的各方聚在一起讨论他们的分歧来惩罚犯罪者。有时,这种会议会扩大为由受纠纷或利益影响的所有人参加的"会议"——在学校里,这个"会议"可能包括相当数量的学生、参与者和旁观者、教师、家长和工作人员。他们是平等的——好比每个人都在冲突中——而不是像权威人物那样随时准备判断谁对谁错。他们谈论他们所相信发生的事情,对他们的影响,以及如何防止它再次发生。这是一种情感上的过程,支持者认为这种方式比停职或开除等传统惩罚更具有威慑作用。(Steffenhagen,2001)。

受害者必须成为任何恢复性司法行动的中心,必须在问责、尊重、安全和诚实的背景下进行,充分考虑各方诉求。这些原则可以在学校系统内得到贯彻,用以减少和防止冲突,最终形成一种非暴力的气氛。通过这种方式,由学校官员掌管的拘留和休学等惩罚可能会被避免,因为责任和义务被恢复到学生身上。恢复性司法支持学生在不加剧暴力程度和欺凌的情况下解决自己的冲突。以下是根据司法部社区司法处 Vincent Stancato(2000)的工作所改编的基于学校的恢复性司法方案的描述:

什么是基于学校的恢复性司法?

- 召集受影响的群体——那些最直接参与到给学校社区造成伤害的事件或具有某种行为模式的人。
- 为受影响的群体提供一个机会,让他们能够认识到这些事件或行为对自己、他人和学校社区造成伤害的程度。
- 为他们提供一个机会来决定如何最好地弥补这些伤害,从经验中学习教训,防止进一步的伤害行为发生。

谁参加?

- 受到伤害的受害者
- 为受害者提供支持的人,例如家人、朋友和/或指导老师
- 造成伤害的肇事者
- 为肇事者提供支持的人,例如家人、朋友和/或指导老师
- 恢复性司法程序的促进者
- 任何其他涉及或参与调查该事件的人

反　　思

所有各方都必须以自愿的形式参与,造成伤害的肇事者必须在参与恢复性

司法过程之前,对自己所造成的伤害承担责任。通过恢复性司法,所有参与者都有机会叙述所发生的事情,以便促进各方对事件能够更全面的了解,并确定如何修复所造成的伤害。所有各方都要签署一份合同,合同规定了将要采取的具体行动以修复伤害。最后,在学校环境中,最好有一个老师能够追踪和支持造成伤害的肇事者履行合同中规定的义务。

参 考 文 献

Clairmont, D. (2000). Restorative justice in Nova Scotia. *ISUMA*, (Spring), 145—149.

Classen, R. (1996). *Restorative justice primary focus on people not procedures* [on-line]. Retrieved from http://www. fresno. edu

Llewllyn, J. , & Howse, R. (1999). *Restorative justice — a conceptual framework*. Ottawa, ON: Law Commission of Canada.

Matheson, L. (1996). Valuing spirituality among Native American populations. *Counseling and Values*, 41,51—69

Minister of Public Works and Government Services(1998). *Community justice forum*. Ottawa, ON: Royal Canadian Mounted Police.

Morris, A. , & Maxwell, G. (1998). Restorative justice in New Zealand: Family group conferences as a case study. Western Criminology Review,(1) [online]. Retrieved from http:// wcr. sonoma. edu/v1nl/ morris. html

Pedersen, P. B. , Draguns J. G. , Lonner W. J. , & Trimble J. E. (Eds.)(2007). *Counseling across cultures*. Thousand Oaks, CA: Sage.

Restorative Justice and Dispute Resolution Unit. (2000). *Restorative Justice Week* 2000: *Basic Resource Kit*. Ottawa, ON: Correctional Services of Canada.

Steffenhagen, J. (2001, August 22). Cooling school violence. *Vancouver Sun*, p. D2.

Stancato, V. (2000). *Restorative Justice in Schools*. Community Justice Branch, Ministry of the Attorney General, Report.

Sue, D. w. , & Sue, D. (2007). *Counseling the culturally different: Theory and practice* (5th ed.). New York: John Wiley and Sons.

Umbreit, M. , & Coates, R. (1999). Multicultural implications of restorative juvenile justice. *Federal Probation*, (December), 44—51.

Umbreit, M. , Coates, R. , & Warner Roberts, A. (2000). The impact of victim-offender mediation: A cross-national perspective. *Mediation Quarterly*, 17(3), 215—229.

Van Ness, D. & Heetderks Strong, K. (1997). *Restoring justice*. Cincinnati, OH: Anderson.

Zehr, H. (1995). *Changing lenses: A new focus on crime and justice*. Scottsdale, PA: Herald Press.

译　后　序

　　本书是由加拿大维多利亚大学终身教授 Honore France 及其合作者所编写的《Diversity，Culture & Counseling》一书的中文版本。该书的内容和宗旨具有较高立意，旨在促进多样性群体及其文化之间的相互尊重和理解，不同国家、民族的思想文化只有姹紫嫣红之别，而无高低优劣之分。每个国家、每个民族不分强弱、不分大小，其思想文化都应该得到承认和尊重。在心理咨询领域更是如此，随着中国对外开放的不断深入和拓展，来自世界各国的民众纷纷涌入中国，在适应中国文化过程中他们也会出现心理问题，对于专业的心理咨询工作者来说，是否具有多元文化咨询能力是至关重要的影响因素。另外，在中国内部的不同民族之间，不同地域之间，文化也存有差别。学校尤其是高校就读的学生，来自祖国及世界各地，在遇到心理问题来寻求专业心理咨询帮助时，对心理咨询师来说是一种挑战。

　　非常遗憾的是，在心理学尤其是心理咨询领域，尚缺乏跨文化心理咨询的相关论著，只有零星一些文章介绍了跨文化心理咨询的理念和方法，没有完整的系统的关于跨文化心理咨询的介绍，尤其是在理论和具体操作层面更是如此。同时国内的心理咨询学界，仍然是欧美中心的理论和操作方法，注重民族文化背景的心理治疗方法处于被完全忽略的地位。本书对传统的欧美中心的心理咨询方法持批判态度。虽然这些方法可能对不同的人群能够发挥一些帮助，但一些传统的治疗方法对于不同文化背景的患者来说则更具有价值。本书还专门开辟章节论述了中国及亚洲文化圈内的来访者,心理咨询师在进行相关工作时应该秉持的方法和理念。本书虽然是加拿大视角下的跨文化咨询,但对于国内相关领域仍是可借鉴的不可多得的学术成果。

　　作者撰写本书的初衷,是将更多的加拿大内容带到多样性、文化和咨询课程中。加拿大当前已经是一个多元文化社会,但是在心理咨询理念、内容、方法和技术上和中国一样,长期受到欧洲和美国的方法及技术的全方位挤压,国内对于自身的加拿大文化和不同民族的文化特点,需要进行保护、探讨和发展。作者说,"多年来,大多数在加拿大大学学习该课程的学生都不得不使用美国的教科书,而这些教材大多与加拿大的观点无关"。作者是加拿大第一民族的人,对于自身文化有着强烈的认同和情感,希望能够发展出具有加拿大特色的跨文化心理咨询的理念和方法。作者由此向多文化心理咨询师发出倡议,让他们与构成加拿大社会的各种文化团体合作。因此,作者希望推动诸多的专业咨询师可在多元文化背景下开展工作,那些非洲裔加拿大人后代咨询师可以为所在群体进行咨询,那些信奉佛教、基督徒、犹太教徒和锡克教的咨询师同样可以探讨如何为具有特定信仰的群体提供咨询。作者相信多样性和文化的重要性,认为多元文化咨询提供了一种有效的方法,让咨询师可以与具有不同民族、种族、性取向和宗教背景的人们合作,因此可以从有效性的另一维度体现心理咨询的专业性。作者拟解决的这些问题在当前国内同样存在,在一定程度上为国内解决相关问题提供了参考。因此当前的心理咨询理论和实践,有必要向强调文化多样性和新的世界观的咨询方法进行转变。作为心理咨询师和助人工作者,我们需要认识到多元文化经验可以提高心理咨询师的个人成长和全面沟通的能力。从更深层面来看,我们的生存可能依赖于我们在多元文化水平上有效沟通的能力。心理咨询师处于这样一种独特的地位,他们可以对文化敏感的行为和语言进行模式化处理,并在咨询实践中帮助挑战歧视和种族主义问题。

　　本书还有助于促进不同民族文化之间的相互认识和了解。本书用相当多的篇幅介绍了不同民族文化的特点和性质,并将之与心理咨询的理论和技术进行结合,秉持中立客观和相互尊重的理念,对不同文化下的群体进行了介绍,可以说是一部了解世界上不同民族心理特点的非常全面的书籍。多元文化咨询真正的意义在于民族的多样性、文化与心理咨询如何融合。这个世界的多元性包括所有人,不仅通常所说的少数群体,也包括主体群体。通过这种方式,每个民族都有其独特的文化特点,都有其精华和可借鉴的理念,多元文化主义的理念可用以解决影响心理咨询过程的文化、压迫和其他因素问题,也有助于促进不同民族文化之间从更深层次的相互认识和了解。

三位译者都和作者 Honore France 颇有渊源,他们是多年的忘年之交。两位译者马前广和刘滢泉曾经在多年前往加拿大维多利亚大学进行学习和交流,并与作者结下了良好的友谊。当时选修的课程中就有多元文化咨询的内容,给译者留下了深刻的印象。后来作者重新编写了课程教材,并在加拿大出版了该书,并赠与我们学习。在看完该书后产生了想将它翻译成中文的意愿,作者欣然同意。于是我们三位译者商量了翻译分工,并在繁忙的工作之余花费了大量的时间去翻译,最终完成了这项庞大的工程。全书共 26 章,具体分工如下:刘滢泉负责第五、六、九、十、十五章的翻译工作,张莹负责第十九章的翻译工作,剩下的二十章和序言由马前广翻译,最后由马前广进行审校。

本书的出版也得到了单位、领导、同事和家人的支持。感谢作者对我们的信任,将该书的翻译工作交给我们;感谢华东政法大学科研处、学生处领导和同事的大力支持;感谢合作译者的付出;感谢家人的理解和支持。最后,非常感谢上海三联书店为本书出版所做的一切努力。

最后,希望该书能够给心理咨询、心理学及助人工作者同行们带来一定的帮助,共同推动跨文化心理咨询事业在中国的发展。

马前广

2020 年 2 月

图书在版编目(CIP)数据

跨文化心理咨询:理论与操作/M. 奥诺雷·
弗朗斯,玛丽亚·德门·卡门·罗德里格斯,
杰弗里·G·赫特编著;马前广,刘滢泉,张莹译.
一上海:上海三联书店,2020.

ISBN 978 - 7 - 5426 - 7181 - 3

Ⅰ.①跨… Ⅱ.①M…②玛…③杰…④马…⑤刘…
⑥张… Ⅲ.①心理咨询 Ⅳ.①B849.1

中国版本图书馆 CIP 数据核字(2020)第 170550 号

跨文化心理咨询:理论与操作

著　　者　M. 奥诺雷·弗朗斯
　　　　　玛丽亚·德尔·卡门·罗德里格斯
　　　　　杰弗里·G·赫特
译　　者　马前广　刘滢泉　张　莹
审　　校　马前广

责任编辑　钱震华
装帧设计　陈益平

出版发行　上海三联书店
　　　　　中国上海市漕溪北路 331 号
印　　刷　上海昌鑫龙印务有限公司

版　　次　2021 年 1 月第 1 版
印　　次　2021 年 1 月第 1 次印刷
开　　本　700×1000　1/16
字　　数　460 千字
印　　张　28.75
书　　号　ISBN 978 - 7 - 5426 - 7181 - 3/B · 701
定　　价　98.00 元